石油石化职业技能鉴定试题集

工程设备安装工

中国石油天然气集团公司职业技能鉴定指导中心 编

石油工业出版社

内 容 提 要

本书是由中国石油天然气集团公司职业技能鉴定指导中心依据工程设备安装工职业资格等级标准，统一组织编写的《石油石化职业技能鉴定试题集》中的一本。本书包括工程设备安装工初级工、中级工、高级工、技师和高级技师五个级别的理论知识试题和技能操作试题，是工程设备安装工职业技能培训和鉴定的必备用书。

图书在版编目(CIP)数据

工程设备安装工/中国石油天然气集团公司职业技能鉴定指导中心编.
北京：石油工业出版社，2011.5
（石油石化职业技能鉴定试题集）
ISBN 978 – 7 – 5021 – 7554 – 2

Ⅰ．工…
Ⅱ．中…
Ⅲ．石油化工 – 化工设备 – 设备安装 – 职业技能鉴定 – 习题
Ⅳ．TE682 – 44

中国版本图书馆 CIP 数据核字（2009）第 227119 号

出版发行：石油工业出版社
　　　　　（北京安定门外安华里2区1号　100011）
　　　　　网　　址：www.petropub.com.cn
　　　　　编辑部：(010)64523585　发行部：(010)64523620
经　销：全国新华书店
印　刷：北京中石油彩色印刷有限责任公司

2011年5月第1版　2013年4月第2次印刷
787×1092毫米　开本：1/16　印张：28.25
字数：718千字

定价：48.00元
（如出现印装质量问题，我社发行部负责调换）
版权所有，翻印必究

《石油石化职业技能鉴定试题集》
编委会

主　任：孙金瑜

副主任：向守源　邱　颖

委　员（以姓氏笔画为序）：

丁传峰	丁福良	王阳福	王运才	王奎一
司志臣	刘孝祖	刘金彪	刘晓华	朱正建
朱春杰	纪安德	许　坚	李世效	李孟洲
李超英	宋玉权	张全胜	张树忠	张晓明
张爱东	张章兴	杨日新	杨明亮	杨静芬
陈若平	帕尔哈提	庞宝森	胡友彬	赵　华
郭为民	崔贵维	崔　昶	曹宗祥	职丽枫
韩　伟	熊术学	蔡激扬	樊红五	潘　慧

前　言

为适应技术、工艺、设备、材料的发展和更新,提高石油石化企业员工队伍素质,满足培训、鉴定工作的需要,中国石油天然气集团公司职业技能鉴定指导中心和中国石油化工集团公司职业技能鉴定指导中心共同组织对"十五"期间编写的部分工种职业技能鉴定题库进行了修订,同时新组织开发了部分工种职业技能鉴定题库。

本套题库的修订、编写坚持以职业活动为导向、以职业技能为核心、统一规范、充实完善的原则,注重内容的先进性与通用性;修订的题库在原题库基础上做了较大的补充和修改,增加了鉴定点和试题,内容主要是新技术、新工艺、新设备、新材料。理论知识试题仍分为选择题、判断题、简答题、计算题四种题型,以客观性试题为主;技能操作试题体现了具体化、量化、可检验、可考核的原则,更具有可操作性。

为方便石油石化企业员工学习使用,现将题库中部分试题编辑出版,形成本套《石油石化职业技能鉴定试题集》。每个工种按级别编写,合为一册出版。理论知识试题公开出版了题库中70%左右的试题,其余30%的隐含试题在相应鉴定点中都可找到同类型或同内容的试题。新试题集出版后,原试题集不再使用。

本工种题库由中国石油天然气第七建设公司组织编写,范文杰、郝春生、刘乃涛任主编,参加编写的人员有魏广军、刘善涛、孙文涛、孙林芳、肖子毅、侯玉庆、仝玉坤、王金涛、刘晓华、刘光明、昝静、张志芳、历桂萍、杨莉、徐华。参加审定的人员有中国石油天然气第一建设公司胡金柱,辽河石油职业技术学院赵铁。

由于编者水平有限,书中错误、疏漏之处请广大读者提出宝贵意见。

编者
2010 年 8 月

目 录

工程设备安装工职业资格等级标准(节选) ………………………………………… (1)

第一部分　初级工理论知识试题

鉴定要素细目表 ………………………………………………………………………… (8)
理论知识试题 …………………………………………………………………………… (14)
理论知识试题答案 ……………………………………………………………………… (63)

第二部分　初级工技能操作试题

考核内容层次结构表 …………………………………………………………………… (69)
鉴定要素细目表 ………………………………………………………………………… (70)
技能操作试题 …………………………………………………………………………… (71)

第三部分　中级工理论知识试题

鉴定要素细目表 ………………………………………………………………………… (118)
理论知识试题 …………………………………………………………………………… (123)
理论知识试题答案 ……………………………………………………………………… (159)

第四部分　中级工技能操作试题

考核内容层次结构表 …………………………………………………………………… (163)
鉴定要素细目表 ………………………………………………………………………… (164)
技能操作试题 …………………………………………………………………………… (165)

第五部分　高级工理论知识试题

鉴定要素细目表 ………………………………………………………………………… (218)
理论知识试题 …………………………………………………………………………… (223)
理论知识试题答案 ……………………………………………………………………… (263)

第六部分　高级工技能操作试题

- 考核内容层次结构表 …………………………………………………………… (277)
- 鉴定要素细目表 ………………………………………………………………… (278)
- 技能操作试题 …………………………………………………………………… (279)

第七部分　技师理论知识试题

- 鉴定要素细目表 ………………………………………………………………… (337)
- 理论知识试题 …………………………………………………………………… (341)
- 理论知识试题答案 ……………………………………………………………… (365)

第八部分　高级技师理论知识试题

- 鉴定要素细目表 ………………………………………………………………… (370)
- 理论知识试题 …………………………………………………………………… (372)
- 理论知识试题答案 ……………………………………………………………… (385)

第九部分　技师和高级技师技能操作试题

- 考核内容层次结构表 …………………………………………………………… (391)
- 鉴定要素细目表 ………………………………………………………………… (392)
- 技能操作试题 …………………………………………………………………… (393)

参考文献 ………………………………………………………………………… (443)

工程设备安装工职业资格等级标准(节选)

一、基础知识

1. 基础理论知识
(1)识图与制图知识。
(2)公差与配合知识。
(3)常用金属材料及热处理知识。
(4)常用非金属材料知识。
(5)油料与清洗剂知识。

2. 钳工基础知识
(1)钳工工具与量具知识。
(2)钳工操作知识(錾、锉、划线、锯、钻、铰孔、攻螺纹、套螺纹、刮削)。
(3)连接、固定基础知识。

3. 超重作业基础知识
(1)力学基础知识。
(2)索具与吊具知识。
(3)起重机具知识。

4. 电气、仪表基础知识
(1)通用设备常用电器的种类及用途。
(2)电力拖动及控制原理基础知识。
(3)安全用电知识。
(4)仪表基础知识。

5. 安全文明生产与环境保护知识
(1)现场文明生产要求。
(2)安全操作与劳动保护知识。
(3)环境保护知识。

6. 质量管理知识
(1)企业的质量管理方针。
(2)岗位的质量要求。
(3)岗位的质量保证措施与责任。

7. 相关法律、法规知识
(1)安全生产法的相关知识。
(2)《劳动法》相关知识。
(3)《合同法》相关知识。
(4)与设备安装相关的国家、行业规范与标准。

二、工作要求

1. 初级

职业功能	工作内容	技能要求	相关知识
一、准备作业	（一）准备劳动保护和作业环境	1. 能按要求准备个人劳保用品 2. 能进行设备、工具的安全检查并合理使用工具	1. 安全技术操作规程 2. 常用工具、量具安全使用方法
	（二）准备工具、器具和材料	1. 能合理选用设备安装中的常用材料 2. 能合理选用常用的工具、量具	1. 常用材料的种类、性能和用途 2. 常用工具、量具的名称、规格、使用和维护保养方法
	（三）验收基础	1. 能按图纸要求进行撬装设备基础的验收 2. 能按技术要求对基础进行处理	1. 基础验收的方法 2. 基础处理的技术要求及方法
	（四）准备技术材料	1. 能阅读一般设备说明书及施工图样 2. 能读懂作业指导书、工艺文件等	1. 一般设备部件图和装配图的识读方法 2. 设备安装平面布置图的识读方法 3. 设备说明书的阅读方法 4. 设备安装、调试有关常识
二、实施作业	（一）验收设备	1. 能按要求进行设备开箱并对零部件进行外观检查 2. 能按要求对设备及零部件进行保管	1. 设备开箱的方法 2. 设备验收程序 3. 设备保管规定
	（二）就位设备	1. 能使用起重作业机械及工具进行设备搬迁 2. 能使用垫铁安装设备 3. 能安装地脚螺栓	1. 起重作业机械及工具的使用方法 2. 垫铁布置的原则、方法 3. 地脚螺栓的安装方法
	（三）找正设备	1. 能安装机泵、机床等撬装机械设备 2. 能进行设备联轴器对中	1. 小型机泵的整体安装方法 2. 引风机、通风机的安装方法 3. 基础灌浆的方法及要求 4. 联轴器、离合器的种类、结构和装配、对中方法
	（四）维修、调试设备	1. 能对设备进行拆卸、清洗和装配 2. 能进行设备润滑保养工作 3. 能进行试车基本操作	1. 设备的拆卸及装配方法 2. 典型机械装置的修理方法 3. 设备润滑的要求 4. 典型设备开车的基本操作方法
三、检查作业	（一）检查设备外观	1. 能进行设备安装质量检查，确认设备基础各地脚螺栓受力均匀、无松动、灰浆捣实、无空洞 2. 能进行设备检查，确认设备油路畅通、润滑充分、无渗漏点、机件完整、紧固牢靠、防护有效	1. 设备外观检查的规范和标准 2. 设备安装质量检查常识 3. 设备润滑系统检查程序
	（二）检查几何精度（静态检查）	能参与设备几何精度检查	1. 常用工具和仪器的使用方法 2. 机械设备安装几何精度检查方法
	（三）检查设备运行（动态检查）	能参与设备运转试验检查	1. 机械设备运转试车操作规程 2. 离心泵的试车操作规程 3. 离心风机的试车操作规程

2. 中级

职业功能	工作内容	技能要求	相关知识
一、准备作业	（一）准备劳动保护和作业环境	能对作业场地、起重机械进行安全技术检查	1. 安全技术操作规程 2. 简单起重机械安全操作技术
	（二）准备工具、器具和材料	1. 能合理选用设备安装、调试作业中的辅助材料 2. 能正确选用设备试车用的润滑油、脂 3. 能选用大型机组安装调试用的工具、器具并正确使用	1. 辅助材料的种类及其应用方法 2. 设备润滑的原理 3. 工具、器具的使用原理及使用方法
	（三）验收基础	1. 能按图纸要求进行大、中型机械设备基础的验收 2. 能按技术要求处理基础	1. 施工图的阅读方法 2. 基础测量方法 3. 基础处理方法
	（四）准备技术资料	1. 能阅读设备说明书 2. 能识读施工图纸	1. 机械设备制图方法 2. 机械传动原理 3. 机械设备润滑系统常识
二、实施作业	（一）验收设备	1. 能对设备外观、制造质量进行检查 2. 能对设备专用工具进行检查	1. 机械加工方法 2. 金属材料防腐方法 3. 设备专用工具使用方法
	（二）就位设备	1. 能按施工程序进行大、中型机械设备就位 2. 能计算选用机械设备安装用的垫铁 3. 能采用无垫铁法安装机械设备	1. 机械设备安装工艺 2. 垫铁安装方法 3. 无垫铁安装方法
	（三）找正设备	1. 能找正大、中型机械设备 2. 能参与散装部件的定位及安装 3. 能参与大、中型机组联轴器对中	1. 往复式压缩机的安装工艺 2. 离心式压缩机的安装工艺 3. 零部件的基准、定位及安装方法 4. 联轴器的种类及其对中方法
	（四）维修、调试设备	1. 能对大、中型机械设备进行拆卸、清洗和装配 2. 能对设备进行修理及低精度部件的制作 3. 能进行大、中型机械设备润滑油系统循环 4. 能参与大、中型机械设备试车操作	1. 滚动轴承的装配和调整方法 2. 润滑油的主要性能及失效的感观鉴别方法 3. 机械设备润滑常识 4. 往复式压缩机的试车操作方法 5. 离心式压缩机的试车操作方法
三、检查作业	（一）检查外观	能通过感观判断机械设备运行是否正常，并能分析其故障产生的原因	机械设备常见故障的产生、表现形式和排除方法
	（二）检查几何精度（静态检查）	能主持一般设备的几何精度检查，并对几何精度超差原因进行分析和处置	1. 减少几何精度测量误差的方法 2. 一般设备几何精度超差的原因及处置方法

续表

职业功能	工作内容	技能要求	相关知识
三、检查作业	（三）检查设备运行（动态检查）	1. 能参与实施机械设备负荷试车及工作试车 2. 能排除试车中的故障	1. 机械设备负荷试车及工作试车操作规程 2. 故障排除方法
	（四）检查特殊项目	能进行中、小型设备试车中的故障分析与处理	机泵振动的诊断方法

3. 高级

职业功能	工作内容	技能要求	相关知识
一、准备作业	（一）准备劳动保护和作业环境	能对作业环境内其他人员的安全准备进行检查和监督	1. 安全检查的目的、内容和方法 2. 作业组内各配合工种的安全操作规程
	（二）准备工器具、材料	1. 能使用光学平直仪等光学仪器 2. 能进行作业用一般专用工具的设计	1. 专用工具的设计、制作常识 2. 水准仪、激光对中仪、合像水平仪、经纬仪的工作原理和使用方法
	（三）准备技术资料	1. 能根据机械设备的技术文件掌握设备安装及调试要点 2. 能根据施工作业计划、安装工艺，对施工作业步骤进行分析	1. 机械设备工艺系统、机械系统、密封系统、控制系统、润滑及液压系统工作原理 2. 机械设备安装、调试工艺
二、实施作业	（一）验收设备	1. 能检查机械设备技术文件 2. 能验收大型、复杂成套机械设备	1. 技术文件编写要求 2. 大型、复杂成套机械设备制图方法
	（二）就位设备	1. 能完成大型、复杂、成套机械的搬迁和安装 2. 能选择、测定机械设备安装的场地、环境和条件	1. 设备安装环境的识别与评价 2. 大型设备安装程序 3. 起重机具使用方法
	（三）找正设备	1. 能找正大型机组设备 2. 能安装大型电动机 3. 能对机组设备进行联轴器对中	1. 催化三机组安装工艺 2. 乙烯压缩机组安装工艺 3. 大型电动机的安装工艺
	（四）维修、调试设备	1. 能对大型机组设备进行检修、维护 2. 能进行较高精度部件的制作 3. 能组织大、中型机械设备试运转	1. 催化三机组检修操作工艺 2. 机组试车操作规程 3. 滑动轴承的装配的调整方法
三、检查作业	（一）检查几何精度（静态检查）	1. 能主持实施精密、大型、复杂机械设备的几何精度检查 2. 能分析精度超差的原因并进行处置	1. 机械设备结构原理 2. 故障产生的原因及处理常识
	（二）检查设备运行（动态检查）	能参与分析大型、复杂、成套机械设备运转中出现的故障并进行处置	大型、复杂、成套机械设备运转常识

续表

职业功能	工作内容	技能要求	相关知识
三、检查作业	（三）检查特殊项目	能参与对大型、复杂机械设备噪声、振动进行检查	机械设备噪声、振动的检查方法
四、综合管理	（一）指导操作	能指导本工种初、中级工进行实际操作	指导实际操作的基本常识
	（二）质量管理	能应用质量管理知识组织班组开展质量管理活动	1. 质量管理要求 2. 质量管理方法
	（三）生产管理	能组织工人协同作业，完成安装、调试任务	1. 班组生产管理方法 2. 班组经济核算方法 3. 设备安装调试网络计划编制常识

4. 技师

职业功能	工作内容	技能要求	相关知识
一、准备作业	（一）准备劳动保护和作业环境	1. 能对作业全过程的环境及文明生产进行检查 2. 能参与HSE的实施	1. 生产现场的要求 2. 环境保护方法 3. 安全事故分析程序
	（二）准备工器具、材料	1. 能设计作业中使用的专用工具 2. 能对大型、复杂机械设备安装调试做相应的物资材料准备 3. 能对特殊作业环境下安装调试用的机械设备做物料、工具准备	1. 专用工具及检测器具的设计与制作方法 2. 特殊作业环境下机械设备安装用的物料、材料及工具常识 3. 大型、复杂机械设备安装、调试用物资材料准备常识
	（三）准备技术资料	1. 能参与编写作业指导书、工艺文件及操作规程 2. 能借助词典看懂进口设备相关外文标牌使用规范 3. 能整理安装资料	1. 作业指导书、工艺文件的编制方法 2. 常用标牌及使用规范英汉对照表 3. 安装资料的整理方法
二、实施作业项目	（一）找正设备	1. 能对设备安装中各工种交叉施工进行调度、协调 2. 能处理安装中的关键技术问题	1. 施工程序 2. 施工计划编制原则
	（二）维修、调试设备	1. 能处理大型、复杂机械设备维修、调试中出现的疑难技术问题 2. 能承担在特殊作业环境下机械设备的维修、调试工作 3. 能检修齿轮增速机 4. 能组织大型、复杂机械设备试运转	1. 大型、复杂机械设备维修方法 2. 大型、复杂机械设备调试方法 3. 齿轮增速机的检修程序 4. 设备试运转程序
三、检查作业	（一）检查几何精度（静态）	能主持实施齿轮增速机、汽轮机等高精度设备的几何精度检查,分析超差的原因并进行处置	1. 汽轮机、增速机的结构原理 2. 汽轮机、增速机的检查方法 3. 汽轮机、增速机的处理手段

续表

职业功能	工作内容	技能要求	相关知识
三、检查作业	（二）检查设备运行（动态）	1. 能对机械设备试运转中出现的疑难技术问题进行技术攻关 2. 能对机械设备试运转中出现的技术问题提出改进措施	1. 大型、复杂机械设备运行原理 2. 大型、复杂机械设备故障种类及解决方法
	（三）检查特殊项目	能组织对大型、复杂机械设备噪声、振动进行检查	机械设备噪声、振动的检查方法
四、培训指导	（一）指导操作	能指导本工种初、中、高级工进行实际操作	指导实际操作的基本方法
	（二）培训	1. 能讲授本专业技术理论知识 2. 能使用计算机进行文字处理 3. 能阅读一般英文资料	1. 培训教学基本方法 2. 计算机的基本操作
五、管理	（一）质量管理	1. 能在本职工作中认真贯彻各项质量标准 2. 能应用质量管理知识，实现作业过程的质量分析控制	1. 相关质量标准 2. 质量分析与控制方法
	（二）生产管理	1. 能组织有关人员协同作业 2. 能协助部门领导进行生产计划、调度及人员管理	1. 设备安装程序 2. 设备安装网络计划编制原则

5. 高级技师

职业功能	工作内容	技能要求	相关知识
一、准备作业	（一）准备劳动保护和作业环境	能对特殊环境下的设备安装、调试工作做必需的作业场地准备	1. 劳动保护的重要意义和任务 2. 企业劳动保护与安全规章制度
	（二）准备工器具、材料	能组织指导大型、复杂机械设备安装及调试施工全过程的材料、工具、作业场地等的准备工作	1. 特殊环境下设备安装、调试作业场地准备的原则 2. 大型、复杂机械设备安装作业场地准备的原则
	（三）准备技术资料	1. 能编制机械设备安装、调试作业技术文件及主要部件的作业工艺文件和操作规程 2. 能编制机械设备安装、调试施工进度计划网络 3. 能进行机械设备安装、调试技术安全交底 4. 能应用国内外新技术、新工艺、新材料、新设备 5. 能借助词典看懂进口设备图样及技术标准等相关外文资料	1. 大型、复杂机械设备安装、调试的技术准备要求 2. 国内外"四新"技术的应用 3. 常用进口设备外文资料英汉对照表

续表

职业功能	工作内容	技能要求	相关知识
二、实施作业项目	（一）找正设备	1. 能指导设备安装中各工种交叉施工 2. 能指导处理安装中的关键技术问题	1. 组织管理原则 2. 施工计划管理方法
	（二）维修、调试设备	1. 能指导处理大型、复杂机械设备维修、调试中出现的疑难技术问题 2. 能指导组织大型、复杂机械设备试运转	1. 大型、复杂机械设备维修方法 2. 大型、复杂机械设备调试方法 3. 大型、复杂机械设备试运转程序
三、检查作业	（一）检查几何精度（静态检查）	1. 能指导实施大型、复杂机械设备的几何精度检查 2. 能分析超差的原因并进行处置	1. 大型、复杂机械设备结构原理 2. 大型、复杂机械设备检查方法 3. 大型、复杂机械设备处理方法
	（二）检查设备运行（动态检查）	1. 能对组织机械设备试运转中出现的疑难技术问题进行技术攻关 2. 能对机械设备试运转中出现的技术问题提出改进措施	大型、复杂机械设备运行原理
	（三）特殊检查	能组织对大型、复杂机械设备噪声、振动进行检查	1. 机械设备噪声、振动检查方法 2. 机械设备噪声、振动判断准则
四、培训指导	（一）指导操作	能指导本工种初、中、高级工和技师进行实际操作	指导实际操作的基本常识
	（二）培训	1. 能对本工种初、中、高级工和技师进行技术理论培训 2. 能熟练使用计算机进行文字处理、平面图形绘制 3. 能进行英文会话	1. 培训讲义的编写方法 2. 培训教学的基本方法 3. Word、Excel 应用 4. 英文 900 句
五、管理	（一）质量管理	能应用质量管理知识，实现作业过程的质量分析控制	1. 相关质量标准 2. 质量分析与控制方法
	（二）生产管理	能编制安装调试网络计划和人员计划	1. 劳动定额的管理 2. 网络计划编制方法及原则

第一部分 初级工理论知识试题

鉴定要素细目表

行为领域	代码	鉴定范围（重要程度比例）	鉴定比重	代码	鉴定点	重要程度	备注
基础知识 A 40% (43:30:15)	A	工程识图知识 (5:3:0)	5%	001	机械制图的一般规定	Y	
				002	简单零件图的绘制	Y	
				003	零件图识图方法	X	
				004	零件公差的概念	X	
				005	形位公差的表示方法	X	
				006	零件配合知识	X	
				007	零件粗糙度知识	X	
				008	设备安装施工图知识	Y	
	B	工程材料与零件知识 (5:5:1)	4%	001	金属材料的分类及代号	X	
				002	金属材料的性能	Z	
				003	钢的分类、性能及特点	Y	
				004	碳素钢的分类及用途	X	
				005	铸铁的分类及用途	Y	
				006	金属热处理概念	X	
				007	钢的退火与正火	X	
				008	钢的淬火与回火	X	
				009	工程非金属材料知识	Y	
				010	螺纹与螺纹连接	Y	
				011	管螺纹与英制螺纹	Y	
	C	润滑与清洗知识 (8:3:4)	3%	001	润滑的概念及作用	X	
				002	常见的润滑方式	X	
				003	润滑油的分类及代号	Y	
				004	润滑油的性能	Z	
				005	润滑油的牌号及应用	X	
				006	常用机械设备润滑油应用	X	
				007	润滑脂的概念及性能	Z	
				008	常用润滑脂的牌号及应用	X	

续表

行为领域	代码	鉴定范围（重要程度比例）	鉴定比重	代码	鉴定点	重要程度	备注
基础知识 A 40% (43:30:15)	C	润滑与清洗知识 (8:3:4)	3%	009	润滑脂的特点	X	
				010	润滑剂的选用	X	
				011	清洗的基本概念及步骤	X	
				012	常见的清洗工艺及方法	Y	
				013	工业清洗液	Y	
				014	脱脂概念及方法	Z	
				015	酸洗与钝化概念及方法	Z	
	D	钳工基础知识 (5:6:3)	8%	001	钳工工具的种类	X	
				002	钳工常用手工工具的使用	X	
				003	钳工常用电动工具的使用	Y	
				004	测量检测基础知识	Z	
				005	钳工常用量具的分类	Y	
				006	游标卡尺的使用要求	X	
				007	千分尺的使用	X	
				008	百分表的使用要求	Y	
				009	框式水平仪的使用	X	
				010	水准仪的使用	Y	
				011	工具经纬仪的使用	Y	
				012	塞尺的使用方法	Y	
				013	其他量具的使用	Z	
				014	常用量具的保养方法	Z	
	E	钳工基本操作知识 (11:6:3)	12%	001	划线的概念	X	
				002	划线操作	X	
				003	锯削工具	Y	
				004	锯削操作	X	
				005	錾削工具	Y	
				006	錾削操作	X	
				007	锉削工具	Y	
				008	锉削操作	X	
				009	铆接和粘接	Z	
				010	材料的矫正	Z	
				011	材料的弯形	Z	
				012	钻削工具	Y	
				013	钻削操作	X	
				014	铰削工具	Y	
				015	铰削操作	X	

续表

行为领域	代码	鉴定范围（重要程度比例）	鉴定比重	代码	鉴定点	重要程度	备注
基础知识 A 40% (43:30:15)	E	钳工基本操作知识 (11:6:3)	12%	016	套螺纹操作	X	
				017	攻螺纹操作	X	
				018	刮削操作	X	
				019	研磨操作	X	
				020	简单电气焊操作	Y	
	F	起重作业基础知识 (6:2:2)	4%	001	力学基础知识	X	
				002	吊装基本操作	Z	
				003	索具知识	X	
				004	平衡梁使用	X	
				005	吊具使用	Y	
				006	滑车和滑车组使用	X	
				007	葫芦使用	X	
				008	千斤顶使用	Y	
				009	滚杠运输操作	Z	
				010	卷扬机操作	X	
	G	电气、仪表基础知识 (3:5:2)	4%	001	常用电器的种类和用途	Y	
				002	摇表和万用表的使用方法	X	
				003	三相异步电动机的结构及原理	Y	
				004	电力拖动及控制原理基础知识	Z	
				005	触电防护及急救措施	Y	
				006	安全用电措施	X	
				007	仪表基础知识	Y	
				008	常用仪表的原理	Z	
				009	常用仪表的应用	Y	
				010	仪表精度等级与误差	X	
专业知识 B 50% (42:31:11)	A	安装基础知识 (4:2:1)	6%	001	设备基础验收与处理	Y	
				002	设备地脚螺栓安装	X	
				003	设备垫铁安装	X	
				004	设备放线就位	X	
				005	设备找正找平	X	
				006	设备灌浆	Y	
				007	设备清洗、清洁	Z	
	B	典型零部件安装知识 (5:9:4)	8%	001	螺纹连接	Y	
				002	键连接	Z	
				003	销连接	Z	
				004	滑动轴承	Y	

续表

行为领域	代码	鉴定范围（重要程度比例）	鉴定比重	代码	鉴定点	重要程度	备注
专业知识 B 50% (42:31:11)	B	典型零部件安装知识 (5:9:4)	8%	005	滑动轴承装配	X	
				006	滚动轴承	Y	
				007	滚动轴承装配	X	
				008	齿轮传动	Y	
				009	齿轮装配	X	
				010	蜗轮、蜗杆传动	Y	
				011	蜗轮、蜗杆装配	Y	
				012	联轴器的概念	Z	
				013	联轴器的应用	X	
				014	液压基本概念	Z	
				015	液压介质	Y	
				016	液压元件	Y	
				017	液压应用	X	
				018	液压参数	Y	
	C	锻压、液压设备安装知识 (5:5:2)	5%	001	机械压力机的安装	X	
				002	液压机安装一般规定	Y	
				003	液压设备常用元件	X	
				004	蓄能器的工作原理	Y	
				005	蓄能器的安装与使用	Y	
				006	轴向柱塞泵的工作原理	Z	
				007	轴向柱塞泵的结构	Y	
				008	流量控制阀的原理	Y	
				009	油箱的作用	Z	
				010	滤油器的功用和过滤精度	X	
				011	滤油器的类型和特点	X	
				012	液压系统的试运转	X	
	D	起重机械安装知识 (3:2:1)	5%	001	起重机械分类	Z	
				002	起重机械安装通用知识	X	
				003	起重机轨道安装知识	X	
				004	电动葫芦安装知识	X	
				005	梁式起重机械	Y	
				006	通用桥式起重机安装	Y	
	E	泵类设备安装知识 (18:4:1)	14%	001	常用泵的分类	Z	
				002	离心泵工作原理	Y	
				003	离心泵的结构	X	
				004	离心泵安装知识	X	

续表

行为领域	代码	鉴定范围（重要程度比例）	鉴定比重	代码	鉴 定 点	重要程度	备注
专业知识 B 50% (42:31:11)	E	泵类设备安装知识 (18:4:1)	14%	005	离心泵的试车知识	X	
				006	多级泵的检修知识	X	
				007	往复泵工作原理	Y	
				008	往复泵的结构	X	
				009	往复泵安装知识	X	
				010	往复泵试验知识	X	
				011	蒸汽往复泵安装知识	X	
				012	螺杆泵安装知识	X	
				013	螺杆泵试车知识	X	
				014	齿轮泵安装知识	X	
				015	齿轮泵试车知识	X	
				016	水环式真空泵安装知识	X	
				017	水环式真泵试车知识	X	
				018	屏蔽泵安装知识	X	
				019	低温泵的安装知识	X	
				020	其他化工用泵知识	X	
				021	机泵维修知识	X	
				022	离心泵常见故障的处理	Y	
				023	往复泵常见故障的处理	Y	
	F	机械类设备安装知识 (5:4:1)	6%	001	风机的分类	Z	
				002	离心式风机结构	Y	
				003	离心式风机检修	X	
				004	离心式风机试车	X	
				005	轴流风机结构	X	
				006	轴流风机试车	X	
				007	罗茨鼓风机结构	Y	
				008	罗茨鼓风机检修	X	
				009	连续输送机械安装	Y	
				010	连续输送机械运转	Y	
	G	石化大型机组安装知识 (0:4:0)	4%	001	离心式压缩机常识	Y	
				002	往复式压缩机常识	Y	
				003	轴流式压缩机常识	Y	
				004	汽轮机常识	Y	
	H	工业锅炉机组知识 (2:1:1)	2%	001	锅炉基本术语	Z	
				002	现阶段新标准规范	Y	
				003	锅炉安装基准线检验方法	X	
				004	链条炉排运转试验	X	

续表

行为领域	代码	鉴定范围（重要程度比例）	鉴定比重	代码	鉴定点	重要程度	备注
相关知识 C 10% (12:8:2)	A	安全生产与环境保护知识 (11:7:0)	6%	001	安全生产的概念及意义	X	
				002	常用灭火器材	Y	
				003	常用灭火器材的使用方法	X	
				004	燃烧、灭火的概念	Y	
				005	安全色标的作用	X	
				006	安全色的用途	Y	
				007	高处作业安全知识	X	
				008	安全帽、安全带、安全网的使用要求	X	
				009	起重吊装作业安全知识	Y	
				010	公路交通和运输的安全基本特性	Y	
				011	试车安全知识	X	
				012	触电事故的预防措施	X	
				013	静电防护的技术要求	Y	
				014	使用砂轮机的注意事项	X	
				015	台钻使用注意事项	X	
				016	急救常识	Y	
				017	安全生产责任制	X	
				018	安全用电常识	X	
	B	质量管理知识 (1:1:2)	4%	001	ISO 9000 质量管理系列标准介绍	Z	
				002	质量管理原则	X	
				003	质量管理基础	Z	
				004	质量管理术语	Y	

注：X—核心要素；Y—一般要素；Z—辅助要素。

理论知识试题

一、选择题(每题四个选项,其中只有一个是正确的,将正确的选项填入括号内)

1. AA001　图样中以(　　)为单位时,不需标注计量单位的代号或名称。
　　(A) m　　　　(B) dm　　　　(C) cm　　　　(D) mm

2. AA001　图样中的图框由内、外两框组成,其中外框用(　　)绘制。
　　(A) 点划线　　(B) 波浪线　　(C) 细实线　　(D) 粗实线

3. AA001　图样的标题栏应在图纸的(　　)。
　　(A) 右下角　　(B) 左下角　　(C) 右上角　　(D) 左上角

4. AA002　表达单个零件的结构形状、尺寸大小和技术要求的图样称为(　　)。
　　(A) 零件图　　(B) 装配图　　(C) 局部图　　(D) 尺寸图

5. AA002　识读分析零件视图时,首先应找出(　　)。
　　(A) 右视图　　(B) 俯视图　　(C) 主视图　　(D) 左视图

6. AA002　零件图的识图方法分五步进行,首先是(　　)。
　　(A) 分析视图　(B) 分析形体　(C) 看标题栏　(D) 分析尺寸

7. AA003　为了保证零件的(　　),必须将零件尺寸的加工误差限制在一定的范围内,并规定出尺寸的允许变动量。
　　(A) 一致性　　(B) 互换性　　(C) 密封性　　(D) 耐磨性

8. AA003　在一般机械中,重要的精密部件一般选用的标准公差等级为(　　)。
　　(A) IT01、IT0　(B) IT1、IT2　(C) IT3、IT4　(D) IT5、IT6

9. AA003　基孔制选用的基本偏差代号为(　　)。
　　(A) G　　　　(B) H　　　　(C) J　　　　(D) F

10. AA003　基轴制选用的基本偏差代号为(　　)。
　　(A) g　　　　(B) h　　　　(C) j　　　　(D) f

11. AA003　基本代号为 H 和 h 时,它们的基本偏差为(　　)。
　　(A) 0　　　　(B) 1　　　　(C) 2　　　　(D) 3

12. AA004　尺寸公差(简称公差)即允许尺寸的变动量,正确的公式是(　　)。
　　(A) 公差 = 最大极限尺寸 − 基本尺寸　　(B) 公差 = 最小极限尺寸 − 基本尺寸
　　(C) 公差 = 上偏差 − 下偏差　　　　　　(D) 公差 = 最大极限尺寸 − 实际尺寸

13. AA004　用来表示孔的下偏差符号是(　　)。
　　(A) ES　　　(B) EI　　　(C) es　　　(D) ei

14. AA004　φ40mm ± 0.006mm 的最小极限尺寸是(　　)。
　　(A) φ40mm　(B) 0mm　　(C) φ39.994mm　(D) φ40.006mm

15. AA004　$\phi 40^{+0.016}_{-0.001}$mm 的最大极限尺寸是(　　)。
　　(A) φ40mm　(B) φ40.001mm　(C) φ40.016mm　(D) φ40.017mm

16. AA005　用以限制被测量实际平面形状误差称为(　　)公差。
　　(A) 直线度　　(B) 圆度　　(C) 平面度　　(D) 曲面

17. AA005 用以限制一般曲面的形状误差称为（　）公差。
(A) 圆柱度　　　(B) 线轮廓度　　　(C) 面轮廓度　　　(D) 圆度

18. AA005 符号"//"表示（　）。
(A) 平行度　　　(B) 倾斜度　　　(C) 垂直度　　　(D) 同轴度

19. AA005 垂直度用（　）来表示。
(A) ∠　　　(B) ⊥　　　(C) //　　　(D) ≡

20. AA006 配合分间隙配合、过盈配合和（　）配合。
(A) 动　　　(B) 静　　　(C) 过渡　　　(D) 接触

21. AA006 孔的公差带与轴的公差带相互交叠，可能具有间隙或过盈的配合称为（　）配合。
(A) 间隙　　　(B) 过盈　　　(C) 过渡　　　(D) 静

22. AA006 孔的公差带位于轴的公差带之上，一定具有间隙的配合称为（　）配合。
(A) 间隙　　　(B) 静　　　(C) 过渡　　　(D) 过盈

23. AA007 在装配零件中，$\phi 80H7/f6$的配合方式为（　）。
(A) 间隙配合　　　(B) 过盈配合　　　(C) 过渡配合　　　(D) 无法判断

24. AA007 下列表面粗糙度的主要参数符号中，表示轮廓算术平均偏差的是（　）。
(A) R_z　　　(B) R_y　　　(C) R_a　　　(D) L_n

25. AA007 下面表示不用去除材料的方法获得表面粗糙度的符号是（　）。
(A)　　　(B)　　　(C)　　　(D)

26. AA008 在装配零件中，$\phi 14H7/n6$在图纸上表示的尺寸为（　）。
(A) 配合尺寸　　　(B) 定位尺寸　　　(C) 安装尺寸　　　(D) 外形尺寸

27. AA008 在齿轮泵装配图中，两齿轮轴中心距为28.8 ± 0.025所表示的尺寸为（　）。
(A) 配合尺寸　　　(B) 定位尺寸　　　(C) 安装尺寸　　　(D) 外形尺寸

28. AA008 在建筑图中，剖面图主要表明建筑物内部（　）的结构。
(A) 高度方向　　　(B) 水平方向　　　(C) 垂直方向　　　(D) 平面

29. AB001 下列属于有色金属的是（　）。
(A) 碳素钢　　　(B) 合金钢　　　(C) 铸铁　　　(D) 铜合金

30. AB001 铬元素的化学符号是（　）。
(A) Cr　　　(B) Ni　　　(C) P　　　(D) Zn

31. AB001 下列属于黑色金属的是（　）。
(A) 不锈钢　　　(B) 铝合金　　　(C) 轴承合金　　　(D) 铜合金

32. AB002 对于一般工程材料来说，金属的（　）性能是最主要的。
(A) 工艺　　　(B) 塑性　　　(C) 化学　　　(D) 力学

33. AB002 金属塑性是由（　）试验测得的，它是金属材料在断裂前产生永久变形的能力。
(A) 剪切　　　(B) 拉伸　　　(C) 扭转　　　(D) 压缩

34. AB002 当吊装物件超过一定质量时，钢丝绳就会逐渐伸长，钢丝绳受到的是（　）作用。
(A) 压力　　　(B) 扭力　　　(C) 拉力　　　(D) 剪力

35. AB003 含碳量小于（　）而不含有特意加入合金元素的钢，称为碳素钢。
(A) 1.2%　　　(B) 1%　　　(C) 0.02%　　　(D) 2.11%

36. AB003　钢牌号为 Q215 指的是（　）为 215N/mm² 的碳素结构钢。
　　（A）拉伸强度　　（B）抗压强度　　（C）疲劳强度　　（D）屈服点

37. AB003　1MPa=（　）N/mm²。
　　（A）10³　　　（B）10⁶　　　（C）10　　　（D）1

38. AB004　碳素钢可分为碳素结构钢和（　）。
　　（A）碳素工具钢　　　　　　（B）优质碳素结构钢
　　（C）高碳钢　　　　　　　　（D）低碳钢

39. AB004　在铸铁中,（　）应用最为广泛,可制造机器的机身、箱体等。
　　（A）灰口铸铁　（B）可锻铸铁　（C）白口铸铁　（D）球墨铸铁

40. AB004　在碳素结构钢中,Q255 钢常被用作制造（　）。
　　（A）铆钉　　　（B）垫片　　　（C）钉子　　　（D）键

41. AB005　铸铁中字母 HT 表示（　）。
　　（A）白口铸铁　（B）灰口铸铁　（C）球墨铸铁　（D）可锻铸铁

42. AB005　断口为银白色,且铸铁中的碳全部以 Fe₃C 形式存在的铸铁是（　）。
　　（A）白口铸铁　（B）灰口铸铁　（C）球墨铸铁　（D）可锻铸铁

43. AB005　主要用来制造形状较复杂,又要经受振动薄壁零件的铸铁是（　）。
　　（A）白口铸铁　（B）灰口铸铁　（C）球墨铸铁　（D）可锻铸铁

44. AB006　对金属进行热处理,是为了达到提高金属的力学性能和（　）的目的。
　　（A）机械性能　（B）物理性能　（C）工艺性能　（D）化学性能

45. AB006　热处理是指将固态金属或合金采用适当的方式进行（　）、（　）和（　）获得
　　　　　　所需要的组织结构与性能的工艺。
　　（A）加热;升温;熔化　　　　（B）加热;保温;冷却
　　（C）加热;升温;冷却　　　　（D）加热;淬火;调质

46. AB006　热处理工艺曲线体现了（　）的变化关系。
　　（A）时间与温度　（B）加热与冷却　（C）粘度与时间　（D）时间与速度

47. AB007　钢退火的主要目的在于（　）。
　　（A）提高硬度　（B）提高塑性　（C）消除变形　（D）消除内应力

48. AB007　碳素钢的退火一般采用（　）冷却的方式。
　　（A）油中　　　（B）水中　　　（C）空气　　　（D）随炉温

49. AB007　正火是指将钢材加热到一定温度经保温后,（　）冷却的热处理工艺。
　　（A）随炉温　　（B）在静止空气中　（C）在油中　　（D）在水中

50. AB008　淬火的目的是使钢件获得较高的（　）和耐磨性。
　　（A）硬度　　　（B）韧性　　　（C）塑性　　　（D）耐腐蚀性

51. AB008　在单介质淬火中,合金钢常采用（　）进行淬火。
　　（A）油　　　　（B）水　　　　（C）盐水　　　（D）空气

52. AB008　回火是为了消除（　）时所产生的内应力,使钢件组织结构趋于稳定。
　　（A）正火　　　（B）退火　　　（C）淬火　　　（D）调质

53. AB009　在大型机械设备安装灌浆中,选用（　）配合成混凝土。
　　（A）无收缩硅酸盐水泥　　　（B）白色硅酸盐水泥
　　（C）铁铝酸盐水泥　　　　　（D）高铝水泥

54. AB009 在冬季施工中,为防止混凝土冻裂,常采用（　　）。
    (A) 无收缩硅酸盐水泥　　　　　(B) 白色硅酸盐水泥
    (C) 铁铝酸盐水泥　　　　　　　(D) 高铝水泥

55. AB009 当管线、法兰工作介质为油,且温度、压力较低时,应采用（　　）进行密封。
    (A) 石棉板　　(B) 耐油石棉板　　(C) 石棉橡胶板　　(D) 耐酸石棉板

56. AB010 螺纹形式属于（　　）螺纹。
    (A) 单线右旋　　(B) 双线右旋　　(C) 单线左旋　　(D) 双线左旋

57. AB010 相邻两牙在中径线上对应两点间的轴向距离称为（　　）。
    (A) 导程　　(B) 齿厚　　(C) 螺距　　(D) 槽宽

58. AB010 螺纹 M12 表示（　　）为 12mm 的粗牙右旋螺纹。
    (A) 公称直径　　(B) 导程　　(C) 螺距　　(D) 中径

59. AB011 英制管螺纹的牙型角 α 为（　　）。
    (A) 30°　　(B) 45°　　(C) 55°　　(D) 60°

60. AB011 对管螺纹 G2－B－LH 描述正确的是（　　）。
    (A) 尺寸代号为2、B级、左旋、非密封圆柱外螺纹
    (B) 尺寸代号为2、B级、左旋、密封圆柱外螺纹
    (C) 尺寸代号为2、B级、左旋、非密封圆柱内螺纹
    (D) 尺寸代号为2、B级、左旋、密封圆柱内螺纹

61. AB011 对管螺纹 GP1/2 描述正确的是（　　）。
    (A) 尺寸代号为1/2、右旋、英制密封圆柱内螺纹
    (B) 尺寸代号为1/2、右旋、英制密封圆柱外螺纹
    (C) 尺寸代号为1/2、右旋、英制非密封圆柱外螺纹
    (D) 尺寸代号为1/2、左旋、英制密封圆柱外螺纹

62. AC001 在液压系统中,液压油主要起到（　　）的作用。
    (A) 密封　　(B) 冷却　　(C) 清洗　　(D) 传递动力

63. AC001 润滑是指利用润滑剂在（　　）的对偶表面间形成一层油膜,以减少摩擦体之间的摩擦阻力和材料磨损。
    (A) 摩擦副　　(B) 机构　　(C) 零件　　(D) 部件

64. AC001 润滑剂的主要作用在于（　　）作用。
    (A) 密封　　(B) 冷却　　(C) 清洗　　(D) 润滑

65. AC002 依靠旋转的机件或附加在轴上的甩油盘、甩油环、油链等将油池中润滑油溅到被润滑轴承等摩擦部位,形成自动润滑的润滑方式称为（　　）。
    (A) 飞溅润滑　　　　　　　　　(B) 滴油润滑
    (C) 油绳、油垫润滑　　　　　　(D) 强制润滑

66. AC002 集中润滑方式属于（　　）方式。
    (A) 飞溅润滑　　　　　　　　　(B) 滴油润滑
    (C) 油绳、油垫润滑　　　　　　(D) 强制润滑

67. AC002 适用于大型、重载、高速、精密、自动化的各种机械设备上,需要单独润滑装置的润滑方式是（　　）。

(A) 手助加油润滑　　　　　　　　(B) 滴油润滑
(C) 油绳、油垫润滑　　　　　　　(D) 强制润滑

68. AC003　目前化工、机电行业应用最为广泛的润滑油是（　　）。
(A) 动物油　　(B) 植物油　　(C) 矿物质油　　(D) 合成油

69. AC003　按国家润滑剂标准 GB/T 7631.1—2008,润滑油 L-DAA150 表示的是（　　）。
(A) 仪表油　　(B) 汽轮机油　　(C) 压缩机油　　(D) 齿轮油

70. AC003　按国家润滑剂标准 GB/T 7631.1—2008,润滑油 L-HM46 表示的是（　　）。
(A) 动物油　　(B) 汽轮机油　　(C) 齿轮油　　(D) 液压油

71. AC004　油品的（　　）是指粘度随温度的变化而变化的性质。
(A) 粘度　　(B) 粘度比　　(C) 粘温性质　　(D) 润滑性

72. AC004　在我国标准中常用（　　）来表示油品的粘度大小。
(A) 动力粘度　　(B) 运动粘度　　(C) 条件粘度　　(D) 粘度指数

73. AC004　下列不属于评定油品粘温性能指标的是（　　）。
(A) 动力粘度　　(B) 粘度指数　　(C) 粘度指数　　(D) 粘度比

74. AC005　适用于以汽油发动机为主要驱动的设备用油是（　　）。
(A) 汽油机油　　(B) 柴油机油　　(C) 变压器油　　(D) 矿物质油

75. AC005　可防止精密机床导轨在低速运行时"爬行"的润滑油是（　　）。
(A) 导轨油　　(B) 柴油机油　　(C) 液压油　　(D) 矿物质油

76. AC005　像三轮车、摩托车的链条,一般采用的润滑油为（　　）。
(A) 汽油机油　　　　　　　　　　(B) 重载车辆齿轮油
(C) 闭式齿轮油　　　　　　　　　(D) 开式齿轮油

77. AC006　下列不属于工业齿轮油的是（　　）。
(A) 工业闭式齿轮油　　　　　　　(B) 蜗轮蜗杆油
(C) 工业开式齿轮油　　　　　　　(D) 轴承油

78. AC006　工业开式齿轮油是适用于（　　）的低速重负荷齿轮装置润滑系统的油品。良好的粘附性是开式齿轮油的重要特点。
(A) 无齿轮箱或半封闭式齿轮箱　　(B) 封闭式齿轮箱
(C) 有齿轮箱或半封闭式齿轮箱　　(D) 有齿轮箱

79. AC006　液压油的作用是实现能量（　　）的工作介质,同时还起着润滑、防锈、冷却、减震等作用。
(A) 传递、转换和控制　　　　　　(B) 吸收、传递和转化
(C) 增加、减少和传递　　　　　　(D) 吸收、转换和传播

80. AC007　基础油添加一定数量的（　　）结合成为半固体或固体的油脂,即为润滑脂。
(A) 增稠剂　　(B) 抗氧化剂　　(C) 乳化剂　　(D) 固化剂

81. AC007　锥入度是鉴定润滑脂稠度的指标,锥入度越大表示润滑脂稠度（　　）;反之,（　　）。
(A) 越硬;越软　　(B) 越好;越坏　　(C) 越软;越硬　　(D) 越坏;越好

82. AC007　润滑脂中的皂分含量越高,其机械安定性越（　　）,但启动力矩越（　　）。
(A) 好;小　　(B) 差;大　　(C) 好;大　　(D) 差;小

83. AC008　润滑脂的稠度等级号越大,表示润滑脂锥入度越（　　）,承载能力越（　　）。

(A) 小；小　　　(B) 大；小　　　(C) 大；大　　　(D) 小；大

84. AC008 颜色为淡黄或暗褐色均匀油膏,具有良好的耐水性,耐温性差,适用在汽车、水泵、冶金、矿山等通用机械的轴承、齿轮润滑使用的润滑脂为（　　）。
(A) 钙基润滑脂　(B) 钡基润滑脂　(C) 钠基润滑脂　(D) 铝基润滑脂

85. AC008 一种润滑脂的标记为 L－XBEGB0,其中数字 0 表示（　　）。
(A) 倾点温度 0℃　　　　　　(B) 滴点温度 0℃
(C) 稠度等级为 0　　　　　　(D) 产品序列号

86. AC009 润滑脂具有较大的（　　）,所以承受载荷能力强,能承受较大冲击。
(A) 粘附性　　(B) 油膜厚度　　(C) 密封性　　(D) 强度

87. AC009 润滑脂具有较大的（　　）,所以可以用在敞开式摩擦部件上工作。
(A) 粘附性　　(B) 油膜厚度　　(C) 密封性　　(D) 极压性

88. AC009 润滑脂的启动力矩较润滑油（　　）,发热量较（　　）,冷却效果差,不适合高速运转的部件。
(A) 小；小　　(B) 大；小　　(C) 大；大　　(D) 小；大

89. AC010 在高速的运动副上应采用粘度（　　）的润滑油和锥入度（　　）的润滑脂。
(A) 较大；较大　(B) 较小；较大　(C) 较小；较小　(D) 较大；较小

90. AC010 承受大冲击振动、重载荷、间歇运动的设备,应采用粘度（　　）、极压性较好的润滑油或锥入度（　　）的润滑脂或固体润滑剂。
(A) 较大；较大　(B) 较小；较大　(C) 较小；较小　(D) 较大；较小

91. AC010 在潮湿环境中工作的润滑机构不宜采用（　　）润滑脂。
(A) 钙基　　(B) 钠基　　(C) 钡基　　(D) 锂基

92. AC011 下列不属于清洗目的是（　　）。
(A) 脱脂　　(B) 除锈　　(C) 去垢　　(D) 降凝

93. AC011 在化学清洗的过程中,水冲洗的流速一般保持在（　　）以上,冲洗到排水清澈为止。
(A) 0.1～0.5m/s　　　　　(B) 0.5～1.5m/s
(C) 1.5～2m/s　　　　　　(D) 2～2.5m/s

94. AC011 漂洗是指在酸洗结束并进行冲洗后,用（　　）进行一次冲洗,以除去酸洗或水冲洗后残留在清洗系统中的铁离子,以及水冲洗后可能产生的铁锈。
(A) 弱酸　　(B) 弱碱　　(C) 强酸　　(D) 强碱

95. AC012 化学清洗工艺主要包括:清洗方法、药品的浓度和用量、清洗液温度、清洗（　　）以及超声波清洗时的频率等。
(A) 程序、方式　(B) 流速、压力　(C) 时间、压力　(D) 时间、流速

96. AC012 适用于清洗轻度粘附和油性污垢、形式复杂的中小型机件的清洗方法是（　　）。
(A) 擦洗　　(B) 多槽洗　　(C) 酸洗　　(D) 浸洗

97. AC012 清洗操作工艺简单,但劳动强度大,适用于在常温下粗清洗小批量生产的中小型机件的清洗方法是（　　）。
(A) 擦洗　　(B) 槽洗　　(C) 超声波　　(D) 浸洗

98. AC013 汽油属易挥发及易燃液体,主要用于清洗小批量、大体积、结构复杂的零部件,在使用时应注意（　　）。

(A）回收利用　　（B）加热使用　　（C）清洁过滤　　（D）通风防火

99. AC013　煤油是挥发性及易燃液体。当用热煤油时,应采取（　）的方法加热。
(A）隔水加热　（B）火焰直接加热（C）氧-乙炔加热（D）蒸汽直吹

100. AC013　化学水清洗液可根据金属（　）及污垢类型、部件防锈要求来进行复合选择配置。
(A）材质、锈蚀程度　　　　　　（B）材质、锈蚀部位
(C）体积、质量　　　　　　　　（D）质量、锈蚀面积

101. AC014　脱脂工艺一般应用在运转设备（　）的工作场合。
(A）忌水　　（B）忌碱　　（C）忌酸　　（D）忌油

102. AC014　不属于脱脂剂的是（　）。
(A）二氯乙烷　（B）盐酸　　（C）碳酸钠　　（D）浓硝酸

103. AC014　对于管道、管束设备等,常用的脱脂方法是（　）。
(A）槽洗法　　（B）循环法　　（C）擦洗法　　（D）喷洗法

104. AC015　在酸洗前,应先将金属件浸入（　）中预清理油脂,也可用石油溶剂进行清洗除油。
(A）碱性清洗液　（B）酸性清洗液　（C）中性清洗液　（D）水

105. AC015　酸洗时间应根据（　）而定,过长容易酸腐蚀过度,过短清理不干净。
(A）酸洗温度　（B）酸液浓度　　（C）去锈情况　　（D）除锈面积

106. AC015　酸洗钝化后,在工件表面涂油的目的在于（　）。
(A）密封　　（B）防锈　　（C）润滑　　（D）美观

107. AD001　属于钳工电动工具的是（　）。
(A）油枪　　（B）激光对中仪　（C）砂轮机　　（D）经纬仪

108. AD001　属于钳工手工工具的是（　）。
(A）磁座钻　（B）冲击钻　　（C）电锤　　（D）钢丝钳

109. AD001　长度为200mm的活动扳手,它的使用规格为（　）。
(A）24mm　　（B）19mm　　（C）36mm　　（D）30mm

110. AD002　拆卸和安装螺母时,最好使用（　）。
(A）活动扳手　（B）死扳手　　（C）套筒扳手　（D）管钳

111. AD002　拆卸泵的半联轴器主要用（　）。
(A）勾扳手　（B）弹性手锤　（C）拉力器　　（D）电钻

112. AD002　使用管子割刀切割管子时,进刀深度以每次进刀丝杆不超过（　）为宜。
(A）一圈　　（B）两圈　　（C）一圈半　　（D）半圈

113. AD003　使用砂轮机时,人要站在与砂轮机中心线成（　）的地方。
(A）30°　　（B）45°　　（C）60°　　（D）75°

114. AD003　在装新砂轮片时,要检查有无破损、断裂和不平、不圆等现象,砂轮片孔眼要与轴紧密配合,两面夹板（　）砂轮直径的一半。
(A）不小于　　（B）不大于　　（C）等于　　（C）小于或等于

115. AD003　利用纤维增强树脂铍形砂轮进行磨削,主要用于金属件的修磨、清理飞边或毛刺、焊接前开破口及型材切削的工具是（　）。
(A）手电钻　　（B）角向磨光机　（C）砂轮机　　（D）电锤

116. AD004　不能和手锤、锉刀、车刀等刃具堆放一起的是（　）。
　　　(A) 扳手　　　(B) 螺丝刀　　　(C) 游标卡尺　　　(D) 手钳
117. AD004　测量单位（　）属于热力学单位。
　　　(A) 千克　　　(B) 开尔文　　　(C) 摩尔　　　(D) 坎德垃
118. AD004　由于量块的制造、线纹尺的刻线所引起的测量误差属于（　）误差。
　　　(A) 计量器具　　　(B) 测量方法　　　(C) 标准器　　　(D) 环境
119. AD005　游标卡尺是一种（　）的量具。
　　　(A) 较低精度　　　(B) 较高精度　　　(C) 中等精度　　　(D) 精密
120. AD005　不属于量具的是（　）。
　　　(A) 水平仪　　　(B) 千分块　　　(C) 卡钳　　　(D) 划线规
121. AD005　框式水平仪比合像水平仪（　）。
　　　(A) 精度高　　　　　　　　　(B) 测量范围小
　　　(C) 通用性差　　　　　　　　(D) 气泡达到稳定时间短
122. AD006　精度为0.1mm的游标卡尺,它的主副尺每格之差为（　）,可用来测量一般精度的工件。
　　　(A) 0.1mm　　　(B) 0.01mm　　　(C) 0.05mm　　　(D) 0.02mm
123. AD006　游标分度值为0.02的游标卡尺,游标刻度间距为（　）,可用来测量中等精度的工件。
　　　(A) 0.8mm　　　(B) 1.8mm　　　(C) 0.98mm　　　(D) 1.98mm
124. AD006　游标卡尺可以直接测量出工件的（　）等尺寸。
　　　(A) 内外径、宽度　　　　　　(B) 内径、宽度、长度
　　　(C) 内径、宽度、外径　　　　(D) 内外径、宽度、长度
125. AD007　千分尺的微分筒转过一个刻度,测杆的轴向位移为（　）。
　　　(A) 0.1mm　　　(B) 0.2mm　　　(C) 0.02mm　　　(D) 0.01mm
126. AD007　应用螺旋副转动原理进行读数的测量器具是（　）。
　　　(A) 游标卡尺　　　(B) 千分尺　　　(C) 百分表　　　(D) 水平仪
127. AD007　千分尺的固定套筒上刻有纵刻度线,作为微分套筒读数的（　）。
　　　(A) 分度线　　　(B) 基准线　　　(C) 间距线　　　(D) 公法线
128. AD008　百分表可用来检验（　）和测量工件尺寸、形状和位置公差。
　　　(A) 机械精度　　　(B) 机器精度　　　(C) 机构精度　　　(D) 机床精度
129. AD008　用百分表测量工件时,长指针转一圈,齿杆移动（　）。
　　　(A) 0.1mm　　　(B) 1mm　　　(C) 1cm　　　(D) 0.1m
130. AD008　内径百分表用来测量工件的（　）和孔的形位公差。
　　　(A) 内径　　　(B) 长度　　　(C) 锥度　　　(D) 大小
131. AD009　常用的框式水平仪的底面长度为200mm,当框式水平仪精度为0.02/1000时,测量200mm长物体时,气泡移动一格则两端的高度差为（　）。
　　　(A) 0.004mm　　　(B) 0.04mm　　　(C) 0.02mm　　　(D) 0.4mm
132. AD009　框式水平仪是一种测量小角度的测量仪,若精度为0.02/1000,当水平气泡移动一格时,水平仪的底面倾斜角度为（　）。
　　　(A) 2″　　　(B) 4″　　　(C) 6″　　　(D) 8″

133. AD009　使用框式水平仪时,由于水准器中液体受温度影响而使气泡长度改变。为减少温度的影响,测量时应由气泡（　）读数。
　　　　（A）中间　　　（B）左端　　　（C）两端　　　（D）右端

134. AD010　水准仪从箱中取出时,要两手握住（　）部分。
　　　　（A）望远镜　　（B）基座　　　（C）对光螺旋　（D）交螺旋

135. AD010　水准仪的基本作用是能建立一个（　）。
　　　　（A）水准面　　（B）竖直面　　（C）铅锤面　　（D）水平面

136. AD010　普通水准仪一般用于大地测量或测量单机设备的（　）。
　　　　（A）体积　　　（B）位置　　　（C）标高　　　（D）水平

137. AD011　工具经纬仪主要供空间定位用,它具有竖轴和横轴,可使瞄准镜管在水平方向作360°的方向移动,也可在（　）面内作大角度的俯仰。
　　　　（A）平行　　　（B）垂直　　　（C）水平　　　（D）斜

138. AD011　工具经纬仪整平目的是（　）。
　　　　（A）使仪器竖轴铅垂,水平度盘水平
　　　　（B）使十字丝清晰
　　　　（C）使刻划线清晰
　　　　（D）使仪器中心与测站点位于同一铅垂线上

139. AD011　使用工具经纬仪时,首先调整（　）,即所提供的基准视线与定位基准线重合。
　　　　（A）直轴　　　（B）光轴　　　（C）曲轴　　　（D）光源

140. AD012　塞尺可以分为（　）个号码。
　　　　（A）三　　　　（B）四　　　　（C）五　　　　（D）六

141. AD012　塞尺的长度不常用的是（　）。
　　　　（A）50mm　　（B）100mm　　（C）200mm　　（D）300mm

142. AD012　使用塞尺时,1号13片所能测量的范围是（　）。
　　　　（A）0.02～0.10mm　　　　　　（B）0.03～0.50mm
　　　　（C）0.50～0.10mm　　　　　　（D）0.10～0.15mm

143. AD013　关于卡钳的说法错误的是（　）。
　　　　（A）调整卡钳时,应敲卡钳的两个侧面部,允许敲击卡钳口
　　　　（B）测量工件时,不能用力将卡钳压下去,要用卡钳的自重贴到工件表面上即可
　　　　（C）测量工件时,卡钳要方正不能歪斜,否则测量的尺寸是不精确的
　　　　（D）工件在旋转时可以直接用卡钳测量

144. AD013　测量V形导轨的误差,最好用（　）。
　　　　（A）框式水平仪（B）光学准直仪（C）合像水平仪（D）百分表

145. AD013　（　）不能采用平尺测量。
　　　　（A）直线度　　（B）平面度　　（C）平行度　　（D）椭圆度

146. AD014　千分尺使用完毕,应保存在（　）的地方。
　　　　（A）潮湿　　　（B）干燥　　　（C）高温　　　（D）低温

147. AD014　量具在使用时,若发现精密量具有不正常现象时,应及时送交（　）。
　　　　（A）生产厂返修　　　　　　　（B）技术及检验部门

(C) 计量室检修　　　　　　　(D) 上级领导

148. AD014 用量具测量工件时,应将量具的测量面和工件(　)面擦净。
(A) 加工　　(B) 未加工　　(C) 测量　　(D) 非测量

149. AE001 立体划线要选择(　)划线基准。
(A) 一个　　(B) 两个　　(C) 三个　　(D) 四个

150. AE001 零件两个方向的尺寸与其中心线具有对称性,且其他尺寸也从中心线起始标注,该零件的划线基准是(　)。
(A) 一个平面和一条中心线　　(B) 两条相互垂直的中心线
(C) 两个相互垂直的平面　　　(D) 一个平面和两条中心线

151. AE001 划线时,应使划线基准与(　)一致。
(A) 设计基准　(B) 安装基准　(C) 测量基准　(D) 绘制基准

152. AE002 划线时,V形块是用来安放(　)工件的。
(A) 圆形　　(B) 大型　　(C) 复杂形状的　(D) 长方形

153. AE002 使用千斤顶支撑划线工件时,一般(　)为一组。
(A) 两个　　(B) 三个　　(C) 四个　　(D) 五个

154. AE002 在已加工表面划线时,一般使用(　)涂料。
(A) 白喷漆　(B) 涂粉笔　(C) 蓝油　　(D) 油漆

155. AE003 锯条反装后,其楔角(　)。
(A) 大小不变　(B) 增大　　(C) 减小　　(D) 无影响

156. AE003 常用的手锯由锯弓和锯条两部分组成,常用锯条长300mm,一般分为(　)种。
(A) 两　　　(B) 三　　　(C) 四　　　(D) 五

157. AE003 在安装锯条时,当锯缝超过锯弓高度时要使锯弓和锯条调整成(　)。
(A) 0°　　　(B) 30°　　(C) 60°　　(D) 90°

158. AE004 锯条有了锯路,可使工件上的锯缝宽度(　)锯条背部的厚度。
(A) 大于　　(B) 等于　　(C) 小于　　(D) 无影响

159. AE004 锯削管子和薄板料时,应选择(　)锯条。
(A) 粗齿　　(B) 中齿　　(C) 细齿　　(D) 粗细齿均可

160. AE004 锯削时的锯削速度以每分钟往复(　)为宜。
(A) 20次以下　(B) 20～40次　(C) 40次以上　(D) 无所谓

161. AE005 錾子的楔角越大,錾子切削部分的(　)越高。
(A) 硬度　　(B) 强度　　(C) 锋利程度　(D) 效率

162. AE005 錾子楔角的大小应根据(　)来选择。
(A) 工件材料的软硬　　(B) 工件形状大小
(C) 工件的延伸性　　　(D) 操作习惯

163. AE005 刃磨錾子时,主要确定(　)的大小。
(A) 前角　　(B) 楔角　　(C) 后角　　(D) 前倾角

164. AE006 錾削硬材料时,楔角应取(　)。
(A) 30°～50°　(B) 50°～60°　(C) 60°～70°　(D) 70°～80°

165. AE006 在工件上錾削沟槽和分割曲线形板料时,应选用(　)。
(A) 尖錾　　(B) 扁錾　　(C) 油槽錾　　(D) 任意一种

166. AE006　錾削时,锤击力量最大的挥锤方法是（　）。
　　　（A）手挥　　　　　　　　　　（B）臂挥
　　　（C）肘挥　　　　　　　　　　（D）取决于力量大小

167. AE007　在锉刀工作面上起主要锉削作用的锉纹是（　）。
　　　（A）主锉纹　　（B）辅锉纹　　（C）边锉纹　　（D）中间锉纹

168. AE007　钳工锉的主锉纹斜角为（　）。
　　　（A）45°~52°　（B）65°~72°　（C）90°　　（D）80°

169. AE007　锉刀断面形状的选择取决于工件的（　）。
　　　（A）锉削表面形状　　　　　　（B）锉削表面大小
　　　（C）工件材料软硬　　　　　　（D）锉削工件材质

170. AE008　常见的外圆弧面锉削方法有顺锉法和滚锉法,与滚锉法相比,顺锉法（　）。
　　　（A）削效率高,适于精加工　　（B）削效率低,适于粗加工
　　　（C）削效率高,适于粗加工　　（D）削效率低,适于粗加工

171. AE008　在锉削窄长平面和修整尺寸时,可选用（　）锉法。
　　　（A）推锉法　　（B）顺向锉法　（C）交叉锉法　（D）逆向锉法

172. AE008　为了使锉削表面光滑,锉刀的锉齿沿锉刀轴线方向成（　）排列。
　　　（A）不规则　　（B）平行　　　（C）倾斜有规律　（D）垂直

173. AE009　对储藏液体或气体的薄壁结构,如水箱、气箱和油罐等采用铆接方法是（　）。
　　　（A）紧密铆接　（B）强密铆接　（C）强固铆接　（D）活动铆接

174. AE009　将两块钢板置于同一平面,采用单盖板的铆接形式,称为（　）。
　　　（A）搭接　　　（B）角接　　　（C）对接　　　（D）平接

175. AE009　铆接时,铆钉直径的大小与被连接板的（　）有关。
　　　（A）大小　　　（B）厚度　　　（C）硬度　　　（D）形状

176. AE010　矫正弯形时,材料产生的冷作硬化,可采用（　）方法,使其恢复原来的力学性能。
　　　（A）回火　　　（B）淬火　　　（C）调质　　　（D）发蓝

177. AE010　只有（　）的材料才能进行矫正。
　　　（A）硬度较高　（B）塑性较好　（C）脆性较大　（D）形状狭长

178. AE010　对扭曲变形的条料,可用（　）进行矫正。
　　　（A）弯曲法　　（B）扭转法　　（C）延展法　　（D）压缩法

179. AE011　弯形有焊缝的管子时,焊缝必须置于（　）位置。
　　　（A）弯形外层　（B）弯形内层　（C）中性层　　（D）侧面

180. AE011　钢板在弯形时,其内层材料受到（　）。
　　　（A）压缩　　　（B）拉伸　　　（C）延展　　　（D）挤压

181. AE011　材料弯曲后,其长度不变的一层称为（　）。
　　　（A）中心层　　（B）中间层　　（C）中性层　　（D）过渡层

182. AE012　钻头前角大小(横刃除外)与（　）有关。
　　　（A）后角　　　（B）顶角　　　（C）螺旋角　　（D）前角

183. AE012　麻花钻刃磨时,其刃磨部位是（　）。
　　　（A）前面　　　（B）后面　　　（C）副后面　　（D）中间

184. AE012 麻花钻横刃修磨后,其长度( )。
(A) 不变　　　　　　　　　　(B) 是原来的1/2
(C) 是原来的1/3～1/5　　　　(D) 是原来的1/5

185. AE012 当钻头后角增大时,横刃斜角( )。
(A) 增大　　(B) 不变　　(C) 减小　　(D) 成零度

186. AE012 麻花钻在主截面中,测量的基面与前刀面之间的夹角称为( )。
(A) 螺旋角　(B) 前角　　(C) 顶角　　(D) 后角

187. AE013 钻孔时,钻头绕本身轴线的旋转运动称为( )。
(A) 进给运动　(B) 主运动　(C) 旋转运动　(D) 辅助运动

188. AE013 用压板夹持工件钻孔时,垫铁应比工件( )。
(A) 稍低　　(B) 等高　　(C) 稍高　　(D) 低1mm

189. AE013 在钻壳体与衬套之间的骑缝螺纹底孔时,钻孔中心的样冲眼应打在( )。
(A) 略偏软材料一边　　　(B) 略偏硬材料一边
(C) 两材料中间　　　　　(D) 软硬材料任何一边

190. AE014 可调节手铰刀主要用来铰削( )的孔。
(A) 非标准　(B) 标准系列　(C) 英制系列　(D) 公制系列

191. AE014 和钻头相比,由于铰刀的切削刃长,铰削时各刀齿同时参加切削,生产效率( ),在孔的精加工中应用较广。
(A) 高　　(B) 低　　(C) 一样　　(D) 无可比性

192. AE014 铰削过程中,铰刀( )的切削部分参与切削。
(A) 前端　　(B) 后端　　(C) 中端　　(D) 整个

193. AE015 用标准铰刀铰削IT9级精度,表面粗糙度$R_a 1.6\mu m$的孔,其工艺过程应选择( )。
(A) 钻孔　　　　　　　　(B) 钻孔、扩孔、铰孔
(C) 钻孔、扩孔　　　　　(D) 铰孔

194. AE015 扩孔加工属孔的( )。
(A) 粗加工　(B) 半精加工　(C) 精加工　(D) 超精加工

195. AE015 铰孔时的切削速度( )。
(A) 是钻孔的1/2　　　　(B) 与钻孔相同
(C) 是钻孔的2倍　　　　(D) 是钻孔的3倍

196. AE016 套螺纹时圆杆直径应( )螺纹直径。
(A) 等于　　(B) 小于　　(C) 大于　　(D) 大于等于

197. AE016 米制普通螺纹的牙型角为( )。
(A) 30°　　(B) 55°　　(C) 60°　　(D) 45°

198. AE016 承受单向受力的机械上,如压力机、冲床的螺杆,一般采用( )螺纹。
(A) 锯齿形　(B) 三角形　(C) 圆形　　(D) 圆柱形

199. AE017 丝锥由工作部分和( )两部分组成。
(A) 柄部　　(B) 校准部分　(C) 切削部分　(D) 锥尖部分

200. AE017 柱形分配丝锥,其头锥、二锥的大径、中径和小径( )。
(A) 都比三锥小　(B) 都与三锥相同　(C) 都比三锥大　(D) 无关系

201. AE017　攻螺纹前的底孔直径必须（　）所需的螺孔深度。
　　　　　　（A）小于　　　（B）大于　　　（C）等于　　　（D）小于等于

202. AE018　刮削内曲面时要交叉进行,同时刮削痕迹要同孔中心线形成（　）夹角。
　　　　　　（A）30°　　　（B）45°　　　（C）60°　　　（D）90°

203. AE018　刮削加工平板精度的检查常用研点的数目来表示,用边长为（　）的正方形框罩在被检查面上。
　　　　　　（A）24mm　　（B）25mm　　（C）20mm　　（D）50mm

204. AE018　刮刀刮削部分应具有足够的（　）才能进行刮削加工。
　　　　　　（A）强度和刚度　　　　　　（B）刚度和刃口锋利
　　　　　　（C）硬度和刃口锋利　　　　（D）强度

205. AE019　一般所用的研磨工具(简称研具)的材料硬度应（　）被研零件。
　　　　　　（A）稍高于　　（B）稍低于　　（C）相同于　　（D）以上都可以

206. AE019　研磨余量的大小,应根据（　）来考虑。
　　　　　　（A）零件耐磨性　　　　　　（B）材料的硬度
　　　　　　（C）研磨前预加工精度高低　（D）材料的形状

207. AE019　对工件平面进行精研加工时,应放在（　）平板上进行研磨。
　　　　　　（A）无槽　　　（B）有槽　　　（C）光滑　　　（D）有棱

208. AE020　不允许使用交流焊接电源的是（　）焊条。
　　　　　　（A）钛钙型　　（B）低氢钠型　（C）低氢钾型　（D）纤维素型

209. AE020　焊接速度是指（　）速度。
　　　　　　（A）焊条沿轴线向熔池方向的送进　（B）焊条的横向摆动
　　　　　　（C）焊条沿着焊接方向的移动　　　（D）焊条的综合运动

210. AE020　进行定位焊的主要目的是（　）。
　　　　　　（A）防止焊接变形和尺寸误差　（B）保证焊透
　　　　　　（C）减少焊接应力　　　　　　（D）减少热输入

211. AF001　对于力的作用,完整的说法是（　）。
　　　　　　（A）一个物体对另一个物体的作用　（B）外界对物体的作用
　　　　　　（C）人对物体的作用　　　　　　　（D）地球对物体的引力作用

212. AF001　作用力和反作用力（　）。
　　　　　　（A）大小相等、方向相反、作用在一直线上
　　　　　　（B）大小相等、方向一致、作用在一直线上
　　　　　　（C）大小不等、方向相反、作用在一直线上
　　　　　　（D）大小相等、方向相反、作用在两直线上

213. AF001　力的作用可使物体的（　）改变。
　　　　　　（A）质量　　　（B）化学成分　（C）运动状态　（D）温度

214. AF001　6kgf相当于（　）。
　　　　　　（A）54N　　　（B）60N　　　（C）600N　　　（D）12N

215. AF001　力的三要素包括力的大小、方向和（　）。
　　　　　　（A）施力者　　（B）单位　　　（C）速度　　　（D）作用点

216. AF002　起重作业人多操作时,应由（　）人负责指挥。

(A) 1　　　　(B) 2　　　　(C) 3　　　　(D) 4

217. AF002　起重作业搬运大型物件时,必须有明显标志,白天挂( )旗,夜晚悬红灯。
(A) 黄　　　　(B) 黑　　　　(C) 红　　　　(D) 蓝

218. AF002　吊装轴类时,两兜索的夹角不宜大于( )。
(A) 45°　　　(B) 60°　　　(C) 70°　　　(D) 80°

219. AF003　麻绳一般用于( )的捆扎。
(A) 较轻物件　(B) 重型物件　(C) 腐蚀性物品　(D) 易碎物品

220. AF003　按制作原料不同,麻绳可分为( )三种。
(A) 黑棕绳、混合麻绳和线麻绳
(B) 白棕绳、剑麻绳和线麻绳
(C) 白棕绳、混合麻绳和线麻绳
(D) 剑麻绳、拧麻绳和大麻绳

221. AF003　麻绳不宜在有( )的地方使用。
(A) 泥土　　　(B) 酸碱　　　(C) 沙石　　　(D) 钢材

222. AF003　对于钢丝绳的用途,( )的说法是正确的。
(A) 钢丝绳在起重作业中不可单独作为索具
(B) 钢丝绳在起重作业中可单独作为索具
(C) 钢丝绳在起重作业中只能作为索具
(D) 钢丝绳很少用于起重作业中

223. AF003　普通钢丝绳是由( )钢丝制成的。
(A) 低强度碳素钢
(B) 高强度铸铁
(C) 高强度碳素钢
(D) 不锈钢

224. AF003　钢丝绳的缺点是( )。
(A) 刚性较大不易弯曲
(B) 使用不灵活
(C) 强度低、弹性小
(D) 成本较低

225. AF003　钢丝绳按制造过程中绕捻次数的不同可分为( )大类。
(A) 五　　　　(B) 十　　　　(C) 三　　　　(D) 二十

226. AF003　双重绕捻钢丝绳按照钢丝捻成股和绳股捻成绳的方向不同可分为顺绕钢丝绳、( )钢丝绳和混合绕钢丝绳三种。
(A) 多重绕　　(B) 单绕　　　(C) 三重绕　　(D) 交绕

227. AF003　用钢丝绳捆绑有棱角的物件要垫好( ),防止损坏钢丝绳。
(A) 橡胶　　　(B) 纸张　　　(C) 方木或圆管　(D) 冰块

228. AF003　为防止钢丝绳生锈及磨损要定期除锈并浸涂( )。
(A) 清水　　　(B) 碱　　　　(C) 稀盐酸　　(D) 无水油脂

229. AF003　对钢丝绳浸涂无水油脂,一般每隔( )涂油一次。
(A) 一年　　　(B) 一个月　　(C) 五年　　　(D) 十年

230. AF003　钢丝绳的( )与最大许用拉力的比值称为钢丝绳的安全系数。
(A) 破断拉力　(B) 承重　　　(C) 屈服应力　(D) 直径

231. AF003　吊挂用钢丝绳的安全系数是( )。
(A) 10　　　　(B) 3.5　　　(C) 6　　　　(D) 2

232. AF003　钢丝绳的许用拉力计算公式为( )。(式中 P——许用拉力;Sb——破断拉力;K——安全系数。)

(A) $Sb = P/K$　　(B) $P = 5Sb/K$　　(C) $P = 2Sb/K$　　(D) $P = Sb/K$

233. AF003　钢丝绳卡主要用来（　）钢丝绳。
 (A) 截断　　(B) 保养　　(C) 连接　　(D) 溶解

234. AF004　起吊重物采用的平衡梁又称为（　）。
 (A) 横吊梁　　(B) 悬臂梁　　(C) 圈梁　　(D) 大梁

235. AF004　在起吊大型精密设备和超长设备时，常采用（　）满足起吊要求。
 (A) 平衡板　　(B) 平衡梁　　(C) 连杆　　(D) 悬臂梁

236. AF004　（　）常用来吊装吊点距离较大的设备。
 (A) 管式平衡梁　　(B) 槽钢型平衡梁
 (C) 桁架式平衡梁　　(D) 特殊结构平衡梁

237. AF004　采用平衡梁可以解决起吊高度和（　）之间的矛盾。
 (A) 钢丝绳直径　　(B) 重物质量　　(C) 起吊速度　　(D) 水平夹角

238. AF004　平衡梁能承受由于倾斜吊装所产生的（　）分力。
 (A) 竖直　　(B) 水平　　(C) 重力　　(D) 向心力

239. AF004　平衡梁可减少吊运中设备所产生的（　）。
 (A) 晃动　　(B) 腐蚀　　(C) 变形　　(D) 旋转

240. AF005　卸扣是起重作业中广泛使用的（　）工具。
 (A) 绝缘　　(B) 焊接　　(C) 铆接　　(D) 连接

241. AF005　卸扣根据横销方式不同，可以分成（　）和螺旋式两种。
 (A) 铆接式　　(B) 焊接　　(C) 销子式　　(D) 花键式

242. AF005　由于（　）在使用中装拆方便、迅速，卸扣在起重作业中最为常用。
 (A) 铆钉　　(B) 花键　　(C) 钢丝绳　　(D) 横销

243. AF005　螺旋式卸扣由（　）和横销两部分组成。
 (A) 横销本体　　(B) 卸扣本体　　(C) 花键　　(D) 大铆钉

244. AF005　卸扣的强度主要取决于弯曲部分的（　）。
 (A) 长度　　(B) 弯曲半径　　(C) 直径　　(D) 防绣层

245. AF005　（　）和吊环是吊装作业中的取物工具。
 (A) 钢丝绳　　(B) 吊钩　　(C) 滑轮　　(D) 滑车组

246. AF005　吊钩和吊环一般用20号钢或（　）制造。
 (A) 铸铁　　(B) 45号钢　　(C) 黄铜　　(D) 16Mn钢

247. AF005　锻造的吊钩或吊环必须经过（　）处理，以消除制造过程中产生的内应力。
 (A) 淬火　　(B) 回火　　(C) 正火　　(D) 防腐

248. AF005　吊钩有单钩和（　）两种。
 (A) 双钩　　(B) 三钩　　(C) 四钩　　(D) 五钩

249. AF006　在起重运输和吊装作业中，滑车常常配合（　）进行工作。
 (A) 铲车　　(B) 拖车　　(C) 压缩机　　(D) 卷扬机

250. AF006　按制作材料不同，滑车可分为（　）滑车和铁制滑车。
 (A) 铜制　　(B) 铝制　　(C) 木制　　(D) 塑制

251. AF006　对于滑车组的概念，（　）是正确的。
 (A) 由一定数量的定滑车和动滑车以及绕过其绳索组成

(B) 只有定滑车和绳索
(C) 只有动滑车和绳索
(D) 只有定滑车和动滑车

252. AF006 滑车组的倍率表示滑车组（ ）的程度。
(A) 滑车数量   (B) 省力   (C) 绳索粗细   (D) 重力加速度

253. AF007 （ ）是一种常用的轻小型起重设备。
(A) 机械起重机 (B) 桅杆   (C) 葫芦   (D) 铲车

254. AF007 葫芦分为电动葫芦和（ ）葫芦两类。
(A) 液动   (B) 核动   (C) 热动   (D) 手动

255. AF007 根据结构和（ ）不同,手动葫芦分为手拉葫芦和手扳葫芦两种。
(A) 操作方法 (B) 材料   (C) 防腐层   (D) 起吊重物

256. AF007 在安装和维修中,手拉葫芦常与（ ）配合使用。
(A) 吊车   (B) 铲车   (C) 三脚起重架   (D) 千斤顶

257. AF007 （ ）是手拉葫芦的主要组成部分。
(A) 手链条 (B) 皮带   (C) 焊条   (D) 保险丝

258. AF008 千斤顶是起重作业中常用设备,它工作时（ ）。
(A) 振动较大 (B) 冲击较大 (C) 无振动与冲击 (D) 无振动有冲击

259. AF008 千斤顶能保证把重物准确地停在一定的（ ）上。
(A) 高度   (B) 体积   (C) 温度   (D) 压力

260. AF008 对于千斤顶的使用,正确的说法是（ ）。
(A) 千斤顶应放平
(B) 用带油污的木板做衬垫
(C) 适当加长手柄长度
(D) 顶升过程中可适当歪斜

261. AF009 采用滚杠运输设备时,设备应直接放在（ ）上。
(A) 滚杠   (B) 地面   (C) 钢丝绳   (D) 排子

262. AF009 采用滚杠运输需要转弯时,应将滚杠放置成（ ）形。
(A) 正方   (B) 长方   (C) 五边   (D) 扇

263. AF009 滚杠运输所选用的滚杠应（ ）。
(A) 粗细一样、长短一样   (B) 粗细不一样、长短不一样
(C) 粗细不一样、长短一样   (D) 粗细一样、长短不一样

264. AF010 在工作中最常用的卷扬机是（ ）式卷扬机。
(A) 齿轮   (B) 手动   (C) 摩擦   (D) 齿轮摩擦

265. AF010 根据卷扬机（ ）的不同,可以分为手动卷扬机和电动卷扬机。
(A) 卷筒的多少 (B) 工作原理 (C) 驱动方式 (D) 使用寿命

266. AF010 卷扬机的安装位置应尽量选择较高的地方,距离起吊物应在（ ）以外。
(A) 15m   (B) 20m   (C) 30m   (D) 50m

267. AG001 低压电器中,（ ）不属于主令电器。
(A) 按钮   (B) 限位开关   (C) 换向开关   (D) 万能转换开关

268. AG001 低压电器中的接触器主要功能是（ ）。
(A) 用于远距离频繁控制负荷,切断带负荷电路
(B) 用于电源切换,也可用于负荷通断或电路的切换

（C）用于电路的过负荷保护、短路、欠电压、漏电压保护
（D）用于控制回路的切换

269. AG001　对低压断路器的功能和特点,不正确的叙述是（　　）。
（A）低压断路器是低压配电网络和电力拖动系统中常用的一种配电电器
（B）它集控制和多种保护功能于一体,在正常情况下可用于不频繁地接通和断开电路以及控制电动机的运行
（C）当电路中发生短路、过载和失压等故障时,能自动切断故障电路,保护线路和电气设备
（D）低压断路器具有操作安全、安装使用方便等特点,但其分断能力较差

270. AG001　热继电器不可用于电机的（　　）保护。
（A）过载　　　（B）断相　　　（C）短路　　　（D）电流不平衡

271. AG002　对摇表的使用,正确的叙述是（　　）。
（A）对于500V以上的线路或电气设备,应使用500V或1000V的摇表
（B）摇表使用的表线必须是绝缘线,且宜采用双股绞合绝缘线,其表线的端部应有绝缘护套
（C）测试前必须将被试线路或电气设备接地放电
（D）测试完毕应先停止摇动摇表,后拆线

272. AG002　对接地电阻测试要求,不正确的说法是（　　）。
（A）交流工作接地,接地电阻不应大于4Ω
（B）安全工作接地,接地电阻不应大于4Ω
（C）防雷保护地的接地电阻不应大于10Ω
（D）屏蔽系统如果采用联合接地时,接地电阻不应大于4Ω

273. AG002　对万用表的使用,正确的说法是（　　）。
（A）使用万用表前要校准机械零位和电气零位,若要测量电流或电压,则应先调表指针的电气零位
（B）使用万用表前要校准机械零位和电气零位,若要测量电流或电压,则应先调表指针的机械零位
（C）使用万用表前要校准机械零位和电气零位,若要测量电阻,则应先调表指针的机械零位
（D）使用完毕后,万用表切换开关应停在欧姆挡

274. AG003　三相异步电动机由（　　）组成。
（A）定子铁芯、定子绕组、转子　　　（B）定子铁芯、定子机座、转子
（C）定子铁芯、定子绕组、定子机座　　　（D）定子和转子

275. AG003　对三相异步电动机铭牌Y180M2-4正确的描述是（　　）。
（A）异步电动机,机座号180、短机座、2极、4号铁芯长度
（B）异步电动机,机座中心高度180mm、中机座、4极、2号铁芯长度
（C）异步电动机,机座号180、中机座、2极、4号铁芯长度
（D）异步电动机,机座中心高度180mm、短机座、2极、4号铁芯长度

276. AG003　关于三相异步电动机的叙述中,不正确的是（　　）。
（A）定子绕组通入三相交变电流会产生旋转磁场

(B) 旋转磁场的转速与电源频率有关
(C) 旋转磁场磁极对数越多则旋转磁场的转速越高
(D) 在额定负载下,转子转速总是低于旋转磁场的转速

277. AG004 电动机两地控制电路的特点是（　）。
(A) 两地的启动按钮并联,两地的停止按钮串联
(B) 两地的启动按钮串联,两地的停止按钮并联
(C) 两地的启动按钮串联,两地的停止按钮也是串联
(D) 两地的启动按钮并联,两地的停止按钮也是并联

278. AG004 当控制多台电动机时,需要按一定顺序控制,但顺序控制电路有劳动强度大、精度低等缺点,为克服上述缺点,可采用（　）控制电路。
(A) 正反转　　(B) 时间　　(C) 多地　　(D) 点动

279. AG004 三相笼型异步电动机制动包括（　）两种制动。
(A) 机械制动和能耗制动　　　(B) 反接制动和能耗制动
(C) 机械制动和电气制动　　　(D) 能耗制动和再生制动

280. AG005 工频交流电流有效值超过（　）时,可引起心室颤动或心脏停止跳动,也可能导致呼吸中止。
(A) 20　　(B) 25　　(C) 50　　(D) 75

281. AG005 触电事故中,绝大部分是（　）导致人身伤亡的。
(A) 人体接受电流遭到电击　　(B) 烧伤
(C) 电休克　　　　　　　　　(D) 电伤

282. AG005 如果触电者伤势严重,呼吸停止或心脏停止跳动,应竭力施行（　）和胸外心脏挤压。
(A) 按摩　　　　　　　　　　(B) 点穴
(C) 人工呼吸　　　　　　　　(D) 使触电者呼吸道畅通

283. AG006 行灯电压不得超过（　）,在特别潮湿场所或导电良好的地面上,若工作地点狭窄(如锅炉内、金属容器内),行动不便,行灯电压不得超过（　）。
(A) 36V;12V　　(B) 50V;42V　　(C) 110V;36V　　(D) 50V;36V

284. AG006 当设备发生碰壳漏电时,人体接触设备金属外壳所造成的电击称为（　）。
(A) 直接接触电击　　　　　　(B) 间接接触电击
(C) 静电电击　　　　　　　　(D) 非接触电

285. AG006 当有电流在接地点流入地下时,电流在接地点周围土壤中产生电压降。人在接地点周围,两脚之间出现的电压称为（　）。
(A) 跨步电压　　(B) 跨步电势　　(C) 临界电压　　(D) 故障电压

286. AG007 测量过程的关键在于（　）。
(A) 被测量与测量单位的比较　(B) 平衡
(C) 读数　　　　　　　　　　(D) 示差

287. AG007 工业上通常把用来测量压力、温度、液位、流量等参数的仪表称为（　）。
(A) 检测仪表　　(B) 显示仪表　　(C) 控制仪表　　(D) 分析仪表

288. AG007 测温范围为 -50 ~ +1370℃ 的仪表量程为（　）。
(A) 1370℃　　　　　　　　　(B) 1420℃

(C) 1320℃ (D) －50～＋1370℃

289. AG008 玻璃液位计是以（ ）原理为基础的液位计。
(A) 连通器 (B) 静压平衡 (C) 毛细现象 (D) 能量守恒

290. AG008 流量是指（ ）。
(A) 单位时间内流过管道某一截面的流体数量
(B) 单位时间内流过某一管道的流体数量
(C) 一段时间内流过管道某一截面的流体数量
(D) 一段时间内流过某一管道的流体数量

291. AG008 按其测温原理，双金属温度计属于（ ）。
(A) 液体热膨胀式温度计 (B) 固体热膨胀式温度计
(C) 压力式温度计 (D) 热辐射式温度计

292. AG009 弹性式压力计测量所得的是（ ）。
(A) 大气压 (B) 绝对压力 (C) 表压力 (D) 以上都不是

293. AG009 压力测量仪表按工作原理可分为（ ）。
(A) 膜式、波纹管式、弹簧管式
(B) 液柱式压力计、活塞式压力计、弹性式压力计、电测型压力计等
(C) 液柱式压力计、活塞式压力计
(D) 以上都不对

294. AG009 转子流量计中流体流动方向是（ ）。
(A) 自上而下 (B) 自下而上
(C) 自上而下和自下而上 (D) 自左向右

295. AG010 误差按数值表示的方法可分为（ ）。
(A) 绝对误差、相对误差、引用误差 (B) 基本误差、附加误差
(C) 系统误差、随机误差、疏忽误差 (D) 静态误差、动态误差

296. AG010 有一块压力表最大允许误差为±2.5%，则其精度等级为（ ）级。
(A) 2.5% (B) 2.5 (C) －2.5 (D) 不确定

297. AG010 仪表的精度等级是根据（ ）来划分的。
(A) 绝对误差 (B) 引用误差 (C) 相对误差 (D) 仪表量程大小

298. BA001 工程设备一般安放在（ ）基础上。
(A) 钢板 (B) 混凝土 (C) 钢结构 (D) 泥土

299. BA001 （ ）不属于基础的功用。
(A) 固定设备 (B) 防止共振 (C) 承受载荷 (D) 传递动力

300. BA001 在建造基础时，需要考虑设备基础的（ ）。
(A) 建造要求 (B) 材料 (C) 强度标号 (D) A,B,C 均正确

301. BA002 预留孔内的混凝土达到设计强度的（ ）以上时就可以拧紧地脚螺栓了。
(A) 65% (B) 75% (C) 85% (D) 95%

302. BA002 长地脚螺栓主要用于固定（ ）。
(A) 大型往复式压缩机 (B) 小型引风机
(C) 普通离心泵 (D) 普通鼓风机

303. BA002 环氧砂浆的配制不需要用到的材料是（ ）。

(A) 二丁酯　　　(B) 乙二胺　　　(C) 砂　　　(D) 二丙酯

304. BA003　斜垫铁应配对使用,与平垫铁组成垫铁组时,一般不超过（　）层。
(A) 两　　　(B) 三　　　(C) 四　　　(D) 五

305. BA003　承受重负荷或有强连续振动的设备最好采用（　）。
(A) 开孔垫铁　　(B) 平垫铁　　(C) 无垫铁安装　　(D) 单层垫铁

306. BA003　垫铁的放置数量与（　）无关。
(A) 地脚螺栓数量　　　　　(B) 设备的质量
(C) 混凝土基础的设计强度　　(D) 地脚螺栓强度

307. BA004　（　）不属于放线就位的工作内容。
(A) 设备中心线的画定　　(B) 设备找正
(C) 设备的起重　　　　　(D) 安装基准线的确定

308. BA004　画定两基准中心点时,平面位置安装基准线最少不少于纵横（　）。
(A) 两条　　　(B) 三条　　　(C) 四条　　　(D) 五条

309. BA004　（　）不属于设备平面位置的安装基准线形式。
(A) 弹墨线　　　　　(B) 以虚拟点代实线
(C) 以光线代实线　　(D) 拉线(挂线)

310. BA005　设备找正找平基准的选择应该遵循（　）的原则。
(A) 基准重合　　(B) 基准精确　　(C) 基准少　　(D) 基准多

311. BA005　不符合设备找平要求的表面是（　）。
(A) 支持滑动部件的导向面　　(B) 转动部件的配合面或轴线
(C) 设备上面积最大的平面　　(D) 设备的主要工作面

312. BA005　在通常情况下,对于刚性较大的设备,测点数量可以（　）。
(A) 增多　　　(B) 减少　　　(C) 无关系　　　(D) 不变

313. BA006　二次灌浆常用的细石混凝土标号要求比原基础标号要（　）。
(A) 低一级　　(B) 高一级　　(C) 同一级　　(D) 高两级

314. BA006　为了保持二次灌浆层的强度,灌浆层的厚度不得小于（　）。
(A) 20mm　　(B) 25mm　　(C) 30mm　　(D) 35mm

315. BA006　二次灌浆常用细石混凝土,其水泥、砂和石子的配合比是（　）(质量比)左右。
(A) 1:2:3　　(B) 2:1:3　　(C) 3:2:3　　(D) 3:2:1

316. BA007　灯用煤油的闪点是（　）。
(A) 35℃　　(B) 40℃　　(C) 45℃　　(D) 50℃

317. BA007　钢铁件一般使用（　）进行除锈。
(A) 氢氟酸　　(B) 盐酸　　(C) 用硝酸　　(D) 硫酸

318. BA007　属于脱脂剂的是（　）。
(A) 丙酮　　(B) 松香水　　(C) 香蕉水　　(D) 乙醇

319. BB001　螺纹连接为了达到可靠而紧固的目的,必须保证螺纹副具有一定的（　）。
(A) 摩擦力矩　　(B) 拧紧力矩　　(C) 预紧力　　(D) 紧固力矩

320. BB001　双螺母锁紧属于（　）防松装置。
(A) 附加摩擦力　　(B) 机械　　(C) 冲点　　(D) 可拆

321. BB001　利用开口销与带槽螺母锁紧,属于（　）防松装置。

(A) 附加摩擦力　(B) 机械　　　　(C) 冲点　　　　(D) 粘接

322. BB002　楔键是一种紧键连接,能传递转矩和承受( )。
(A) 单向径向力　(B) 单向轴向力　(C) 双向轴向力　(D) 双向径向力

323. BB002　平键连接是靠平键与键槽的( )接触传递转矩。
(A) 上平面　　(B) 下平面　　　(C) 两侧面　　　(D) 上下平面

324. BB002　滑移齿轮与花键的连接,为了得到较高的定心精度,一般采用( )。
(A) 小径定心　　　　　　　(B) 大径定心
(C) 侧键定心　　　　　　　(D) 大径、小径定心

325. BB003　标准圆锥销具有( )的锥度。
(A) 1:60　　(B) 1:30　　(C) 1:15　　(D) 1:50

326. BB003　圆柱销中,( )适用于有冲击、振动的场合。
(A) 弹性圆柱销　　　　　　(B) 螺纹圆柱销
(C) 内螺纹圆柱销　　　　　(D) 普通圆柱销

327. BB003　零件拆卸最方便的是( )。
(A) 圆柱销　　(B) 圆锥销　　(C) 槽销　　　(D) 其他销

328. BB004　动压润滑轴承是指运转时( )的滑动轴承。
(A) 混合摩擦　(B) 纯液体摩擦　(C) 平摩擦　　(D) 固体摩擦

329. BB004　按摩擦状态不同,滑动轴承分为( )。
(A) 向心轴承和推力轴承　　(B) 动压轴承和静压轴承
(C) 向心轴承和动压轴承　　(D) 向心轴承和静压轴承

330. BB004　适用于高速机器的滑动轴承是( )。
(A) 整体式轴承　　　　　　(B) 剖分式轴承
(C) 锥形表面轴承　　　　　(D) 多瓦式自动调位轴承

331. BB005　装配剖分式滑动轴承时,为了达到配合要求,轴瓦的剖分面比轴承体的剖分面应( )。
(A) 低一些　　(B) 一致　　　(C) 高一些　　(D) 无关

332. BB005　整体的薄壁轴套在压装后,如发生变形可用( )对轴套孔进行修整。
(A) 铰削和刮削　(B) 车削和刨削　(C) 铰削和车削　(D) 铰削和刨削

333. BB005　以轴为基准配刮轴承内孔时,要求接触点以( )点/(25mm×25mm)为宜。
(A) 20　　　　(B) 15　　　　(C) 12　　　　(D) 10

334. BB006　滚动轴承内径尺寸偏差是( )。
(A) 正偏差　　(B) 负偏差　　(C) 正负偏差　　(D) 零偏差

335. BB006　轴流式压缩机中压缩气体的原理,是通过( )对气体作功,提高了气体的压力能与动能,然后再通过静叶片的扩压作用,使气体所具有的动能进一步转换成压力能。
(A) 机构　　　(B) 动叶片　　(C) 机体　　　(D) 静叶片

336. BB006　滚动轴承的摩擦系数为( )。
(A) 0.001~0.0025　　　　　(B) 0.001~0.005
(C) 0.001~0.0075　　　　　(D) 0.001~0.01

337. BB007　装配推力轴承时,紧环应安装在( )的那个方向。

(A) 静止的平面 (B) 转动的平面
(C) 紧靠轴肩 (D) 远离轴肩

338. BB007 装配滚动轴承时,轴颈或壳体孔台肩处的圆弧半径,应（　）轴承的圆弧半径。
(A) 大于 (B) 小于 (C) 等于 (D) 大于等于

339. BB007 装配滚动轴承时,轴上的所有轴承内圈、外圈的轴向位置应该（　）。
(A) 有一个轴承的外圈不固定 (B) 全部固定
(C) 都不固定 (D) 有一个轴承内圈不固定

340. BB007 滚动轴承采用定向装配时,前后轴承的精度应（　）最理想。
(A) 相同 (B) 前轴承比后轴承高一级
(C) 后轴承比前轴承高一级 (D) 不一定相同

341. BB008 对分度或读数机构中的齿轮副主要要求是（　）。
(A) 传递运动准确性 (B) 传动平稳性
(C) 齿面承载的均匀性 (D) 齿面承载力足够大

342. BB008 对重型机械上传递动力的低速重载齿轮副主要要求是（　）。
(A) 传递运动准确性 (B) 传动平稳性
(C) 齿面承载的均匀性 (D) 传动比较大

343. BB008 一对中等精度等级,正常啮合的齿轮,它的接触斑点在齿轮高度上应不少于（　）。
(A) 30%~50% (B) 40%~50% (C) 30%~60% (D) 50%~70%

344. BB009 测量齿轮副侧隙的方法有（　）两种。
(A) 涂色法和压铅丝法 (B) 涂色法和用百分表检验法
(C) 压铅丝法和用百分表法 (D) 涂色法和塞尺检查法

345. BB009 锥齿轮啮合质量检验,应包括（　）的检验。
(A) 侧隙和接触斑点 (B) 侧隙和圆跳动
(C) 接触斑点和圆跳动 (D) 侧隙和轴向跳动

346. BB009 直齿圆柱齿轮装配后,发现接触斑点单面偏接触,其原因由于（　）。
(A) 两齿轮轴不平行 (B) 两齿轮轴线歪斜且不平行
(C) 两齿轮轴线歪斜 (D) 两齿轮轴垂直

347. BB010 蜗杆传动效率较低,为了提高其效率,在一定的限度内可以采用较大的（　）。
(A) 模数 (B) 蜗杆螺旋线升角
(C) 蜗杆直径系数 (D) 蜗杆头数

348. BB010 蜗杆传动中,蜗杆分度圆柱上的螺旋线升角应等于蜗轮分度圆上的螺旋角,且两螺旋线方向应（　）。
(A) 不相同 (B) 相同 (C) 相反 (D) 无关系

349. BB010 蜗轮、蜗杆的优点是（　）。
(A) 轴向力大 (B) 传动比大 (C) 压力角大 (D) 单向传动

350. BB011 蜗轮、蜗杆传动的效率较低,一般 $\eta = 0.7 \sim 0.9$,有自锁能力的更低,（　）。
(A) $\eta = 0.6$ (B) $\eta = 0.5$ (C) $\eta < 0.5$ (D) $\eta > 0.5$

351. BB011 蜗轮的径向分力和蜗杆的（　）分力是作用力与反作用力。
(A) 轴向 (B) 周向 (C) 径向 (D) 合成

352. BB011　不属于蜗轮、蜗杆基本参数的有（　）。
　　　　（A）模数 m　　（B）压力角　　　（C）螺距　　　　（D）导程角

353. BB012　两根轴上承受冲击载荷,则应选用（　）联轴器。
　　　　（A）凸缘式　　（B）齿式　　　　（C）弹性柱销　　（D）万向

354. BB012　两根轴的转速不太高,且对中精度高,载荷大而平稳,应选用（　）联轴器。
　　　　（A）套筒式　　（B）齿式　　　　（C）凸缘式　　　（D）滑块式

355. BB012　关于套筒联轴器正确的说法是（　）。
　　　　（A）结构简单,径向尺寸小
　　　　（B）可用键将两轴与套筒连接起来从而实现两轴的同轴转动
　　　　（C）可用销将两轴与套筒连接起来从而实现两轴的同轴转动
　　　　（D）缺点是工作平稳性不高

356. BB013　联轴器的作用是（　）。
　　　　（A）用于需经常拆卸的两轴间的连接,并传递转矩
　　　　（B）用于不经常拆卸的两轴间的连接,并传递转矩
　　　　（C）用于两轴间的变速传动,并传递转矩
　　　　（D）用于两轴间的接合与分离,并传递转矩

357. BB013　联轴器找中心常用（　）进行测量。
　　　　（A）卷尺　　　（B）角尺　　　　（C）百分表　　　（D）量角器

358. BB013　联轴器的主要功用是（　）。
　　　　（A）改变轴的转向　　　　　　　　（B）联结两轴并传递转矩
　　　　（C）校正两轴的同轴度　　　　　　（D）降低轴的转速

359. BB014　液压油的（　）具有明确的物理意义,它表示了液体在以单位速度梯度流动时,单位面积上的内摩擦力。
　　　　（A）动力粘度　（B）恩氏度　　　（C）巴氏度　　　（D）赛氏秒

360. BB014　在液压传动中,人们利用（　）来传递力和运动。
　　　　（A）固体　　　（B）液体　　　　（C）气体　　　　（D）绝缘体

361. BB014　液压传动中最重要的参数是（　）和（　）。
　　　　（A）压力;流量　（B）压力;负载　（C）压力;速度　（D）流量;速度

362. BB015　我国生产的机械油和液压油均采用40℃时的（　）。
　　　　（A）动力粘度　（B）恩氏度　　　（C）运动粘度　　（D）赛氏秒

363. BB015　运动速度（　）时宜采用粘度较低的液压油以减少摩擦损失;工作压力（　）时宜采用粘度较高的液压油以减少泄漏。
　　　　（A）高;低　　（B）高;高　　　（C）低;高　　　（D）低;低

364. BB015　液体具有如下性质:（　）。
　　　　（A）无固定形状而只有一定体积　　（B）无一定形状而只有固定体积
　　　　（C）有固定形状和一定体积　　　　（D）无固定形状又无一定体积

365. BB016　在液压系统的组成中,液压缸是（　）
　　　　（A）动力元件　（B）执行元件　　（C）控制元件　　（D）传动元件

366. BB016　泵常用的压力中,（　）是随外负载变化而变化的。
　　　　（A）泵的输出压力　　　　　　　　（B）泵的最高压力

(C) 泵的额定压力　　　　　　　　(D) 泵的输入压力

367. BB016　在泵的额定转速和额定压力下的流量称为（　　）。
(A) 实际流量　(B) 理论流量　(C) 额定流量　(D) 以上都不对

368. BB017　液压传动是依靠密封容积中液体静压力来传递力的,如（　　）。
(A) 万吨水压机　(B) 离心式水泵　(C) 水轮机　(D) 液压变矩器

369. BB017　与机械传动相比,液压传动的优点是（　　）。
(A) 效率高　　　　　　　　　　(B) 要求的加工精度低
(C) 可以得到严格的定比传动　　(D) 运动平稳

370. BB017　可以在运行过程中实现大范围无级调速的传动方式是（　　）。
(A) 机械传动　(B) 电传动　(C) 气压传动　(D) 液压传动

371. BB018　在液压传动中,一定液压缸的（　　）决定于液量。
(A) 压力　(B) 负载　(C) 速度　(D) 排量

372. BB018　理想的液体是（　　）粘性,（　　）压缩的液体。
(A) 无;可　(B) 无;不可　(C) 有;可　(D) 有;不可

373. BB018　在液压传动中,压力一般是指压强,在国际单位制中,它的单位是（　　）。
(A) 帕　(B) 牛顿　(C) 瓦　(D) 牛[顿]米

374. BC001　机械压力机安装水平的检验,当工作台面长度小于1.5m时,水平仪应放在工作台的（　　）位置。
(A) 中央位置　(B) 两端位置　(C) 任意位置　(D) A和B均可

375. BC001　在检验矩形或方形工作台平面时,当边长 L 小于或等于1000mm时,在距边缘的（　　）的范围内为不检测区。
(A) 100mm　(B) 0.1L　(C) 0.15L　(D) 150mm

376. BC001　不属于重要固定结合面的是（　　）。
(A) 立柱台肩与工作台　　(B) 活塞台肩与滑块
(C) 工作台板与工作台　　(D) 轴瓦与轴瓦座

377. BC002　液压机是一种利用液体压力能来传递（　　）的机器。
(A) 能量　(B) 动量　(C) 压力　(D) 压强

378. BC002　立式液压缸柱塞的垂直度和卧式液压缸柱塞的水平度不得超过（　　）。
(A) 0.05/1000　(B) 0.1/1000　(C) 0.15/1000　(D) 0.20/1000

379. BC002　工作缸柱塞与活动横梁为球铰连接时,球面接触应均匀,其接触面积应大于（　　）。
(A) 50%　(B) 60%　(C) 70%　(D) 90%

380. BC003　属于液压系统辅助元件的是（　　）。
(A) 液压缸　(B) 滤油器　(C) 压力控制阀　(D) 流量控制阀

381. BC003　属于液压系统控制元件的是（　　）。
(A) 压力表　(B) 流量阀　(C) 液压泵　(D) 液压缸

382. BC003　属于液压系统执行机构的是（　　）。
(A) 液压泵　(B) 液压马达　(C) 方向阀　(D) 滤油器

383. BC004　不属于蓄能器主要功用的是（　　）。
(A) 缓和冲击压力　　(B) 回收能量

(C) 增加系统压力　　　　　　(D) 吸收压力动脉

384. BC004　容量大,适于储能的气囊式蓄能器属于(　)型。
(A) 波纹　　(B) 折合　　(C) 活塞　　(D) 弹簧

385. BC004　主要用于中压、高压系统储能的是(　)蓄能器。
(A) 活塞式　(B) 气瓶式　(C) 重力式　(D) 弹簧式

386. BC005　用于补油保压的蓄能器,应尽可能安装在(　)的附近。
(A) 冲击源　(B) 执行元件　(C) 脉动源　(D) 以上均可

387. BC005　用于缓和液压冲击、吸收压力脉动的蓄能器,应安装在(　)的近旁。
(A) 冲击源　(B) 脉动源　(C) 执行元件　(D) A 和 B

388. BC005　气体式蓄能器应使用(　)。
(A) 氧气　(B) 氢气　(C) 二氧化碳气　(D) 惰性气体

389. BC006　改变轴向柱塞泵斜盘的倾角,可以改变柱塞(　),从而改变了泵的排量。
(A) 偏心距　　　　　　　(B) 运动速度
(C) 往复行程的大小　　　(D) 回转半径

390. BC006　轴向柱塞泵的缸体每转一周,每个柱塞往复运动1次,完成(　)吸油和压油动作。
(A) 3次　(B) 2次　(C) 1次　(D) 0.5次

391. BC006　轴向柱塞泵在柱塞自上而下回转的半周内逐渐向里推入,使密封工作腔容积(　)。
(A) 增加　(B) 略有增加　(C) 减小　(D) 不变

392. BC007　轴向柱塞泵变量比较容易实现,实现方法是通过改变(　)。
(A) 斜盘倾角　(B) 斜盘方向　(C) 管路系统　(D) 柱塞直径

393. BC007　轴向柱塞泵中使缸体紧贴配油盘端面的作用力除弹簧作用力外,还有(　)。
(A) 柱塞底部的油压力　　(B) 柱塞泵出口压力
(C) 柱塞泵进口压力　　　(D) 柱塞头部静压力

394. BC007　轴向柱塞泵中柱塞底部的油压力随工作负载的增加而(　),它们使端面间隙得到了自动补偿,提高了泵的容积效率。
(A) 减小　(B) 增加　(C) 不变　(D) 略有减小

395. BC008　在液压系统中,调速阀进出口之间的压差(　)普通节流阀的压差。
(A) 小于　(B) 等于　(C) 大于　(D) 大于等于

396. BC008　调速阀是减压阀和(　)串联组合而成的一种液压阀。
(A) 节流阀　(B) 溢流阀　(C) 顺序阀　(D) 单向阀

397. BC008　液压系统中采用(　)来控制执行元件的速度时,一般情况下都采用定量泵带溢流阀。
(A) 调速阀　(B) 节流阀　(C) 溢流阀　(D) 换向阀

398. BC009　为了防止设备停止运转时油液回流油箱而溢出,油箱中的油面不能太高,一般不应超过油箱高度的(　)。
(A) 60%　(B) 80%　(C) 90%　(D) 50%

399. BC009　油箱中的吸油管和回油管应插入最低油面以下,管口与箱壁的距离均不小于管径的(　)。

(A) 5倍　　　(B) 4倍　　　(C) 3倍　　　(D) 2倍

400. BC009　在液压系统中,( )保证供给系统充分的工作油液,同时也具有储存油液、使浸入油液中的空气逸出、沉淀油液中的污物和散热等作用。
(A) 液压泵　　(B) 油冷却器　　(C) 油箱　　(D) 油过滤器

401. BC010　液压系统的过滤器选用过滤精度主要决定于系统的( )。
(A) 工作温度　(B) 工作压力　(C) 润滑油特性　(D) 液压泵的特性

402. BC010　国际标准化组织采用( )作为评定滤油器的精度的性能指标。
(A) 过滤精度　(B) 过滤比　(C) 过滤器压差　(D) 过滤器流量

403. BC010　能确切地反映滤油器对不同尺寸颗粒污染物的过滤能力的是( )。
(A) 过滤精度　(B) 过滤比　(C) 过滤器压差　(D) 过滤器流量

404. BC011　压力管路上常用的200目滤网是指( )。
(A) 滤网每平方厘米上有200个孔　(B) 滤网每平方英寸上有200个孔
(C) 滤网每厘米长度上有200个孔　(D) 滤网每英寸长度上有200个孔

405. BC011　对网式过滤器的特点错误的说明是( )。
(A) 结构简单　　　　　　　(B) 通流能力大
(C) 过滤精度低　　　　　　(D) 堵塞后无法清洗

406. BC011　对纸芯过滤器的特点错误的说明是( )。
(A) 过滤精度高　　　　　　(B) 用于粗过滤
(C) 堵塞后必须更换纸芯　　(D) 纸芯常制成折叠形

407. BC012　使用液压系统时,应保持油液清洁,加油时要用( )的滤网过滤。
(A) 150目　　(B) 120目　　(C) 100目　　(D) 80目

408. BC012　调试液压系统时,主油路安全溢流阀的调定压力一般大于所需压力的( )。
(A) 5%~10%　(B) 8%~15%　(C) 10%~20%　(D) 15%~25%

409. BC012　使用液压系统中,应随时清除液压系统中的气体,以防止系统产生下列( )现象,即 ① 爬行;② 油液变质;③ 冲击;④ 油温升高。
(A) ①②　　(B) ①③　　(C) ②③　　(D) ②④

410. BD001　起重设备中抓斗起重机是按( )分类的。
(A) 起重机使用场合　　　　(B) 起重机用途
(C) 起重机取物装置　　　　(D) 起重机特殊条件

411. BD001　( )是按综合特征分类
(A) 吊钩起重机　(B) 装卸起重机　(C) 港口起重机　(D) 电动葫芦

412. BD001　不属于按起重机用途分类的是( )。
(A) 吊钩起重机　(B) 堆垛起重机　(C) 装卸起重机　(D) 货场起重机

413. BD002　起重机起升机构的制动器一般应调整为额定负荷的( )倍。
(A) 1.1　　(B) 1.2　　(C) 1.25　　(D) 1.4

414. BD002　当通用桥式和门式起重机空载时,电动小车车轮踏面与轨道面之间的最大间隙不应大于小车基距或小车轨距的( )倍。
(A) 0.0025　(B) 0.00167　(C) 0.0015　(D) 0.001

415. BD002　额定起重重量小于25t的通用桥式起重机与建筑物上方之间的最小安全距离为( )。

　　　　　(A) 100mm　　(B) 300mm　　(C) 400mm　　(D) 500mm

416. BD003　通用桥式起重机两平行轨道在同一截面内的标高相对差允许（　）。
　　　　　(A) ≤3mm　　(B) ≤5mm　　(C) ≤8mm　　(D) ≤10mm

417. BD003　起重机械轨道安装铺设时,应按设计要求留置伸缩缝,伸缩缝处间隙应符合设计安装要求,其允许偏差为（　）。
　　　　　(A) 1mm　　(B) -1mm　　(C) ±1mm　　(D) ±2mm

418. BD003　梁式悬挂起重机轨道中心与安装基准线允许偏差（　）。
　　　　　(A) 1mm　　(B) 3mm　　(C) 5mm　　(D) 10mm

419. BD004　电动葫芦安装时用调整垫圈进行调整,保证轮缘内侧与轨道翼缘间为（　）间隙。
　　　　　(A) 1~3mm　　(B) 2~4mm　　(C) 3~5mm　　(D) 4~6mm

420. BD004　为保证电动葫芦行至两端不脱轨或防止碰坏机体,应在轨道两端设置（　）。
　　　　　(A) 接地线　　(B) 弹性缓冲器　　(C) 挡板　　(D) 刚性缓冲器

421. BD004　电动葫芦钢丝绳自由端余出部分应不短于（　）。
　　　　　(A) 150mm　　(B) 200mm　　(C) 250mm　　(D) 300mm

422. BD005　手动单梁起重机跨度允许偏差为（　）。
　　　　　(A) ±2mm　　(B) ±4mm　　(C) ±5mm　　(D) ±6mm

423. BD005　电动单梁起重机当跨度小于10m时,跨度允许偏差为（　）。
　　　　　(A) ±2mm　　(B) ±4mm　　(C) ±5mm　　(D) ±6mm

424. BD005　手动单梁悬挂起重机跨度允许偏差为（　）。
　　　　　(A) ±2mm　　(B) ±4mm　　(C) ±5mm　　(D) ±6mm

425. BD006　对通用桥式起重机组装桥架的对角线相对差的说法错误的是（　）。
　　　　　(A) 正轨箱形梁的允许偏差为5mm　　(B) 偏轨箱形梁的允许偏差为10mm
　　　　　(C) 桁架梁的允许偏差为10mm　　(D) 正轨箱形梁的允许偏差为10mm

426. BD006　桥式起重机大车运行轨道两中心线间的距离称为（　）。
　　　　　(A) 轨距　　(B) 跨度　　(C) 轮距　　(D) 轴距

427. BD006　桥式起重机小车运行轨道两中心线间的距离称为小车的（　）。
　　　　　(A) 轨距　　(B) 跨度　　(C) 轮距　　(D) 轴距

428. BE001　泵按照所产生的全压高低可分为:（　）。
　　　　　(A) 低压泵
　　　　　(B) 低压泵、中压泵
　　　　　(C) 低压泵、中压泵、高压泵
　　　　　(D) 低压泵、高压泵

429. BE001　泵按照所产生的全压高低低压泵压强小于（　）。
　　　　　(A) 2MPa　　(B) 1MPa　　(C) 1.5MPa　　(D) 2.5MPa

430. BE001　容积泵按照工作原理可分（　）。
　　　　　(A) 离心式、往复式
　　　　　(B) 螺杆式、活塞式
　　　　　(C) 往复式、柱塞式
　　　　　(D) 往复式、回转式

431. BE002　离心泵是利用（　）旋转而使液体产生离心力来工作的。
　　　　　(A) 叶轮　　(B) 活塞　　(C) 轮盘　　(D) 螺杆

432. BE002　离心泵启动前一定要使泵壳内液体（　）。
　　　　　(A) 放空　　(B) 充满　　(C) 充1/2液体　　(D) 充2/3液体

433. BE002　离心泵的能量损失包括水利损失、（　）、容积损失。
　　　　　　（A）摩擦损失　　（B）机械损失　　（C）冲击损失　　（D）涡流损失
434. BE003　离心泵主要由吸入和排出部分、叶轮和转轴、（　）、扩压器和泵壳等四大部分组成。
　　　　　　（A）填料　　　　（B）轴承　　　　（C）轴密封　　　（D）联轴器
435. BE003　离心泵按吸入形式不同，叶轮又可分为（　）和双吸式。
　　　　　　（A）四吸式　　　（B）单吸式　　　（C）单开式　　　（D）双开式
436. BE003　离心泵按泵壳的支承形式可分为标准支承式、（　）、悬臂式、管道式、悬挂式。
　　　　　　（A）双支承式　　（B）单支承式　　（C）单吸式　　　（D）中心支承式
437. BE004　开箱验收时要核对机泵的规格、型号、原动机的规格功率，防爆要求与（　）要求是否相符。
　　　　　　（A）主管领导　　（B）设计　　　　（C）甲方　　　　（D）监理
438. BE004　基础移交时，基础上应明确标出基础的（　）和标高。
　　　　　　（A）外形尺寸　　（B）偏差　　　　（C）垂直度　　　（D）纵横中心线
439. BE004　泵粗找完后，地脚螺栓应留出（　）。
　　　　　　（A）2～5 扣　　（B）3～5 扣　　　（C）4～5 扣　　　（D）3～4 扣
440. BE005　在离心泵的进口端高于抽取液体平面时，一般都装有（　），以保证预先灌入的液体不倒流。
　　　　　　（A）单向阀　　　（B）换向阀　　　（C）溢流阀　　　（D）电磁阀
441. BE005　离心泵工作过程中，液体不断从中心流向四周，在叶轮中心部位形成低压，它（　）大气压力。
　　　　　　（A）高于　　　　（B）低于　　　　（C）等于　　　　（D）高于或等于
442. BE005　在离心泵的试运时必须先开（　）。
　　　　　　（A）入口阀门　　（B）换向阀　　　（C）出口阀　　　（D）电磁阀
443. BE006　多级离心泵的半窜量应该是多级泵总窜量的（　）。
　　　　　　（A）1/3　　　　（B）2/3　　　　（C）1/4　　　　（D）一半
444. BE006　多级离心泵的叶轮与泵轴靠（　）传递转动。
　　　　　　（A）键　　　　　（B）轴承　　　　（C）联轴器　　　（D）齿轮
445. BE006　多级离心泵的机械密封的间隙调整原则是：机械密封静环预紧力的压缩量是总压缩量的（　）。
　　　　　　（A）1 倍　　　　（B）1/2　　　　（C）2 倍　　　　（D）1/3
446. BE007　往复泵的流量与泵缸尺寸、（　）及往复次数有关。
　　　　　　（A）扬程　　　　（B）活塞冲程　　（C）机械冲力　　（D）真空度
447. BE007　往复泵适用于高压头、（　）、高粘度液体。
　　　　　　（A）小流量　　　　　　　　　　　　（B）大流量
　　　　　　（C）腐蚀性　　　　　　　　　　　　（D）小流量及大流量
448. BE007　往复泵的压头由泵的（　）、原动机的功率等因素决定。
　　　　　　（A）流量　　　　（B）机械强度　　（C）几何尺寸无关（D）活塞冲程
449. BE008　往复泵主要有（　）、蒸汽往复泵、电动柱塞泵等。
　　　　　　（A）膜片泵　　　（B）齿轮泵　　　（C）计量泵　　　（D）螺杆泵

450. BE008　往复泵主要部件有泵缸、（　）、活塞杆及吸入阀、排出阀。
　　（A）齿轮　　　（B）活塞　　　（C）膜片　　　（D）螺杆

451. BE008　计量泵主要由动力驱动、（　）和调节控制三部分组成。
　　（A）齿轮　　　（B）活塞　　　（C）膜片　　　（D）流体输送

452. BE009　往复泵应保证在（　）相对行程长度下、允许的流量调节范围内正常运转。
　　（A）0%～100%　（B）50%～100%　（C）0%～80%　（D）10%～90%

453. BE009　调量表或调节手轮的零位与柱塞行程零位应作对（　）调整。
　　（A）100%　　　（B）90%　　　（C）零　　　（D）85%

454. BE009　往复泵的安装高度（　）限制。
　　（A）无　　　（B）有　　　（C）可能有　　　（D）可能无

455. BE010　往复泵运转试验包括（　）、负载试验和连续运转试验。
　　（A）油运试验　（B）空载试验　（C）上水试验　（D）压力试验

456. BE010　计量泵负载试验包括（　）和升压试验。
　　（A）油运试验　（B）空载试验　（C）调量试验　（D）压力试验

457. BE010　计量泵空载试验运行前应将进口、出口管路阀门（　）。
　　（A）全闭　　　（B）全开　　　（C）开1/3　　　（D）闭1/3

458. BE011　蒸汽往复泵对活塞式配汽阀应检查活塞与配汽缸的（　）间隙以及活塞圆柱度的允许偏差。
　　（A）直径　　　（B）整圈　　　（C）半圈　　　（D）半圆

459. BE011　蒸汽往复泵活塞杆不应有弯曲变形和（　）。
　　（A）平滑　　　（B）环缝　　　（C）沟槽　　　（D）间隙

460. BE011　蒸汽往复泵弹簧弹力应（　）。
　　（A）较大　　　（B）均匀　　　（C）较软　　　（D）间隙

461. BE012　螺杆泵安装时，应测量螺杆齿形部分的（　）及其与对应缸体缸套的内圆之间的间隙。
　　（A）外圆　　　（B）内圆　　　（C）内径　　　（D）外径

462. BE012　螺杆泵螺杆齿形部分的外圆及其与对应缸体缸套内圆之间的径向间隙应（　）螺杆轴承处轴颈与轴瓦之间的间隙，并做记录。
　　（A）小于　　　（B）大于　　　（C）等于　　　（D）都可以

463. BE012　用（　）检查螺杆同步齿轮(限位齿轮)齿形部位的接触面。
　　（A）着色法　　（B）塞尺　　　（C）水平尺　　（D）板尺

464. BE013　双螺杆泵除了输送纯液体外，还可（　）。
　　（A）固液混输　（B）输送气体　（C）输送固体　（D）气液混输

465. BE013　螺杆泵当出口端受阻以后，压力（　）。
　　（A）升高　　　（B）降低　　　（C）不变　　　（D）升高或降低

466. BE013　单螺杆泵是依靠螺杆与衬套相互啮合在吸入腔和排出腔产生（　）变化来输送液体的。
　　（A）离心力　　（B）排出力　　（C）容积　　　（D）能量

467. BE014　齿轮泵的主动轴（　）承受径向力和轴向力。
　　（A）不允许　　（B）允许　　　（C）可以　　　（D）必须

第一部分 初级工理论知识试题

468. BE014 齿轮油泵是由泵体、前后泵盖、( )、主被动轴、轴承、安全阀和轴端密封等零件组成。
  (A) 叶轮 (B) 齿轮 (C) 轴承 (D) 螺杆

469. BE014 齿轮泵属于( )泵。
  (A) 叶片 (B) 离心 (C) 容积 (D) 螺杆

470. BE015 齿轮泵吸不上油的主要原因之一是( )。
  (A) 吸入管漏气 (B) 压力大 (C) 功率高 (D) 电流大

471. BE015 齿轮泵旋转不畅主要原因之一是( )。
  (A) 泵内有污物 (B) 压力大 (C) 功率高 (D) 电流大

472. BE015 选用油的粘度过高或过低,均会造成泵的输出流量( )。
  (A) 发热 (B) 不变 (C) 减少 (D) 增大

473. BE016 水环式真空泵是由( )、泵体、吸排气盘、水在泵体内壁形成的水环、吸气口、排气口、辅助排气阀等组成的。
  (A) 轴承 (B) 叶轮 (C) 容器 (D) 联轴器

474. BE016 水环式真空泵也可用作压缩机,它属于( )的压缩机。
  (A) 中压 (B) 高压 (C) 低压 (D) 都可以

475. BE016 水环式真空泵泵体的水被叶轮抛向四周,由于( )的作用,水形成了一个与泵腔形状相似的等厚度封闭水环。
  (A) 离心力 (B) 轴向力 (C) 推力 (D) 剪切力

476. BE017 水环式真空泵压缩气体过程温度变化( )。
  (A) 剧烈 (B) 无变化 (C) 很大 (D) 很小

477. BE017 水环式真空泵尽可能要求在高效区内,也就是在( )真空度的区域内运行。
  (A) 最小 (B) 最大 (C) 临界 (D) 相同

478. BE017 水环式真空泵试运时间大于( )。
  (A) 2h (B) 4h (C) 1h (D) 8h

479. BE018 屏蔽泵的电动机转子和泵的( )固定在同一根轴上。
  (A) 叶轮 (B) 壳体 (C) 联轴器 (D) 轴承

480. BE018 屏蔽泵的电动机利用( )将电动机的转子和定子隔开,转子在输送的介质中运转。
  (A) 介质 (B) 屏蔽套 (C) 联轴器 (D) 轴承

481. BE018 屏蔽泵采用( )的液体来冷却电动机。
  (A) 外部 (B) 水 (C) 输送 (D) 独立

482. BE019 安装低温泵时,泵的零部件必须用( )洗涤干净。
  (A) 水 (B) 溶剂 (C) 液体 (D) 抹布

483. BE019 低温泵装配时,本身和泵的吸入管线均须有( )措施。
  (A) 保冷 (B) 伴热 (C) 保温 (D) 防振

484. BE019 低温泵为了防止环境温度的影响,整台泵都应置于( )中。
  (A) 薄的保温体   (B) 厚的保温体
  (C) 水   (D) 液体

485. BE020 磁力泵由泵、( )、电动机三部分组成。

(A) 壳体　　　(B) 联轴器　　　(C) 磁力传动器　　　(D) 螺杆

486. BE020　磁力泵的关键部件（　）由外磁转子、内磁转子及不导磁的隔离套组成。
(A) 壳体　　　(B) 磁力传动器　　(C) 联轴器　　　(D) 螺杆

487. BE020　旋涡泵具有良好的（　）。
(A) 自吸功能　(B) 效率　　　　(C) 流量　　　　(D) 压力

488. BE021　滚动轴承轴向游隙的检查方法有（　）测量法。
(A) 感觉法　　(B) 直尺法　　　(C) 估测法　　　(D) 目测法

489. BE021　滚动轴承轴向游隙的测量法有（　）测量方法、千分表测量方法。
(A) 感觉法　　(B) 塞尺法　　　(C) 估测法　　　(D) 目测法

490. BE021　泵联轴器用（　）卸下轴端。
(A) 铁锯　　　(B) 挤压　　　　(C) 拉力器　　　(D) 铁锤

491. BE022　离心泵开泵后，压力不上升，其中的原因是（　）。
(A) 电动机转向不对　　　　　　(B) 出口阀未打开
(C) 出口阀开度小　　　　　　　(D) 进口阀开度大

492. BE022　离心泵开泵后，泵抽空其中的原因是（　）。
(A) 电动机转向不对　　　　　　(B) 出口阀未打开
(C) 出口阀开度小　　　　　　　(D) 进口阀开度小

493. BE022　离心泵开泵后，泵压太高，其中的原因（　）。
(A) 电动机转向不对　　　　　　(B) 出口阀未打开
(C) 出口阀开度大　　　　　　　(D) 进口阀开度大

494. BE023　往复泵不吸水可能的故障原因是（　）。
(A) 电动机转向不对　　　　　　(B) 出口阀未打开
(C) 进口阀开度大　　　　　　　(D) 吸入阀泄漏大

495. BE023　往复泵压头不足可能的故障原因是（　）。
(A) 电动机转向不对　　　　　　(B) 出口阀未打开
(C) 进口阀开度大　　　　　　　(D) 吸入阀或排出阀泄漏大

496. BE023　蒸汽往复泵动力不足可能的故障原因是（　）。
(A) 电动机转向不对　　　　　　(B) 活塞环磨损
(C) 进口阀开度大　　　　　　　(D) 蒸汽阀开度大

497. BF001　螺杆风机属于（　）风机。
(A) 往复式　　(B) 离心式　　　(C) 回转式　　　(D) 叶轮式

498. BF001　罗茨风机属于（　）风机。
(A) 往复式　　(B) 离心式　　　(C) 回转式　　　(D) 叶轮式

499. BF001　隔膜风机属于（　）风机。
(A) 往复式　　(B) 离心式　　　(C) 回转式　　　(D) 叶轮式

500. BF002　离心式风机的工作主要是靠（　）来实现的。
(A) 往复力　　(B) 挤出力　　　(C) 离心力　　　(D) 垂直力

501. BF002　离心式风机从原动机一端正视，叶轮旋转为顺时针方向的称为（　）。
(A) 右旋　　　(B) 左旋　　　　(C) 单侧进气　　(D) 双侧进气

502. BF002　离心式风机单侧进气的称为（　）。

(A) 右旋　　　(B) 左旋　　　(C) 单吸　　　(D) 双吸

503. BF003　离心式风机带轮、叶轮在装入轴前应做（　），以减少转子的动不平衡。
(A) 压力试验　(B) 静平衡校验　(C) 动平衡试验　(D) 流量试验

504. BF003　离心式风机叶轮与轴一般采用（　）。
(A) 任意配合　(B) 过盈配合　(C) 过渡配合　(D) 间隙配合

505. BF003　离心式风机调整带轮（联轴器）时，一般用（　）。
(A) 卷尺　　　(B) 游标卡尺　(C) 直尺　　　(D) 吊线锤

506. BF004　对于功率在（　）以上的离心式风机，必须将进口风门关闭，以免风机在启动时过负荷烧毁电动机。
(A) 60kW　　(B) 75kW　　(C) 55kW　　(D) 45kW

507. BF004　新安装或大修后的离心式风机，都应经过（　）试运转。
(A) 油运　　　(B) 水运　　　(C) 过负荷　　(D) 空负荷

508. BF004　离心式风机的（　）试车是对离心式风机安装和检修质量的最后检验试运转。
(A) 带负荷　　(B) 空负荷　　(C) 过负荷　　(D) 超负荷

509. BF005　轴流风机的气流是从（　）进入通风机来实现的。
(A) 轴向　　　(B) 径向　　　(C) 切向　　　(D) 垂直

510. BF005　轴流风机风筒的作用是创造良好的（　）条件，减少通风阻力。
(A) 阻挡液体　(B) 阻挡空气　(C) 液体运动　(D) 空气动力

511. BF005　叶片轴流风机的（　）分扭曲形和非扭曲形两种。
(A) 叶片形状　(B) 风筒形状　(C) 轮毂形状　(D) 电机形状

512. BF006　对于轴流风机应将（　）手动盘车两周，检查叶片是否有卡住和摩擦现象，是否有妨碍转动的情况。
(A) 叶轮　　　(B) 叶片　　　(C) 轮毂　　　(D) 风筒

513. BF006　轴流风机空负荷试运一般（　）。
(A) 8h　　　(B) 12h　　　(C) 4h　　　(D) 2h

514. BF006　轴流风机机组试车时，如发现紧急故障，应立即（　）。
(A) 观察　　　(B) 运转　　　(C) 停车　　　(D) 报告

515. BF007　罗茨鼓风机叶轮沿轴向可分为直线形和（　）。
(A) 抛物线形　(B) 螺旋形　　(C) 菱形　　　(D) 三角形

516. BF007　罗茨鼓风机的同步齿轮既作传动，又起（　）定位的作用。
(A) 叶轮　　　(B) 壳体　　　(C) 齿轮　　　(D) 轴承

517. BF007　罗茨鼓风机的叶轮线形（指啮合部位）一般均制成（　）。
(A) 菱形　　　(B) 三角形　　(C) 圆形　　　(D) 渐开线形

518. BF008　罗茨鼓风机若转子表面尺寸普遍小于要求尺寸时，可采用在转子表面喷涂金属或（　）方法。
(A) 喷漆　　　(B) 镶嵌金属　(C) 刷涂料　　(D) 刮削

519. BF008　罗茨鼓风机用涂色法检查时，在有裂纹的地方，就会有煤油渗出，白粉上就会出现一条（　），这就是裂纹。
(A) 无色线　　(B) 白线　　　(C) 黑线　　　(D) 没有

520. BF008　罗茨鼓风机转子应进行（　）校正。

(A) 弯曲　　　(B) 平衡　　　(C) 水平　　　(D) 垂直

521. BF009　胶带输送机输送机纵向中心线与基础实际轴线距离的允许偏差为（　　）。
(A) ±20mm　　(B) ±10mm　　(C) ±5mm　　(D) ±30mm

522. BF009　斗式提升机安装主轴安装水平偏差不应大于（　　）。
(A) 0.2/1000　(B) 0.1/1000　(C) 0.3/1000　(D) ±30mm

523. BF009　胶带输送机滚筒横向中心线与输送机纵向中心线应重合，其偏差不大于（　　）。
(A) 3mm　　　(B) 2mm　　　(C) 4mm　　　(D) 10mm

524. BF010　连续输送机在运行时，滚筒不应（　　）。
(A) 运转　　　(B) 打滑　　　(C) 滚动　　　(D) 旋转

525. BF010　连续输送机在运行时，输送带边缘与托辊侧辊子边缘距离一般大于（　　）。
(A) 30mm　　　(B) 15mm　　　(C) 10mm　　　(D) 20mm

526. BF010　提升机空负荷、负荷试车要求驱动件运转平稳正常，提升机卸料应正常，无明显（　　）现象。
(A) 运转　　　(B) 运动　　　(C) 回料　　　(D) 卸料

527. BG001　离心式压缩机组的安装位置，应与设计（　　）相符。
(A) 要求　　　(B) 规定　　　(C) 规范　　　(D) 图样

528. BG001　离心式压缩机是高速精密设备，对垫铁的施工质量要求较严，敷设垫铁时要求做到（　　）与垫铁之间、垫铁与垫铁之间接触严密。
(A) 支撑　　　(B) 底座　　　(C) 台面　　　(D) 垫板

529. BG001　离心式压缩机安装是在常温下进行安装，对中时要考虑机组运行时的（　　），要按冷态对中曲线进行对中。
(A) 间隙　　　(B) 热膨胀　　(C) 位置　　　(D) 要求

530. BG002　往复式压缩机机体是承受压缩机（　　）的，压缩机作用力分内力和外力。
(A) 力　　　　(B) 作用力　　(C) 推力　　　(D) 拉力

531. BG002　往复式压缩机运到现场后，要进行开箱（　　）和检查外观。
(A) 搬运　　　(B) 验收　　　(C) 安装　　　(D) 清洗

532. BG002　往复式压缩机的开箱检验，应检查随机技术资料及（　　）是否齐全。
(A) 法兰　　　(B) 专用工具　(C) 水泥　　　(D) 垫片

533. BG003　轴流式压缩机气体主要（　　）与转轴平行的方向流动。
(A) 流动　　　(B) 沿着　　　(C) 运动　　　(D) 流向

534. BG003　轴流式压缩机的（　　）是根据用量大小可以调整的。
(A) 叶轮　　　(B) 静叶　　　(C) 转子　　　(D) 风叶

535. BG003　轴流式压缩机中压缩气体的原理，是通过（　　）对气体做功，提高了气体的压力能与动能，然后再通过静叶片的扩压作用，使气体所具有的动能进一步转换成压力能。
(A) 机构　　　(B) 动叶片　　(C) 机体　　　(D) 静叶片

536. BG004　汽轮机是以（　　）为介质的旋转式热能动力设备，它通常是在高温高压及高速转动的条件下工作。
(A) 电　　　　(B) 蒸汽　　　(C) 风　　　　(D) 水

537. BG004　汽轮机本体主要由静子和（　　）两大部分组成。

(A) 缸体　　　　(B) 转子　　　　(C) 阀　　　　(D) 叶轮

538. BG004　汽轮机在安装前,将地脚螺栓上的油漆和污物清理干净,然后检查螺栓与（　　）是否配合良好。
(A) 套管　　　　(B) 螺母　　　　(C) 螺钉　　　　(D) 螺纹

539. BH001　利用低温烟气加热空气的对流受热面称为（　　）。
(A) 空气预热器　(B) 减温器　　　(C) 调风器　　　(D) 护墙

540. BH001　用耐火和保温材料等所砌筑或敷设的锅炉外壳称为（　　）。
(A) 锅炉本体　　(B) 护板　　　　(C) 炉墙　　　　(D) 护墙

541. BH001　用点火或其他加热方法以一定的温升速度和保温时间烘干炉墙的过程称为（　　）。
(A) 运行　　　　(B) 烘炉　　　　(C) 煮炉　　　　(D) 试压

542. BH002　A级锅炉安装按其额定蒸汽压力(p)为（　　）。
(A) 不限　　(B) $p<9.81$MPa　(C) $p\leqslant 2.45$MPa　(D) $p\leqslant 1.57$MPa

543. BH002　B级锅炉安装按其额定蒸汽压力(p)为（　　）。
(A) 不限　　(B) $p<9.81$MPa　(C) $p\leqslant 2.45$MPa　(D) $p\leqslant 1.57$MPa

544. BH002　D级锅炉安装按其额定蒸汽压力(p)为（　　）。
(A) 不限　　(B) $p<9.81$MPa　(C) $p\leqslant 2.45$MPa　(D) $p\leqslant 1.57$MPa

545. BH003　锅炉坐标允许偏差为（　　）。
(A) 2mm　　　　(B) 5mm　　　　(C) 6mm　　　　(D) 10mm

546. BH003　锅炉标高允许偏差为（　　）。
(A) ±2mm　　　(B) ±3mm　　　(C) ±5mm　　　(D) ±10mm

547. BH003　锅炉中心线允许偏差为（　　）。
(A) 2mm　　　　(B) 3mm　　　　(C) 5mm　　　　(D) 10mm

548. BH004　组装链条炉排时两侧墙板的顶面应在同一平面上,其相对标高差允许偏差为（　　）。
(A) 5mm　　　　(B) 6mm　　　　(C) 10mm　　　(D) 15mm

549. BH004　组装链条炉排时前轴、后轴的水平度允许偏差为（　　）。
(A) 长度的 0.5/1000　　　　　(B) 长度的 1/1000
(C) 长度的 2/1000　　　　　　(D) 长度的 3/1000

550. BH004　组装链条炉排时各道轨应在同一平面上,其平面度允许偏差为（　　）。
(A) 2mm　　　　(B) 4mm　　　　(C) 5mm　　　　(D) 6mm

551. CA001　安全生产是为了使生产过程在（　　）物质条件和工作秩序下进行,（　　）发生人身伤亡和财产损失等生产事故。
(A) 符合;防止　　　　　　　　(B) 基本符合;防止
(C) 无视;杜绝　　　　　　　　(D) 容许;消除

552. CA001　安全生产是在生产过程中,（　　）危险有害因素,保障人、机和环境免遭损坏或破坏的总称。
(A) 根除和控制　　　　　　　　(B) 消除或控制
(C) 基本消除或控制　　　　　　(D) 忽视

553. CA001　安全生产为国家的经济建设提供（　　）的稳定政治环境保障,具有（　　）的意义。
(A) 一般；现在　(B) 次要；现实　(C) 极重要；普通　(D) 重要；现实

554. CA002　常用的灭火器材主要有（　）灭火器、二氧化碳灭火器、（　）灭火器和1211灭火器。
(A) 泡沫；干粉　(B) 水雾；氮气　(C) 微粒；蒸汽　(D) 干粉；泡沫

555. CA002　干粉（　）式灭火器(手提式)是以氮气为动力,将筒体内干粉压出。它能抑制燃烧的（　）反应而灭火。
(A) 定压；间断　(B) 储压；连锁　(C) 分压；连续　(D) 卸压；连锁

556. CA002　二氧化碳灭火器都是以（　）气瓶内储存的二氧化碳气体作为（　）剂进行灭火,二氧化碳灭火后不留痕迹。
(A) 低压；灭火　(B) 中压；降火　(C) 高压；灭火　(D) 稳压；引火

557. CA003　干粉储压式灭火器(手提式)使用时,先（　）保险销(有的是拉起拉环),再（　）压把,干粉即可喷出。
(A) 拔掉；按下　(B) 安装；取下　(C) 扣掉；按上　(D) 恢复；按下

558. CA003　干粉储压式灭火器灭火时,要（　）火焰喷射；干粉喷射时间要短,喷射前要选择好喷射（　）,由于干粉容易飘散,不宜逆风喷射。
(A) 靠近；区域　(B) 接近；目标　(C) 离开；火点　(D) 远离；目标

559. CA003　二氧化碳灭火器使用时,（　）式的先拔掉保险销,压下压把即可,（　）式的要先取掉铅封,然后按逆时针方向旋转手轮,药剂即可喷出。
(A) 鹅嘴；便携　(B) 环形；手柄　(C) 鸭嘴；手轮　(D) U形；杠杆

560. CA004　燃烧是物质与（　）之间的放热反应,它通常会同时（　）出火焰或可见光。
(A) 氧化剂；释放
(B) 还原剂；释放
(C) 物质；释放
(D) 物质；氧化剂

561. CA004　火灾是在时间或空间上（　）的燃烧所造成的（　）。
(A) 失控；灾害
(B) 失去控制；危害
(C) 有效控制；失控
(D) 管理；危害

562. CA004　燃烧和火灾发生的（　）是同时具备氧化剂、可燃物、点火源。
(A) 条件之一　(B) 条件之二　(C) 必要条件　(D) 可能条件

563. CA005　安全标志是一种（　）的信息语言。国际标准化组织规定(ISO)安全标志所用的几何图形共有四个；安全标志共分四大类。
(A) 图像符号　(B) 文字表述　(C) 图像指示　(D) 感官接受

564. CA005　ISO规定安全标志共分"禁止"、"指令"、"警告"和"提示"四大类,我国规定了五大类,增加了"（　）"一个大类,为红色正方形"□"。红色是传统的消防颜色,采用正方形图形,以免同红色圆形的"（　）"标志混淆。
(A) 事故；指示　(B) 事件；触电　(C) 消防；禁止　(D) 伤害；禁止

565. CA005　安全色标是特定的表达安全信息含义的（　）。它以形象而醒目的信息语言向人们提供表达禁止、警告、指令、提示等安全信息。
(A) 指示标志　(B) 颜色和标志　(C) 图文并茂　(D) 颜色和图形

566. CA006　安全色标准规定了传递完全信息的颜色,目的是（　）。
(A) 使人们发现或分辨安全标志　(B) 提醒人们注意

(C) 防止发生事故　　　　　　　(D) A,B,C

567. CA006　安全色是表达安全信息含义的颜色,表示禁止、（　）、指令、提示等。
(A) 允许　　　(B) 警告　　　(C) 暗示　　　(D) 可以

568. CA006　安全色规定为红、蓝、黄、（　）四种颜色。
(A) 黑　　　(B) 白　　　(C) 橘红　　　(D) 绿

569. CA007　按照《高处作业分级》(GB/T 3608—2008)规定:凡在（　）基准面2m以上(含2m)的可能坠落的高处所进行的作业,都称为高处作业。
(A) 水平高度　(B) 坠落高度　(C) 相对高度　(D) 高程

570. CA007　高处作业按级别可分为:（　）高处作业(作业高度为2～5m),二级高处作业(作业高度为5～15m),三级高处作业(作业高度为15～30m)和（　）高处作业(作业高度在30m以上)。
(A) 一级;特级　(B) 一级;四级　(C) 普通;超高　(D) 一等;四等

571. CA007　高处作业的基本类型:建筑施工中的高处作业主要包括（　）、洞口、攀登、悬空、交叉等（　）基本类型,这些类型的高处作业是高处作业伤亡事故可能发生的主要地点。
(A) 旁边;六种　(B) 隔离;五种　(C) 临边;五种　(D) 高差;六种

572. CA007　洞口作业是指孔、洞口旁边的高处作业,包括施工现场及通道旁深度在2m及2m以上的桩孔、沟槽与管道孔洞等（　）作业。
(A) 隔离　　　(B) 连接　　　(C) 交叉　　　(D) 边沿

573. CA007　悬空作业是指在周边临空状态下进行高处作业。其特点是在操作者（　）点或无牢靠立足点条件下进行高处作业。
(A) 无立足　　(B) 可立足　　(C) 无攀登　　(D) 可挂靠

574. CA008　建筑工人称（　）、安全带、安全网为救命"三宝"。
(A) 安全帽　　(B) 防护镜　　(C) 劳保手套　(D) 劳保鞋

575. CA008　安全帽必须满足下列要求:耐（　）性、耐（　）性、耐低温性能良好、侧向钢性性能达到规范要求。
(A) 扎;砸　　(B) 酸;压　　(C) 冲;穿　　(D) 摩擦;汗

576. CA008　安全帽作为一种个人头部防护用品,能有效地（　）工人在生产作业中遭受坠落物体和自坠落时对人体头部的伤害。
(A) 防护和冲击　　　　　　　　(B) 防止和减轻
(C) 打击和缓解　　　　　　　　(D) 缓冲和减轻

577. CA008　安全帽使用时,首先要选择与自己头型（　）的安全帽,佩戴安全帽前,要仔细检查合格证、使用说明、使用期限,选用经有关部门检验合格,其上有"（　）"标志的安全帽。
(A) 适宜;安全　(B) 适用;合格　(C) 合适;安定　(D) 适合;安鉴

578. CA009　起重吊装作业前,应根据作业特点编制（　）施工方案,并对参加作业人员进行方案和安全技术交底。
(A) 通用　　　(B) 一般　　　(C) 简介　　　(D) 专项

579. CA009　起重吊装作业时,周边应置警戒区域,设置醒目的（　）,防止无关人员进入。
(A) 防护栏杆　(B) 图案　　　(C) 警示标志　(D) 记号

( ) 69. AE009　对屋架、桥梁、车辆等需承受强大作用力和可靠连接强度的铆接是强密铆接。

( ) 70. AE009　铆钉的直径一般等于板厚的1.8倍。

( ) 71. AE009　铆钉直径在8mm以下均采用冷铆。

( ) 72. AE009　有机粘结剂的特点是耐高温,但强度低。

( ) 73. AE010　金属材料都能进行矫正和弯形。

( ) 74. AE010　薄板料中间凸起,说明中间的纤维比四周短。

( ) 75. AE011　在冷加工塑性变形过程中,产生的材料变硬现象称为冷硬现象。

( ) 76. AE011　管子直径大于10mm,弯形时应在管内灌满干砂。

( ) 77. AE011　相同材料的变形,弯曲半径越小,表面层材料变形越小。

( ) 78. AE012　钻头直径越小,螺旋角越大。

( ) 79. AE012　标准麻花钻的横刃斜角ψ = 50°~55°。

( ) 80. AE012　钻头前角大小与螺旋角有关(横刃处除外),螺旋角越大,前角越大。

( ) 81. AE012　修磨钻头横刃时,其长度磨得越短越好。

( ) 82. AE013　钻孔时切削液的主要目的是提高孔的表面质量。

( ) 83. AE013　钻孔属粗加工。

( ) 84. AE014　铰刀的齿距在圆周上都是不均匀分布的。

( ) 85. AE014　螺旋形手铰刀适宜于铰削带有键槽的圆柱孔。

( ) 86. AE015　铰孔时,铰削余量的大小,不会影响铰后的表面粗糙度超差。

( ) 87. AE016　多线螺纹的螺距就是螺纹的导程。

( ) 88. AE016　逆时针旋转时旋入的螺纹称为右螺纹。

( ) 89. AE016　M16×1 含义是细牙普通螺纹,大径为16mm,螺距为1mm。

( ) 90. AE016　套螺纹时,圆杆顶端应倒角至15°~20°。

( ) 91. AE017　机攻螺纹时,丝锥的校准部分不能全部出头,否则退出时会造成螺纹乱牙。

( ) 92. AE017　攻螺纹前底孔直径必须大于螺纹标准中规定的螺纹小径。

( ) 93. AE018　精刮时,显示剂应调得干些,粗刮时应调得稀些。

( ) 94. AE018　刮削内曲面时。刮刀的切削运动是螺旋运动。

( ) 95. AE018　刮削前的余量是根据工件刮削面积大小而定,面积大应大些,反之则余量可小些。

( ) 96. AE019　碳化物磨料的硬度高于刚玉类磨料。

( ) 97. AE019　研磨外圆柱面时,研磨套往复运动轨迹要正确,形成网纹交叉线应为45°。

( ) 98. AE019　研磨为精加工,能得到精确尺寸、精确的形位精度和极细的表面粗糙度。

( ) 99. AE020　对接焊缝始端、终端位置不易发生电弧偏吹现象。

( ) 100. AF001　力是一个物体对另一个物体的作用。

( ) 101. AF001　力的换算可用下式表示:1 吨力 = 1000 千克力 ≈ 10^3 牛顿。

( ) 102. AF001　力的大小、方向、作用点称为力的三要素。

( ) 103. AF002　吊运重物开始时,当重物吊离地面1000mm时,应停车检查捆绑情况。

( ) 104. AF003　钢丝绳不仅是起重机的组成部分,且在起重作业中可单独作为索具使用。

( ) 105. AF003　钢丝绳是由低强度的碳素钢丝制成的。

( ) 106. AF003　钢丝绳按制造过程中绕捻次数不同可以分为:单重绕捻、双重绕捻和三重绕捻钢丝绳三大类。

( ) 107. AF003　钢丝绳 6×37－15－1700 中的 6 表示由 6 股子绳组成。

( ) 108. AF003　用钢丝绳捆绑有棱角的物件要垫好方木或圆管,防止损坏钢丝绳。

( ) 109. AF003　钢丝绳的破断拉力与钢丝质量好坏和绕捻结构有关。

( ) 110. AF003　捆绑重物用钢丝绳的安全系数为 5.5。

( ) 111. AF003　使用卡接法连接钢丝绳时,某一规格的钢丝绳要配合一定规格的钢丝绳卡。

( ) 112. AF004　平衡梁在起吊设备时,容易使设备发生变形。

( ) 113. AF004　采用平衡梁吊装设备可以解决起吊高度和水平夹角之间的矛盾。

( ) 114. AF004　吊装设备时,吊索和设备的水平夹角最好在 65°~85°之间。

( ) 115. AF005　卸扣的强度主要取决于弯曲部分的强度。

( ) 116. AF005　吊钩是由 45 号钢制成的。

( ) 117. AF005　吊钩有单钩和双钩两种。

( ) 118. AF006　滑车是起重运输及吊装工作中常用的大型起重设备。

( ) 119. AF006　滑车按制作材料不同可以分为木制滑车和铁制滑车。

( ) 120. AF006　定滑车能改变力的方向和大小。

( ) 121. AF007　在起重工实际操作中,使用最多的是手动葫芦。

( ) 122. AF007　环链手拉葫芦具有体积小、重量轻、效率高的特点。

( ) 123. AF008　千斤顶不能保证把重物准确地停在一定的高度上。

( ) 124. AF009　滚杠在起重作业中,特别是长距离的运输作业中应用较多。

( ) 125. AF009　采用滚杠运输设备时,应把设备直接放在滚杠上。

( ) 126. AF010　为了使钢丝绳能垂直地绕上卷扬机卷筒,常在卷扬机的前方设置一个导向滑车。

( ) 127. AG001　断路器主要用于电路的过负荷保护、短路、欠电压、漏电压保护,也可用于不频繁接通和断开的电路。

( ) 128. AG002　对于 500V 以上的线路或电气设备,应使用 500V 或 1000V 的摇表。

( ) 129. AG003　三相异步电动机的额定电压是电动机在额定运行状态,定子绕组规定使用的线电压。

( ) 130. AG004　三相笼型异步电动机制动包括机械制动和电气制动两种方式。

( ) 131. AG005　人体触电的基本方式有单相触电、两相触电、跨步电压触电、接触电压触电。此外,还有人体接近高压电和雷击触电等。

( ) 132. AG006　当人发生触电后,首先要使触电者脱离电源,这是对触电者进行急救的关键。

( ) 133. AG007　测量的目的就是想测得被测量的真值,因此精度越高越好。

( ) 134. AG008　弹性式压力计是根据弹性元件的弹性变形和所受压力成比例的原理来工作的,当作用于弹性元件上的被测压力越大时,弹性元件的变形也越小。

( ) 135. AG009　镍铬－镍硅热电偶分度号为 E。

( ) 136. AG010　相对误差是指绝对误差的绝对值与仪表量程的比值。

( ) 137. BA001　为了满足设备安装的需要,基础必须具有足够的刚度、强度和稳定性,并能吸收和隔离振动、抵御介质的腐蚀。

( ) 138. BA002　短地脚螺栓（又称为预埋式地脚螺栓）应用广泛。
( ) 139. BA003　一般来讲，布置垫铁组时，应在地脚螺栓两侧各放置一组，并应尽量使垫铁靠近地脚螺栓。
( ) 140. BA004　线架是为了固定所拉的线用的，它必须是固定的。
( ) 141. BA005　设备找平中的初平与精平相比，精度要低一些。
( ) 142. BA006　灌浆工作不能间断，一定要一次灌完。
( ) 143. BA007　精密零件可以用煤油做最后一次清洗。
( ) 144. BB001　螺纹连接为了防止在冲击，振动或工作温度变化时回松，故要采用防松装置。
( ) 145. BB001　螺纹连接是一种可拆的固定连接。
( ) 146. BB002　为了保证传递转矩，安装楔键时必须使键侧和键槽有少量过盈。
( ) 147. BB002　花键配合的定心方式，在一般情况下都采用外径定心。
( ) 148. BB003　销连接在机械中起紧固或定位连接作用。
( ) 149. BB004　轴承是用来支撑轴的部件，也可用来支撑轴上的回转零件。
( ) 150. BB004　主要用于承受径向载荷的轴承，称为向心轴承。
( ) 151. BB005　轴瓦装在机体中，要求轴向不允许有位移。
( ) 152. BB006　滚动轴承按滚动体的种类，可分为球轴承和滚子轴承两大类。
( ) 153. BB006　滚动轴承的配合制度，内径与轴为基轴制，外径与外壳孔为基孔制。
( ) 154. BB006　滚动轴承的配合游隙既小于原始游隙，又小于工作游隙。
( ) 155. BB007　把滚动轴承装在轴上时，压力应加在外圈的端面上。
( ) 156. BB007　推力轴承装配时，应将紧圈靠在轴相对静止的端面上。
( ) 157. BB007　滚动轴承标有代号的端面应装在不可见的部位，以免磨损。
( ) 158. BB008　齿轮传动可用来传递运动的转矩、改变转速的大小和方向，还可把转动变为移动。
( ) 159. BB008　接触精度是齿轮的一项制造精度，所以和装配无关。
( ) 160. BB008　齿轮传动中的运动精度是指齿轮在转动一周中的最大转角误差。
( ) 161. BB009　齿轮与轴为锥面配合时，其装配后，轴端与齿轮端面应贴紧。
( ) 162. BB010　在蜗杆传动中，要想判定蜗轮的转向，必须知道蜗杆的旋向和转向。
( ) 163. BB011　蜗杆传动的效率和蜗轮的齿数有关。
( ) 164. BB011　蜗杆传动都具有自锁作用，不仅传动效率低而且蜗轮永远是从动件。
( ) 165. BB012　联轴器是一种传递运动和扭矩的一种机械装置。
( ) 166. BB013　在传动轴上加装安全联轴器，可保护起重机重要零部件不因过载、冲击而损坏。
( ) 167. BB014　在不考虑泄漏的情况下，根据液压泵的几何尺寸计算而得到的流量称为理论流量。
( ) 168. BB015　由于油液在管道中流动时有压力损失和泄漏，所以液压泵输入功率要小于输送到液压缸的功率。
( ) 169. BB016　液压泵自吸能力的实质是由于泵的吸油腔形成局部真空，油箱中的油在大气压作用下流入油腔。
( ) 170. BB017　利用远程调压阀的远程调压回路中，只有在溢流阀的调定压力高于远程调

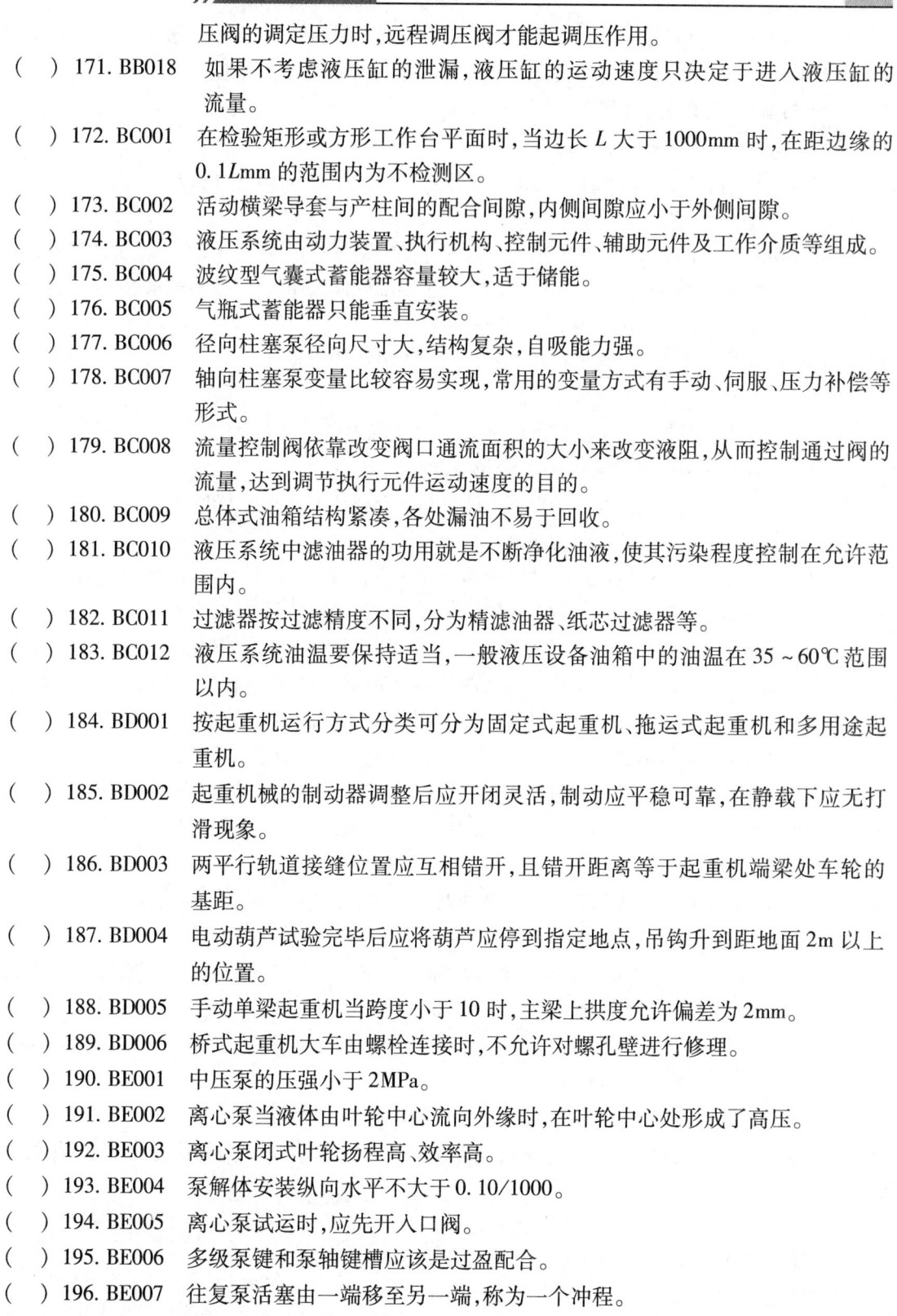

压阀的调定压力时,远程调压阀才能起调压作用。

( ) 171. BB018　如果不考虑液压缸的泄漏,液压缸的运动速度只决定于进入液压缸的流量。

( ) 172. BC001　在检验矩形或方形工作台平面时,当边长 L 大于 1000mm 时,在距边缘的 $0.1L$ mm 的范围内为不检测区。

( ) 173. BC002　活动横梁导套与产柱间的配合间隙,内侧间隙应小于外侧间隙。

( ) 174. BC003　液压系统由动力装置、执行机构、控制元件、辅助元件及工作介质等组成。

( ) 175. BC004　波纹型气囊式蓄能器容量较大,适于储能。

( ) 176. BC005　气瓶式蓄能器只能垂直安装。

( ) 177. BC006　径向柱塞泵径向尺寸大,结构复杂,自吸能力强。

( ) 178. BC007　轴向柱塞泵变量比较容易实现,常用的变量方式有手动、伺服、压力补偿等形式。

( ) 179. BC008　流量控制阀依靠改变阀口通流面积的大小来改变液阻,从而控制通过阀的流量,达到调节执行元件运动速度的目的。

( ) 180. BC009　总体式油箱结构紧凑,各处漏油不易于回收。

( ) 181. BC010　液压系统中滤油器的功用就是不断净化油液,使其污染程度控制在允许范围内。

( ) 182. BC011　过滤器按过滤精度不同,分为精滤油器、纸芯过滤器等。

( ) 183. BC012　液压系统油温要保持适当,一般液压设备油箱中的油温在 35~60℃ 范围以内。

( ) 184. BD001　按起重机运行方式分类可分为固定式起重机、拖运式起重机和多用途起重机。

( ) 185. BD002　起重机械的制动器调整后应开闭灵活,制动应平稳可靠,在静载下应无打滑现象。

( ) 186. BD003　两平行轨道接缝位置应互相错开,且错开距离等于起重机端梁处车轮的基距。

( ) 187. BD004　电动葫芦试验完毕后应将葫芦应停到指定地点,吊钩升到距地面 2m 以上的位置。

( ) 188. BD005　手动单梁起重机当跨度小于 10 时,主梁上拱度允许偏差为 2mm。

( ) 189. BD006　桥式起重机大车由螺栓连接时,不允许对螺孔壁进行修理。

( ) 190. BE001　中压泵的压强小于 2MPa。

( ) 191. BE002　离心泵当液体由叶轮中心流向外缘时,在叶轮中心处形成了高压。

( ) 192. BE003　离心泵闭式叶轮扬程高、效率高。

( ) 193. BE004　泵解体安装纵向水平不大于 0.10/1000。

( ) 194. BE005　离心泵试运时,应先开入口阀。

( ) 195. BE006　多级泵键和泵轴键槽应该是过盈配合。

( ) 196. BE007　往复泵活塞由一端移至另一端,称为一个冲程。

( ) 197. BE008　往复泵传动机构由曲轴、螺杆、十字头滑道等组成。

( ) 198. BE009　往复泵安全阀放空管线可以埋入地下。

( ) 199. BE010　隔膜计量泵应在最小排出压力下对三阀部件进行动作调试。
( ) 200. BE011　蒸汽往复泵活塞杆与填料压盖的纵向间隙应符合规定。
( ) 201. BE012　单螺杆泵属于往复式容积泵。
( ) 202. BE013　三螺杆泵从动螺杆,随主动螺杆作正向旋转。
( ) 203. BE014　内啮合齿轮泵常见的多采用渐开线齿形,有直齿、斜齿、人字齿等。
( ) 204. BE015　齿轮泵的流量与泵的转速无关。
( ) 205. BE016　水环式真空泵分离器与泵的连接管路过长,转弯过急,不会增大排气阻力。
( ) 206. BE017　水环式真空泵不可以抽除带尘埃的气体、可凝性气体和气水混合物。
( ) 207. BE018　屏蔽泵在结构上有动静密封。
( ) 208. BE019　低温泵及其装置在投入运行前不需清洗干净。
( ) 209. BE020　漩涡泵的效率比较高。
( ) 210. BE021　泵轴键与键槽应配合紧密,可以加垫片。
( ) 211. BE022　离心泵开泵后,没有流量可能与底阀无关。
( ) 212. BE023　蒸汽往复泵泵抽空不可能是油缸套或活塞环磨损严重。
( ) 213. BF001　风机按结构分为通风机和鼓风机。
( ) 214. BF002　离心式风机从原动机一端正视,叶轮旋转为顺时针方向的称为左旋。
( ) 215. BF003　离心式风机主轴上任何两个零件的接触面之间,均要有过盈配合。
( ) 216. BF004　离心式风机瞬间试车完毕,即可进行风机带负荷试车。
( ) 217. BF005　轴流通风机叶轮安装在圆筒形机壳中,当叶轮旋转的时候,空气在叶片的作用下,空气压力增加,并按近于沿轴向流动,由排出口排出。
( ) 218. BF006　空负荷试运时,对于轴流风机是将叶片角度调至最大。
( ) 219. BF007　转子是罗茨鼓风机的主要部件,它由叶轮和轴组成,转子叶轮制成实心。
( ) 220. BF008　罗茨鼓风机在安装施工中,因为间隙的大小间接影响鼓风机的技术性能。
( ) 221. BF009　输送机滚筒轴线的水平度偏差不大于5/1000。
( ) 222. BF010　输送机试运时整机运行平稳,可以有不转动的辊子。
( ) 223. BG001　压缩机就位后即进行轴颈轴瓦的接触情况检查,接触角一般为60°,接触点要均匀分布在轴承的承力面上。
( ) 224. BG002　基础的验收工作是设备安装的一个重要环节,通过验收基础,及时发现问题,并妥善地加以处理。
( ) 225. BG003　轴流式压缩机是通过离心力的作用进行压缩的。
( ) 226. BG004　垫铁安装在汽轮机台板与基础之间,主要用来调整机组标高水平,并为二次灌浆创造条件。
( ) 227. BH001　空气预热器是利用低温烟气加热空气的对流受热面。
( ) 228. BH002　锅炉划分为A、B、C、D四个制造许可级别。
( ) 229. BH003　锅炉标高允许偏差为±10mm。
( ) 230. BH004　锅炉链条炉排在烘炉前应做冷态运转试验,连续试运转时间应不少于8h。
( ) 231. CA001　安全生产是保障人身、设施和财物免受损坏或遭破坏的总称。

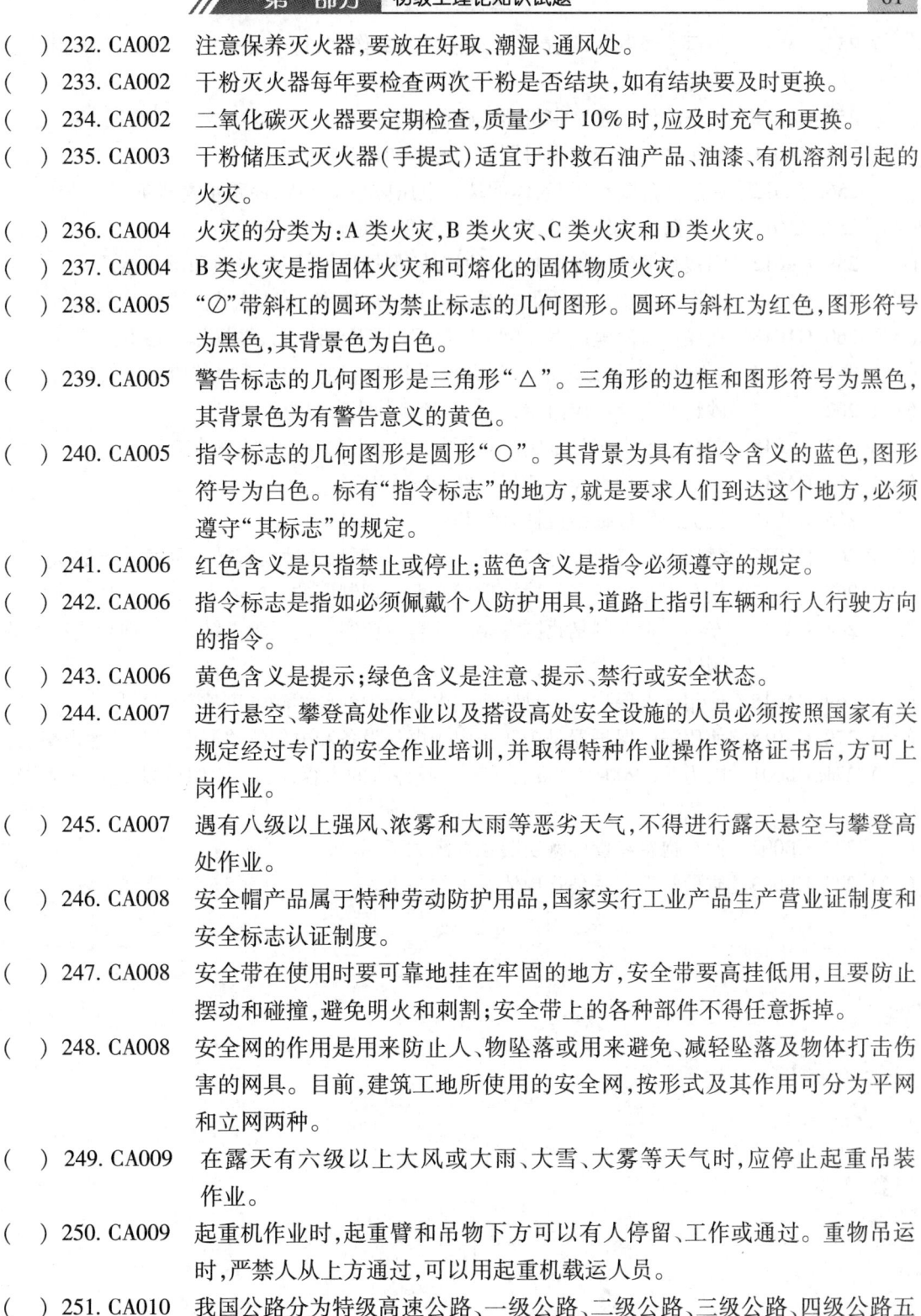

( ) 232. CA002　注意保养灭火器,要放在好取、潮湿、通风处。

( ) 233. CA002　干粉灭火器每年要检查两次干粉是否结块,如有结块要及时更换。

( ) 234. CA002　二氧化碳灭火器要定期检查,质量少于10%时,应及时充气和更换。

( ) 235. CA003　干粉储压式灭火器(手提式)适宜于扑救石油产品、油漆、有机溶剂引起的火灾。

( ) 236. CA004　火灾的分类为:A类火灾、B类火灾、C类火灾和D类火灾。

( ) 237. CA004　B类火灾是指固体火灾和可熔化的固体物质火灾。

( ) 238. CA005　"⊘"带斜杠的圆环为禁止标志的几何图形。圆环与斜杠为红色,图形符号为黑色,其背景色为白色。

( ) 239. CA005　警告标志的几何图形是三角形"△"。三角形的边框和图形符号为黑色,其背景色为有警告意义的黄色。

( ) 240. CA005　指令标志的几何图形是圆形"○"。其背景为具有指令含义的蓝色,图形符号为白色。标有"指令标志"的地方,就是要求人们到达这个地方,必须遵守"其标志"的规定。

( ) 241. CA006　红色含义是只指禁止或停止;蓝色含义是指令必须遵守的规定。

( ) 242. CA006　指令标志是指如必须佩戴个人防护用具,道路上指引车辆和行人行驶方向的指令。

( ) 243. CA006　黄色含义是提示;绿色含义是注意、提示、禁行或安全状态。

( ) 244. CA007　进行悬空、攀登高处作业以及搭设高处安全设施的人员必须按照国家有关规定经过专门的安全作业培训,并取得特种作业操作资格证书后,方可上岗作业。

( ) 245. CA007　遇有八级以上强风、浓雾和大雨等恶劣天气,不得进行露天悬空与攀登高处作业。

( ) 246. CA008　安全帽产品属于特种劳动防护用品,国家实行工业产品生产营业证制度和安全标志认证制度。

( ) 247. CA008　安全带在使用时要可靠地挂在牢固的地方,安全带要高挂低用,且要防止摆动和碰撞,避免明火和刺割;安全带上的各种部件不得任意拆掉。

( ) 248. CA008　安全网的作用是用来防止人、物坠落或用来避免、减轻坠落及物体打击伤害的网具。目前,建筑工地所使用的安全网,按形式及其作用可分为平网和立网两种。

( ) 249. CA009　在露天有六级以上大风或大雨、大雪、大雾等天气时,应停止起重吊装作业。

( ) 250. CA009　起重机作业时,起重臂和吊物下方可以有人停留、工作或通过。重物吊运时,严禁人从上方通过,可以用起重机载运人员。

( ) 251. CA010　我国公路分为特级高速公路、一级公路、二级公路、三级公路、四级公路五个等级。

( ) 252. CA010　交通安全和道路安全设施的设置有很大的关系,交通安全设施包括安全护栏、安全警示标志、车流分隔设施、机非隔离设施、安全岛等。

( ) 253. CA010　因运输经营者的责任造成旅客人身伤害、行李丢失、损坏的,不承担赔偿责任。
( ) 254. CA011　试车的作用是确定机器工作的正确性和可靠性。
( ) 255. CA011　试车是装配或修理机器时必经的初始阶段。
( ) 256. CA012　一般在危险场所,人体的接触电压应小于 20V,而跨步电压不超过 40V。
( ) 257. CA012　为了防止人体接近带电体,必须保持足够的检修间距。
( ) 258. CA012　间接触电的防护措施:保护接地、保护接零、工作接地和重复接地。
( ) 259. CA013　摩擦能够增加物质的接触机会和分离速度,因此能够促进热量的产生。
( ) 260. CA013　在操作有静电起爆炸的危险物品时,不允许有人在操作人员背后走动。
( ) 261. CA014　一般规定,当砂轮磨损到直径比卡盘直径大 10mm 时就应更换新砂轮。
( ) 262. CA014　砂轮的更换不应由专人负责,禁止他人私自更换、安装砂轮。
( ) 263. CA015　在台钻上由于只是钻小孔,所以可用手拿着工件去钻孔。
( ) 264. CA015　台钻的钻孔直径一般规定在 25mm 以下。
( ) 265. CA016　机械外伤包括出血性外伤和死亡。
( ) 266. CA016　对伤者伤口要进行包扎止血、止痛是对出血性伤害的一种急救方法。
( ) 267. CA017　安全生产责任制是建立现代企业管理制度的一般要求。
( ) 268. CA017　安全生责任制是我国多年来安全生产实践的经验总结,是一项行之有效的制度。
( ) 269. CA018　使用漏电保护器不是防止用电过程中的单相触电事故。
( ) 270. CA018　使用漏电保护器是为防止由于电气设备和电气线路漏电引起的触电事故。
( ) 271. CB001　因为 ISO 9004:2000 标准有自我评价的内容,因此,组织可以用它作为内审的依据。
( ) 272. CB002　没有抱怨和投诉就表明顾客满意了。
( ) 273. CB003　质量管理体系是管理体系中的一类。

理论知识试题答案

一、选择题

1. D	2. C	3. A	4. A	5. C	6. C	7. B	8. D	9. B	10. B
11. A	12. C	13. B	14. C	15. C	16. C	17. C	18. A	19. B	20. C
21. C	22. A	23. A	24. C	25. C	26. A	27. B	28. C	29. D	30. A
31. A	32. D	33. B	34. C	35. D	36. D	37. D	38. A	39. A	40. D
41. B	42. A	43. D	44. C	45. B	46. A	47. D	48. D	49. B	50. A
51. A	52. C	53. A	54. D	55. B	56. B	57. C	58. A	59. C	60. A
61. A	62. D	63. A	64. D	65. A	66. D	67. D	68. C	69. C	70. D
71. C	72. B	73. A	74. A	75. A	76. D	77. D	78. A	79. A	80. A
81. C	82. C	83. D	84. A	85. C	86. B	87. A	88. C	89. B	90. D
91. B	92. D	93. B	94. A	95. D	96. C	97. A	98. D	99. A	100. A
101. D	102. B	103. B	104. A	105. C	106. B	107. C	108. D	109. A	110. B
111. C	112. D	113. B	114. A	115. C	116. C	117. B	118. C	119. C	120. D
121. B	122. A	123. C	124. D	125. D	126. B	127. B	128. D	129. B	130. A
131. A	132. B	133. C	134. B	135. A	136. C	137. B	138. A	139. B	140. C
141. D	142. A	143. D	144. B	145. D	146. B	147. C	148. C	149. C	150. B
151. A	152. A	153. C	154. A	155. C	156. C	157. C	158. C	159. C	160. B
161. B	162. A	163. B	164. C	165. A	166. B	167. A	168. B	169. A	170. C
171. A	172. C	173. A	174. C	175. B	176. A	177. B	178. A	179. C	180. A
181. C	182. C	183. B	184. C	185. C	186. B	187. B	188. C	189. B	190. A
191. A	192. A	193. B	194. B	195. A	196. B	197. C	198. A	199. A	200. A
201. B	202. B	203. C	204. C	205. B	206. C	207. C	208. B	209. C	210. A
211. A	212. A	213. C	214. B	215. D	216. A	217. C	218. B	219. A	220. C
221. B	222. B	223. C	224. A	225. C	226. C	227. C	228. D	229. A	230. A
231. C	232. D	233. C	234. A	235. B	236. C	237. D	238. B	239. C	240. D
241. C	242. D	243. B	244. C	245. B	246. D	247. C	248. A	249. D	250. C
251. A	252. B	253. C	254. D	255. A	256. D	257. A	258. C	259. A	260. D
261. D	262. D	263. A	264. A	265. C	266. A	267. C	268. A	269. D	270. C
271. C	272. D	273. B	274. D	275. B	276. B	277. B	278. B	279. C	280. C
281. A	282. C	283. A	284. B	285. A	286. A	287. A	288. B	289. A	290. A
291. B	292. C	293. B	294. B	295. A	296. B	297. B	298. B	299. D	300. D
301. B	302. A	303. D	304. C	305. C	306. D	307. B	308. A	309. B	310. A
311. C	312. B	313. B	314. B	315. A	316. B	317. D	318. D	319. A	320. A

321. B	322. B	323. C	324. B	325. D	326. A	327. B	328. B	329. B	330. D
331. C	332. A	333. C	334. B	335. C	336. B	337. C	338. C	339. A	340. B
341. A	342. C	343. D	344. C	345. A	346. C	347. B	348. B	349. B	350. C
351. C	352. C	353. C	354. C	355. B	356. A	357. C	358. C	359. A	360. C
361. A	362. C	363. A	364. B	365. B	366. C	367. C	368. A	369. D	370. D
371. C	372. B	373. A	374. A	375. B	376. D	377. A	378. A	379. C	380. B
381. B	382. B	383. C	384. B	385. A	386. B	387. D	388. D	389. C	390. C
391. C	392. A	393. A	394. A	395. A	396. C	397. B	398. B	399. C	400. C
401. B	402. B	403. B	404. D	405. D	406. B	407. A	408. C	409. B	410. C
411. D	412. D	413. C	414. B	415. B	416. A	417. C	418. C	419. C	420. B
421. B	422. D	423. A	424. D	425. D	426. B	427. A	428. C	429. A	430. D
431. A	432. B	433. B	434. C	435. B	436. D	437. B	438. D	439. B	440. A
441. B	442. A	443. D	444. A	445. A	446. B	447. A	448. A	449. B	450. A
451. D	452. A	453. C	454. B	455. B	456. C	457. B	458. A	459. B	460. B
461. A	462. B	463. A	464. B	465. B	466. B	467. B	468. B	469. C	470. A
471. A	472. C	473. B	474. C	475. B	476. B	477. C	478. B	479. A	480. B
481. C	482. B	483. A	484. B	485. C	486. B	487. B	488. A	489. B	490. C
491. A	492. D	493. B	494. B	495. A	496. B	497. C	498. C	499. B	500. B
501. A	502. C	503. B	504. C	505. D	506. B	507. D	508. A	509. A	510. D
511. A	512. A	513. C	514. C	515. B	516. A	517. D	518. A	519. C	520. B
521. A	522. C	523. B	524. B	525. A	526. C	527. A	528. B	529. B	530. C
531. B	532. B	533. B	534. B	535. B	536. B	537. B	538. B	539. B	540. C
541. B	542. A	543. B	544. D	545. D	546. C	547. A	548. A	549. B	550. C
551. A	552. B	553. D	554. A	555. B	556. C	557. B	558. B	559. B	560. A
561. B	562. C	563. A	564. B	565. B	566. D	567. B	568. D	569. B	570. A
571. C	572. D	573. A	574. A	575. C	576. B	577. D	578. D	579. C	580. B
581. A	582. A	583. B	584. B	585. B	586. B	587. C	588. A	589. B	590. A
591. D	592. B	593. C	594. B	595. A	596. B	597. D	598. C	599. A	600. A
601. B	602. D	603. C	604. A	605. A	606. A	607. A	608. B	609. A	610. C
611. D	612. B	613. B	614. A	615. C	616. D	617. C	618. B	619. A	620. B
621. D	622. C	623. D	624. C	625. D	626. D	627. D	628. D	629. C	630. C
631. A	632. A								

二、判断题

1. √　2. ×　识读零件图时首先阅读标题栏。　3. √　4. ×　轴通常是指工件的圆柱形外表面,也包括非圆柱形外表面(由两平行平面或切面形成的包容面)。　5. √　6. ×　符号"═"表示对称度。　7. √　8. ×　符号"∀"表示表面是不用去除材料的方法获得的。
9. ×　装配图中相互邻接的不同零件之间的剖面线倾斜方向应相反,或方向一致而间隔疏密应有明显区别。　10. √

11. √　12. ×　低碳钢常被用于制造钢板、管材、型材等。　13. √　14. ×　可锻铸铁是由白口铸铁经退火而获得的一种铸铁,锻造能力极差。　15. √　16. √　17. √　18. √　19. √　20. √

21. √　22. √　23. ×　现在正广泛应用的润滑油为矿物质润滑油。　24. √　25. ×　汽油机润滑油 SE 型可以替代 SD 型使用。　26. √　27. ×　滴点表示的是润滑脂的流失温度,在选用时,一般要求滴点要高于工作温度在 20～30℃以上。　28. √　29. √　30. √

31. √　32. √　33. ×　灯用煤油的起始闪点是 40℃,溶剂煤油的闪点是 65℃,当用热煤油时,不可用火焰直接对装煤油的容器加热,应采取隔水加热的方法。　34. √　35. √　36. √　37. ×　使用扳手时,施力方向要与扳手柄垂直,一般用拉力而不用推力。　38. √　39. √　40. √

41. ×　游标卡尺的内测量爪用来测量工件的内径。　42. ×　常用千分尺固定套筒的量程只有 25mm。　43. √　44. √　45. ×　水准仪在瞄准时,应注意手或身体不要碰动脚架,扶尺者应把塔尺扶正,以免引起误差。　46. ×　工具经纬仪使用时,横轴应调整到基准点高度,并用直尺校准,再用铅锤复核。　47. ×　塞尺是检验间隙的一种精密量具。　48. ×　I型万能角度尺可以测量 0°～320°的任何角度。　49. √　50. ×　平面划线一般要选择两个划线基准,立体划线则要选择三个划线基准。

51. √　52. √　53. ×　零件一般在加工前都需要划线。　54. ×　当毛坯件误差不大时,都可通过划线的借料予以补救。　55. ×　划线前在工件划线部位涂上一层涂料,可以使划线清晰。　56. √　57. ×　固定式锯弓只能安装一种长度规格的锯条。　58. ×　锯割铝材时应选用粗齿锯条。　59. ×　起锯时,起锯角以不超过 15°为宜,但不能太小。　60. √

61. ×　錾子轮上刃磨时,必须高于砂轮中心　62. √　63. √　64. √　65. √　66. ×　锉刀锉齿中的粗齿是以锉刀每 10mm 轴向长度内的齿纹条数来表示的。　67. ×　锉削过程中,两手对锉刀压力的大小应随着锉刀两端伸出工件的长度不同而变化。　68. √　69. ×　对屋架、桥梁、车辆等需承受强大作用力和可靠连接强度的铆接是紧密铆接。　70. √

71. √　72. ×　有机粘结剂的特点是耐高温,强度也好。　73. ×　金属材料的变形在塑性范围内时才能进行矫正和弯形。　74. ×　薄板料中间凸起,说明中间的纤维比四周长。　75. √　76. √　77. ×　相同材料的变形,弯曲半径越小,外层材料变形越小。　78. ×　钻头直径越小,螺旋角越小。　79. √　80. √

81. ×　修磨钻头横刃时,其长度应磨短至原来长度的 1/3～1/5。　82. ×　钻孔时切削液的主要目的是起冷却作用。　83. √　84. ×　一般手铰刀的齿距在圆周上都是不均匀分布的。　85. √　86. ×　铰孔时,铰削余量太大或太小,都会导致铰后的表面粗糙度超差。　87. ×　单线螺纹的螺距就是螺纹的导程。　88. ×　顺时针旋转时旋入的螺纹称为右螺纹。　89. √　90. √

91. √　92. √　93. √　94. √　95. √　96. √　97. √　98. √　99. ×　对接焊缝始端、终端位置易发生电弧偏吹现象。　100. √

101. ×　力的换算可用下式表示:1 吨力 = 1000 千克力 ≈ 10^4 牛顿。　102. √　103. ×　吊运重物开始时,当重物吊离地面 100mm 时,应停车检查捆绑情况。　104. √　105. ×　钢丝绳是由高强度的碳素钢丝制成的。　106.√　107.√　108.√　109.√　110.×　捆绑重物用钢丝绳的安全系数为10。

111.√　112.×　平衡梁在起吊设备时,不容易使设备发生变形。　113.√　114.×　吊装设备时,吊索和设备的水平夹角最好在45°～60°之间。　115.√　116.×　吊钩是由20号钢或16Mn制成的。　117.√　118.×　滑车是起重运输及吊装工作中常用的小型起重设备。　119.√　120.×　定滑车只能改变力的方向。

121.√　122.√　123.×　千斤顶能保证把重物准确地停在一定的高度上。　124.×　滚杠在起重作业中,特别是短距离的运输作业中应用较多。　125.×　采用滚杠运输设备时,应把设备直接放在滚杠上的排子上。　126.√　127.√　128.×　对于500V以上的线路或电气设备,应使用1000V或2500V的摇表。　129.√　130.√

131.√　132.√　133.×　测量的目的就是想测得被测量的真值,但实际使用中只要满足使用的精度要求即可,无须追求更高的精度值。　134.×　弹性式压力计是根据弹性元件的弹性形变和所受压力成比例的原理来工作的,当作用于弹性元件上的被测压力越大时,弹性元件的变形也越大。　135.×　镍铬－镍硅热电偶分度号为K。　136.×　相对误差是指绝对误差的绝对值与被测量值的比值。　137.√　138.√　139.√　140.×　线架是为了固定所拉的线用的,它设在所拉线的两端,形式不拘,可以是固定式的,也可以是移动式的,只要达到稳固即可。

141.×　设备的初平与精平的技术标准是一致的,不能因为是初平就降低要求,也不能因为是精平,又特别提高标准。　142.√　143.×　由于煤油中含有水分,酸值高,清洗后如不及时去净,就会使金属表面又重新锈蚀,所以精密零件不宜用煤油做最后一次清洗。　144.√　145.√　146.×　为了保证传递转矩,安装楔键时必须使键侧和键槽之间楔紧。　147.√　148.×　销连接在机械中起保险、紧固或定位连接作用。　149.√　150.√

151.×　轴瓦装在机体中,要求圆周方向和轴向都不允许有位移。　152.√　153.×　滚动轴承的配合制度,内径与轴为基孔制,外径与外壳孔为基轴制。　154.√　155.×　把滚动轴承装在轴上时,压力应加在内圈的端面上。　156.√　157.×　滚动轴承标有代号的端面应装在可见的部位,以利于更换选型。　158.√　159.×　接触精度是齿轮的一项制造精度,和装配有很大的关系。　160.√

161.×　齿轮与轴为锥面配合时,其装配后,轴端与齿轮端面应有一定的间隙。　162.√　163.×　蜗杆传动的效率和蜗轮的齿数无关。　164.×　蜗杆传动具有可以自锁、传动效率低等特点。　165.√　166.√　167.√　168.√　169.√　170.√

171.√　172.×　在检验矩形或方形工作台平面时,当边长L大于1000mm时,在距边缘的100mm的范围内为不检测区。　173.×　活动横梁导套与产柱间的配合间隙,内侧间隙应大于外侧间隙。　174.√　175.×　波纹型气囊式蓄能器容量较小,适于吸收液压冲击和脉动。　176.√　177.×　径向柱塞泵径向尺寸大,结构复杂,自吸能力差。　178.√　179.×　流量控制阀依靠改变阀口通流面积的大小或通道的长短来改变液阻,从而控制通过阀的压力油流量,达到调节执行元件运动速度的目的。　180.×　总体式油箱结构紧凑,各处漏油易于回收。

181. √　182. ×　过滤器按过滤精度不同,分为精滤器和粗滤油器。　183. √　184. ×　按起重机运行方式分类可分为固定式起重机、拖运式起重机和运行式起重机。　185. √　186. ×　两平行轨道接缝位置应互相错开,且错开距离不得等于起重机端梁处车轮的基距。　187. √　188. √　189. ×　桥式起重机大车由螺栓连接时,允许对极少数螺孔壁进行修理。　190. ×　中压泵的压强在2～6MPa。

191. ×　离心泵当液体由叶轮中心流向外缘时,在叶轮中心处形成了低压。　192. √　193. ×　泵解体安装纵向水平不大于0.05/1000。　194. √　195. √　196. √　197. ×　传动机构由曲轴、连杆、十字头滑道等组成。　198. ×　往复泵安全阀放空管线切勿埋入地下。　199. ×　隔膜计量泵应在额定排出压力下对三阀部件进行动作调试。　200. ×　蒸汽往复泵活塞杆与填料压盖的径向间隙应符合规定。

201. ×　单螺杆泵属于转子式容积泵。　202. ×　三螺杆泵从动螺杆,随主动螺杆作反向旋转　203. ×　外啮合齿轮泵常见的多采用渐开线齿形,有直齿、斜齿、人字齿等。　204. ×　齿轮泵的流量与泵的转速有关。　205. ×　水环式真空泵分离器与泵的连接管路过长,转弯过急,增大了排气阻力。　206. ×　水环式真空泵可以抽除带尘埃的气体、可凝性气体和气水混合物。　207. ×　屏蔽泵结构上没有动密封,只有在泵的外壳处有静密封。　208. ×　低温泵及其装置在投入运行前须清洗干净。　209. ×　由于流道内液体是通过液体撞击而传递能量。　同时也造成较大撞击损失,因此旋涡泵的效率比较低。　210. ×　泵轴键与键槽应配合紧密,不许加垫片。

211. ×　离心泵开泵后,没有流量可能是底阀漏。　212. ×　蒸汽往复泵泵抽空可能是油缸套或活塞环磨损严重。　213. ×　风机按排气压力分为通风机和鼓风机。　214. ×　离心式风机从原动机一端正视,叶轮旋转为顺时针方向的称为右旋。　215. ×　离心式风机主轴上任何两个零件的接触面之间,均应具有规定的膨胀间隙。　216. ×　离心式风机当空负荷试车完毕,即可进行风机带负荷试车。　217. ×　轴流通风机叶轮安装在圆筒形机壳中,当叶轮旋转的时候,空气在叶片的作用下,空气压力减少,并按近于沿轴向流动,由排出口排出。　218. ×　空负荷试运时,对于轴流风机是将叶片角度调至最小。　219. ×　转子是罗茨鼓风机的主要部件,它由叶轮和轴组成,转子叶轮制成空心。　220. ×　罗茨鼓风机在安装施工中,机体内转子之间和转子与机壳各部间隙是关键,因为间隙的大小将直接影响鼓风机的技术性能。

221. ×　输送机滚筒轴线的水平度偏差不大于1/1000。　222. ×　输送机试运时整机运行平稳,可以没有不转动的辊子。　223. √　224. √　225. ×　离心式压缩机是通过离心力的作用进行压缩的。　226. √　227. √　228. √　229. ×　锅炉标高允许偏差为±5mm。　230. √

231. ×　安全生产是保障人身安全与健康,设备和设施免受损坏,环境免遭破坏的总称。　232. ×　注意保养灭火器,要放在好取、干燥、通风处。　233. √　234. ×　二氧化碳灭火器要定期检查,质量少于5%时,应及时充气和更换。　235. √　236. √　237. ×　B类火灾是指液体火灾和可熔化的固体物质火灾。　238. √　239. √　240. ×　指令标志的几何图形是圆形"○"。　其背景为具有指令含义的蓝色,图形符号为白色。　标有"指令标志"的地方,就是要求人们到达这个地方,必须遵守"指令标志"的规定。

241. × 红色用于表示禁止、停止,也用来表示防火;蓝色只有与几何图形同时使用时才表示指令,必须要遵守的意思。　242. √　243. × 黄色含义是表示警告或注意危险;绿色含义是表示安全、通行、提示人们注意。　244. √　245. × 遇有六级以上强风、浓雾和大雨等恶劣天气,不得进行露天悬空与攀登高处作业。　246. × 安全帽产品属于特种劳动防护用品,国家实行工业产品生产许可证制度和安全标志认证制度。　247. √　248. √　249. √　250. × 起重机作业时,起重臂和吊物下方禁止有人停留、工作或通过。重物吊运时,严禁人从下方通过,禁止用起重机载运人员。

251. × 我国公路分为高速公路、一级公路、二级公路、三级公路、四级公路五个等级。　252. √　253. × 因运输经营者的责任造成旅客人身伤害、行李丢失、损坏的,应承担赔偿责任。　254. √　255. × 试车是装配或修理机器时必经的最后阶段。　256. × 一般在危险场所,人体的接触电压应小于10V,而跨步电压不超过20V。　257. √　258. √　259. × 摩擦能够增加物质的接触机会和分离速度,因此能够促进静电的产生。　260. √

261. √　262. × 砂轮的更换亦应由专人负责,禁止他人私自更换、安装砂轮。　263. × 在台钻上虽然只是钻小孔,但也不可用手拿着工件去钻孔。　264. × 台钻的钻孔直径一般规定在13mm以下。　265. × 机械外伤包括出血性外伤和骨折性外伤。　266. √　267. × 安全生责任制是建立现代企业管理制度的必然要求。　268. √　269. × 使用漏电保护器是防止用电过程中的单相触电事故。　270. √

271. × ISO 9004:2000不可以用它作为内审的依据。　272. × 没有抱怨和投诉并不表明顾客满意了。　273. √

第二部分　初级工技能操作试题

考核内容层次结构表

级　别	技能操作			合　计
	基本技能		专业技能	
	测绘零件	加工零件	安装调试诊断	
初级工	10分 90min	40分 150～240min	50分 90～120min	100分 330～450min
中级工	15分 120min	35分 240～270min	50分 120～180min	100分 480～570min
高级工	15分 120min	30分 240～270min	55分 180min	100分 540～570min
技师和高级技师	15分 120min	30分 120～360min	55分 120～240min	100分 360～720min

鉴定要素细目表

行为领域	代码	鉴定范围	鉴定比重	代码	鉴定点	重要程度
基本技能 A 50%	A	测绘零件	10%	001	测绘简单台阶轴	X
				002	测绘简单平键	X
				003	测绘简单对轮	X
				004	测绘简单螺母	X
	B	加工零件	40%	001	加工简单长方体	X
				002	加工简单正方体	X
				003	加工简单六方体	X
				004	加工多种型孔	X
				005	铰削通孔盲孔	X
				006	刮削划线方箱	X
				007	燕尾T形组合	X
				008	加工方孔模	X
				009	加工三角合套	X
				010	加工卡盘扳手体	X
专业技能 B 50%	A	安装调试诊断	50%	001	装配普通平键	X
				002	泵开箱验收	Y
				003	泵基础验收	Y
				004	往复泵安装	Y
				005	离心泵安装	Y
				006	离心泵同心度对中	Y

注：X—核心要素；Y—一般要素。

技能操作试题

一、AA001 测绘简单台阶轴

1. 考核要求

(1)必须穿戴好劳动保护用品。
(2)必备的工具、用具、量具准备齐全。
(3)图形正确,表达清楚。
(4)尺寸完整,线形分明。
(5)图面整洁,字迹工整。

2. 准备要求

(1)材料准备:以下所需材料由鉴定站准备。

序 号	名 称	规 格	数 量	备 注
1	台阶轴	待定	1件	
2	纸	1号	1张	
3	图板	1号	1块	
4	图钉		4个	

(2)工具、用具、量具准备:

① 以下所需工具、用具、量具由鉴定站准备。

序 号	名 称	规 格	数 量	备 注
1	游标卡尺	0~150mm(精度0.02)	1把	
2	外径千分尺	0~25mm,25~50mm	各1把	

② 以下所需工具、用具、量具由考生准备。

序 号	名 称	规 格	数 量	备 注
1	绘图工具		1套	
2	三角板		1套	

3. 操作程序说明

(1)测量并记录尺寸及公差。
(2)绘图。
(3)标注尺寸及粗糙度。

4. 考核规定说明

(1)如考试违纪,将按规定停止考核。
(2)考试采用百分制,然后按鉴定比重进行折算。
(3)考核方式说明:本项目为技能笔试试题,按标准对测绘结果进行评分。

(4)测量技能说明:本项目主要测试考生对测绘简单台阶轴的熟练程度。

5. 考核时限

(1)准备时间:5min。

(2)操作时间:90min。

(3)从正式操作开始计时。

(4)考试时,根据考试场所确定考试人数,按笔试要求统一计时,提前完成操作不加分,超过规定操作时间按规定标准评分。

6. 评分记录表

序号	考核内容	评分要素	配分	评分标准	检测结果	扣分	得分	备注
1	测量并记录尺寸及公差	根据测量结果记录尺寸及公差	5	未做记录不得分;少一处扣1分				
2	绘图	按一定比例绘制主视图	10	主视图比例不正确扣10分				
		绘制主视图中心线	6	未画中心线扣6分				
		主视图在图面上的位置符合标准	8	位置不对扣8分				
		主视图能表达零件的基本形状和特征	10	主视图不能表达零件的基本形状和特征扣10分				
		主视图轮廓完整	5	轮廓线不完整少一处扣1分				
		绘制倒角	5	少一处扣0.5分				
		尺寸线、尺寸界线完整	5	不完整一处扣0.5分				
3	标注尺寸及粗糙度	标注各外径尺寸	10	少一处扣6分				
		标注各外径所测公差	10	未标外径尺寸、只标公差尺寸不得分;标注外径尺寸、少标公差尺寸少一处扣4分				
		标注总长尺寸	5	未标总长尺寸扣3分				
		标注各台阶长度尺寸	8	少一处扣2分;3处未标此项不得分				
		标注倒角	5	少标一处扣1分				
		标注粗糙度符号	8	未标不得分;少标一处扣1分				
4	图面	图面整洁		图面不整洁扣5分				
5	考试时限	在规定时间内完成		提前完成不加分,到时停止操作				
	合计		100					

考评员:　　　　　　　　　　　　核分员:　　　　　　　　　　　　年　月　日

二、AA002　测绘简单平键

1. 考核要求

(1)必须穿戴好劳动保护用品。

(2)必备的工具、用具、量具准备齐全。
(3)图形正确,表达清楚。
(4)尺寸完整,线形分明。
(5)图面整洁,字迹工整。

2. 准备要求

(1)材料准备:以下所需材料由鉴定站准备。

序 号	名 称	规 格	数 量	备 注
1	台阶轴	待定	1件	
2	纸	1号	1张	
3	图板	1号	1块	
4	图钉		4个	

(2)工具、用具、量具准备:

① 以下工具、用具、量具由鉴定站准备。

序 号	名 称	规 格	数 量	备 注
1	游标卡尺	0~150mm(精度0.02)	1把	
2	外径千分尺	0~25mm、25~50mm	各1把	
3	R规		1套	

② 以下工具、用具、量具由考生准备。

序 号	名 称	规 格	数 量	备 注
1	绘图工具		1套	
2	三角板		1套	

3. 操作程序说明

(1)测量并记录尺寸及公差。
(2)绘图。
(3)标注尺寸及粗糙度。

4. 考试规定说明

(1)如考试违纪,将按规定停止考核。
(2)考试采用百分制,然后按鉴定比重进行折算。
(3)考核方式说明:本项目为技能笔试试题,按标准对测绘结果进行评分。
(4)测量技能说明:本项目主要测试考生对测绘简单平键的熟练程度。

5. 考试时限

(1)准备时间:5min。
(2)操作时间:90min。
(3)从正式操作开始计时。
(4)考试时,根据考试场所确定考试人数,按笔试要求统一计时,提前完成操作不加分,超过规定操作时间按规定标准评分。

6. 评分记录表

序号	考核内容	评分要素	配分	评分标准	检测结果	扣分	得分	备注
1	测量并记录尺寸及公差	根据测量结果记录尺寸及公差	5	未做记录不得分；少一处扣1分				
2	绘图	按一定比例绘制主视图	9	主视图比例不正确不得分				
		绘制主视图中心线	6	未画中心线不得分				
		主视图在图面上的位置符合标准	8	主视图在图面上的位置不对不得分				
		主视图能表达零件的基本形状和特征	10	主视图不能表达零件的基本形状和特征不得分				
		主视图轮廓完整	5	轮廓线不完整错一处扣1分				
		绘制倒角	5	倒角不完整少一处扣0.5分				
		尺寸线、尺寸界线完整	6	尺寸线、尺寸界线缺一处扣1分				
		绘制侧视图	10	侧视图位置不对扣4分；轮廓线选择不对扣4分；倒角一处不对扣2分				
3	标注尺寸及粗糙度	标注长度尺寸	5	未标注或标注错误不得分				
		标注宽度尺寸	5	未标注或标注错误不得分				
		标注高度尺寸	5	未标注或标注错误不得分				
		标注尺寸公差	8	未标注或标注错一处扣3分				
		标注倒角	5	少标注一处扣1分				
		标注粗糙度符号	8	未标注不得分，少标注一处扣1分				
4	图面	图面整洁		图面不整洁扣5分				
5	考试时限	在规定时间内完成		提前完成不加分，到时停止操作				
	合计		100					

考评员： 　　　　　　核分员： 　　　　　　年　月　日

三、AA003　测绘简单对轮

1. 考核要求

(1)必须穿戴好劳动保护用品。
(2)必备的工具、用具、量具准备齐全。
(3)图形正确,表达清楚。
(4)尺寸完整,线形分明。
(5)图面整洁,字迹工整。

2. 准备要求

(1)材料准备:以下所需材料由鉴定站准备。

序 号	名 称	规 格	数 量	备 注
1	对轮	待定	1件	
2	纸	1号	1张	
3	图板	1号	1块	
4	图钉		4个	

(2)工具、用具、量具准备:

① 以下工具、用具、量具由鉴定站准备。

序 号	名 称	规 格	数 量	备 注
1	游标卡尺	0~150mm(精度0.02)	1把	
2	外径千分尺	25~50mm、50~75mm	各1把	
3	深度游标卡尺		1把	
4	内径百分表	35~50mm	1块	

② 以下工具、用具、量具由考生准备。

序 号	名 称	规 格	数 量	备 注
1	绘图工具		1套	
2	三角板		1套	

3. 操作程序说明

(1)测量并记录尺寸及公差。

(2)绘图。

(3)标注尺寸及粗糙度。

4. 考试规定说明

(1)如考试违纪,将按规定停止考试。

(2)考试采用百分制,然后按鉴定比重折算。

(3)考核方式说明:本项目为实际操作试题,按标准对测绘结果进行评分。

(4)测量技能说明:本项目主要测试考生对测绘简单对轮的熟练程度。

5. 考核时限

(1)准备时间:5min。

(2)操作时间:90min。

(3)从正式操作开始计时。

(4)考试时,根据考试场所确定考试人数,按笔试要求统一计时,提前完成操作不加分,超过规定操作时间按规定标准评分。

6. 评分记录表

序号	考核内容	评分要素	配分	评分标准	检测结果	扣分	得分	备注
1	测量并记录尺寸及公差	根据测量结果记录尺寸及公差	5	未做记录不得分；少一处扣1分				
2	绘图	按一定比例绘制主视图	10	主视图比例不正确不得分				
		绘制主视图中心线	6	未画中心线不得分				
2	绘图	主视图在图面上的位置符合标准	8	主视图在图面上的位置不对不得分				
		主视图能表达零件的基本形状和特征	10	主视图不能表达零件的基本形状和特征不得分				
		主视图轮廓完整	5	轮廓线不完整错一处扣1分				
		倒角画法正确	5	倒角不完整少一处扣0.5分				
		尺寸线、尺寸界线和箭头绘制完整	5	尺寸线、尺寸界线缺一处扣1分				
		绘制侧视图	10	侧视图位置不对扣4分；轮廓线选择不对扣4分；倒角一处不对扣2分				
3	标注尺寸及粗糙度	标注最大外圆公称直径尺寸	5	未标注或标注错误不得分				
		标注台阶外圆公称尺寸	5	未标注或标注错误不得分				
		标注内孔直径尺寸	5	未标注或标注错误不得分				
		标注均布孔中心距尺寸	8	未标注或标注错一处扣3分				
		标注均布等分数	5	少标注一处扣1分				
		标注粗糙度符号	8	未标注不得分，少标注一处扣1分				
4	图面	图面整洁		图面不整洁扣5分				
5	考试时限	在规定时间内完成		提前完成不加分，到时停止操作				
		合　　计	100					

考评员：　　　　　　　　　　核分员：　　　　　　　　　　年　月　日

四、AA004　测绘简单螺母

1. 考核要求

(1)必须穿戴好劳动保护用品。
(2)必备的工具、用具、量具准备齐全。
(3)图形正确,表达清楚。
(4)尺寸完整,线形分明。
(5)图面整洁,字迹工整。

2. 准备要求

(1)材料准备:以下所需材料由鉴定站准备。

序 号	名 称	规 格	数 量	备 注
1	螺母	待定	1件	
2	纸	1号	1张	
3	图板	1号	1块	
4	图钉		4个	

(2)工具、用具、量具准备:

① 以下所需工具、用具、量具由鉴定站准备。

序 号	名 称	规 格	数 量	备 注
1	游标卡尺	0~150mm(精度0.02)	1把	
2	三角板		1套	
3	外径千分尺	25~50mm、50~75mm	各1把	
4	深度游标卡尺		1把	
5	内径百分表	35~50mm	1块	
6	螺纹规		1套	

② 以下所需工具、用具、量具由考生准备。

序 号	名 称	规 格	数 量	备 注
1	绘图工具		1套	

3. 操作程序说明

(1)测量并记录尺寸及公差。

(2)绘图。

(3)标注尺寸及粗糙度。

4. 考试规定说明

(1)如考试违纪,将按规定停止考试。

(2)考试采用百分制,然后按鉴定比重进行折算。

(3)考核方式说明:本项目为实际操作试题,按标准对测绘结果进行评分。

(4)测量技能说明:本项目主要测试考生对测绘简单螺母的熟练程度。

5. 考核时限

(1)准备时间:5min。

(2)操作时间:90min。

(3)从正式操作开始计时。

(4)考试时,根据考试场所确定考试人数,按笔试要求统一计时,提前完成操作不加分,超过规定操作时间按规定标准评分。

6. 评分记录表

序号	考核内容	评分要素	配分	评分标准	检测结果	扣分	得分	备注
1	测量并记录尺寸及公差	根据测量结果记录尺寸	5	未做记录不得分;少一处扣1分				
2	绘图	按一定比例绘制主视图	10	主视图比例不正确不得分				

续表

序号	考核内容	评分要素	配分	评分标准	检测结果	扣分	得分	备注
2	绘图	绘制主视图中心线	6	未画中心线不得分				
		主视图在图面上的位置符合标准	8	主视图在图面上的位置不对不得分				
		主视图能表达零件的基本形状和特征	10	主视图不能表达零件的基本形状和特征不得分				
		主视图轮廓完整	5	轮廓线不完整错一处扣1分				
		倒角画法正确	5	倒角不完整少一处扣0.5分				
		尺寸线,尺寸界线和箭头绘制完整	5	尺寸线,尺寸界线缺一处扣1分				
		绘制侧视图	10	侧视图位置不对扣4分;轮廓线选择不对扣4分;倒角一处不对扣2分				
3	标注尺寸及粗糙度	标注最大外圆公称直径尺寸尺寸	5	未标注或标注错误不得分				
		标注六方公称尺寸	5	未标注或标注错误不得分				
		标注内孔螺纹直径尺寸	5	未标注或标注错误不得分				
		标注螺母厚度尺寸	8	未标注或标注错一处扣3分				
		标注均布等分数	5	少标注一处扣1分				
		标注粗糙度符号	8	未标注不得分,少标注一处扣1分				
4	图面	图面整洁		图面不整洁扣5分				
5	考试时限	在规定时间内完成		提前完成不加分,到时停止操作				
		合 计	100					

考评员:　　　　　　　　　　核分员:　　　　　　　　　　年　月　日

五、AB001　加工简单长方体

1. 考核要求

(1)必须穿戴好劳动保护用品。

(2)正确使用工具、用具、量具。

(3)按加工合理的工艺要求进行操作。

(4)符合安全文明操作。

2. 准备要求

(1)材料准备:以下所需材料由鉴定站准备。

序号	名　称	规　格	数量	备　注
1	试件	$\phi55mm \times 85mm$	1件	Q235 - A

备料图如下:

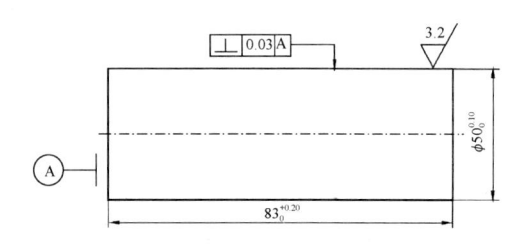

(2)设备准备：以下所需设备由鉴定站准备。

序号	名称	规格	数量	备注
1	划线平台	2000mm×1500mm	1台	
2	方箱	205mm×205mm×205mm	1个	
3	台式钻床	Z4112	1台	
4	钳台	3000mm×2000mm	1台	
5	台虎钳	125mm	1台	
6	砂轮机	S3SL-250	1台	

(3)工具、用具、量具准备：以下所需工具、用具、量具由鉴定站准备。

序号	名称	规格	数量	备注
1	高度游标卡尺	0~300mm	1把	精度0.02mm
2	游标卡尺	0~150mm	1把	精度0.02mm
3	直角尺	100mm×63mm	1把	一级
4	刀口尺	125mm	1把	
5	塞尺	0.02~0.5mm	1把	
6	平锉	300mm(1号纹)	1把	
		250mm(1号纹)	1把	
		250mm(2号纹)	1把	
		200mm(3号纹)	1把	
7	锯弓		1把	
8	划针		1个	
9	样冲		1个	
10	软钳口		1副	
11	锉刀刷		1把	
12	钢直尺	0~150mm	1把	
13	手锤		1把	
14	锯条		1根	

3. 操作程序说明

(1)准备工作。

(2)按加工合理的工艺要求进行操作。

(3)按规定尺寸对试件进行锉削。

(4)符合安全文明操作。

(5)收拾考场。

4. 考核规定说明

(1)公差等级：IT8(3处)。

(2)形位公差：平面度0.03mm(6处)、垂直度0.05mm(4处)、平行度0.04mm(3处)。

(3)表面粗糙度：R_a3.2μm。

(4)图形及技术要求(见下图)。

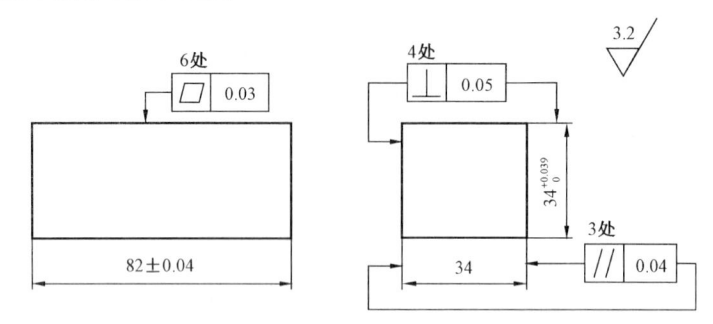

(5)如违章操作,将停止考核。
(6)考核采用百分制,然后按鉴定比重进行折算。
(7)考核方式说明:本项目为实际操作试题,按标准对结果进行评分。
(8)测量技能说明:本项目主要测试考生对加工简单长方体实际操作的熟练程度。

5. 考核时限
(1)准备时间:10min。
(2)操作时间:150min。
(3)从正式操作开始计时。
(4)提前完成操作不加分,超过规定操作时间按规定标准评分。

6. 评分记录表

序号	考核内容	评分要素	配分	评分标准	检测结果	扣分	得分	备注
1	着装	工作服穿戴整洁	5	不整洁扣5分				
		工作服穿戴衣袖领口系好	5	没系好扣5分				
		工作服穿戴得体	5	不得体扣5分				
2	准备工作	选择所用工具	5	选错一件扣1分				
		选择所用用具	5	选错一件扣1分				
		选择所用量具	5	选错一件扣1分				
3	锉削	$34_{0}^{+0.039}$ mm	10	超差不得分				
		$34_{0}^{+0.039}$ mm	10	超差不得分				
		(82±0.04)mm	10	超差不得分				
		▱ 0.03 (6处)	10	超差不得分				
		∥ 0.04 (3处)	10	超差不得分				
		⊥ 0.05 (4处)	10	超差不得分				
		表面粗糙度:R_a3.2μm	10	降一级不得分				
4	安全文明操作	遵守安全操作规程;在规定时间内完成		每违反一项规定从总分中扣5分;严重违规者停止操作;每超时1min从总分扣5分,超3min停止操作				
	合 计		100					

考评员:　　　　　　　　　　核分员:　　　　　　　　　　年　月　日

六、AB002　加工简单正方体

1. 考核要求

(1) 必须穿戴好劳动保护用品。

(2) 正确使用工具、用具、量具。

(3) 按加工合理的工艺要求进行操作。

(4) 符合安全文明操作。

2. 准备要求

(1) 材料准备：以下所需材料由鉴定站准备。

序号	名称	规格	数量	备注
1	试件	$\phi55mm \times 85mm$	1块	Q235-A

备料图如下：

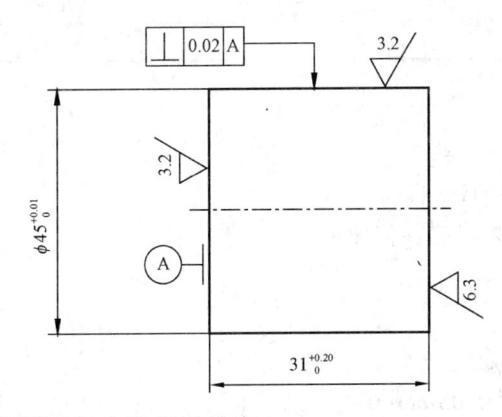

(2) 设备准备：以下所需设备由鉴定站准备。

序号	名称	规格	数量	备注
1	划线平台	2000mm×1500mm	1台	
2	方箱	205mm×205mm×205mm	1个	
3	台式钻床	Z4112	1台	
4	钳台	3000m×2000mm	1台	
5	台虎钳	125mm	1台	
6	砂轮机	S3SL-250	1台	

(3) 工量、用具、量具准备：以下所需工具、用具、量具由鉴定站准备。

序号	名称	规格	数量	备注
1	高度游标卡尺	0~300mm	1把	精度0.02mm
2	游标卡尺	0~150mm	1把	精度0.02mm
3	直角尺	100mm×63mm	1把	一级
4	刀口尺	125mm	1把	
5	塞尺	0.02~0.5mm	1把	

续表

序　号	名　称	规　格	数　量	备　注
6	平锉	300mm(1号纹)	1把	
		250mm(1号纹)	1把	
		250mm(2号纹)	1把	
		200mm(3号纹)	1把	
7	锯弓		1把	
8	划针		1个	
9	样冲		1个	
10	软钳口		1副	
11	锉刀刷		1把	
12	钢直尺	0～150mm	1把	
13	手锤		1把	
14	锯条		1根	

3. 操作程序说明

(1)准备工作。

(2)检查设备、工具、量具。

(3)按加工合理的工艺要求进行锉削。

(4)收拾考场。

4. 考核规定说明

(1)公差等级：IT8(3处)。

(2)形位公差：平面度 0.03mm(6处)、垂直度 0.05mm(12处)、平行度 0.04mm(3处)。

(3)表面粗糙度：$R_a3.2\mu m$(6处)。

(4)图形及技术要求(见下图)。

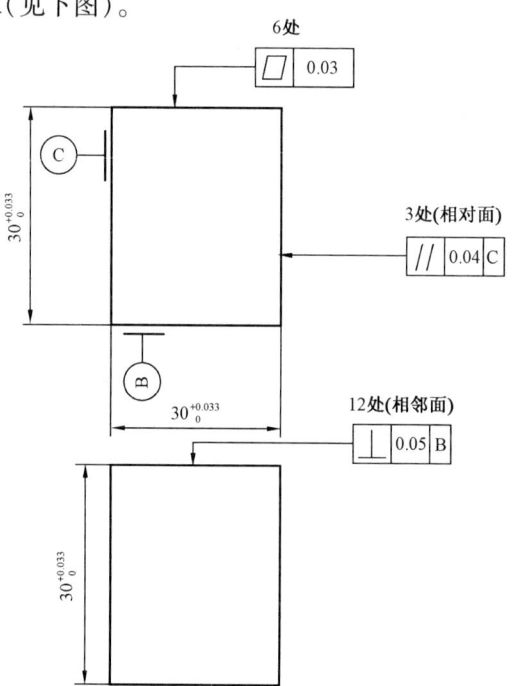

(5)如违章操作,将停止考核。
(6)考核采用百分制,然后按鉴定比重进行折算。
(7)考核方式说明:本项目为实际操作试题,按标准对结果进行评分。
(8)测量技能说明:本项目主要测试考生加工简单正方体实际操作的熟练程度。

5. 考核时限
(1)准备时间:10min。
(2)操作时间:150min。
(3)从正式操作开始计时。
(4)提前完成操作不加分,超过规定操作时间按规定标准评分。

6. 评分记录表

序号	考核内容	评分要素	配分	评分标准	检测结果	扣分	得分	备注
1	着装	工作服穿戴整洁	5	不整洁扣5分				
		工作服穿戴衣袖领口系好	5	没系好扣5分				
		工作服穿戴得体	5	不得体扣5分				
2	准备工作	选择所用工具	5	选错一件扣1分				
		选择所用用具	5	选错一件扣1分				
		选择所用量具	5	选错一件扣1分				
3	锉削	$30_{\ 0}^{+0.033}$ mm	30	超差不得分				
		▱ 0.03 (6处)	10	超差不得分				
		∥ 0.04 (3处)	10	超差不得分				
		⊥ 0.05 (12处)	10	超差不得分				
		表面粗糙度:R_a3.2μm	10	降一级不得分				
4	安全文明操作	遵守安全操作规程;在规定时间内完成		每违反一项规定从总分中扣5分;严重违规者停止操作;每超时1min从总分扣5分,超3min停止操作				
	合 计		100					

考评员:　　　　　　　　　　　　核分员:　　　　　　　　　　　　年　月　日

七、AB003　加工简单六方体

1. 考核要求
(1)必须穿戴好劳动保护用品。
(2)正确使用工具、用具、量具。
(3)按加工合理的工艺要求进行操作。
(4)符合安全文明操作。

2. 准备要求
(1)材料准备:以下所需材料由鉴定站准备。

序号	名　称	规　格	数量	备　注
1	试件	φ50mm×35mm	1块	Q235-A

备料图如下：

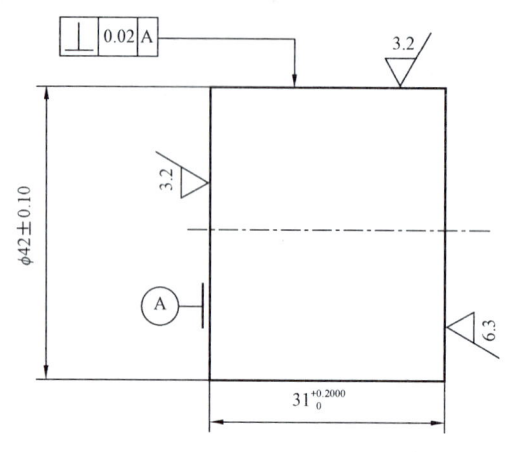

(2) 设备准备：以下所需设备由鉴定站准备。

序 号	名 称	规 格	数 量	备 注
1	划线平台	2000mm×1500mm	1台	
2	方箱	205mm×205mm×205mm	1个	
3	台式钻床	Z4112	1台	
4	钳台	3000mm×2000mm	1台	
5	台虎钳	125mm	1台	
6	砂轮机	S3SL-250	1台	

(3) 工具、用具、量具准备：以下所需工具、用具、量具由鉴定站准备。

序 号	名 称	规 格	数 量	备 注
1	高度游标卡尺	0~300mm	1把	精度0.02mm
2	游标卡尺	0~150mm	1把	精度0.02mm
3	直角尺	100mm×63mm	1把	一级
4	刀口尺	125mm	1把	
5	万能角度尺	0°~320°	1把	
6	塞尺	0.02~0.5mm	1把	
7	平锉	300mm(1号纹)	1把	
		250mm(1号纹)	1把	
		250mm(2号纹)	1把	
		200mm(3号纹)	1把	
8	锯弓		1把	
9	划针		1把	
10	划规		1个	

续表

序号	名 称	规 格	数 量	备 注
11	锉刀刷		1把	
12	样冲		1个	
13	钢直尺	0~150mm	1把	
14	软钳口		1副	
15	手锤		1把	

3. 操作程序说明

(1)准备工作。

(2)按加工合理的工艺要求进行操作。

(3)按规定尺寸对试件进行加工。

(4)符合安全文明操作。

(5)收拾考场。

4. 考核规定说明

(1)公差等级:IT8(3处)。

(2)形位公差:平面度 0.03mm(8处)、垂直度 0.03mm(6处)、平行度 0.03mm(3处)。

(3)表面粗糙度:$R_a 3.2 \mu m$(6处)。

(4)图形及技术要求(见下图)。

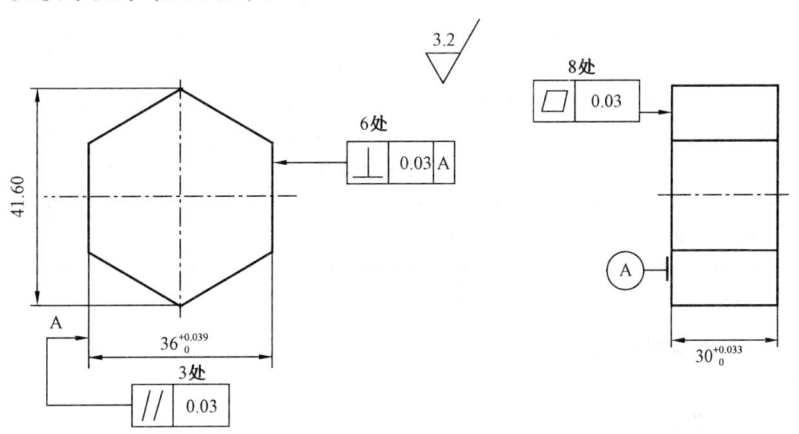

(5)如违章操作,将停止考核。

(6)考核采用百分制,然后按鉴定比重进行折算。

(7)考核方式说明:本项目为实际操作,考核过程按评分标准及操作过程进行评分。

(8)测量技能说明:本项目主要测试考生加工简单六方体实际操作的熟练程度。

5. 考核时限

(1)准备时间:10min。

(2)操作时间:150min。

(3)从正式操作开始计时。

(4)提前完成操作不加分,超过规定操作时间按规定标准评分。

4. 考核规定说明

(1) 公差等级:钻孔 IT10。
(2) 形位公差:0.06~0.05mm。
(3) 表面粗糙度:$R_a6.3\mu m$。
(4) 图形及技术要求(见下图)。

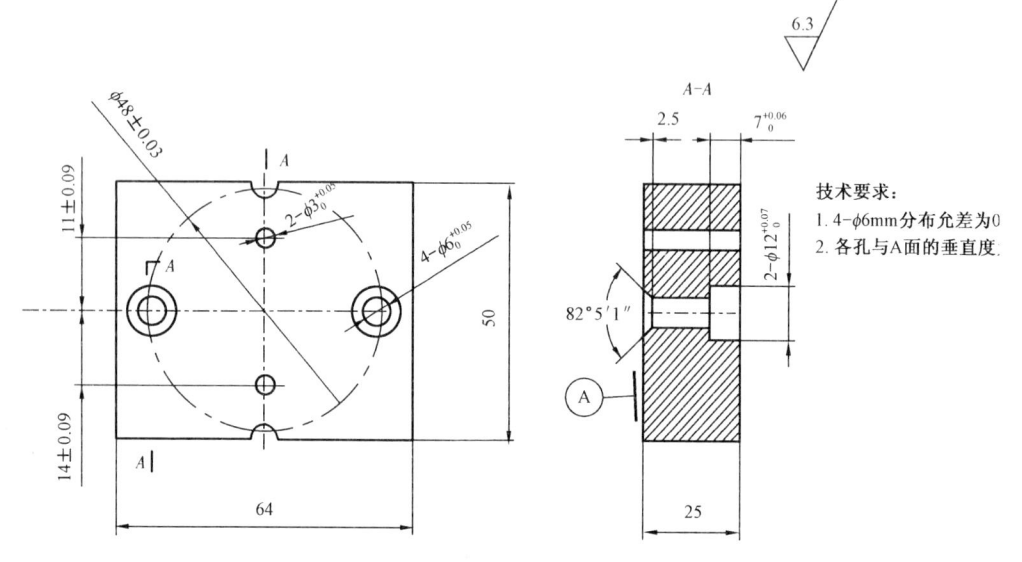

技术要求:
1. 4-φ6mm 分布允差为0
2. 各孔与A面的垂直度

(5) 如违章操作,将停止考核。
(6) 考核采用百分制,然后按鉴定比重进行折算。
(7) 考核方式说明:本项目为实际操作试题,按标准对结果进行评分。
(8) 测量技能说明:本项目主要测试考生加工多种型孔实际操作的熟练程度。

5. 考核时限

(1) 准备时间:10min。
(2) 操作时间:180min。
(3) 从正式操作开始计时。
(4) 提前完成操作不加分,超过规定操作时间按规定标准评分。

6. 评分记录表

序号	考核内容	评分要素	配分	评分标准	检测结果	扣分	得分	备注
1	着装	工作服穿戴整洁	5	不整洁扣5分				
		工作服穿戴衣袖领口系好	5	没系好扣5分				
		工作服穿戴得体	5	不得体扣5分				
2	准备工作	选择所用工具	5	选错一件扣1分				
		选择所用用具	5	选错一件扣1分				
		选择所用量具	5	选错一件扣1分				
3	锉削	$4-\phi6_0^{+0.05}$mm	10	超差不得分				
		$2-\phi12_0^{+0.07}$mm	5	超差不得分				
		$7_0^{+0.05}$mm(2处)	5	超差不得分				

续表

序号	考核内容	评分要素	配分	评分标准	检测结果	扣分	得分	备注
3	锉削	90°×2.5mm	3	超差不得分				
		$\phi 48mm \pm 0.03mm$	10	超差不得分				
		$2-\phi 3^{+0.10}_{0}mm$	4	超差不得分				
		$(11\pm 0.09)mm$	3	超差不得分				
		$(14\pm 0.09)mm$	3	超差不得分				
		$4-\phi 6mm$ 分布允差 0.07mm	7	超差不得分				
		各孔与 A 面的垂直度 0.05mm	10	超差不得分				
		表面粗糙度：$R_a6.3\mu m$	10	降一级不得分				
4	安全文明操作	遵守安全操作规程；在规定时间内完成		每违反一项规定从总分中扣5分；严重违规者停止操作；每超时1min从总分扣5分，超3min停止操作				
	合　　计		100					

考评员：　　　　　　　　　　　核分员：　　　　　　　　　　　年　月　日

九、AB005　铰削通孔盲孔

1. 考核要求

(1) 必须穿戴好劳动保护用品。

(2) 正确使用工具、用具、量具。

(3) 按加工合理的工艺要求进行操作。

(4) 符合安全文明操作。

2. 准备要求

(1) 材料准备：以下所需材料由鉴定站准备。

序号	名　称	规　格	数　量	备　注
1	试件	65mm×55mm×25mm	1块	45钢

备料图如下：

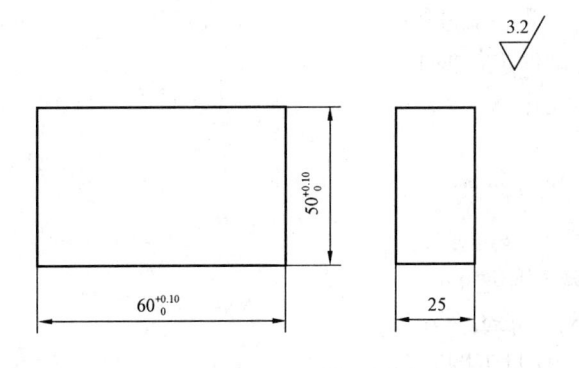

(2)设备准备:以下所需设备由鉴定站准备。

序 号	名 称	规 格	数 量	备 注
1	划线平台	2000mm×1500mm	1台	
2	方箱	205mm×205mm×205mm	1个	
3	台式钻床	Z4112	1台	
4	钳台	3000mm×2000mm	1台	
5	台虎钳	125mm	1台	
6	砂轮机	S3SL-250	1台	

(3)工具、用具、量具准备:以下所需工具、用具、量具由鉴定站准备。

序 号	名 称	规 格	数 量	备 注
1	高度游标卡尺	0~300mm	1把	精度0.02mm
2	游标卡尺	0~150mm	1把	精度0.02mm
3	直角尺	100mm×63mm	1把	一级
4	直柄麻花钻	ϕ4.4mm	1把	
		ϕ5.5mm	1把	
		ϕ125.8mm	1把	
5	绞刀	ϕ6 H7(机)	1把	1:30
		ϕ6 H7(手)	1把	1:30
6	检验棒	ϕ6mm×60mm	1根	H6
7	划针		1个	
8	划规		1个	
9	样冲		1个	
10	钢直尺	0~150mm	1把	
11	手锤		1把	

3. 操作程序说明

(1)准备工作。

(2)按加工合理的工艺要求进行操作。

(3)按规定尺寸对试件进行加工。

(4)符合安全文明操作。

(5)收拾考场。

4. 考核规定说明

(1)公差等级:铰孔 IT8。

(2)形位公差:0.05~0.04mm。

(3)表面粗糙度:R_a1.6μm。

(4)图形及技术要求(见下图)。

(5)如违章操作,将停止考核。

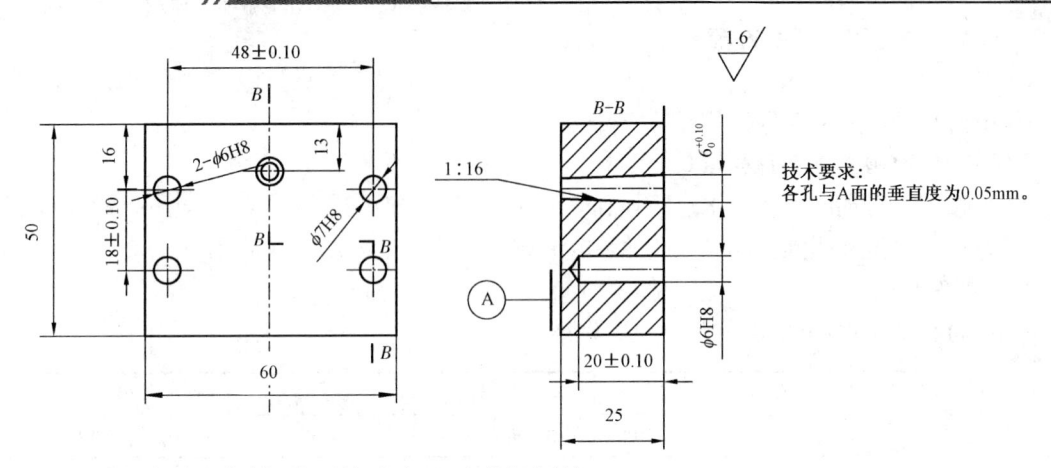

(6)考核采用百分制,然后按鉴定比重进行折算。
(7)考核方式说明:本项目为实际操作试题,按标准对结果进行评分。
(8)测量技能说明:本项目主要测试考生铰削通孔盲孔实际操作的熟练程度。

5. 考核时限
(1)准备时间:10min。
(2)操作时间:180min。
(3)从正式操作开始计时。
(4)提前完成操作不加分,超过规定操作时间按规定标准评分。

6. 评分记录表

序号	考核内容	评分要素	配分	评分标准	检测结果	扣分	得分	备注
1	着装	工作服穿戴整洁	5	不整洁扣5分				
		工作服穿戴衣袖领口系好	5	没系好扣5分				
		工作服穿戴得体	5	不得体扣5分				
2	准备工作	选择所用工具	5	选错一件扣1分				
		选择所用用具	5	选错一件扣1分				
		选择所用量具	5	选错一件扣1分				
3	锉削	2-ϕ6H8(通孔)	10	超差不得分				
		ϕ7H8(通孔)	10	超差不得分				
		ϕ6H8(盲孔)	10	超差不得分				
		(48mm±0.10)mm	10	超差不得分				
		(18mm±0.10)mm	10	超差不得分				
		各孔与A面的垂直度0.05mm	10	超差不得分				
		表面粗糙度:R_a1.6μm	10	降一级不得分				
4	安全文明操作	遵守安全操作规程;在规定时间内完成		每违反一项规定从总分中扣5分;严重违规者停止操作;每超时1min从总分扣5分,超3min停止操作				
	合 计		100					

考评员:　　　　　　　　核分员:　　　　　　　　年　月　日

十、AB006　刮削划线方箱

1. 考核要求

(1)必须穿戴好劳动保护用品。

(2)正确使用工具、用具、量具。

(3)按加工合理的工艺要求进行操作。

(4)符合安全文明操作。

2. 准备要求

(1)材料准备：以下所需材料由鉴定站准备。

序　号	名　称	规　格	数　量	备　注
1	试件	100mm×100mm×100mm	1块	HT150

备料图如下：

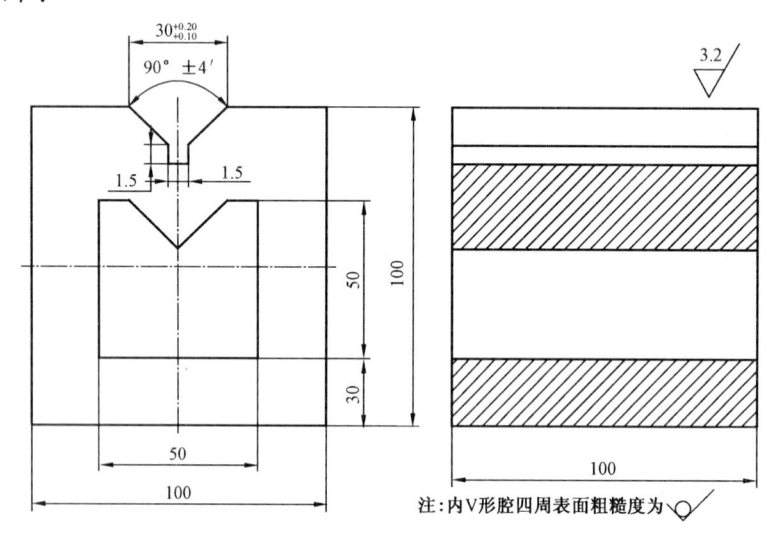

注：内V形腔四周表面粗糙度为

(2)设备准备：以下所需设备由鉴定站准备。

序　号	名　称	规　格	数　量	备　注
1	划线平台	2000mm×1500mm	1台	
2	方箱	205mm×205mm×205mm	1个	
3	台式钻床	Z4112	1台	
4	钳台	3000mm×2000mm	1台	
5	台虎钳	125mm	1台	
6	砂轮机	S3SL-250	1台	

(3)工具、用具、量具准备：以下所需工具、用具、量具由鉴定站准备。

序　号	名　称	规　格	数　量	备　注
1	高度游标卡尺	0~300mm	1把	精度0.02mm
2	游标卡尺	0~150mm	1把	精度0.02mm
3	直角尺	100mm×63mm	1把	一级

续表

序 号	名 称	规 格	数 量	备 注
4	塞尺	0.02~0.5mm	1把	
5	平锉	300mm（1号纹）	1把	
		250mm（1号纹）	1把	
6	方框		1个	
7	平面刮刀		自定	
8	划针		1个	
9	锉刀刷		1把	
10	样冲		1个	
11	软钳口		1副	
12	钢直尺	0~150mm	1把	
13	手锤		1把	

3. 操作程序说明

(1) 准备工作。

(2) 按加工合理的工艺要求进行操作。

(3) 按规定尺寸对试件进行加工。

(4) 符合安全文明操作。

(5) 收拾考场。

4. 考核规定说明

(1) 公差等级：刮削 IT6。

(2) 形位公差：0.03~0.02mm。

(3) 表面粗糙度：$R_a1.6\mu m$。

(4) 其他方面：显点为 16 点/(25mm×25mm)。

(5) 图形及技术要求（见下图）。

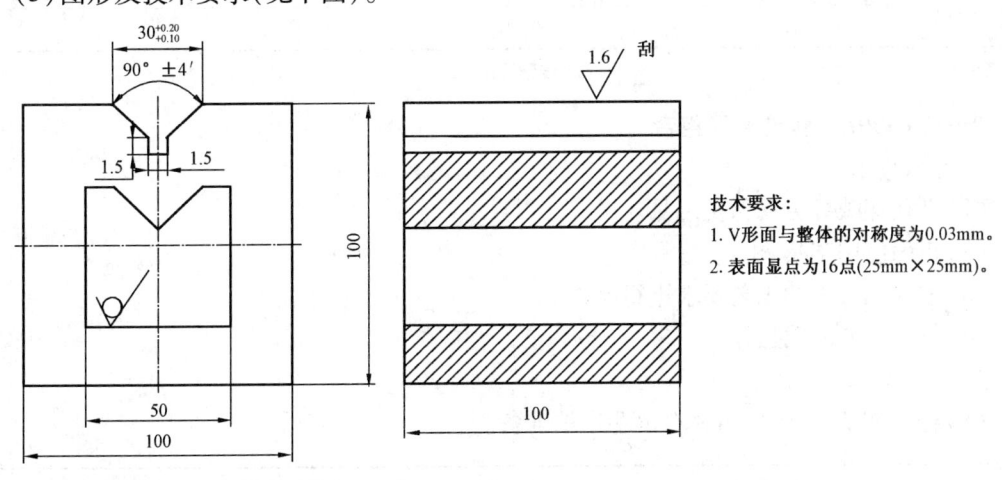

技术要求：
1. V形面与整体的对称度为0.03mm。
2. 表面显点为16点(25mm×25mm)。

(6) 如违章操作，将停止考核。

(7) 考核采用百分制，然后按鉴定比重进行折算。

(8) 考核方式说明：本项目为实际操作试题，按标准对结果进行评分。

(9)测量技能说明:本项目主要测试考生刮削划线方箱实际操作的熟练程度。

5. 考核时限

(1)准备时间:10min。

(2)操作时间:240min。

(3)从正式操作开始计时。

(4)提前完成操作不加分,超过规定操作时间按规定标准评分。

6. 评分记录表

序号	考核内容	评分要素	配分	评分标准	检测结果	扣分	得分	备注
1	着装	工作服穿戴整洁	5	不整洁扣5分				
		工作服穿戴衣袖领口系好	5	没系好扣5分				
		工作服穿戴得体	5	不得体扣5分				
2	准备工作	选择所用工具	5	选错一件扣1分				
		选择所用用具	5	选错一件扣1分				
		选择所用量具	5	选错一件扣1分				
3	锉削	$30^{+0.011}_{0}$ mm	10	超差不得分				
		90°±4′	10	超差不得分				
		16点/(25mm×25mm)	10	超差不得分				
		表面粗糙度:R_a1.6μm	10	降一级不得分				
		V形对称度0.03mm	10	超差不得分				
		$30^{+0.011}_{0}$ mm	10	超差不得分				
		90°±4′	10	超差不得分				
4	安全文明操作	遵守安全操作规程;在规定时间内完成		每违反一项规定从总分中扣5分;严重违规者停止操作;每超时1min从总分扣5分,超3min停止操作				
	合 计		100					

考评员: 核分员: 年 月 日

十一、AB007 燕尾T形组合

1. 考核要求

(1)必须穿戴好劳动保护用品。

(2)正确使用工具、用具、量具。

(3)按加工合理的工艺要求进行操作。

(4)符合安全文明操作。

2. 准备要求

(1)材料准备:以下所需材料由鉴定站准备。

序 号	名 称	规 格	数 量	备 注
1	试件	65mm×45mm×8mm	2块	Q235-A

备料图如下:

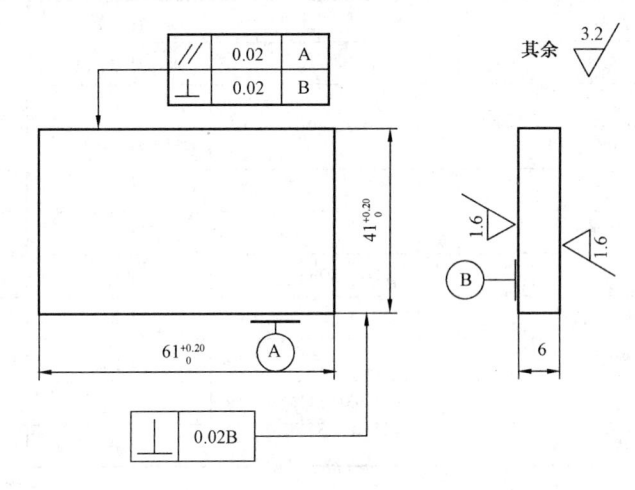

(2)设备准备:以下所需设备由鉴定站准备。

序号	名称	规格	数量	备注
1	划线平台	2000mm×1500mm	1台	
2	方箱	205mm×205mm×205mm	1个	
3	台式钻床	Z4112	1台	
4	钳台	3000mm×2000mm	1台	
5	台虎钳	125mm	1台	
6	砂轮机	S3SL-250	1台	

(3)工具、用具、量具准备:以下所需工具、用具、量具由鉴定站准备。

序号	名称	规格	数量	备注
1	高度游标卡尺	0~300mm	1把	精度0.02mm
2	游标卡尺	0~150mm	1把	精度0.02mm
3	直角尺	100mm×63mm	1把	一级
4	刀口尺	125mm	1把	
5	千分尺	0~25mm	1把	
		25~50mm	1把	
		50~75mm	1把	
6	万能角度尺	0°~320°	1把	
7	检验棒	φ10mm	1根	
8	直柄麻花钻	φ2mm	1个	
		φ3mm	1个	
9	平锉	250mm(2号纹)	1把	
		200mm(3号纹)	1把	
10	三角锉	150mm(3号纹)	1把	
		150mm(4号纹)	1把	

续表

序号	名称	规格	数量	备注
11	手锤		1把	
12	锯条		1根	自定
13	划针		1个	
14	划规		1个	
15	样冲		1个	
16	钢直尺	0～150mm	1把	
17	锉刀刷		1把	
18	软钳口		1副	
19	方锉	200mm(3号纹)	1把	
20	錾子		1把	自定

3. 操作程序说明

(1) 准备工作。

(2) 按加工合理的工艺要求进行操作。

(3) 按规定尺寸对试件进行加工。

(4) 符合安全文明操作。

(5) 收拾考场。

4. 考核规定说明

(1) 公差等级：IT9。

(2) 形位公差：垂直度0.05mm 对称度0.20mm。

(3) 表面粗糙度：$R_a 3.2\mu m$。

(4) 其他方面：配合间隙≤0.06mm。

(5) 图形及技术要求(见下图)。

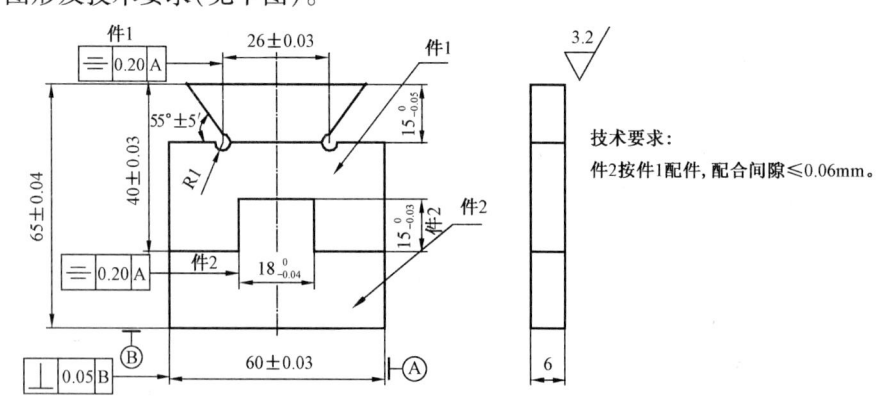

技术要求：
件2按件1配件，配合间隙≤0.06mm。

(6) 如违章操作，将停止考核。

(7) 考核采用百分制，然后按鉴定比重进行折算。

(8) 考核方式说明：本项目为实际操作试题，按标准对结果进行评分。

(9) 测量技能说明：本项目主要测试考生加工燕尾T形组合实际操作的熟练程度。

5. 考核时限

(1)准备时间:10min。

(2)操作时间:240min。

(3)从正式操作开始计时。

(4)考试时,根据考试场所确定考试人数,提前完成操作不加分,超过规定操作时间按规定标准评分。

6. 评分记录表

序号	考核内容	评分要素	配分	评分标准	检测结果	扣分	得分	备注
1	着装	工作服穿戴整洁	5	不整洁扣5分				
		工作服穿戴衣袖领口系好	5	没系好扣5分				
		工作服穿戴得体	5	不得体扣5分				
2	准备工作	选择所用工具	5	选错一件扣1分				
		选择所用用具	5	选错一件扣1分				
		选择所用量具	5	选错一件扣1分				
3	锉削	(60 ± 0.03)mm	4	超差不得分				
		(65 ± 0.04)mm	4	超差不得分				
		(40 ± 0.03)mm	3	超差不得分				
		(26 ± 0.03)mm	8	超差不得分				
		$15_{-0.043}^{0}$mm	6	超差不得分				
		$18_{-0.043}^{0}$mm	5	超差不得分				
		$55° \pm 5'$	6	超差不得分				
		⊥ 0.05 B	4	超差不得分				
		= 0.20 A (件1)	6	超差不得分				
		= 0.20 A (件2)	6	超差不得分				
		表面粗糙度:$R_a 3.2 \mu m$	8	降一级不得分				
		配合间隙≤0.06mm	10	超差不得分				
4	安全文明操作	遵守安全操作规程;在规定时间内完成		每违反一项规定从总分中扣5分;严重违规者停止操作;每超时1min从总分扣5分,超3min停止操作				
	合 计		100					

考评员:　　　　　　　　核分员:　　　　　　　　　　　　年　月　日

十二、AB008　加工方孔模

1. 考核要求

(1)必须穿戴好劳动保护用品。

(2)正确使用工具、用具、量具。

(3)按加工合理的工艺要求进行操作。

(4)符合安全文明操作。

2. 准备要求

(1)材料准备:以下所需材料由鉴定站准备。

序号	名 称	规 格	数 量	备 注
1	试件	φ55mm×12mm	1件	Q235-A
2	试件	26mm×26mm×15mm	1件	Q235-A

备料图如下:

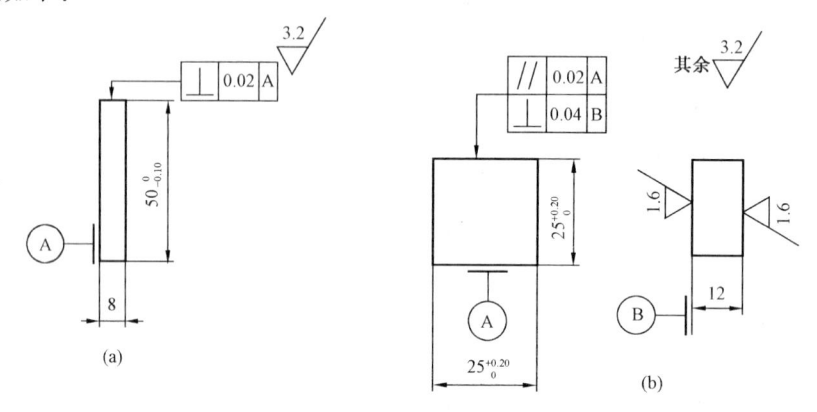

(2)设备准备:以下所需设备由鉴定站准备。

序号	名 称	规 格	数 量	备 注
1	划线平台	2000mm×1500mm	1台	
2	方箱	205mm×205mm×205mm	1个	
3	台式钻床	Z4112	1台	
4	钳台	3000mm×2000mm	1台	
5	台虎钳	125mm	1台	
6	砂轮机	S3SL-250	1台	

(3)工具、用具、量具准备:以下所需工具、用具、量具由鉴定站准备。

序号	名 称	规 格	数 量	备 注
1	高度游标卡尺	0~300mm	1把	精度0.02mm
2	游标卡尺	0~150mm	1把	精度0.02mm
3	直角尺	100mm×63mm	1把	一级
4	刀口尺	125mm	1把	
5	千分尺	0~25mm	1把	
		25~50mm	1把	
		50~75mm	1把	
6	万能角度尺	0°~320°	1把	
7	检验棒	φ10mm×60mm	1根	
8	直柄麻花钻	φ2mm	1个	
		φ3mm	1个	

续表

序 号	名 称	规 格	数 量	备 注
9	平锉	250mm(2号纹)	1把	
		200mm(3号纹)	1把	
10	三角锉	150mm(3号纹)	1把	
		150mm(4号纹)	1把	
11	手锤		1把	
12	锯条		1把	自定
13	划针		1个	
14	划规		1个	
15	样冲		1个	
16	钢直尺	0~150mm	1把	
17	锉刀刷		1把	
18	软钳口		1副	
19	方锉	200mm(3号纹)	1把	
20	錾子		1把	自定

3. 操作程序说明

(1)准备工作。

(2)按加工合理的工艺要求进行操作。

(3)按规定尺寸对试件进行加工。

(4)符合安全文明操作。

(5)收拾考场。

4. 考核规定说明

(1)公差等级:IT9。

(2)形位公差:垂直度0.05mm、对称度0.20mm。

(3)表面粗糙度:R_a3.2μm。

(4)其他方面:配合间隙≤0.06mm。

(5)图形及技术要求(见下图)。

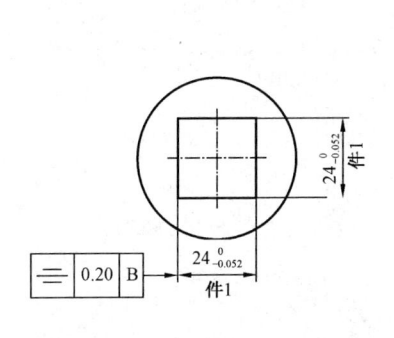

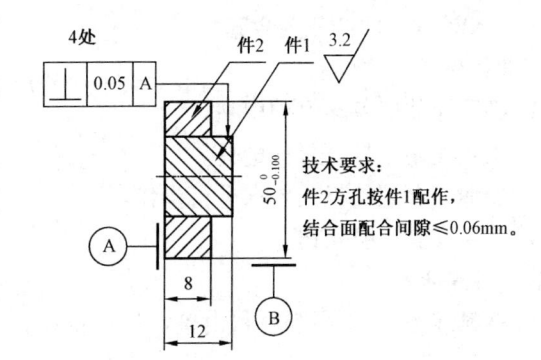

技术要求:
件2方孔按件1配作,
结合面配合间隙≤0.06mm。

(6)如违章操作,将停止考核。

(7)考核采用百分制,然后按鉴定比重进行折算。

(8)考核方式说明:本项目为实际操作试题,按标准对结果进行评分。

(9)测量技能说明:本项目主要测试考生方孔模加工实际操作的熟练程度。

5. 考核时限

(1)准备时间:10min。

(2)操作时间:240min。

(3)从正式操作开始计时。

(4)提前完成操作不加分,超过规定操作时间按规定标准评分。

6. 评分记录表

序号	考核内容	评分要素	配分	评分标准	检测结果	扣分	得分	备注
1	着装	工作服穿戴整洁	5	不整洁扣5分				
		工作服穿戴衣袖领口系好	5	没系好扣5分				
		工作服穿戴得体	5	不得体扣5分				
2	准备工作	选择所用工具	5	选错一件扣1分				
		选择所用用具	5	选错一件扣1分				
		选择所用量具	5	选错一件扣1分				
3	锉削	$24_{-0.052}^{0}$ mm	10	超差不得分				
		$24_{-0.052}^{0}$ mm	10	超差不得分				
		⊥ 0.05 A	10	超差不得分				
		═ 0.20 B	10	超差不得分				
		$50_{-0.10}^{0}$ mm	10	超差不得分				
		配合间隙≤0.06mm	10	超差不得分				
		表面粗糙度:R_a3.2μm	10	降一级不得分				
4	安全文明操作	遵守安全操作规程;在规定时间内完成		每违反一项规定从总分中扣5分;严重违规者停止操作;每超时1min从总分扣5分,超3min停止操作				
	合 计		100					

考评员: 核分员: 年 月 日

十三、AB009 加工三角合套

1. 考核要求

(1)必须穿戴好劳动保护用品。

(2)正确使用工具、用具、量具。

(3)按加工合理的工艺要求进行操作。

(4)符合安全文明操作。

2. 准备要求

(1)材料准备:以下所需材料由鉴定站准备。

序 号	名 称	规 格	数 量	备 注
1	试件	φ45mm×8mm	1件	45钢;备料图(a)
2	试件	φ78mm×8mm	1件	45钢;备料图(b)

备料图如下：

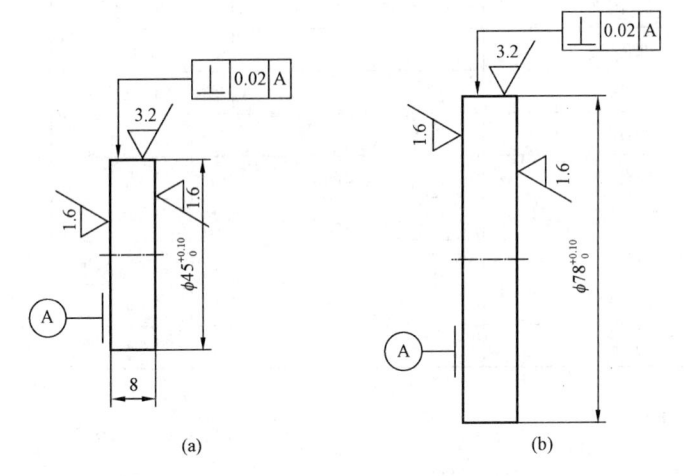

(a) $\phi 45^{+0.10}_{0}$，厚8

(b) $\phi 78^{+0.10}_{0}$

（2）设备准备：以下所需设备由鉴定站准备。

序号	名称	规格	数量	备注
1	划线平台	2000mm×1500mm	1台	
2	方箱	205mm×205mm×205mm	1个	
3	台式钻床	Z4112	1台	
4	钳台	3000mm×2000mm	1台	
5	台虎钳	125mm	1台	
6	砂轮机	S3SL-250	1台	

（3）工具、用具、量具准备：以下所需工具、用具、量具由鉴定站准备。

序号	名称	规格	数量	备注
1	高度游标卡尺	0~300mm	1把	精度0.02mm
2	游标卡尺	0~150mm	1把	精度0.02mm
3	直角尺	100mm×63mm	1把	一级
4	刀口尺	125mm	1把	
5	塞尺	0.02~0.5mm	1把	
6	平锉	250mm(1号纹)	1把	
		250mm(3号纹)	1把	
		200mm(4号纹)	1把	
7	方锉	200mm(2号纹)	1把	
		200mm(3号纹)	1把	
8	锯弓		1把	
9	直柄麻花钻	ϕ4mm	1个	
		ϕ6mm	1个	
		ϕ10mm	1个	

续表

序 号	名 称	规 格	数 量	备 注
10	划针		1个	
11	样冲		1个	
12	划规		1个	
13	钢直尺	0～150mm	1把	
14	锉刀刷		1把	
15	錾子		1把	自定
16	软钳口		1副	
17	手锤		1把	

3. 操作程序说明

(1) 准备工作。

(2) 按加工合理的工艺要求进行操作。

(3) 按规定尺寸对试件进行加工。

(4) 符合安全文明操作。

(5) 收拾考场。

4. 考核规定说明

(1) 公差等级:IT9。

(2) 形位公差:垂直度 0.04mm　对称度 0.02mm。

(3) 表面粗糙度:$R_a 3.2 \mu m$。

(4) 其他方面:配合间隙≤0.06mm。

(5) 图形及技术要求(见下图)。

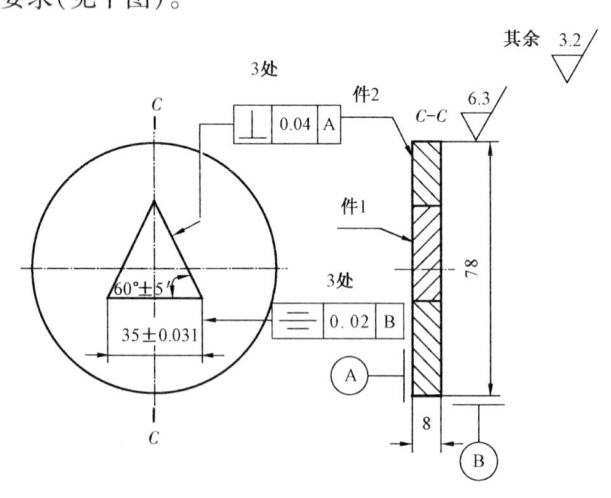

(6) 如违章操作,将停止考核。

(7) 考核采用百分制,然后按鉴定比重进行折算。

(8) 考核方式说明:本项目为实际操作试题,按标准对结果进行评分。

(9) 测量技能说明:本项目主要测试考生对加工三角合套实际操作的熟练程度。

5. 考核时限

(1)准备时间:15min。

(2)操作时间:240min。

(3)从正式操作开始计时。

(4)提前完成操作不加分,超过规定操作时间按规定标准评分。

6. 评分记录表

序号	考核内容	评分要素	配分	评分标准	检测结果	扣分	得分	备注
1	着装	工作服穿戴整洁	5	不整洁扣5分				
		工作服穿戴衣袖领口系好	5	没系好扣5分				
		工作服穿戴得体	5	不得体扣5分				
2	准备工作	选择所用工具、用具、量具	5	选错一件扣1分				
		零件划线	5	不划线不得分				
		划线打样冲眼	5	不划线打样冲眼不得分				
3	锉削	$35_{-0.052}^{0}$ mm	10	超差不得分				
		60°±5′	10	超差不得分				
		⊥ 0.04 A	10	超差不得分				
		═ 0.02 B	10	升高一级不得分				
		$35_{-0.052}^{0}$ mm	10	超差不得分				
		配合间隙≤0.06mm	10	超差不得分				
		表面粗糙度:$R_a 3.2 \mu m$	10	降一级不得分				
4	安全文明操作	遵守安全操作规程;在规定时间内完成		每违反一项规定从总分中扣5分;严重违规者停止操作;每超时1min从总分扣5分,超3min停止操作				
		合 计	100					

考评员:　　　　　　　　　　核分员:　　　　　　　　　　年　月　日

十四、A010　卡盘扳手体

1. 考核要求

(1)必须穿戴好劳动保护用品。

(2)正确使用工具、用具、量具。

(3)按加工合理的工艺要求进行操作。

(4)符合安全文明操作。

2. 准备要求

(1)材料准备:以下所需材料由鉴定站准备。

序号	名称	规格	数量	备注
1	试件		2件	45钢

备料图如下：

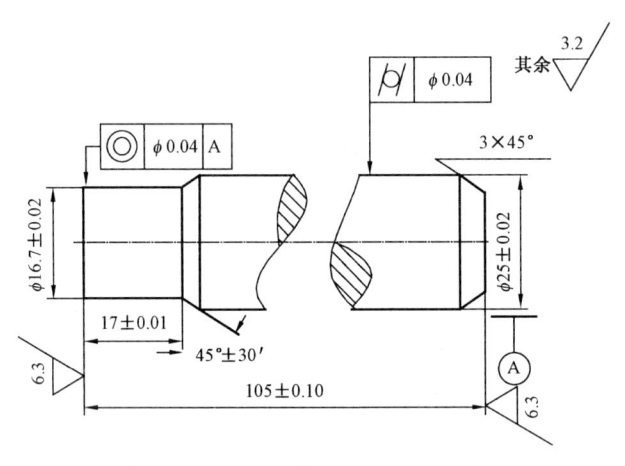

(2) 设备准备：以下所需设备由鉴定站准备。

序 号	名　　称	规　　格	数　量	备　注
1	划线平台	2000mm×1500mm	1台	
2	方箱	205mm×205mm×205mm	1个	
3	台式钻床	Z4112	1台	
4	钳台	3000mm×2000mm	1台	
5	台虎钳	125mm	1台	
6	砂轮机	S3SL-250	1台	

(3) 工具、用具、量具准备：以下所需工具、用具、量具由鉴定站准备。

序 号	名　　称	规　　格	数　量	备　注
1	高度游标卡尺	0～300mm	1把	精度0.02mm
2	直角尺	100mm×63mm	1把	一级
3	刀口尺	100mm	1把	
4	千分尺	0～25mm	1把	
5	塞尺	0.02～0.50mm	1把	
6	检验棒	ϕ10mm	1根	
7	直柄麻花钻	ϕ4mm	1个	
		ϕ12.8mm	1个	
8	平锉	150mm（4号纹）	1把	
		200mm（1号纹）	1把	
9	方锉	200mm（3号纹）	1把	
10	V形架		1个	
11	手锤		1把	
12	划针		1个	
13	划规		1个	
14	样冲		1个	

续表

序 号	名 称	规 格	数 量	备 注
15	锉刀刷		1把	
16	软钳口		1副	
17	钢直尺	0~150mm	1把	
18	方锉	200mm(3号纹)	1把	
19	錾子		1把	自定
20	锉刀刷		1把	

3. 操作程序说明

(1)准备工作。

(2)按加工合理的工艺要求进行操作。

(3)按规定尺寸对试件进行加工。

(4)符合安全文明操作。

(5)收拾考场。

4. 考核规定说明

(1)公差等级:锉削:IT9、钻孔:IT11。

(2)形位公差:锉削 0.05~0.04mm、对称度 0.03mm,钻孔对称度 0.40mm,垂直度 0.05mm。

(3)表面粗糙度:锉削 R_a3.2μm、钻孔 R_a6.3μm。

(4)图形及技术要求(见下图)。

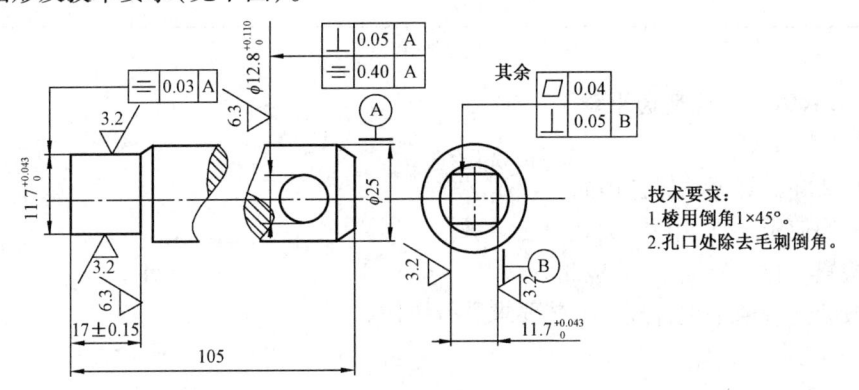

(5)如违章操作,将停止考核。

(6)考核采用百分制,然后按鉴定比重进行折算。

(7)考核方式说明:本项目为实际操作试题,按标准对结果进行评分。

(8)测量技能说明:本项目主要测试考生加工卡盘扳手体实际操作的熟练程度。

5. 考核时限

(1)准备时间:10min。

(2)操作时间:240min。

(3)从正式操作开始计时。

(4)考试时,根据考试场所确定考试人数,提前完成操作不加分,超过规定操作时间按规定标准评分。

6. 评分记录表

序号	考核内容	评分要素	配分	评分标准	检测结果	扣分	得分	备注
1	着装	工作服穿戴整洁	5	不整洁扣5分				
		工作服穿戴衣袖领口系好	5	没系好扣5分				
		工作服穿戴得体	5	不得体扣5分				
2	准备工作	选择所用工具、用具、量具	5	选错一件扣1分				
		零件划线	5	不划线不得分				
		划线打样冲眼	5	不划线打样冲眼不得分				
3	锉削	$11.7_0^{+0.043}$ mm（2处）	10	超差不得分				
		$(17±0.15)$ mm（4处）	10	超差不得分				
		$1×45°$（8处）	10	超差不得分				
		▱ 0.04	10	超差不得分				
		⊥ 0.05 B	10	超差不得分				
		= 0.03 A	10	超差不得分				
		$\phi12.8_0^{+0.110}$ mm	5	超差不得分				
		表面粗糙度：$R_a 3.2\mu m$	5	降一级不得分				
4	安全文明操作	遵守安全操作规程；在规定时间内完成		每违反一项规定从总分中扣5分；严重违规者停止操作；每超时1min从总分扣5分，超3min停止操作				
	合　计		100					

考评员：　　　　　　　　　　　　核分员：　　　　　　　　　　　　年　月　日

十五、BA001　装配普通平键

1. 考核要求

(1) 必须穿戴好劳动保护用品。

(2) 正确使用工具、用具、量具。

(3) 检查、清除、涂油、安装检测。

(4) 按装配普通平键合理的工艺要求进行操作。

(5) 符合安全、文明生产。

2. 准备要求

(1) 材料准备：以下所需材料由鉴定站准备。

序号	名称	规格	数量	备注
1	煤油		1kg	
2	黄油		1kg	

(2) 设备准备：以下所需设备由鉴定站准备。

序号	名称	规格	数量	备注
1	泵轴		1个	

(3) 工具、用具、量具准备：以下所需工具、用具、量具由鉴定站准备。

序 号	名 称	规 格	数 量	备 注
1	游标卡尺	0～150mm	1把	
2	手锤	1.5lb	1把	
3	铜棒	ϕ25mm×300mm	1根	
4	板锉	200mm	1把	

3. 操作程序说明

(1) 准备工作。

(2) 选择所用工具、用具、量具。

(3) 安装前的检查清理。

(4) 安装。

(5) 安装后的检测。

4. 考核规定说明

(1) 如操作违章，将停止考核。

(2) 考核采用百分制，然后按鉴定比重进行折算。

(3) 考核方式说明：本项目为实际操作试题，按标准对结果进行评分。

(4) 测量技能说明：本项目主要测试考生装配普通平键实际操作的熟练程度。

5. 考核时限

(1) 准备时间：5min。

(2) 操作时间：120min。

(3) 从正式操作开始计时。

(4) 考试时，根据考试场所确定考试人数，提前完成操作不加分，超过规定操作时间按规定标准评分。

6. 评分记录表

序号	考核内容	评分要素	配分	评分标准	检测结果	扣分	得分	备注
1	着装	工作服穿戴整洁	5	不整洁扣5分				
		工作服穿戴衣袖领口系好	5	没系好扣5分				
		工作服穿戴得体	10	不得体扣5分				
2	准备工作	选择所用工具、用具、量具	10	选错一件扣1分				
3	安装前的检查清理	按要求检查键、轴上的键槽或轮毂上的键槽尺寸及倒角	10	不检查扣5分				
		按要求清除表面毛刺、锈蚀、油污	10	不清除扣5分				
4	安装	安装方法正确	10	安装方法不正确扣5分				
5	安装后的检测	键安装后，工作面应平行	10	不平行扣5分				
		键安装后，横断面应垂直	10	不垂直扣5分				
		键安装在轴槽中应与槽底贴紧	10	不贴紧扣5分				

续表

序号	考核内容	评分要素	配分	评分标准	检测结果	扣分	得分	备注
5	安装后的检测	键头与槽端间隙为0.1mm	10	不符合要求扣5分				
		键顶面和轮毂槽之间间隙为0.3~0.5mm	10	不符合要求扣5分				
6	安全文明操作	遵守安全操作规程；在规定时间内完成		每违反一项规定从总分中扣5分；严重违规者停止操作；每超时1min从总分扣5分,超3min停止操作				
	合　计		100					

考评员：　　　　　　　　　　核分员：　　　　　　　　　　　年　月　日

十六、BA002　泵开箱验收

1. 考核要求

(1)必须穿戴好劳动保护用品。

(2)准备工作。

(3)正确使用工具、用具、量具开箱验收泵。

(4)按合理验收的程序要求进行操作。

(5)符合安全、文明生产。

2. 准备要求

(1)材料准备：以下所需材料由鉴定站准备。

序号	名称	规格	数量	备注
1	泵包装箱		1个	
2	验收记录表格		1份	

(2)设备准备：以下所需设备由鉴定站准备。

序号	名称	规格	数量	备注
1	泵		1台	
2	泵配件	机封、油杯等	1套	
3	地脚螺栓		4套	

(3)工具、用具、量具准备：以下所需工具、用具、量具由鉴定站准备。

序号	名称	规格	数量	备注
1	游标卡尺	0~150mm	1把	
2	卷尺	5m	1把	
3	活扳手	300mm	1根	
4	克丝钳		1把	
5	螺丝刀		1把	
6	撬棍		1把	
7	手锤		1把	

3. 操作程序说明

(1)必须穿戴好劳动保护用品。

(2)准备工作。

(3)检查。

(4)开箱验收。

(5)按合理验收的程序要求进行操作。

4. 考核规定说明

(1)如操作违章,将停止考核。

(2)考核采用百分制,然后按鉴定比重进行折算。

(3)考核方式说明:本项目为实际操作试题,按标准对结果进行评分。

(4)测量技能说明:本项目主要测试考生泵开箱验收实际操作的熟练程度。

5. 考核时限

(1)准备时间:5min。

(2)操作时间:120min。

(3)从正式操作开始计时。

(4)考试时,根据考试场所确定考试人数,提前完成操作不加分,超过规定操作时间按规定标准评分。

6. 评分记录表

序号	考核内容	评分要素	配分	评分标准	检测结果	扣分	得分	备注
1	着装	工作服穿戴整洁	3	不整洁扣3分				
		工作服穿戴衣袖领口系好	3	没系好扣3分				
		工作服穿戴得体	3	不得体扣3分				
2	准备工作	选择所用工具、用具、量具	3	选错一件扣1分				
3	检查及开箱验收	检查包装箱是否完整	8	不检查不得分				
		检查出厂合格证明书	8	不检查不得分				
		检查质量检验证书	8	不检查不得分				
		填写泵试运转记录	8	不填写不得分				
		检查是否有安装图	8	没有不得分				
		检查是否有总装图	8	没有不得分				
		检查机器的装箱清单	8	不检查不得分				
		核对泵的名称、规格、包装箱号	8	不核对不得分				
		对主机、附属设备及零部件进行外观检查	8					
		核实零部件的品种、规格、数量	8	不核实不得分				
		检验后提交有签证的检验记录	8	不提交不得分				
4	安全文明操作	遵守安全操作规程;在规定时间内完成		每违反一项规定从总分中扣5分;严重违规者停止操作;每超时1min从总分扣5分,超3min停止操作				
	合 计		100					

考评员:　　　　　　　　核分员:　　　　　　　　年　月　日

十七、BA003　泵基础验收

1. 考核要求：
(1) 必须穿戴好劳动保护用品。
(2) 准备工作。
(3) 正确使用工具、用具、量具进行泵基础验收。
(4) 按合理验收的程序要求进行操作。
(5) 符合安全、文明生产。

2. 准备要求
(1) 材料准备：以下材料由鉴定站准备。

序 号	名 称	规 格	数 量	备 注
1	泵基础		1个	
2	验收记录表		1份	

(2) 设备准备：以下所需设备由鉴定站准备。

序 号	名 称	规 格	数 量	备 注
1	泵安装基础图		1张	
2	计算器		1台	

(3) 工具、用具、量具准备：以下所需工具、用具、量具由鉴定站准备。

序 号	名 称	规 格	数 量	备 注
1	卷尺	5m	1把	
2	手锤		1把	

3. 操作程序说明
(1) 准备工作。
(2) 选择所用工具、用具、量具。
(3) 检查及泵基础验收。
(4) 收拾考场。

4. 考核规定说明
(1) 如操作违章，将停止考核。
(2) 考核采用百分制，然后按鉴定比重进行折算。
(3) 考核方式说明：本项目为实际操作试题，按标准对结果进行评分。
(4) 测量技能说明：本项目主要测试考生对泵基础验收实际操作的熟练程度。

5. 考核时限
(1) 准备时间：5min
(2) 操作时间：120min。
(3) 从正式操作开始计时。

(4)考试时,根据考试场所确定考试人数,提前完成操作不加分,超过规定操作时间按规定标准评分。

6. 评分记录表

序号	考核内容	评分要素	配分	评分标准	检测结果	扣分	得分	备注
1	着装	工作服穿戴整洁	5	不整洁扣5分				
		工作服穿戴衣袖领口系好	5	没系好扣5分				
		工作服穿戴得体	5	不得体扣5分				
2	准备工作	选择所用工具、用具、量具	5	选错一件扣1分				
3	检查及泵基础验收	移交时应有质量合格证明书及测量记录	8	无质量合格证明及测量记录不得分				
		检查基础上是否有明显标高、纵横中心线	8	不检查不得分				
		检查建筑物上坐标轴线	8	不检查不得分				
		基础外观不得有裂纹、蜂窝、空洞、露筋等缺陷	8	有一项缺陷扣2分				
		核对土建基础图与泵技术文件尺寸	8	不核对不得分				
		对基础的尺寸及位置进行复查	8	不复查不得分				
		检查地脚螺栓孔中心位置、深度、孔壁的铅锤度	8	不检查不得分				
		检查预埋地脚螺栓标高、中心距	6	不检查不得分				
		检查基础平面的水平平度	6	不检查不得分				
		检查基础平面外形尺寸	6	不检查不得分				
		检验后提交有签证的检验记录	6	不提交不得分				
4	安全文明操作	遵守安全操作规程;在规定时间内完成		每违反一项规定从总分中扣5分;严重违规者停止操作;每超时1min从总分扣5分,超3min停止操作				
	合　　计		100					

考评员:　　　　　　　　　核分员:　　　　　　　　　年　月　日

十八、BA004　往复泵安装

1. 考核要求

(1)必须穿戴好劳动保护用品。
(2)正确使用工具、用具、量具。
(3)检查安装往复泵。
(4)按安装合理的工艺要求进行操作。
(5)符合安全、文明生产。

2. 准备要求

(1) 材料准备:以下所需材料由鉴定站准备。

序 号	名 称	规 格	数 量	备 注
1	煤油、汽油		2kg	
2	擦布		0.2kg	

(2) 设备准备:以下所需设备由鉴定站准备。

序 号	名 称	规 格	数 量	备 注
1	往复泵		1台	
2	平垫铁		4块	
3	斜垫铁		16块	

(3) 工具、用具、量具准备:以下以下所需工具、用具、量具由鉴定站准备。

序 号	名 称	规 格	数 量	备 注
1	活扳手	300mm	1把	
2	梅花扳手	8件	1套	
3	手锤	1.5lb	1把	
4	铜棒	ϕ25mm×300mm	1根	
5	内六角扳手		1套	
6	水平	条式或框式	1块	
7	塞尺	150mm	1把	

3. 操作程序说明

(1) 准备工作。

(2) 安装前的测量检查清洗。

(3) 安装。

(4) 安装后的盘车测量。

(5) 收拾考场。

4. 考核规定说明

(1) 如操作违章,将停止考核。

(2) 考核采用百分制,然后按鉴定比重进行折算。

(3) 考核方式说明:本项目为实际操作试题,按标准对结果进行评分。

(4) 测量技能说明:本项目主要测试考生对往复泵安装实际操作的熟练程度。

5. 考核时限

(1) 准备时间:5min。

(2) 操作时间:90min。

(3) 从正式操作开始计时。

(4)考试时,根据考试场所确定考试人数,提前完成操作不加分,超过规定操作时间按规定标准评分。

6. 评分记录表

序号	考核内容	评分要素	配分	评分标准	检测结果	扣分	得分	备注
1	着装	工作服穿戴整洁	3	不整洁扣3分				
		工作服穿戴衣袖领口系好	2	没系好扣2分				
		工作服穿戴得体	2	不得体扣2分				
2	准备工作	选择所用工具、用具、量具	5	选错一件扣1分				
3	安装前的测量检查清洗	基础的尺寸、位置、标高应符合设计要求	5	不符合不得分				
		机器不应有缺件,损坏或锈蚀等情况	5	有缺陷、损坏或锈蚀不得分				
		检查活塞与汽缸的间隙	5	不检查不得分				
		活塞圆柱度要符合要求	5	不符合不得分				
		测量活塞环的轴向高度和径向厚度	5	不测量不得分				
		活塞环应无砂眼、气孔、沟槽、裂纹等缺陷,毛刺应打光	5	活塞环有一项缺陷扣1分;有毛刺扣1分				
		清洗轴承箱	5	不清洗不得分				
		清洗活塞杆	5	不清洗不得分				
4	安装	泵吊装要用吊带、要平稳	8	不按要求吊装不得分				
		测量泵的水平度并符合要求	8	不符合要求不得分				
5	安装后的盘车测量	轻重均匀	8	轻重不均匀不得分				
		没有卡死现象	8	有卡死现象不得分				
		按顺序安装	8	不按顺序安装不得分				
		安装零件不允许碰伤	8	零件碰伤不得分				
6	安全文明操作	遵守安全操作规程;在规定时间内完成		每违反一项规定从总分中扣5分;严重违规者停止操作;每超时1min从总分扣5分,超3min停止操作				
	合 计		100					

考评员: 核分员: 年 月 日

十九、BA005 离心泵安装

1. 考核要求:
(1)必须穿戴好劳动保护用品。
(2)切断电源、拆卸,检查、安装离心泵。
(3)正确使用工具、用具、量具。
(4)按拆装离心泵合理的工艺要求进行操作。

2. 准备要求

(1)材料准备:以下所需材料由鉴定站准备。

序 号	名 称	规 格	数 量	备 注
1	煤油、汽油		2kg	
2	擦布		2块	

(2)设备准备:以下所需设备由鉴定站准备。

序 号	名 称	规 格	数 量	备 注
1	离心泵		1台	
2	拉力器		1个	

(3)工具、用具、量具准备:以下所需工具、用具、量具由鉴定站准备。

序 号	名 称	规 格	数 量	备 注
1	活扳手	300mm	1把	
2	梅花扳手	8件	1套	
3	手锤	1.5lb	1把	
4	铜棒	$\phi 25mm \times 300mm$	1根	
5	内六角扳手		1套	
6	螺丝刀	200mm	1把	
7	铜皮	0.02~0.05mm	2kg	

3. 操作程序说明

(1)准备工作。

(2)拆卸。

(3)安装前的测量检查清洗。

(4)安装。

(5)安装后的盘车测量。

(6)收拾考场。

4. 考核规定说明

(1)如操作违章,将停止考核。

(2)考核采用百分制,然后按鉴定比重进行折算。

(3)考核方式说明:本项目为实际操作试题,按标准对结果进行评分。

(4)测量技能说明:本项目主要测试考生对离心泵安装实际操作的熟练程度。

5. 考核时限

(1)准备时间:5min。

(2)操作时间:120min。

(3)从正式操作开始计时。

(4)考试时,根据考试场所确定考试人数,提前完成操作不加分,超过规定操作时间按规定标准评分。

6. 评分记录表

序号	考核内容	评分要素	配分	评分标准	检测结果	扣分	得分	备注
1	着装	工作服穿戴整洁	5	不整洁扣5分				
		工作服穿戴衣袖领口系好	5	没系好扣5分				
		工作服穿戴得体	5	不得体扣5分				
2	准备工作	选择所用工具、用具、量具	5	选错一件扣1分				
3	拆卸	拆卸对轮时必须使用拉力器	5	不使用不得分				
		关闭泵进口、出口阀门	5	不关闭不得分				
		拆除连接管线	5	不拆除不得分				
		拆除对轮罩	5	不拆除不得分				
		拆除对轮螺钉	5	不拆除不得分				
		拆除泵地脚螺钉	5	不拆除不得分				
		拆除对轮解泵体	5	不拆除不得分				
		不允许碰伤与其相配的零件	10	不符合要求不得分				
4	测量、检查、清洗、安装	检查轴承、轴颈与安装	10	不检查扣5分,达不到要求不得分				
		清洗配件与安装	5	达不到要求不得分				
5	安装后的盘车测量	轻重均匀	5	轻重不均匀扣5分				
		没有卡死现象	5	有卡死现象扣5分				
		按顺序安装	5	不按顺序安装扣5分				
		安装零件不允许碰伤	5	零件碰伤扣5分				
6	安全文明操作	遵守安全操作规程;在规定时间内完成		每违反一项规定从总分中扣5分;严重违规者停止操作;每超时1min从总分扣5分,超3min停止操作				
	合 计		100					

考评员:　　　　　　　　核分员:　　　　　　　　　　　年　月　日

二十、BA006　离心泵同心度对中

1. 考核要求

(1)必须穿戴好劳动保护用品。

(2)准备工作。

(3)正确使用工具、用具、量具。

(4)离心泵同心度对中。

(5)按对中离心泵合理的要求进行操作。

2. 准备要求

(1)材料准备:以下所需材料由鉴定站准备。

序号	名　称	规　格	数　量	备　注
1	擦布		0.2kg	

(2)设备准备:以下所需材料由鉴定站准备。

序 号	名 称	规 格	数 量	备 注
1	离心泵		1台	
2	同心度对中仪		1套	

(3)工具、用具、量具准备:以下所需工具、用具、量具由鉴定站准备。

序 号	名 称	规 格	数 量	备 注
1	活扳手	300mm	1把	
2	梅花扳手	8件/套	1套	
3	手锤	1.5lb	1把	
4	铜棒	$\phi25mm \times 300mm$	1根	
5	撬棍		1根	
6	螺丝刀	200mm	1把	
7	铜皮	0.02~0.05mm	2块	

3. 操作程序规定

(1)准备工作。

(2)选择所用工具、用具、量具。

(3)联轴器对中。

(4)联轴器间隙的检查。

(5)收拾考场。

4. 考核规定说明

(1)如操作违章,将停止考核。

(1)考核采用百分制,然后按鉴定比重进行折算。

(3)考核方式说明:本项目为实际操作试题,按标准对结果进行评分。

(4)测量技能说明:本项目主要测试考生对泵对中实际操作的熟练程度。

5. 考核时限

(1)准备时间:5min。

(2)操作时间:90min。

(3)从正式操作开始计时。

(4)考试时,根据考试场所确定考试人数,提前完成操作不加分,超过规定操作时间按规定标准评分。

6. 评分记录表

序号	考核内容	评分要素	配分	评分标准	检测结果	扣分	得分	备注
1	着装	工作服穿戴整洁	3	不整洁扣3分				
		工作服穿戴衣袖领口系好	2	没系好扣2分				
		工作服穿戴得体	2	不得体扣2分				

续表

序号	考核内容	评分要素	配分	评分标准	检测结果	扣分	得分	备注
2	准备工作	选择所用工具、用具、量具	3	选错一件扣1分				
3	联轴器对中	检查同心度对中仪是否有合格证	5	不检查不得分				
		检查同心度对中仪是否在有效期内	5	不检查不得分				
		上表方法正确	5	不正确不得分				
		联轴器是否调到所用正确位置	5	不正确不得分				
		联轴器的端面清理干净	10	不清理干净不得分				
		联轴器的外圆清理干净	10	不清理干净不得分				
		联轴器间隙要符合要求	10	不符合要求不得分				
		联轴器径向间隙符合要求	10	不符合要求不得分				
		联轴器端面间隙符合要求	10	不符合要求不得分				
		不能用手锤直接砸设备	10	违反不得分				
		不能垫斜垫片	10	违反不得分				
4	安全文明操作	遵守安全操作规程；在规定时间内完成		每违反一项规定从总分中扣5分；严重违规者停止操作；每超时1min从总分扣5分，超3min停止操作				
		合　　计	100					

考评员：　　　　　　　　　　　　核分员：　　　　　　　　　　　　年　　月　　日

第三部分 中级工理论知识试题

鉴定要素细目表

行为领域	代码	鉴定范围（重要程度比例）	鉴定比重	代码	鉴定点	重要程度	备注
基础知识 A 25% (27:20:5)	A	工程识图知识 (4:3:0)	3%	001	零件图识图方法	Y	
				002	零件公差的概念	X	
				003	形位公差的表示方法	X	
				004	零件配合知识	Y	
				005	零件粗糙度知识	X	
				006	机械设备装配图知识	Y	
				007	设备安装施工图知识	X	
	B	工程材料与零件知识 (7:2:1)	4%	001	金属材料的分类及代号	X	
				002	金属材料的性能	Z	
				003	合金钢的分类及用途	X	
				004	铸铁的分类及用途	Y	
				005	有色金属分类及用途	X	
				006	金属热处理目的和方法	X	
				007	钢的表面热处理	X	
				008	工程非金属材料知识	X	
				009	常用密封材料	Y	
				010	管螺纹	X	
	C	润滑与清洗知识 (5:3:1)	4%	001	润滑的概念及作用	X	
				002	常见的润滑方式	X	
				003	润滑油的分类、牌号及应用	Y	
				004	润滑脂的分类、牌号及应用	X	
				005	润滑剂的选用	Y	
				006	润滑剂的代用	Z	
				007	化学清洗的步骤及常见工艺	Y	
				008	工业清洗液	X	
				009	脱脂、酸洗与钝化注意事项	X	

续表

行为领域	代码	鉴定范围（重要程度比例）	鉴定比重	代码	鉴 定 点	重要程度	备注
基础知识 A 25% (27:20:5)	D	钳工基础知识 (4:5:0)	6%	001	钳工工具的种类	X	
				002	常用工具的使用知识	X	
				003	专用工具的使用知识（液压拉伸器和液压力矩扳手）	Y	
				004	钳工常用量具的分类	Y	
				005	内径量表的使用	Y	
				006	钳工水平仪的使用	X	
				007	水准仪的使用	X	
				008	经纬仪的使用	Y	
				009	激光对中仪的使用	Y	
	E	钳工基本操作 (3:2:0)	4%	001	特殊工件划线	X	
				002	群钻	X	
				003	群钻操作	X	
				004	特殊孔的钻削	Y	
				005	电气焊操作	Y	
	F	起重作业基础知识 (3:1:1)	2%	001	力学知识	Y	
				002	滑车和滑车组的使用	X	
				003	千斤顶的使用	Z	
				004	滚杠运输操作	X	
				005	卷扬机操作	X	
	G	电气、仪表基础知识 (1:4:2)	2%	001	三相异步电动机的结构及控制	Z	
				002	常用电气绝缘材料知识	Y	
				003	电气作业工作票制度	Z	
				004	电气安全防护知识	Y	
				005	常用仪表的原理	Y	
				006	常用仪表的应用	Y	
				007	仪表精度等级与误差	X	
专业知识 B 65% (35:36:6)	A	安装基础知识 (3:3:1)	5%	001	设备基础	Y	
				002	设备地脚螺栓	Y	
				003	设备垫铁	X	
				004	设备放线就位	X	
				005	设备找正找平	X	
				006	设备灌浆	Z	
				007	设备清洗、清洁	Y	

续表

行为领域	代码	鉴定范围（重要程度比例）	鉴定比重	代码	鉴定点	重要程度	备注
专业知识 B 65% (35:36:6)	B	典型零部件安装知识 (4:6:2)	8%	001	滑动轴承应用	Y	
				002	滑动轴承装配	X	
				003	滚动轴承应用	Y	
				004	滚动轴承装配	X	
				005	齿轮轮系的传动	X	
				006	齿轮轮系的装配	X	
				007	蜗杆、蜗轮的装配	Y	
				008	联轴器装配	Y	
				009	连接件——螺纹、键、销	Z	
				010	连接件——螺纹、键、销的应用	Z	
				011	液压传动	Y	
				012	液压应用	Y	
	C	锻压、液压设备安装知识 (3:3:0)	5%	001	液压机安装一般规定	Y	
				002	换向阀的种类	X	
				003	滤油器的功用和过滤精度	Y	
				004	滤油器的类型和特点	X	
				005	压力控制阀的原理	Y	
				006	液压系统的故障及排除	X	
	D	起重机械安装知识 (3:2:0)	4%	001	梁式起重机械	Y	
				002	通用桥式起重机	X	
				003	门式起重机械调试知识	X	
				004	起重机械的试运转	X	
				005	起重机械的维修	Y	
	E	机泵安装知识 (8:9:1)	15%	001	离心泵的原理与结构	Y	
				002	离心泵安装知识	X	
				003	离心泵的试车知识	X	
				004	多级离心泵的检修知识	Y	
				005	往复泵及其结构	Y	
				006	往复泵安装知识	X	
				007	往复泵试车知识	X	
				008	蒸汽往复安装知识	Z	
				009	螺杆泵安装知识	Y	
				010	螺杆泵试车知识	X	
				011	水环真空安装知识	Y	
				012	水环真空泵试车知识	Y	
				013	屏蔽泵安装知识	Y	
				014	低温泵的安装知识	Y	
				015	其他化工用泵知识	Y	
				016	机泵维修知识	X	
				017	离心泵常见故障的处理	X	
				018	往复泵常见故障的处理	X	

续表

行为领域	代码	鉴定范围（重要程度比例）	鉴定比重	代码	鉴定点	重要程度	备注
专业知识 B 65% (35:36:6)	F	机械类设备安装 (3:4:0)	7%	001	离心式风机检修	X	
				002	离心式风机试车	X	
				003	轴流风机的检修	Y	
				004	轴流风机试车	Y	
				005	罗茨鼓风机检修	Y	
				006	风机常见故障的处理	X	
				007	真空过滤机	Y	
	G	活塞式压缩机组安装知识 (5:3:2)	7%	001	活塞压缩机的结构与特点	Y	
				002	活塞压缩机的类型	Z	
				003	汽缸的结构与安装	X	
				004	活塞压缩机曲轴的安装要求	X	
				005	十字头、连杆的结构与安装	Y	
				006	活塞环、密封器和刮油器的结构与安装	Y	
				007	活塞、活塞杆的结构与安装知识	X	
				008	气阀安装知识	X	
				009	附属设备安装知识	Z	
				010	活塞压缩机的试车	X	
	H	离心式压缩机组安装知识 (5:3:0)	6%	001	离心压缩机原理	Y	
				002	离心压缩机组结构	Y	
				003	离心压缩机安装方法	X	
				004	离心压缩机转子检查	Y	
				005	离心压缩机止推轴承检查方法	X	
				006	压缩机汽缸壳体检查方法	X	
				007	离心压缩机轴封的检查方法	X	
				008	离心压缩机辅助系统安装	X	
	I	汽轮机组安装知识 (0:2:0)	2%	001	汽轮机工作原理	Y	
				002	汽轮机辅助系统知识	Y	
	J	锅炉机组安装 (1:1:0)	3%	001	锅炉的组成代号	Y	
				002	胀接	X	
相关知识 C 10% (6:8:4)	A	安全生产与环境保护知识 (5:6:2)	5%	001	安全生产的概念及意义	X	
				002	常用灭火器材的使用方法	Y	
				003	常用灭火方法	Y	
				004	安全色标的作用	Y	
				005	安全色的用途	Y	
				006	高空作业安全知识	X	

续表

行为领域	代码	鉴定范围（重要程度比例）	鉴定比重	代码	鉴 定 点	重要程度	备注
相关知识 C 10% (6:8:4)	A	安全生产与环境保护知识 (5:6:2)	5%	007	起重吊装安全措施	X	
				008	道路运输安全知	Z	
				009	设备试车安全知识	X	
				010	静电防护的技术要求	Y	
				011	急救常识	Y	
				012	安全生产责任制	X	
				013	安全用电常识	Z	
	B	质量管理知识 (1:2:2)	5%	001	ISO 9001:2000 质量管理体系要求	Y	
				002	质量管理数据分析方法	Z	
				003	质量检验评定	Z	
				004	标准化知识主要内容	X	
				005	计量知识主要内容	Y	

注：X—核心要素；Y—一般要素；Z—辅助要素。

理论知识试题

一、选择题(每题4个选项,其中只有1个是正确的,将正确的选项填入括号内)

1. AA001 零件图的尺寸标注必须符合( )标准的规定画法。
   (A) 国家　　　(B) 部颁　　　(C) 行业　　　(D) 工厂

2. AA001 机械制图中,局部视图的断裂边界应以( )表示。
   (A) 细实线　　(B) 虚线　　　(C) 波浪线　　(D) 粗实线

3. AA001 不属于表达机件结构形状的基本视图是( )。
   (A) 斜视图　　(B) 俯视图　　(C) 主视图　　(D) 右视图

4. AA002 为了保证零件( ),必须将零件尺寸的加工误差限制在一定的范围内,而规定尺寸的允许变动量。
   (A) 一致性　　(B) 密封性　　(C) 互换性　　(D) 耐磨性

5. AA002 公差是最大极限尺寸与( )之差。
   (A) 公称尺寸　(B) 最小极限尺寸　(C) 下偏差　(D) 上偏差

6. AA002 轴颈处注有 $\phi 50_{-0.012}^{+0.018}$ mm 则其公差为( )。
   (A) 0.018mm　(B) 0.006mm　(C) -0.012mm　(D) 0.03mm

7. AA003 表示轴的同心度位置公差的符号是( )。
   (A) ◎　　　　(B) //　　　　(C) =　　　　(D) ↗

8. AA003 表示平行度位置公差的符号是( )。
   (A) ◎　　　　(B) //　　　　(C) =　　　　(D) ↗

9. AA003 表示位置度位置公差的符号是( )。
   (A) ◎　　　　(B) //　　　　(C) =　　　　(D) ⊕

10. AA004 在基轴制中,( )是基准件,( )是非基准件,有各种不同的配合符号。
    (A) 轴;轴　　(B) 轴;孔　　(C) 孔;轴　　(D) 孔;孔

11. AA004 孔的实际尺寸大于轴的实际尺寸所组成的配合称为( )。
    (A) 过渡配合　(B) 间隙配合　(C) 过盈配合　(D) 接触配合

12. AA004 孔的公差带与轴的公差带相互交叠的配合应是( )。
    (A) 过盈配合　(B) 过渡配合　(C) 间隙配合　(D) 活动配合

13. AA005 下面符号能表示用去除材料的方法获得的表面粗糙度,R_a的最大值为 3.2μm 的是( )。
    (A) 3.2max∨　(B) 3.2max∇　(C) 3.2⌀　(D) 3.2max⌀

14. AA005 能表示为算术平均偏差的是( )。
    (A) R_a　　(B) R_y　　(C) R_z　　(D) ln

15. AA005 在配合性质相同的条件下,零件尺寸越小,粗糙度高度参数值要越( )。
    (A) 大　　　　(B) 小　　　　(C) 适中　　　(D) 高

16. AA006 在产品设计中,一般都先画出机器或部件的( )。

(A) 装配图　　　(B) 零件图　　　(C) 三视图　　　(D) 剖视图

17. AA006　装配图中相邻两金属零件的剖面线方向一般应（　）。
(A) 相同　　　(B) 平行　　　(C) 错开　　　(D) 相反

18. AA006　关于装配图的说法错误的是（　）。
(A) 在装配图中，零件上的工艺结构，如小倒角、退刀槽等均可不画出
(B) 装配图中可单独用一个视图表达一个零件，但必须加以说明
(C) 一般的装配图包括标题栏、一组视图、必要的尺寸这几部分
(D) 在装配图中相邻两零件不接触的表面，如果间隙很小可只画一条直线

19. AA007　表示一个建筑物的水平剖视图的是（　）。
(A) 平面图　　　(B) 装配图　　　(C) 立面图　　　(D) 剖面图

20. AA007　主要表示设备布置的图是（　）。它的平面图表示设备的位置尺寸，轴线距离以及基础处理和平面尺寸等。
(A) 建筑施工图　　　　　　　(B) 电气安装施工图
(C) 仪表施工图　　　　　　　(D) 机械设备施工图

21. AA007　假想用一平面把建筑物沿垂直方向切开，切面后的正投影，称为（　）。
(A) 平面图　　　(B) 装配图　　　(C) 立面图　　　(D) 剖面图

22. AB001　金属中不属于黑色金属的是（　）。
(A) 碳素钢　　　(B) 合金钢　　　(C) 铸铁　　　(D) 铜合金

23. AB001　钢铁产品中，沸腾钢的代号是（　）。
(A) P　　　(B) D　　　(C) Z　　　(D) F

24. AB001　Cr18Ni9Ti 中的碳含量为（　）。
(A) 1%　　　(B) 18%　　　(C) 1g　　　(D) 18g

25. AB002　金属材料的伸长率（δ）和断面收缩率（ψ）数值越（　），表示材料的塑性越（　）。
(A) 大；好　　　(B) 小；好　　　(C) 大；差　　　(D) 小；差

26. AB002　布氏硬度试验所用压头是淬火钢球时，主要用来测量硬度不超过（　）的金属。
(A) HB450　　　(B) HB230　　　(C) HB470　　　(D) HB700

27. AB002　金属材料抵抗（　）作用而不被破坏的能力称为韧性。
(A) 冲击载荷　　　(B) 强载荷　　　(C) 静载荷　　　(D) 变形

28. AB003　不属于合金工具钢的是（　）。
(A) 不锈钢　　　(B) 刃具钢　　　(C) 模具钢　　　(D) 量具钢

29. AB003　主要用来制造力学性能要求高，受力大的合金钢是（　）。
(A) 合金弹簧钢　(B) 合金调质钢　(C) 合金工具钢　(D) 特殊性能钢

30. AB003　合金钢中合金元素总含量大于（　）的称为高合金钢。
(A) 5%　　　(B) 5%～10%　　　(C) 10%　　　(D) 2.11%

31. AB004　工业用铸铁中碳含量为（　）之间，还含有较多的硅、锰、硫、磷等。
(A) 0.02%～2.1%　　　　　　(B) 2.5%～4%
(C) 2%　　　　　　　　　　　(D) 4%～5%

32. AB004　灰口铸铁抗拉强度（　），塑性（　），不易于进行压力加工。
(A) 小；好　　　(B) 小；差　　　(C) 大；好　　　(D) 大；差

33. AB004 主要用来制造一些形状复杂又要承受震动的薄壁零件(如汽车后桥或摇臂等)的材料是（ ）。
    (A) 灰口铸铁　　(B) 可锻铸铁　　(C) 白口铸铁　　(D) 球墨铸铁

34. AB005 纯铜呈玫瑰红色,又称为（ ）。
    (A) 紫铜　　(B) 黄铜　　(C) 青铜　　(D) 锡青铜

35. AB005 黄铜是在纯铜中加入适量的（ ）元素制成的合金,其呈黄色。
    (A) 铬　　(B) 镁　　(C) 锌　　(D) 镍

36. AB005 经常被用作制造轴承、轴瓦、齿轮的合金铜材料是（ ）。
    (A) 紫铜　　(B) 黄铜　　(C) 白铜　　(D) 青铜

37. AB006 对金属进行热处理,目的为达到提高金属的（ ）和工艺性能。
    (A) 力学性能　　(B) 物理性能　　(C) 工艺性能　　(D) 化学性能

38. AB006 淬火时产生的内应力需经（ ）处理消除。
    (A) 退火　　(B) 正火　　(C) 回火　　(D) 化学热处理

39. AB006 调质是淬火后进行的一种（ ）处理。
    (A) 低温回火　　(B) 高温回火　　(C) 化学热处理　　(D) 正火

40. AB007 金属表面热处理方法分表面淬火和（ ）两种。
    (A) 火焰淬火　　(B) 感应加热淬火　　(C) 低温回火　　(D) 化学热处理

41. AB007 不属于金属表面化学热处理方法的是（ ）。
    (A) 火焰淬火　　(B) 掺碳　　(C) 掺氮　　(D) 氰化

42. AB007 掺碳处理目的是使钢表面增碳,获得（ ）和疲劳强度,适用于低碳钢,如汽车齿轮、活塞销等的表面处理。
    (A) 高硬度、高韧性　　　　(B) 高硬度、耐磨性
    (C) 高脆性、耐磨性　　　　(D) 高韧性、高脆性

43. AB008 主要用于地下水、海水以及受热影响大的工程水泥是（ ）。
    (A) 磷渣硅酸盐水泥　　　　(B) 白色硅酸盐水泥
    (C) 无收缩水泥　　　　(D) 高铝水泥

44. AB008 主要用于要求抗硫酸盐侵蚀和冬季施工的水泥是（ ）。
    (A) 磷渣硅酸盐水泥　　　　(B) 白色硅酸盐水泥
    (C) 高铝水泥　　　　(D) 无收缩水泥

45. AB008 不属于热固性塑料特点的是（ ）。
    (A) 抗蠕变能力强　　　　(B) 受压不易变形
    (C) 耐热性好　　　　(D) 成型工艺性能好

46. AB009 一般情况下,毛毡密封用于线速度不大于（ ）的工作场合。
    (A) 5m/s　　(B) 2m/s　　(C) 0.5m/s　　(D) 10m/s

47. AB009 不属于金属密封材料的是（ ）。
    (A) 铜　　(B) 铝　　(C) 合金钢　　(D) 石棉

48. AB009 橡胶垫片主要适用于工作压力较（ ）,工作温度较（ ）的工作条件。
    (A) 小;低　　(B) 小;高　　(C) 大;低　　(D) 大;高

49. AB010 美制 NPT 螺纹称为（ ）,主要用于油、气、水等输送系统的管路连接。
    (A) 密封管螺纹　　(B) 非密封管螺纹　　(C) 60°圆锥管螺纹　　(D) 英制螺纹

50. AB010　表达式为:尺寸代号为4的左旋、美制一般密封圆柱内管螺纹的是（　　）。
　　(A) 4NPSC　　(B) 4NPSC－LH　　(C) 4NPT　　(D) 4NPT－LH

51. AB010　尺寸代号为1/2、右旋、英制密封圆锥内螺纹与圆柱外螺纹组成的螺纹副的表达式是（　　）。
　　(A) RC/R2 1/2　　(B) Rp/R2 1/2　　(C) Rc/R1 1/2　　(D) 1/2NPT

52. AC001　润滑剂能防水、防漏气的作用称为（　　）作用。
　　(A) 密封　　(B) 冷却　　(C) 清洗　　(D) 防锈

53. AC001　润滑的目的是利用润滑剂形成的油膜,来减少摩擦体之间的（　　）和材料磨损。
　　(A) 内摩擦阻力　　(B) 摩擦阻力　　(C) 热量　　(D) 温度

54. AC001　在离心压缩机中,循环润滑油主要起到润滑、密封和（　　）作用。
　　(A) 防锈　　(B) 冷却　　(C) 清洗　　(D) 减震

55. AC002　依靠自身重量注油,油量不易控制,机械振动、温度和液位高低都会改变注油量的润滑方式是（　　）。
　　(A) 飞溅润滑　　(B) 滴油润滑　　(C) 油绳、油垫润滑　　(D) 强制润滑

56. AC002　依靠旋转的机件或附加在轴上的甩油盘、甩油环、油链等将油池中润滑油溅到被润滑轴承等摩擦部位,形成自动润滑的润滑方式为（　　）。
　　(A) 飞溅润滑　　(B) 滴油润滑　　(C) 油绳、油垫润滑　　(D) 强制润滑

57. AC002　不属于强制润滑方式是（　　）。
　　(A) 循环润滑　　(B) 滴油润滑　　(C) 集中润滑　　(D) 油雾润滑

58. AC003　普通矿物油是利用石油各组织成分（　　）的不同,经加热馏分出来的。
　　(A) 凝点　　(B) 沸点　　(C) 闪点　　(D) 滴点

59. AC003　按国家润滑剂标准GB/T 7631.1—2008的分类中,代号H表示（　　）。
　　(A) 压缩机油　　(B) 液压油　　(C) 齿轮油　　(D) 矿物油

60. AC003　关于润滑油的粘温性,叙述正确的是（　　）。
　　(A) 粘度随温度变化越大,粘温性能越好
　　(B) 粘度随温度变化越小,粘温性能越好
　　(C) 粘度随温度变化越小,粘温性能越差
　　(D) 粘温性与温度无关

61. AC004　一般润滑脂要求有较宽的（　　）范围。
　　(A) 工作湿度　　(B) 工作温度　　(C) 工作压力　　(D) 稀释

62. AC004　一种润滑脂的标记为L－XBEGB2,其中数字2表示（　　）。
　　(A) 倾点温度2℃　　(B) 滴点温度2℃　　(C) 稠度等级为2　　(D) 产品序列号

63. AC004　适用于冬季循环润滑系统的润滑脂是（　　）。
　　(A) L－XBEGB00　　(B) L－XBEGB000　　(C) L－XBEGB5　　(D) L－XBEGB6

64. AC005　润滑油(脂)都具有一定的承载能力,在低速、重载荷的运动副上,应考虑润滑油(脂)的（　　）性能。
　　(A) 粘温　　(B) 润滑　　(C) 极压　　(D) 密封

65. AC005　在外露齿轮、链条、钢丝绳润滑时,应选用（　　）;在垂直丝杠上、立式轴承宜选用（　　）,这样可以减少流失,保证润滑。
　　(A) 润滑脂;润滑油　　　　(B) 润滑油;润滑油

(C) 润滑脂;润滑脂   (D) 润滑油;润滑脂

66. AC005 在循环润滑系统以及油芯或毛毡滴油系统,要求润滑油具有较好的（ ）性能,采用粘度较小的润滑油。
(A) 抗氧化   (B) 流动   (C) 防泡   (D) 润滑

67. AC006 选用代用油品粘度与基本油相近,一般采用粘度稍（ ）一些,而精密机械、液压油应选粘度较（ ）的。
(A) 大;小   (B) 小;大   (C) 大;大   (D) 小;小

68. AC006 选用代用油品时应考虑温度对使用的影响。在低温下工作的油,代用品的凝点应（ ）外界温度。
(A) 低于   (B) 高于   (C) 等于   (D) 不等于

69. AC006 使用在精密机械、仪表上的润滑脂代用时,应遵循以（ ）的原则。
(A) 低品质代替高品质   (B) 高温度代替低温度
(C) 高粘度代替低粘度   (D) 高品质代替低品质

70. AC007 在化学清洗中,( ) 是对酸洗后的工件进行处理,并在金属表面形成一种致密保护膜,防止金属产生的锈蚀。
(A) 漂洗   (B) 碱洗   (C) 碱煮   (D) 钝化

71. AC007 在化学清洗中,水冲洗流速一般保持在 0.5~1.5m/s 以上,冲洗时间根据设备的（ ）而定,一般冲洗到排水清澈为止。
(A) 体积   (B) 结构   (C) 清洁度   (D) 锈蚀成分

72. AC007 化学清洗过程的工艺一般包括水冲洗、碱洗或碱煮、（ ）、漂洗和钝化等步骤。
(A) 酸洗   (B) 涂油   (C) 喷漆   (D) 脱脂

73. AC008 机械油、汽轮机油、变压器油在作清洗剂使用时,一般加热后使用效果较好,但油温均不得超过（ ）。
(A) 120℃   (B) 80℃   (C) 200℃   (D) 160℃

74. AC008 属二级易燃液体,溶解力极强,专为溶解硝基漆的稀释剂（ ）。
(A) 香蕉水   (B) 氨基漆   (C) 酒精   (D) 松节油

75. AC008 适用于清洗不锈钢,也用于铝、不锈钢的钝化处理。作酸洗液用时一般浓度为5%左右,并加缓蚀剂以防止对金属的腐蚀。此类酸性清洗剂为（ ）。
(A) 盐酸   (B) 硫酸   (C) 硝酸   (D) 磷酸

76. AC009 非金属衬垫脱脂时,应使用四氯化碳等,对密封面无腐蚀的脱脂剂进行脱脂1h以上;石棉衬垫脱脂时,可在（ ）左右的温度下用（ ）2~3min。
(A) 50℃;有烟火焰灼烧   (B) 50℃;烟熏
(C) 300℃;没有烟火焰灼烧   (D) 300℃;有烟火焰烤

77. AC009 铝及铝合金件在（ ）中洗涤浸泡后要及时将脱脂件上的酸洗净,以防止稀酸腐蚀。
(A) 浓硝酸   (B) 盐酸   (C) 浓硫酸   (D) 碳酸钠

78. AC009 酸洗过程中,酸的浓度越浓,酸洗的速度越快,当浓度超过（ ）时,酸洗速度反而下降。
(A) 5%   (B) 50%   (C) 15%   (D) 25%

79. AD001 在各种器具中属于常用施工机具的是（ ）。

(A) 试压泵　　(B) 扳手　　(C) 台虎钳　　(D) 画线规

80. AD001　属于钳工手工工具的是（　）。
(A) 冲击钻　　(B) 磁座钻　　(C) 钢丝钳　　(D) 电锤

81. AD001　属于钳工电动工具的是（　）。
(A) 砂轮机　　(B) 激光对中仪　　(C) 油枪　　(D) 经纬仪

82. AD002　装卸管件时，管钳（　）反锁使用。
(A) 能　　(B) 不能　　(C) 必须　　(D) 不必

83. AD002　使用扳手时，施力方向都要与扳手柄垂直，一般用（　）。
(A) 推力　　(B) 拉力　　(C) 扭力　　(D) 撬力

84. AD002　修泵工拆卸泵半联轴器时主要用（　）。
(A) 铜棒　　(B) 弹性手锤　　(C) 拉力器　　(D) 大锤

85. AD003　液压拉伸器由拉伸器和液压系统组成，液压系统的油压由三种方式产生，不属于的是（　）。
(A) 电动　　(B) 手动　　(C) 液动　　(D) 气动

86. AD003　工具的液动传动一般以液压油作为工作介质，经过（　）次能量转换，完成动力装置机械能转成为机械能。
(A) 一　　(B) 两　　(C) 三　　(D) 四

87. AD003　选用携带式液压扳手时，根据（　）选择所需用的螺栓拧紧力矩。
(A) 螺栓长度　　(B) 螺栓直径　　(C) 螺栓面积　　(D) 螺栓周长

88. AD004　测量工件时当1/50卡尺上副尺的50格与主尺上5cm相吻合时，卡尺的读数应为（　）。
(A) 1mm　　(B) 0.1mm　　(C) 0.01mm　　(D) 0.001mm

89. AD004　对于0～25mm的千分尺，测量前应将两测量面接触，看活动套筒上的零线是否与固定套筒上的（　）对齐。
(A) 零线　　(B) 刻度　　(C) 标准线　　(D) 基准线

90. AD004　尺身每小格为1mm，使用前当两测量爪合并时，尺身上9mm刚好等于游标上10格，则这个游标卡尺的精度为（　）。
(A) 1mm　　(B) 0.1mm　　(C) 0.01mm　　(D) 0.001mm

91. AD005　内径量表是用来测量（　）的一种量具。
(A) 轴的直径　　(B) 内孔直径　　(C) 孔的深度　　(D) 工件的厚度

92. AD005　可以作为校对内径量表的是（　）。
(A) 量块　　(B) 卡钳　　(C) 平尺　　(D) 千分尺

93. AD005　作为校对内径量表的基准，（　）精度更高。
(A) 千分尺　　(B) 环规
(C) 已被测量过的工件内孔　　(D) 游标卡尺

94. AD006　常用的框式水平仪的底面长度为200mm，因此精度为0.02/1000时，200mm长度两端的高度差为（　）。
(A) 0.004mm　　(B) 0.04mm　　(C) 0.02mm　　(D) 0.4mm

95. AD006　框式水平仪是一种测量小角度的测量仪，若精度为0.02/1000，当水平气泡移动一格时，水平仪的底面倾斜角度为（　）。

(A) 8″　　　　　(B) 6″　　　　　(C) 4″　　　　　(D) 2″

96. AD006　使用框式水平仪时，由于水准器中液体受温度影响而使气泡长度改变。为减少温度的影响，测量时应由气泡（　　）读数。
(A) 中间　　　　(B) 左端　　　　(C) 两端　　　　(D) 右端

97. AD007　根据水准仪的测量原理，当进行水准测量时，必须要提供（　　）。
(A) 一条水平视线　(B) 一个标高　　(C) 一束光线　　(D) 一个反光镜

98. AD007　长水准器的气泡居中时，长水准器轴就处于水平方向，那么视准轴处于（　　）。
(A) 垂直方向　　(B) 铅直方向　　(C) 水平方向　　(D) 不确定方向

99. AD007　在水准仪中用来对目标进行粗略瞄准的是（　　）。
(A) 瞄准器　　　(B) 目镜　　　　(C) 物镜　　　　(D) 圆水准器

100. AD008　工具经纬仪主要供空间定位用，它具有竖轴和横轴，可使瞄准镜管在水平方向作360°的方向移动，也可在（　　）面内作大角度的俯仰。
(A) 平行　　　　(B) 垂直　　　　(C) 水平　　　　(D) 斜

101. AD008　工具经纬仪使用装配中建立（　　）坐标进行测量校正的需要。
(A) 直角　　　　(B) 平行　　　　(C) 横向　　　　(D) 定向

102. AD008　使用工具经纬仪时，首先调整（　　）即所提供的基准视线与定位基准线重合。
(A) 直轴　　　　(B) 光轴　　　　(C) 曲轴　　　　(D) 光源

103. AD009　激光对中仪的激光一般采用（　　）激光。
(A) 红色　　　　(B) 绿色　　　　(C) 蓝色　　　　(D) 黄色

104. AD009　对激光对中仪测量精度影响最大的是（　　）。
(A) 温度　　　　　　　　　　　　(B) 湿度
(C) 海拔高度　　　　　　　　　　(D) 两轴平行度偏差

105. AD009　激光对中仪在已知部分条件后能够测量计算出（　　）。
(A) 各地脚平移值　　　　　　　　(B) 各地脚的垫高值
(C) 各地脚的平移值和垫高值　　　(D) 各地脚需要的把紧力矩

106. AE001　划阿基米德螺线准确度较高的划线法是（　　）划线法。
(A) 逐点　　　　(B) 圆弧　　　　(C) 分段　　　　(D) 平面

107. AE001　用钢箔剪成凸轮展开样板，在零件圆柱面划出轮廓曲线是划（　　）凸轮。
(A) 特形曲线　　(B) 尖顶从动杆　(C) 圆柱端面　　(D) 滚轮凸轮

108. AE001　在畸形工件划线时，不可以用（　　）来操作。
(A) 铣床　　　　(B) 龙门刨　　　(C) 车床　　　　(D) 钻床

109. AE002　标准群钻主要用来钻削（　　）。
(A) 铸铁　　　　(B) 碳钢　　　　(C) 不锈钢　　　(D) 铜

110. AE002　标准群钻磨短横刃后产生内刃，其前角（　　）。
(A) 增大　　　　(B) 减小　　　　(C) 不变　　　　(D) 无关

111. AE002　标准群钻上的分屑槽应磨在一条主切削刃的（　　）段。
(A) 外刃　　　　(B) 内刃　　　　(C) 圆弧刃　　　(D) 横刃

112. AE003　钻铸铁的群钻第二重顶角为（　　）。
(A) 70°　　　　(B) 90°　　　　(C) 110°　　　 (D) 100°

113. AE003　钻黄铜的群钻，为了避免钻孔时的扎刀现象，外刃的纵向前角磨成（　　）。

| | | (A) 8° | (B) 35° | (C) 20° | (D) 30° |

114. AE003　钻薄板的群钻,其圆弧的深度应比薄板工件的厚度大（　）。
　　　　　　 (A) 1mm　　　(B) 2mm　　　(C) 3mm　　　(D) 4mm

115. AE004　通常所指孔得深度为孔径（　）倍以上得孔称为深孔。
　　　　　　 (A) 3　　　　(B) 5　　　　(C) 10　　　　(D) 6

116. AE004　研磨孔径时,有槽的研磨棒用于（　）。
　　　　　　 (A) 精研磨　　　　　　　　　(B) 粗研磨
　　　　　　 (C) 精研磨、粗研磨均可　　　(D) 平面研磨

117. AE004　当孔的精度要求较高和表面粗糙值较小时,加工中应取（　）。
　　　　　　 (A) 大进给量　　　　　　　　(B) 大切削深度
　　　　　　 (C) 小速度　　　　　　　　　(D) 小进给量大速度

118. AE005　为防止焊丝（除不锈钢焊丝）生锈,须对焊丝表面进行特殊处理,目前主要是（　）处理。
　　　　　　 (A) 喷漆　　　(B) 镀铜　　　(C) 镀锌　　　(D) 涂油

119. AE005　焊后由于焊缝的横向收缩使得两连接件间相对角度发生变化的变形称为（　）变形。
　　　　　　 (A) 弯曲　　　(B) 波浪　　　(C) 横向　　　(D) 角

120. AE005　对脆性断裂影响最大的焊接缺陷是（　）。
　　　　　　 (A) 咬边　　　(B) 气孔　　　(C) 内部夹渣　　　(D) 弧坑

121. AF001　物体的重力方向总是（　）。
　　　　　　 (A) 竖直向下,指向地心　　　(B) 与水平成平行
　　　　　　 (C) 不确定的　　　　　　　　(D) 竖直向下,与地心成一夹角

122. AF001　物体所受的重力,施力物体是（　）。
　　　　　　 (A) 物体本身　　(B) 其他物体　　(C) 无施力物体　　(D) 地球

123. AF001　二力平衡的条件是（　）。
　　　　　　 (A) 大小相等、方向相反、作用在两条直线上
　　　　　　 (B) 大小相等、方向相同、作用在一条直线上
　　　　　　 (C) 大小相等、方向相反、作用在一条直线上
　　　　　　 (D) 大小相等、方向相反

124. AF002　按滑车（　）来分,可以分为定滑车、动滑车、导向滑车和平衡滑车。
　　　　　　 (A) 材料　　　(B) 轮数　　　(C) 直径　　　(D) 作用

125. AF002　滑车按滑轮的多少来分,最多可为（　）门滑车。
　　　　　　 (A) 13　　　　(B) 5　　　　(C) 8　　　　(D) 20

126. AF002　定滑车能改变（　）的方向。
　　　　　　 (A) 重物　　　(B) 力　　　(C) 吊钩　　　(D) 重力加速度

127. AF002　动滑车按用途可分为省力动滑车和（　）动滑车。
　　　　　　 (A) 省时　　　(B) 省绳索　　(C) 省材料　　(D) 省重物

128. AF002　如果用 P 表示动滑车绳索一端的拉力,用 Q 表示重物的质量,则表示省力原理的公式为（　）。
　　　　　　 (A) $P=Q/3$　　(B) $P=Q/4$　　(C) $P=Q/2$　　(D) $P=Q/5$

129. AF002　P_1 表示导向滑车所受的力;P 表示牵引绳的拉力;Z 表示角度系数,则导向滑车的

受力计算公式为（　　）。
(A) $P_1 = P/Z$　　(B) $P = P_1 \times Z$　　(C) $Z = P \times P_1$　　(D) $P_1 = P \times Z$

130. AF002　钢丝绳安装在滑轮的（　　）。
(A) 导向槽内　　(B) 轮侧　　(C) 轮缘上　　(D) 轴孔内

131. AF002　既能省力，又能改变力的方向，最好的办法是选用（　　）。
(A) 较多的定滑车　　　　　　(B) 较多的动滑车
(C) 加长绳索　　　　　　　　(D) 滑车组

132. AF003　固定螺旋千斤顶的手柄需要做（　　）的圆周运动。
(A) 360°　　(B) 180°　　(C) 45°　　(D) 90°

133. AF003　螺旋千斤顶功能原理公式 $P = Qt/(2\pi L\eta)$ 中，L 表示（　　）。
(A) 螺距　　(B) 圆周率　　(C) 物体质量　　(D) 手柄长

134. AF003　有一螺旋千斤顶螺距 $t = 5mm$，手柄长 $L = 1000mm$，传动效率 $\eta = 0.5$，则需作用在手柄一端的推力 P 为（　　）时，才能顶起340kN的重物。
(A) 0.4kN　　(B) 0.5kN　　(C) 1kN　　(D) 2kN

135. AF003　液压千斤顶主要是由储液池、高压液缸、可伸缩的大活塞以及把液体从储液池送入高压液缸的（　　）等零件组成的。
(A) 小活塞泵　　(B) 齿轮　　(C) 齿条　　(D) 工作油缸

136. AF004　用滚杠运输300kN以下的设备时，可采用（　　）作为滚杠。
(A) 圆木　　(B) 竹筒　　(C) 钢筋　　(D) 无缝钢管

137. AF004　采用滚杠运输，滚杠摆放过程中发现滚杠不正时，应（　　）。
(A) 用手扳正　　　　　　　　(B) 不予摆正，照常运输
(C) 用大锤敲正　　　　　　　(D) 用滑车拉正

138. AF004　滚杠运输时，滚杠应伸出排子外面（　　）左右。
(A) 100mm　　(B) 300mm　　(C) 1000mm　　(D) 2000mm

139. AF005　卷扬机按工作原理可分为摩擦式、（　　）式和齿轮摩擦式卷扬机。
(A) 单筒　　(B) 双筒　　(C) 电动　　(D) 齿轮

140. AF005　选择（　　）部件不属于可逆式电动卷扬机。
(A) 电动机　　(B) 曲轴　　(C) 减速箱　　(D) 制动器

141. AF005　摩擦式电动卷扬机的主要部件包括（　　）、齿轮、卷筒、摩擦卡块等。
(A) 玻璃罩　　(B) 集成块　　(C) 打印机　　(D) 电动机

142. AF005　卷扬机的安装位置应尽量选择较高的地方，距离起吊物应在（　　）以外。
(A) 15m　　(B) 20m　　(C) 30m　　(D) 50m

143. AG001　三相异步电动机的温升是指电动各部分允许超过最高规定的环境温度（　　）的温度数。
(A) 20℃　　(B) 25℃　　(C) 40℃　　(D) 50℃

144. AG001　三相异步电动机在额定运行状态定子绕组的接法有Y形和△形，若额定电压为380V，那么（　　）。
(A) 接法为△，说明该电动机每相绕组的额定电压为380V
(B) 接法为△，说明该电动机每相绕组的额定电压为220V
(C) 接法为Y，说明该电动机每相绕组的额定电压为380V

(D) 接法为△,说明该电动机每相绕组的额定电压为 3×380V

145. AG001 对短时工作制电动机,国家规定的标准持续时间有（ ）个级别。
(A) 3　　　(B) 4　　　(C) 5　　　(D) 6

146. AG002 电工绝缘材料按应用或工艺特征可划分为（ ）类。
(A) 两　　　(B) 四　　　(C) 五　　　(D) 六

147. AG002 电工绝缘材料中的1231漆是（ ）。
(A) 浸渍漆　(B) 覆盖漆　(C) 瓷漆　(D) 硅钢片漆

148. AG002 电工绝缘材料中的3240属于（ ）。
(A) 漆和胶类　(B) 浸渍纤维制品　(C) 层压制品　(D) 云母制品

149. AG002 对绝缘油的物理性质描述正确的是（ ）。
(A) 绝缘油的物理性质指标包括粘度和闪点
(B) 绝缘油的物理性质指标包括粘度、闪点和凝固点
(C) 45号绝缘油的凝固点为45℃
(D) 45号绝缘油的凝固点为-45℃

150. AG003 对工作票制度,说法正确的是（ ）。
(A) 只有带电作业时,才需填写工作票
(B) 断电作业,有人监护,可不填写作业票
(C) 凡在电气设备上进行工作的,均必须填写工作票
(D) 除一些特定的工作外,凡在电气设备上进行工作的,均必须填写工作票

151. AG003 对填写工作票的种类,说法正确的是（ ）。
(A) 在高压设备上或在其他电气回路上工作需要将高压设备停电或装设遮拦的,均应填写第一种工作票
(B) 在高压设备上或在其他电气回路上工作需要将高压设备停电或装设遮拦的,均应填写第二种工作票
(C) 进行带电作业,在高压设备外壳和在带电线路杆塔上工作,运行中的配电变压器台架上的工作和在其他电气回路上工作而无需将高压设备停电或装设遮拦的填写第一种作业票
(D) 进行带电作业,在高压设备外壳和在带电线路杆塔上工作,运行中的配电变压器台架上的工作和在其他电气回路上工作需要将高压设备停电或装设遮拦的填写第二种作业票

152. AG003 对工作票的使用,说法正确的是（ ）。
(A) 第二种工作票,每张只限于一个电气连接部分或同一条线路
(B) 第一种工作票,每张只限于一个电气连接部分或同一条线路
(C) 在几个电气连接部分上,或同一电压的数条线路上依次进行不停电的同一类型工作,也可以共用第一种工作票
(D) 同杆架设且停送电时间相同的几条线路,可共用一张第二种工作票

153. AG004 为了防止引电气设备的绝缘损坏、漏电或感应而再成的触电事故,将电气设备在正常情况下不带电的金属外壳及构架,与大地之间做良好的金属连接称为（ ）。
(A) 工作接地　(B) 保护接地　(C) 保护接零　(D) 重复接地

154. AG004　根据电力系统运行工作的需要而进行的接地是（　）。
　　　　　　（A）工作接地　　（B）保护接地　　（C）保护接零　　（D）重复接地

155. AG004　保护接零属于（　）系统。
　　　　　　（A）IT　　　　　（B）TT　　　　　（C）TN　　　　　（D）三相三线制

156. AG005　电测型压力计是把压力转换成各种（　）信号来进行压力测量的仪表。
　　　　　　（A）电量　　　　（B）电压　　　　（C）电流　　　　（D）电阻

157. AG005　按（　）区分，物位测量仪表可分为直读式、浮力式、静压式、电磁式、声波式等。
　　　　　　（A）工作原理　　（B）仪表结构　　（C）仪表性能　　（D）工作性质

158. AG005　不属于容积式流量计的是（　）。
　　　　　　（A）椭圆齿轮流量计　　　　　　　（B）罗茨流量计
　　　　　　（C）刮板流量计　　　　　　　　　（D）涡轮流量计

159. AG006　压力式温度计中感温物质的体积膨胀系数越大，则仪表（　）。
　　　　　　（A）越灵敏　　　（B）越不灵敏　　（C）没有影响　　（D）无法确定

160. AG006　用差压法测量容器液位时，液位的高低取决于（　）。
　　　　　　（A）压力差和容器截面　　　　　　（B）压力差和介质密度
　　　　　　（C）压力差、容器截面和介质密度　（D）压力差、介质密度和取压点位置

161. AG006　常用节流装置的取压方式有（　）。
　　　　　　（A）角接取压和径距取压　　　　　（B）法兰取压和径距取压
　　　　　　（C）理论取压和管接取压　　　　　（D）角接取压和法兰取压

162. AG007　误差按仪表使用条件可分为（　）。
　　　　　　（A）绝对误差、相对误差、引用误差　（B）基本误差、附加误差
　　　　　　（C）系统误差、随机误差、疏忽误差　（D）静态误差、动态误差

163. AG007　一块测温仪表的最大允许误差为±0.5%，则它的精度等级为（　）
　　　　　　（A）0.5%　　　（B）-0.5%　　　（C）0.5　　　　（D）-0.5

164. AG007　属于疏忽误差的是（　）
　　　　　　（A）标准电池的电势值随环境温度的变化产生的误差
　　　　　　（B）仪表安装位置不当造成的误差
　　　　　　（C）使用人员读数不当造成的误差
　　　　　　（D）看错刻度线造成的误差

165. BA001　建造设备基础的混凝土，除水泥、砂、石子和水外，有时还需要添加（　）。
　　　　　　（A）防水剂　　　（B）稀释剂　　　（C）芬芳剂　　　（D）杀虫剂

166. BA001　混凝土石子中杂质的含量应控制不超过（　）。
　　　　　　（A）15%　　　　（B）10%　　　　（C）5%　　　　　（D）1%

167. BA001　混凝土的强度标号的意义是代表混凝土自凝结开始，在养护的条件下所能达到的（　）。
　　　　　　（A）抗疲劳强度值　　　　　　　　（B）抗压强度值
　　　　　　（C）抗拉强度值　　　　　　　　　（D）抗剪强度值

168. BA002　地脚螺栓的长度计算与（　）无关。
　　　　　　（A）设备的质量　　　　　　　　　（B）地脚螺栓材料的抗拉强度
　　　　　　（C）地脚螺栓的直径　　　　　　　（D）地脚螺栓的埋设深度

169. BA002 环氧砂浆的配制时,先将环氧树脂6101加热到( )时,再加入增塑剂二丁酯。
(A) 50~60℃ (B) 60~80℃ (C) 80~90℃ (D) 100℃以上

170. BA002 环氧砂浆的配制时,加热然后冷却至( ),加入硬化剂乙二胺和已预热到同温度的砂。
(A) 10~15℃ (B) 20~25℃ (C) 30~35℃ (D) 40~45℃

171. BA003 放置平垫铁时,应( )。
(A) 薄垫铁在斜垫铁与厚平垫铁之间 (B) 薄垫铁在斜垫铁与厚平垫铁下面
(C) 薄垫铁在斜垫铁与厚平垫铁上面 (D) 任意放置

172. BA003 垫铁十字形垫法适用于( )的情况。
(A) 设备较小,地脚螺栓距离较远 (B) 设备较小,地脚螺栓距离较近
(C) 设备较大,地脚螺栓距离较远 (D) 设备较大,地脚螺栓距离较近

173. BA003 设备找平找正后,钢垫铁组需要将( )。
(A) 斜垫铁之间点焊 (B) 斜垫铁与设备之间点焊
(C) 斜垫铁与平垫铁之间点焊 (D) 垫铁组之间点焊

174. BA004 设备安装中,( )是设置平面位置基准线最常用的方法。
(A) 弹墨线 (B) 以点代线 (C) 以光线代实线 (D) 拉线(挂线)

175. BA004 纵横拉线交叉时,( )。
(A) 长的应在下方,短的应放在上方 (B) 长的应在上方,短的应放在下方
(C) 无明确要求 (D) 根据实际要求放置

176. BA004 拉线坠系线的时候,其线接头应结在钢丝( )。
(A) 两侧 (B) 两侧,并交替 (C) 同一侧 (D) 无要求

177. BA005 精度最高的量具是( )。
(A) 框式水平仪(方水平) (B) 长方形水平仪(水平尺)
(C) 玻管水平仪 (D) 光学合像水平仪

178. BA005 钳工所使用的框式水平仪的读数精度为( )。
(A) 0.001mm/m (B) 0.01mm/m (C) 0.02mm/m (D) 0.04mm/m

179. BA005 当水准管的刻度值为0.02mm/m时,气泡每移动一格,被测平面就倾斜角为( )。
(A) 1″ (B) 2″ (C) 3″ (D) 4″

180. BA006 灌浆工作应在气温( )以上进行。
(A) 20℃ (B) 15℃ (C) 10℃ (D) 5℃

181. BA006 当用温水搅拌混凝土时,水温不得超过( ),以免水泥产生假凝,影响质量。
(A) 30℃ (B) 40℃ (C) 50℃ (D) 60℃

182. BA006 混凝土用早强剂时,一般可采用氯化钙,其掺入量不得超过水泥质量的( )。
(A) 2% (B) 3% (C) 4% (D) 5%

183. BA007 灌洗脱脂时,一般脱脂剂加入量为容器体积的( )左右。
(A) 5% (B) 10% (C) 15% (D) 20%

184. BA007 酸洗时酸的浓度要控制在( )以内。
(A) 10% (B) 15% (C) 20% (D) 25%

185. BA007 用硫酸酸洗时,温度应不高于( )。

(A) 50℃　　　(B) 60℃　　　(C) 70℃　　　(D) 80℃

186. BB001　精密滑动轴承工作时,为了平衡轴的载荷,使轴能浮在油中,必须（　）。
(A) 有足够的压力差　　　　　(B) 有一定的压力油
(C) 使轴有一定的旋转速度　　(D) 润滑油粘度合适

187. BB001　静压轴承油膜压力的建立是依靠（　）来保证的。
(A) 负载大小　(B) 旋转速度　(C) 供油压力　(D) 润滑油品质

188. BB001　椭圆形和可倾瓦轴承的出现,主要是为了解决滑动轴承在高转速下,可能发生的（　）问题。
(A) 工作温度　(B) 油膜振荡　(C) 耐磨性　(D) 润滑性

189. BB002　剖分式轴瓦孔的配刮是（　）。
(A) 先刮研上轴瓦　　　　(B) 先刮研下轴瓦
(C) 上下轴瓦合起来刮研　(D) 上下轴瓦均可

190. BB002　滑动轴承的轴瓦主要失效形式是（　）。
(A) 折断　　(B) 塑性变形　(C) 磨损　　(D) 缺油

191. BB002　剖分式滑动轴承中受力轴瓦的瓦背与瓦座的接触面积应大于（　）,而且分布均匀。
(A) 70%　　(B) 80%　　(C) 60%　　(D) 90%

192. BB003　圆周载荷大、转速高的滚动轴承采用预加负荷应（　）。
(A) 大些　　(B) 小些　　(C) 稍大些　(D) 无所谓

193. BB003　高速旋转机械采用的推力轴承以（　）居多。
(A) 径向推力滚柱轴承　(B) 推力滚动轴承
(C) 扇形推力块　　　　(D) 向心推力轴承

194. BB003　向心球轴承适用于承受（　）载荷。
(A) 轴向　　(B) 径向　　(C) 双向　　(D) 单向

195. BB004　滚动轴承在未装配之前,自由状态下的游隙是（　）。
(A) 配合游隙　(B) 工作游隙　(C) 原始游隙　(D) 设计游隙

196. BB004　内锥外柱式轴承与外锥内柱式轴承的装配过程大体相似,修整时,不同点只需修整（　）。
(A) 外锥面　(B) 外柱面　(C) 内锥孔　(D) 内柱孔

197. BB004　减小滚动轴承配合间隙,可以使主轴在轴承内的（　）减小,有利于提高主轴的旋转精度。
(A) 热胀量　(B) 倾斜量　(C) 跳动量　(D) 窜动量

198. BB005　在两轴轴线相交的情况下,可采用（　）传动。
(A) 带轮　　(B) 链轮　　(C) 圆锥齿轮　(D) 蜗轮

199. BB005　两轴的中心距较大时宜选用（　）传动。
(A) 齿轮　　(B) 蜗轮蜗杆　(C) 带轮　　(D) 任选

200. BB005　在重型机械中传递大功率一般选用（　）传动。
(A) 直击圆柱齿轮　　　(B) 中齿轮
(C) 人字齿轮　　　　　(D) 圆锥齿轮

201. BB006　有一直齿圆柱齿轮,$m=4, Z=36$,它的分度圆直径为（　）。

(A) 152　　　(B) 134　　　(C) 144　　　(D) 140

202. BB006　有一直齿圆柱齿轮，$m=4$，$Z=36$，它的齿高为（　）。
(A) 4　　　(B) 9　　　(C) 5　　　(D) 10

203. BB006　一直齿圆柱齿轮，它的分度圆直径是60mm，齿数是20，则它的模数是（　）。
(A) 2.5　　　(B) 3.5　　　(C) 3　　　(D) 2

204. BB007　减速箱的蜗杆与蜗轮的装配啮合间隙可用（　）检查。
(A) 塞尺　　　(B) 卷尺　　　(C) 卡尺　　　(D) 百分表

205. BB007　蜗杆轴组件装配后的基本要求之一，是蜗轮轮齿的对称中心面应与蜗杆轴线（　）。
(A) 平行　　　(B) 重合　　　(C) 垂直　　　(D) 无关

206. BB007　影响蜗杆副啮合精度的程度，以蜗轮轴线倾斜为（　）。
(A) 最大　　　(B) 最小　　　(C) 一般　　　(D) 无关

207. BB007　蜗杆轴向窜动对齿轮加工后的（　）影响最大。
(A) 分度圆精度　(B) 齿距误差　(C) 齿形误差　(D) 齿向误差

208. BB007　蜗轮蜗杆的优点是（　）。
(A) 轴向力大　(B) 传动比大　(C) 压力角大　(D) 单向传动

209. BB008　拆卸联轴器时的加热温度一般控制在（　）以下。
(A) 120℃　　(B) 150℃　　(C) 200℃　　(D) 180℃

210. BB008　联轴器液压装配的工艺要求严格，配合面的接触要均匀，面积应大于（　）。
(A) 70%　　　(B) 75%　　　(C) 80%　　　(D) 85%

211. BB008　联轴器型号中的第一个字母表示（　）。
(A) 组别代号　(B) 品种代号　(C) 结构型式代号　(D) 规格代号

212. BB009　平键与键槽的配合一般采用（　）。
(A) 间隙配合　(B) 过渡配合　(C) 过盈配合　(D) 以上都不对

213. BB009　适用于滑移连接的键是（　）。
(A) 平键　　　(B) 楔向键　　(C) 花键　　　(D) 切向键

214. BB009　键主要用来实现轴和轴上零件之间的周向固定以传递（　）。
(A) 弯矩　　　(B) 力　　　(C) 扭矩　　　(D) 速度

215. BB010　用定位销连接经常拆的地方宜选用（　）。
(A) 圆柱销　　(B) 圆锥销　　(C) 槽销　　　(D) 平键

216. BB010　用定位销连接承受振动和有变向载荷的地方宜选用（　）。
(A) 圆柱销　　(B) 圆锥销　　(C) 槽销　　　(D) 平键

217. BB010　在拆卸困难的场合宜用（　）。
(A) 螺尾圆锥销　(B) 圆柱销　(C) 开尾圆锥销　(D) 螺尾圆柱销

218. BB011　单位时间内通过某断面的液压流体的体积称为（　）。
(A) 流量　　　(B) 排量　　　(C) 容量　　　(D) 容积

219. BB011　液体单位体积具有的（　）称为液体的密度。
(A) 质量　　　(B) 重量　　　(C) 体积　　　(D) 容积

220. BB011　在要求不高的液压系统可使用（　）。
(A) 普通润滑油　　　　　　(B) 乳化油

(C) 柴油 (D) 水、润滑油和柴油

221. BB012 液压泵的输入功率与输出功率（　　）。
(A) 相同 (B) 不同 (C) 无关系 (D) 成反比

222. BB012 某液压千斤顶,小活塞面积为1cm²,大活塞为100cm²,当在小活塞上加5N力时,如果不计摩擦阻力等,大活塞可产生（　　）的力。
(A) 100N (B) 1000N (C) 500N (D) 50N

223. BB012 液压马达的理论输出功率（　　）其输入功率。
(A) 大于 (B) 等于 (C) 小于 (D) 远大于

224. BC001 三梁四柱立式锻造液压机相邻两立柱机座中心距差不应大于（　　）。
(A) ±2mm (B) ±1.5mm (C) ±1mm (D) ±0.5mm

225. BC001 三梁四柱立式锻造液压机4个立柱对角中心距差不应大于（　　）。
(A) 1mm (B) 0.7mm (C) 0.5mm (D) 0.1mm

226. BC001 三梁四柱立式锻造液压机组装活动横梁最上与最下位置时,应与4个上限程套（　　）接触。
(A) 至少一个 (B) 最少两个 (C) 最少三个 (D) 同时

227. BC002 换向阀按操作方式不同可分成多种形式,（　　）式滑阀适用于压力高、流量大、阀芯移动行程长的场合。
(A) 手动 (B) 机动 (C) 电动 (D) 液动

228. BC002 换向阀的阀芯上都开有环形均压槽,它是为解决换向阀的（　　）问题。
(A) 液压卡阻 (B) 泄漏 (C) 压力损失 (D) 哨叫

229. BC002 液压系统中,二位三通阀通常用于控制（　　）。
(A) 油路的接通与切断 (B) 液流方向
(C) 执行元件换向 D 油液流量

230. BC003 系统压力越高,相对运动表面的配合间隙越小,要求的过滤精度（　　）。
(A) 高 (B) 低 (C) 不变 (D) 较低

231. BC003 对于非随动系统,油液的过滤精度与压力有关,当压力大于14MPa时,过滤精度应为（　　）。
(A) 25~50μm (B) ≥25μm (C) <25μm (D) <5μm

232. BC003 过滤比 BX 为（　　）油液大于某一尺寸 X 的颗粒浓度的比值。
(A) 滤油器进口处与出口处 (B) 滤油器出口处与进口处
(C) 滤油器出口处与油箱中 (D) 油箱与滤油器出口处

233. BC004 在液压系统中,滤油器安装在（　　）上,可以保护除泵以外的其他液压元件。
(A) 液压泵的吸油管路 (B) 液压泵的压力油路
(C) 回油路 (D) 支路

234. BC004 纸式过滤器的压力损失约为（　　）。
(A) 0.04×10^5Pa (B) $(0.3 \sim 0.6) \times 10^5$Pa
(C) $(0.1 \sim 0.4) \times 10^5$Pa (D) $(0.3 \sim 2) \times 10^5$Pa

235. BC004 压力管路上常用的100目滤网是指（　　）。
(A) 滤网每平方厘米上有100个孔 (B) 滤网每平方英寸上有100个孔
(C) 滤网每厘米长度上有100个孔 (D) 滤网每英寸长度上有100个孔

236. BC004　过滤精度较低的网式过滤器一般安装在（　）上,可以保护泵和整个系统。
　　　　　　（A）液压泵的压油管路　　　　　（B）液压泵的吸油管路
　　　　　　（C）系统的回油管路　　　　　　（D）系统旁油路

237. BC005　控制和调节液压系统油液压力,或以液压力作为信号控制其他元件动作的阀类称为（　）。
　　　　　　（A）方向控制阀　（B）压力控制阀　（C）流量控制阀　（D）速度控制阀

238. BC005　液压系统中,溢流阀一般接在液压泵的（　）回路上。
　　　　　　（A）进口　　　（B）中间　　　（C）出口　　　（D）进口或出口

239. BC005　溢流阀用来调节液压系统的（　）,并保持基本恒定。
　　　　　　（A）流量　　　（B）压力　　　（C）方向　　　（D）位置

240. BC006　液压系统中,液压泵齿轮精度低及液压泵吸空可能引起（　）。
　　　　　　（A）噪声及压力不稳　　　　　　（B）液压泵咬死
　　　　　　（C）换向阀不换向　　　　　　　（D）溢流阀振动

241. BC006　油管振动或相互撞击引起的噪声属于（　）
　　　　　　（A）液压冲击引起的噪声　　　　（B）机械振动引起的噪声
　　　　　　（C）液压故障造成的噪声　　　　（D）其他原因造成的噪声

242. BC006　电磁铁损坏或力量不足容易导致（　）。
　　　　　　（A）电磁铁过热　（B）换向阀不换向　（C）吸不上油　（D）溢流阀振动

243. BD001　手动单梁起重机当跨度大于10m时,主梁上拱度允许偏差为（　）。
　　　　　　（A）±2mm　　（B）±3mm　　（C）2mm　　（D）3mm

244. BD001　手动单梁悬挂起重机当现场组装主梁时,应检查主梁旁弯度,主梁的旁弯度允许偏差为（　）。
　　　　　　（A）S/2000　　　　　　　　　（B）S/1500
　　　　　　（C）S/1000　　　　　　　　　（D）S/800（S为起重机的跨度）

245. BD001　电动葫芦双梁起重机对角线相对差的允许偏差为（　）。
　　　　　　（A）2mm　　　（B）5mm　　　（C）8mm　　　（D）10mm

246. BD002　方钢形桥式起重机轨道安装时,如采用焊接法安装,焊接顺序应由轨道（　）,并采用隔段焊,以减少焊接变形。
　　　　　　（A）中间向两端焊接　　　　　　（B）两端向中间焊接
　　　　　　（C）一端向另一端焊接　　　　　（D）任意位置开始焊接

247. BD002　桥式起重机同一跨中,两平行轨道的标高相对差在柱子处应不大于（　）,其他处不应大于15mm。
　　　　　　（A）5mm　　　（B）8mm　　　（C）10mm　　　（D）12mm

248. BD002　桥式起重机跨度之差不应超过±5mm,每隔6m测一次,用（　）张紧钢盘尺进行测量。
　　　　　　（A）重锤　　　（B）弹簧秤　　　（C）紧线器　　　（D）手

249. BD003　门式起重机跨度小于26m,跨度的允许偏差为（　）
　　　　　　（A）±5mm　　（B）±8mm　　（C）±10mm　　（D）±5mm

250. BD003　门式起重机的主梁旁弯度应在上翼缘板距离100mm的腹板处测量,并应向（　）凸起。

(A) 外侧　　　　(B) 内侧　　　　(C) 任意方向　　　(D) 上方

251. BD003　露天工件加工场适合安装（　）起重机。
(A) 门式　　　　(B) 桥式　　　　(C) 单梁　　　　(D) 电动葫芦

252. BD004　起重机动负荷试运转时，起重量应为额定起重量的（　）倍。
(A) 1　　　　　(B) 1.1　　　　(C) 1.15　　　　(D) 1.25

253. BD004　通用门式起重机动负荷试运转，当大车运行时，载荷在（　）。
(A) 两端　　　　　　　　　　(B) 跨中
(C) 任意位置　　　　　　　　(D) 靠两端1/3跨距位置

254. BD004　起重机做静负荷试验时，应将起重机停靠在（　）位置。
(A) 厂房两柱子中间位置　　　(B) 厂房柱子处
(C) 靠支柱1/3跨距位置　　　(D) 任意位置

255. BD005　不属于起重机主梁下挠的修理方法的是（　）。
(A) 预应力校正　(B) 外加载荷　(C) 火焰校正　(D) 电焊校正

256. BD005　起重机的维修主要包括（　）、金属结构部分和电气部分。
(A) 机械部分　　　　　　　　(B) 制动部分
(C) 小车部分　　　　　　　　(D) 起升结构部分

257. BD005　火焰校正法修理起重机主梁下挠，就是对金属的某一变形部位进行加热，利用金属加热后具有的压缩（　）变形性质，达到矫正金属变形的目的。
(A) 弹性　　　　(B) 塑性　　　　(C) 刚性　　　　(D) 屈服

258. BE001　压强大于6MPa泵属于（　）。
(A) 低压泵　　　(B) 中压泵　　　(C) 高压泵　　　(D) 恒压泵

259. BE001　泵的压强为（　）是中压泵。
(A) 1～5MPa　　(B) 2～6MPa　　(C) 3～4MPa　　(D) 小于2.5MPa

260. BE001　泵按照工作原理可分（　）。
(A) 动力式、容积式、其他类型泵　　(B) 螺杆式、活塞式
(C) 往复式、活塞式　　　　　　　　(D) 往复式、回转式

261. BE001　泵的扬程与泵的结构尺寸、（　）、流量等有关。
(A) 质量　　　　(B) 材质　　　　(C) 转速　　　　(D) 驱动机

262. BE001　泵的总效率大小反映泵在工作时能量（　）的大小。
(A) 增加　　　　(B) 损失　　　　(C) 转化　　　　(D) 增减

263. BE001　机械损失是由（　）而引起的。
(A) 泄漏　　　　(B) 倒流　　　　(C) 碰撞　　　　(D) 摩擦

264. BE001　按（　）分有单级泵、多级泵。
(A) 叶轮结构　　(B) 级数　　　　(C) 介质　　　　(D) 流量

265. BE001　机械密封是用来防止（　）与机体之间流体泄漏的密封。
(A) 叶轮　　　　(B) 轴承　　　　(C) 旋转轴　　　(D) 轴承箱

266. BE002　离心泵安装时，基础坐标位置(纵横轴线)允许偏差（　）。
(A) ±20mm　　(B) ±15mm　　(C) ±10mm　　(D) ±25mm

267. BE002　离心泵采用垫铁安装时，垫铁组离螺栓（　）。
(A) 10～20mm　(B) 10～25mm　(C) 10～30mm　(D) 5～30mm

268. BE002 离心泵安装时,二次灌浆在精找后( )内进行。
(A) 12h   (B) 24h   (C) 48h   (D) 16h

269. BE003 离心泵试运时间不得少于( )。
(A) 24h   (B) 12h   (C) 4h   (D) 2h

270. BE003 离心泵试运时,应先开( )。
(A) 出口阀   (B) 底阀
(C) 入口阀   (D) 出口阀和入口阀

271. BE003 离心泵试运转时,流量不应低于额定值的( )。
(A) 20%   (B) 10%   (C) 15%   (D) 30%

272. BE004 多级离心泵键和叶轮键槽应是( )配合。
(A) 间隙   (B) 紧配合   (C) 过盈   (D) 过渡

273. BE004 多级离心泵的叶轮与泵轴装配一般是( )配合。
(A) 紧配合   (B) 间隙   (C) 过盈   (D) 过渡

274. BE004 多级离心泵的键和泵轴键槽应是( )配合。
(A) 紧配合   (B) 间隙   (C) 过盈   (D) 过渡

275. BE005 往复泵启动时( )灌入液体。
(A) 不须   (B) 必须   (C) 需要   (D) 可能需要

276. BE005 往复泵启动前必须将( )管路中的阀门打开。
(A) 排出   (B) 吸入   (C) 旁通   (D) 放空

277. BE005 往复泵的实际流量比理论流量小,且随着压头的增高而( ),这是因为漏失所致。
(A) 增大   (B) 不变   (C) 增大或不变   (D) 减小

278. BE005 往复泵传动机构由曲轴、( )、十字头滑道等组成。
(A) 连杆   (B) 齿轮   (C) 螺杆   (D) 膜片

279. BE005 往复泵( )两端装有滚动轴承。
(A) 连杆   (B) 曲轴   (C) 螺杆   (D) 膜片

280. BE006 往复泵的进液、排液管线安装应尽可能平直,以免增加泵的( )。
(A) 功率   (B) 流量   (C) 阻力   (D) 压力

281. BE006 计量泵的调量表或调节手轮的零位与柱塞行程零位应进行( )调整。
(A) 100%   (B) 90%   (C) 零   (D) 85%

282. BE006 液压隔膜泵确保液压腔内不含( )。
(A) 液体   (B) 液压油   (C) 气体   (D) 压力

283. BE007 液压隔膜泵试车前要( )出口阀。
(A) 微开   (B) 微关   (C) 开启   (D) 关闭

284. BE007 计量泵性能试验应在额定条件、( )行程长度下进行。
(A) 最小   (B) 50%   (C) 80%   (D) 最大压力

285. BE007 隔膜泵安全阀开启试验是调节泵出口( )。
(A) 节流阀   (B) 闸阀   (C) 止回阀   (D) 球阀

286. BE008 蒸汽往复泵活塞环安装在( )内。
(A) 滑道   (B) 泵体   (C) 填料箱   (D) 活塞槽

287. BE008	蒸汽往复泵活塞式配汽阀活塞（ ）的允许偏差应符合技术要求。
	（A）直线度　　（B）椭圆度　　（C）圆柱度　　（D）不直度
288. BE008	蒸汽往复泵的阀片和阀座的接触面用着色法检查接触面应成（ ）。
	（A）两个断点　　（B）一个断点　　（C）半圈　　（D）一圈
289. BE009	双螺杆泵是（ ）的螺杆泵。
	（A）单啮合　　（B）双啮合　　（C）外啮合　　（D）内啮合
290. BE009	双螺杆泵泵内吸入室应与排出室（ ）。
	（A）隔开　　（B）相通　　（C）外啮合　　（D）内啮合
291. BE009	螺杆泵的流量与转速（ ）关系。
	（A）无　　（B）成均衡　　（C）成线性　　（D）成比例
292. BE010	螺杆泵与其他回转泵相比,对进入的气体和污物（ ）。
	（A）非常敏感　　（B）不允许　　（C）敏感　　（D）不太敏感
293. BE010	螺杆泵吸入性能（ ）。
	（A）好　　（B）差　　（C）一般　　（D）成比例
294. BE010	螺杆泵泵振动大故障原因之一是螺杆与泵套（ ）。
	（A）不敏感　　（B）敏感　　（C）同心　　（D）不同心
295. BE011	水环真空泵可用作压缩机,它是一种（ ）压缩机。
	（A）低压　　（B）超高压　　（C）高压　　（D）中压
296. BE011	水环真空泵安装时用（ ）检查联轴器同心度。
	（A）水平尺　　（B）找正仪　　（C）水准仪　　（D）平尺
297. BE011	水环真空泵可抽易燃、易爆的（ ）。
	（A）胶体　　（B）液体　　（C）气体　　（D）固体
298. BE012	水环真空泵压缩气体过程中（ ）变化很小。
	（A）温度　　（B）压力　　（C）流量　　（D）体积
299. BE012	水环真空泵和其他类型的机械真空泵相比有（ ）的优点。
	（A）吸气量大　　（B）吸气间断　　（C）吸气均匀　　（D）吸气量小
300. BE012	水环真空泵试运时观察汽水分离器的（ ）必须正常。
	（A）水位计　　（B）吸气　　（C）吸气均匀　　（D）吸气量小
301. BE013	屏蔽泵在结构上没有（),只有在泵的外壳处有静密封。
	（A）动密封　　（B）轴承　　（C）电动机　　（D）地脚螺栓
302. BE013	屏蔽泵电动机其动力通过（ ）传给转子。
	（A）联轴器　　（B）轴承　　（C）介质　　（D）定子磁场
303. BE013	屏蔽泵由一个电线组来提供（ ）并驱动转子。
	（A）机械动力　　（B）旋转磁场　　（C）化学能量　　（D）风能
304. BE014	低温泵的（ ）应有排气装置,使泵在运行前或运行中能及时排除逐渐积存的气体。
	（A）电动机　　（B）排污口　　（C）排出口　　（D）吸入口
305. BE014	低温泵在投入运行前,除去（ ）内的水分和空气,并进行预冷。
	（A）电动机　　（B）排污口　　（C）泵　　（D）液体
306. BE014	低温泵本身和泵的吸入管线均须有保冷措施,以防在运行中从外界吸入热量使（),影响泵的吸入功能。

(A) 液体汽化　　(B) 气体挥发　　(C) 固体融化　　(D) 液体固化

307. BE015　由星形叶轮在带有不连贯槽道的盖板之间旋转来输送液体的泵称为（　）。
(A) 旋涡　　(B) 螺杆泵　　(C) 离心泵　　(D) 往复泵

308. BE015　旋涡泵的工作原理是：星形轮在旋转时，产生了（　），液体在此力的作用下，由泵壳侧面孔流入叶片根部并被抛向外圆。
(A) 轴向力　　(B) 离心力　　(C) 剪切力　　(D) 吸力

309. BE015　磁力泵的（　），内磁转子被泵体、隔离套完全封闭，从而彻底解决了"跑、冒、滴、漏"问题，消除了炼油化工行业易燃、易爆、有毒、有害介质的隐患。
(A) 泵轴　　(B) 螺杆　　(C) 轴承　　(D) 联轴器

310. BE016　离心泵叶轮出口中心和导翼（导流器）进口中心的对中，用检查转子（　）的方法来检查和调整。
(A) 径向跳动　　(B) 间隙　　(C) 轴向窜动量　　(D) 转动

311. BE016　离心泵泵轴弯曲度超差的轴，可根据轴弯曲度的大小，选用（　）、局部加热及内应力松弛法等进行轴的矫直。
(A) 径向跳动　　(B) 冷直法　　(C) 车床加工　　(D) 转动

312. BE016　离心泵的转子部件轴套试装前必须清洗干净，剔去毛刺，涂上（　）。
(A) 机械油　　(B) 水　　(C) 肥皂水　　(D) 洗涤液

313. BE017　离心泵由于液面太低，泵吸入空气、泵抽空时常采取（　）的措施。
(A) 关小出口阀调节流量并排除泵内空气
(B) 开大进口阀
(C) 降低油温
(D) 关小进口阀

314. BE017　离心泵启动后，泵压太高，电流超过额定值可能原因是（　）。
(A) 进口阀开度大　　(B) 出口阀未打开或单向阀发生故障
(C) 进口阀开度小　　(D) 出口阀未关闭

315. BE017　多级离心泵启动后，泵运转中有振动，有强噪声最有可能原因是（　）。
(A) 进口阀开度大　　(B) 流量大
(C) 流速高　　(D) 平衡管堵塞

316. BE018　蒸汽往复泵不能启动可能原因是（　）。
(A) 汽门阀座接触不良　　(B) 蒸汽压力不足
(C) 蒸汽流量小　　(D) A,B,C 均对

317. BE018　往复泵运动有很强的响声可能原因为（　）。
(A) 活塞与汽缸顶间隙过小　　(B) 蒸汽压力不足
(C) 蒸汽流量小　　(D) 阀门开度过大

318. BE018　往复泵不吸水可能原因为（　）。
(A) 吸入阀或排出阀泄漏　　(B) 蒸汽压力不足
(C) 蒸汽流量小　　(D) 阀门开度过大

319. BF001　离心式风机的联轴器通常采用（　）联轴器。
(A) 滑块　　(B) 齿轮
(C) 标准橡胶弹性圈柱销　　(D) 凸缘

320. BF001　离心式风机的轴封一般采用毛毡密封,毛毡接头不得超过（　）。
　　　　　　（A）一个　　　　（B）两个　　　　（C）三个　　　　（D）四个

321. BF001　离心式风机入口管以（　）管道为最佳。
　　　　　　（A）弯管　　　　（B）叉管　　　　（C）平直　　　　（D）突扩

322. BF002　当（　）试车完毕离心式风机即可进行风机带负荷试车。
　　　　　　（A）空负荷　　　（B）瞬间　　　　（C）油运　　　　（D）水运

323. BF002　离心式风机带负荷试车,不允许超过（　）,并检查风量。
　　　　　　（A）空负荷　　　　　　　　　　　（B）额定负荷
　　　　　　（C）瞬间负荷　　　　　　　　　　（D）A、B、C 都不是

324. BF002　对于功率在（　）以上的离心式风机,必须将进口风门关闭,以免风机在启动时过负荷烧毁电动机。
　　　　　　（A）60kW　　　　（B）75kW　　　（C）55kW　　　　（D）45kW

325. BF003　轴流风机根据（　）的安装形式,可分为叶片角度能调节的叶轮和叶片角度不能调节的叶轮。
　　　　　　（A）叶轮　　　　（B）叶片　　　　（C）轮毂　　　　（D）风筒

326. BF003　轴流风机调整叶片的角度,关键在于测量（　）的组装角。
　　　　　　（A）叶轮　　　　（B）叶片　　　　（C）轮毂　　　　（D）风筒

327. BF003　除了运行中需要进行检查与维护外,轴流风机在停运期间（　）。
　　　　　　（A）需维护　　　（B）不需维护　　（C）封存　　　　（D）不封存

328. BF004　轴流风机带负荷试车一般（　）。
　　　　　　（A）3h　　　　　（B）8h　　　　　（C）4h　　　　　（D）12h

329. BF004　空负荷试运轴流风机的叶片角度调至（　）。
　　　　　　（A）最小　　　　（B）最大　　　　（C）1/3　　　　　（D）2/4

330. BF004　负荷试运轴流风机的叶片角度调至（　）。
　　　　　　（A）最小　　　　（B）最大　　　　（C）1/3　　　　　（D）2/4

331. BF005　罗茨鼓风机新更换的转子毛坯,在加工前应进行（　）,消除内应力。
　　　　　　（A）喷砂　　　　（B）刷漆　　　　（C）时效处理　　（D）打磨

332. BF005　罗茨鼓风机的（　）乃是保证机器性能和安全运行的重要因素之一。
　　　　　　（A）喷砂　　　　（B）工作间隙　　（C）风筒　　　　（D）涂漆

333. BF005　罗茨鼓风机的同步齿轮的修理后齿啮合应达到如下质量标准:沿齿高不小于50%,沿齿宽不小于（　）。
　　　　　　（A）70%　　　　（B）50%　　　　（C）52%　　　　（D）90%

334. BF006　轴承温升超标可能的原因之一是滚动轴承安装不正确,外座圈与轴承体装配（　）。
　　　　　　（A）过紧　　　　　　　　　　　　（B）过松
　　　　　　（C）间隙大　　　　　　　　　　　（D）A,B,C 均正确

335. BF006　风机振动大的可能的原因之一是联轴器找正误差（　）。
　　　　　　（A）在要求范围外　　　　　　　　（B）在要求范围内
　　　　　　（C）偏小　　　　　　　　　　　　（D）偏大

336. BF006　罗茨鼓风机风量、风压不足可能的原因之一是叶片磨损间隙（　）。

(A) 在要求范围外　　　　　　　　(B) 在要求范围内
(C) 偏小　　　　　　　　　　　　(D) 偏大

337. BF007　真空过滤机滤槽与转鼓泄漏试验前要将进出口全部处于（　）状态。
(A) 半开　　　(B) 半封堵　　　(C) 封堵　　　(D) 打开

338. BF007　真空过滤机转鼓绕线在滤布安装之（　）。
(A) 前　　　(B) 后　　　(C) 时　　　(D) 中

339. BF007　真空过滤机安装时采用（　）和软管连通器找过滤机水平。
(A) 卷尺　　　(B) 游标卡尺　　　(C) 水平仪　　　(D) 直尺

340. BG001　活塞式压缩机机体包括（　）、中体、中间接筒、端接筒等部件。
(A) 活塞　　　(B) 机身　　　(C) 缸体　　　(D) 滑道

341. BG001　活塞式压缩机对置式机体的中体布置在（　）的两侧,用螺栓与机身连接在一起。
(A) 滑道　　　(B) 曲轴箱　　　(C) 缸体　　　(D) 轴瓦

342. BG001　活塞式压缩机机体不仅要有足够的（　）,而且还要有足够的刚度。要求机体在运转时,稳定性要好,当内力和温度发生变化时,引起的结构变形要最小。
(A) 刚度　　　(B) 强度　　　(C) 力度体　　　(D) 力量

343. BG002　活塞压缩机按（　）分为立式压缩机、卧式压缩机、角式压缩机、对称平衡式压缩机。
(A) 活塞的动作　　(B) 工作的压力　　(C) 气缸的排列　　(D) 输送的气量

344. BG002　活塞压缩机排气量（　）10m³/min,属于小型压缩机。
(A) 小于　　　(B) 大于　　　(C) 等于　　　(D) 大于等于

345. BG002　低压压缩机要求工作压力在（　）以下。
(A) 1MPa　　　(B) 2MPa　　　(C) 1.5MPa　　　(D) 2.5MPa

346. BG003　活塞压缩机的（　）是机身和中体的统称。
(A) 活塞　　　(B) 汽缸　　　(C) 气阀　　　(D) 机体

347. BG003　活塞压缩机的汽缸是压缩机的主要零件之一,活塞在汽缸内作往复运动,使气体经过（　）的过程而成为压缩气体。
(A) 吸气－压缩　　　　　　　　(B) 排气－压缩
(C) 吸气－压缩－排气　　　　　(D) 排气－压缩－吸气

348. BG003　活塞压缩机的汽缸与机身或中体连接用的螺栓,应与各个相应的安装表面（　）。
(A) 垂直　　　(B) 平行　　　(C) 重合　　　(D) 相交

349. BG004　曲轴是压缩机中的重要零件,它的工作（　）极大。
(A) 承受　　　(B) 载荷　　　(C) 运动　　　(D) 活塞

350. BG004　活塞式压缩机对曲轴的要求,不但有足够的（　）、刚度,而且要有耐疲劳、耐摩擦的特点。
(A) 刃性　　　(B) 强度　　　(C) 硬度　　　(D) 程度

351. BG004　在安装活塞压缩机曲轴前要详细检查曲轴有无（　）、裂痕、砂眼。
(A) 油痕　　　(B) 油脂　　　(C) 锈蚀　　　(D) 清理

352. BG005　十字头是用来连接做往复运动的（　）和作摇摆运动的连杆的机件。

		(A) 活塞	(B) 销子	(C) 轴瓦	(D) 轴套
353.	BG005	十字头通常是由十字头体、十字头销(轴)及上下（　）组成。
		(A) 连杆	(B) 滑板	(C) 轴瓦	(D) 轴承
354.	BG005	十字头与连杆小头的连接是通过十字头（　）来完成的,它所处的位置在活塞式压缩机中十分重要。
		(A) 连杆	(B) 销	(C) 压盖	(D) 轴套
355.	BG006	活塞与汽缸壁之间是用（　）来密封的,活塞杆与汽缸壁之间是用密封器(填料函)来密封的。
		(A) 汽封	(B) 机封	(C) 活塞环	(D) 盘根
356.	BG006	凡是两相对滑动件之间总存在间隙,而间隙的密封通常采用阻塞和（　）两种方法来达到。
		(A) 节流	(B) 堵塞	(C) 疏通	(D) 加压
357.	BG006	活塞环装入汽缸后,应该是紧贴在汽缸工作表面上,故要求活塞环具有一定的（　）。
		(A) 弹性	(B) 弹力	(C) 紧力	(D) 硬度
358.	BG007	对于无油润滑压缩机,通常是用耐磨的（　）(如聚四氟乙烯)制成各种形式的支撑环。
		(A) 石墨	(B) 橡胶	(C) 铸铁	(D) 塑料
359.	BG007	凡是有十字头的压缩机,都有活塞杆,活塞杆的一头连接十字头,另一头连接（　）。
		(A) 活塞	(B) 曲轴	(C) 连杆	(D) 联轴节
360.	BG007	活塞杆与活塞的连接通常有两种形式:（　）连接和圆柱凸肩连接。
		(A) 锥面	(B) 斜面	(C) 锥度	(D) 锥形
361.	BG008	气阀是连接汽缸与管道的,通过气阀的（　）与关闭达到压缩机正常吸排气的目的。
		(A) 传递	(B) 开启	(C) 安装	(D) 吸入
362.	BG008	环状阀所使用的阀片呈（　）形薄片,一般制成单环或双环阀片。
		(A) 三角	(B) 圆	(C) 椭圆	(D) 六方
363.	BG008	网状阀和环状阀的工作原理是一样的,而在（　）上有些区别的。
		(A) 形式	(B) 结构	(C) 材质	(D) 材料
364.	BG009	活塞压缩机的附属设备包括（　）、盘车装置、冷却器、缓冲器、空气滤清器和油水分离器等。
		(A) 润滑油泵	(B) 活塞	(C) 活塞杆	(D) 进气阀
365.	BG009	压缩机中设置（　）,是为了降低功率消耗,保证压缩机可靠运转。
		(A) 冷却器	(B) 滤清器	(C) 油站	(D) 分离器
366.	BG009	用压力表测量时所得到的数值是相对数值,工程上称它为（　）；把大气压力计算在内的数值才是压力的真实数值,工程上称它为绝对压力。
		(A) 表压	(B) 动力	(C) 介质	(D) 工况
367.	BG010	活塞压缩机试运转过程,是对压缩机的（　）、制造、安装等方面质量的检查。
		(A) 利用	(B) 设计	(C) 使用	(D) 材料

368. BG010 离心压缩机载荷试运转,一般用( )进行,在载荷试运转的同时,也进行气密性试验。
（A）水　　　　（B）氮气　　　　（C）空气　　　　（D）煤油

369. BG010 活塞压缩机载荷试运转是在( )和空载荷运转工作完毕之后进行。
（A）检查　　　（B）安装　　　　（C）吹洗　　　　（D）清理

370. BH001 离心压缩机的级就是由一个( )和与之相配合的固定元件构成的基本单元。
（A）变速箱　　（B）叶轮　　　　（C）电动机　　　（D）油站

371. BH001 离心压缩机气体的压缩过程是由旋转叶轮上的( )完成的。
（A）汽封　　　（B）叶片　　　　（C）轮毂　　　　（D）轮缘

372. BH001 对高速多级离心压缩机来说,在每级之间进行( )能使效率提高。
（A）加热　　　（B）冷却　　　　（C）保温　　　　（D）减压

373. BH002 离心压缩机中平衡鼓的作用是:( )作用于转子的轴向力,而这个轴向力是由于气体流过压缩机后压力升高引起的。
（A）增大　　　（B）减小　　　　（C）平衡　　　　（D）牵引

374. BH002 气体在压缩机中受离心力的作用,沿着( )压缩机轴的径向方向流动,称为离心压缩机,一般可分为水平剖分型、筒型和多轴型三类。
（A）水平　　　（B）转子　　　　（C）垂直　　　　（D）隔板

375. BH002 离心压缩机安装滑键时应注意滑键( )两侧均匀,滑动自如。
（A）余量　　　（B）间隙　　　　（C）质量　　　　（D）材质

376. BH003 为使离心压缩机机组旋转轴线形成一平滑( )曲线,机组就位前首先应合理地选择基准机座。
（A）断续　　　（B）连续　　　　（C）上扬　　　　（D）下滑

377. BH003 离心压缩机组设备就位前应对增速机下的( ),压缩机前后的轴承箱进行煤油试漏。
（A）齿轮　　　（B）箱体　　　　（C）螺栓　　　　（D）中分面

378. BH003 检查离心压缩机组下瓦背与壳体的配合情况,要求接触面均匀地达到轴衬支承面的( )以上。
（A）65%　　　（B）75%　　　　（C）85%　　　　（D）95%

379. BH004 安装转子时要对转子各部的( )进行检查并记录。
（A）跳动　　　（B）啮合　　　　（C）轮毂　　　　（D）隔板

380. BH004 压缩机转子由叶轮、定距套、平衡盘、( )等组成。
（A）推力盘　　（B）滑销　　　　（C）隔板　　　　（D）飞轮

381. BH004 在转子找正、地脚螺栓固定后,应复测轴瓦接触情况,进行少量( )使其达到要求为止。
（A）修刮　　　（B）研磨　　　　（C）铲削　　　　（D）锉削

382. BH005 在刮研推力轴承时,首先检查推力轴承的( )质量。
（A）安装　　　（B）精度　　　　（C）加工　　　　（D）压盖

383. BH005 推力轴承瓦块应逐个检查,厚度误差不应超出( )。
（A）0.05mm　　（B）0.06mm　　　（C）0.02mm　　　（D）0.07mm

384. BH005 为了保证油膜的形成,在瓦块的入油口处,应做成( )或圆角。

(A) 油楔　　　(B) 厚度　　　(C) 斜度　　　(D) 锯齿

385. BH006　放平机体,将上下汽缸连接螺栓（　），测定汽缸中分面的间隙。
(A) 把紧　　　(B) 清理　　　(C) 拆除　　　(D) 检查

386. BH006　各级叶轮的最小径向间隙至少应大于同级叶轮径向的（　）两倍以上。
(A) 振摆值　　(B) 水平度　　(C) 交叉度　　(D) 角度

387. BH006　压缩机转子水平度允差不大于（　）。
(A) 0.08mm　　(B) 0.01mm　　(C) 0.05mm　　(D) 0.10mm

388. BH007　迷宫密封相当于一系列的节流孔,尽量减少这些节流孔的（　）是降低气体泄漏的最有效途径。
(A) 尺寸　　　(B) 形状　　　(C) 大小　　　(D) 数量

389. BH007　在修刮密封时,应将（　）尖朝向高压侧,切忌刮成圆角,以免漏气量增大。
(A) 梳齿　　　(B) 物体　　　(C) 斜齿　　　(D) 瓦块

390. BH007　检查密封间隙时,用（　）或贴胶布的方法进行检查。
(A) 压铅　　　(B) 千分尺　　(C) 着色　　　(D) 观察

391. BH008　滤油器应清洗干净,旋转式滤油器应转动灵活,安装时（　）正确,滤网应符合规定。
(A) 一般　　　(B) 方向　　　(C) 卡阻　　　(D) 用力

392. BH008　油润滑系统的主要设备有主油泵、备用油泵、过滤器、冷油器、高低位油箱、（　）等。
(A) 油水分离器　(B) 缓冲器　　(C) 油冷却器　(D) 调速器

393. BH008　油润滑管道安装时,管道（　）必须清洁,因此要进行酸洗处理,并用压缩空气吹除后方可进行安装。
(A) 外表　　　(B) 两端　　　(C) 内部　　　(D) 焊接

394. BI001　汽轮机的转动是通过蒸汽锅炉或其他气源的蒸汽,经主气阀和调节阀进入机体内,并流向一排排配置的（　）和动叶栅而膨胀做功。
(A) 阀门　　　(B) 叶轮　　　(C) 喷嘴　　　(D) 注油器

395. BI001　汽轮机静子包括（　）、隔板和静叶栅、进排气部分、端汽封以及轴、轴承座等。
(A) 汽缸　　　(B) 叶轮　　　(C) 转子　　　(D) 主轴

396. BI001　汽轮机具有单机功率大、（　）较高、运行平稳、使用寿命较长等优点。
(A) 效率　　　(B) 压力　　　(C) 塑性　　　(D) 弹性

397. BI002　汽轮机供油温度高会引起轴瓦温度过高,处理时应检查（　）的压力和流量,必要时投用备用油冷却器。
(A) 冷却水　　(B) 润滑油　　(C) 机油　　　(D) 冷却油

398. BI002　汽轮机油系统中设备、管道都应分段采用机械方法或气体（　）直至清洗无杂物。
(A) 吹扫　　　(B) 终止　　　(C) 活动　　　(D) 加压

399. BI002　汽轮机油系统中的油冲洗（　）后,将冲洗油排尽,清洗油箱、油过滤器、高位油箱、轴承、密封腔等,向油箱注入经过滤的合格的工作油。
(A) 合格　　　(B) 2h　　　　(C) 4h　　　　(D) 不合格

400. BJ001　锅炉主要由（　）两部分组成。

(A) 汽锅和炉子　　　　　　　　(B) 汽锅和下降管
(C) 炉子和集箱　　　　　　　　(D) 炉子和集箱

401. BJ001 锅炉汽水系统由（　）、对流管束、集箱、水冷壁、下降管等几部分组成。
(A) 锅筒　　　(B) 除渣、送风装置 (C) 加煤斗　　(D) 炉排

402. BJ001 强制循环式锅炉的代号为（　）。
(A) WN　　　(B) QX　　　(C) LS　　　(D) SH

403. BJ001 单锅筒横置式锅炉的代号为（　）。
(A) WN　　　(B) DH　　　(C) LS　　　(D) SH

404. BJ002 锅炉机组待胀接的钢管端面应与管中心线（　）。
(A) 微倾　　　(B) 垂直　　(C) 平行　　(D) 一致

405. BJ002 锅炉机组准备胀接时,管板孔壁除工艺要求采用机加工环向沟槽外,不得存在其他任何顺管长方向的（　）。
(A) 机械损伤　(B) 塑性变形　(C) 弹性变形　(D) 拉伸

406. BJ002 锅炉机组待胀接管子端部应经（　）处理。
(A) 淬火　　　(B) 正火　　(C) 退火　　(D) 回火

407. BJ002 锅炉机组待胀接管子端部经热处理后,保温热源不允许有（　）。
(A) 碳化物　　(B) 氮化物　(C) 氧化物　(D) 硫化物

408. CA001 从法学的角度来说,法的本质是统治阶级（　）的工具。
(A) 实现统治阶级统治　　　　　(B) 统治
(C) 国家扩张　　　　　　　　　(D) 打击犯罪

409. CA001 《中华人民共和国安全生产法》是国家为保障生产经营单位的从业人员在生产过程中的安全和健康,保障生产作业条件的改善,促进安全生产健康发展所采取的各种措施的（　）。
(A) 必要工具　(B) 文本资料　(C) 法律规范　(D) 统治工具

410. CA001 我国职业安全健康方针:安全第一、（　）为主。
(A) 实施　　　(B) 预防　　(C) 行动　　(D) 防消结合

411. CA002 泡沫灭火器使用时（　）将筒底筒盖对着（　）,以防万一发生危险。
(A) 不可;人体　(B) 可以;物体　(C) 可以;火点　(D) 不可;电源

412. CA002 干粉储压式灭火器(手提式)是以（　）为动力,将筒体内干粉压出。
(A) 氧气　　　(B) 氮气　　(C) 氩气　　(D) 氯气

413. CA002 干粉灭火器进行灭火时要（　）火焰喷射,干粉喷射时间短,喷射前要选择好喷射（　）,由于干粉容易飘散,不宜逆风喷射。
(A) 远离;火源　(B) 适中;物体　(C) 接近;目标　(D) 隔离;电源

414. CA003 常用的灭火方法有隔离灭火法、（　）灭火法、冷却灭火法、（　）灭火法。
(A) 窒息;抑制　(B) 泡沫;化学剂 (C) 阻燃;燃烧　(D) 风吹;覆盖

415. CA003 扑救 D 类火灾的灭火器材应由（　）部门和当地公安消防监督部门（　）解决。
(A) 业主;决定　(B) 设计;协商　(C) 施工;一同　(D) 业主;各自

416. CA003 灭火的（　）:控制可燃物、隔绝阻燃物、消除点火源、阻止火势蔓延。
(A) 普通措施　(B) 一般措施　(C) 基本措施　(D) 专业措施

417. CA004　安全标志是由安全色、几何图形和（　）所构成。
　　　　　　（A）文字　　　　（B）英文字母　　（C）人手示意图形　（D）图形符号
418. CA004　安全标志其作用是要引起人们对不安全因素的（　），以达到（　）事故发生的目的。因此要求安全标志含义简明、清晰易辨、引人注目。
　　　　　　（A）小心；警惕　（B）警觉；消除　（C）注意；预防　（D）提醒；根除
419. CA004　安全标志分为四类：禁止标志、（　）、指令标志和提示标志。这四类标志用四个不同的几何图形来表示。
　　　　　　（A）要求标志　　（B）警告标志　　（C）杜绝标志　　（D）想象标志
420. CA005　安全色应注意（　）、保养、维修。当发现颜色有（　）或有变化、褪色，不符合规定颜色范围时，则及时清理或更换。检查时间至少每年一次。
　　　　　　（A）检查；污染　（B）监督；掉色　（C）查看；缺色　（D）防盗；无色
421. CA005　1978年10月在海牙第9次国际会议上通过了《国际标准草案3864.3》，规定了安全色有红、蓝、黄、绿（　）。
　　　　　　（A）四种形式　　（B）四种颜色　　（C）四种图案　　（D）四种标志
422. CA005　（　）用于表示禁止、停止，也用来表示防火。
　　　　　　（A）黄色　　　　（B）蓝色　　　　（C）红色　　　　（D）绿色
423. CA006　进行高空交叉作业时，注意不得在上下同一垂直方向上操作，下层作业的位置必须处于依上层高度确定的可能坠落范围之外。不符合以上条件时，必须设置安全（　）。
　　　　　　（A）防护网　　　（B）防护栏杆　　（C）保温层　　　（D）防护层
424. CA006　建筑施工进行高处作业之前，应进行安全防护设施的（　）。验收合格后，方可进行高处作业。
　　　　　　（A）普查和抽查　（B）巡检和监督　（C）检查和验收　（D）抽检和督促
425. CA006　拆除顺序应遵循"（　），后装的构件先拆，先装的后拆，一步一清"的原则，依次进行。
　　　　　　（A）自下而上　　（B）自上而下　　（C）自左向右　　（D）自前而后
426. CA006　脚手架的（　）是在高处作业时供堆料、短距离水平运输及作业人员在上面进行施工作业。
　　　　　　（A）主要作用　　（B）次要作用　　（C）一般作用　　（D）功能
427. CA006　施工作业层的脚手板要（　），牢固，离墙间隙不大于15cm，并不得出现探头板；在架子外侧四周设（　）高的防护栏杆及18cm的挡脚板，且在作业层下装设安全平网；架体外排立杆内侧挂设密目式安全立网。
　　　　　　（A）满铺；1.2m　（B）单铺；1.4m　（C）双铺；1.5m　（D）满铺；1.0m
428. CA007　起重机械进入现场后经（　），重新组装的起重机械应按规定进行试运转，包括静载、动载试验，并对各种安全装置进行灵敏可靠度的（　）。
　　　　　　（A）检查验收；测试　　　　　　　（B）检查；检查
　　　　　　（C）抽查；测试　　　　　　　　　（D）检查；验收
429. CA007　汽车式起重机除按规定进行定期的（　）外，还应每年定期进行运转试验，包括额定荷载、超载试验，检验其机械性能、结构变形及负荷能力，达不到规定时，应减载使用。

(A) 维修　　　　(B) 维修保养　　(C) 检查　　　　(D) 保养

430. CA007　起重吊装索具吊具使用前按施工方案设计要求进行（　）检查验收。
(A) 随机　　　　(B) 邻件　　　　(C) 逐件　　　　(D) 抽件

431. CA007　超载或物体质量不清时不应操作；吊重物应绑扎平衡、牢固，重物棱角处与钢丝绳之间应加（　）；吊运时不得从（　）的上空通过，吊臂下不得有人。
(A) 衬垫；人　　(B) 塑料；设备　(C) 橡胶；物体　(D) 木板；空洞

432. CA008　运输车辆装载基本要求是：机动车载物应当符合（　）的载重量，严禁超载；载物的长、宽、高不得违反（　）要求，不得遗洒、飘散载运物。
(A) 核定；装载　(B) 车辆；装运　(C) 标定；安全　(D) 核准；规定

433. CA008　机动车运载超限的不可解体的物品，影响交通安全的，应当按照（　）机关交通管理部门指定的时间、路线、速度行驶，悬挂（　）标志。
(A) 公路；警示　(B) 公安；明显　(C) 交警；警示　(D) 指定；危险

434. CA008　对于不按规定执行，交通安全法有明确的处罚措施。货运机动车超过核定载质量的，处二百元以上（　）元以下罚款；超过核定载质量30%或者违反规定载客的，处（　）元以上两千元以下罚款。有以上两款行为的，由公安机关交通管理部门扣留机动车至违法状态消除。
(A) 五百；六百　(B) 六百；八百　(C) 五百；五百　(D) 八百；一千

435. CA009　按规定的条件和要求，对设备或零部件进行直到破坏为止的试验是（　）。
(A) 超负荷试验　(B) 破坏性试验　(C) 负荷试验　　(D) 性能试验

436. CA009　设备试车时，应（　）运转。
(A) 先低速后中高速　　　　　　(B) 先高速后低速
(C) 先中速后低速　　　　　　　(D) 先中速后高速

437. CA009　设备试车时，应（　）运转。
(A) 先满负荷　　(B) 随意　　　　(C) 加1/2负荷　(D) 先空负荷

438. CA010　在外电场作用下，（　）有沿外电场转动的倾向，但并非全部作有序排列。
(A) 电阵　　　　(B) 电荷　　　　(C) 电磁力　　　(D) 电矩

439. CA010　带有相同数量静电荷和表现电压的绝缘导体要比（　）危险性大。
(A) 非导体　　　(B) 导体　　　　(C) 塑料　　　　(D) 半导体

440. CA010　静电场可以用导电的金属元件加以（　）。
(A) 隐蔽　　　　(B) 屏蔽　　　　(C) 围护　　　　(D) 隔离

441. CA010　静电能够引起各种危害的根本原因，在于静电放电火花具有（　）。
(A) 点燃能　　　(B) 能量　　　　(C) 热量　　　　(D) 火能

442. CA011　对断手、断指应用消毒或清洁敷料（　）后急送医院治疗。
(A) 装盒　　　　(B) 消毒　　　　(C) 包好　　　　(D) 裸放

443. CA011　搬送骨折伤员时，要用被单提起，放到担架上（　）。
(A) 爬卧　　　　(B) 侧卧　　　　(C) 坐着　　　　(D) 仰卧

444. CA011　在容器内作业必须办理（　）。
(A) 焊工证　　　(B) 登高证　　　(C) 作业许可证　(D) 火票

445. CA012　现行的安全生产管理新格局反映了做好当前安全生产工作的（　）需要。
(A) 客观　　　　(B) 主观　　　　(C) 迫切　　　　(D) 社会

446. CA012　安全管理体制为适应新的形势,也发生了变化,这是社会(　)发展的要求。
　　　　　(A) 需求　　　　(B) 进步　　　　(C) 经济　　　　(D) 步伐
447. CA012　生产(　)都必须以保障安全生产的技术和物质条件来保证安全生产的要求。
　　　　　(A) 部门　　　　(B) 经营单位　　(C) 人员　　　　(D) 第一负责人
448. CA013　电线的接头要按规定牢靠(　),并用绝缘胶带包好。
　　　　　(A) 粘住　　　　(B) 连接　　　　(C) 跨接　　　　(D) 断序连
449. CA013　要使用(　)的电气设备,破损的开关、灯头和破损的电线都不能使用。
　　　　　(A) 合格　　　　(B) 商店购买　　(C) 重复利用　　(D) 未报废
450. CA013　不要在(　)线路和开关、插座、熔断器附近放置油类、棉花、木屑、木材等易燃物品。
　　　　　(A) 线杆　　　　(B) 钢架　　　　(C) 埋地线　　　(D) 低压
451. CA013　如果火灾是电气方面引起的,切断了电源,也就切断了起火的(　)。
　　　　　(A) 电线　　　　(B) 火源　　　　(C) 开关　　　　(D) 木材
452. CB001　审核发现指的是(　)。
　　　　　(A) 审核不合格项
　　　　　(B) 审核合格项
　　　　　(C) 审核合格项和审核不合格项
　　　　　(D) 审核中发现的事实
453. CB001　ISO 9001 标准规定质量体系要求,是用于(　)组织具有提供满足顾客要求和法规要求的产品的能力。
　　　　　(A) 提高　　　　(B) 保证　　　　(C) 证实　　　　(D) 增强
454. CB001　关于记录的描述正确的是(　)。
　　　　　(A) 记录是提供符合要求和质量管理体系有效运行的证据
　　　　　(B) 记录应保持清晰、易于识别和检索
　　　　　(C) 应编制形成文件的程序,以规定记录的标识、储存、保护、检索、保存期限和处置所需的控制
　　　　　(D) A,B,C
455. CB002　亲和图是一种(　)。
　　　　　(A) 把大量信息按其发生频次进行排列的图示技术
　　　　　(B) 把大量信息按其亲近关系加以分类、汇总的图示技术
　　　　　(C) 寻找不同变量间相关关系的图示技术
　　　　　(D) 从大量信息中看数据分布状况的图示技术
456. CB002　因果图的主要作用是(　)。
　　　　　(A) 寻找问题形成的主要原因　　　(B) 分析两个变量间的相关关系
　　　　　(C) 分析两个变量的主要原因　　　(D) 寻找产品质量的主要问题
457. CB002　关于因果分析图的说法错误的是(　)。
　　　　　(A) 因果分析图又称为甘特图
　　　　　(B) 按其形状,有人又叫它为树枝图或鱼刺图
　　　　　(C) 分析原因时要从大到小,从粗到细,寻根究底,直到可以采取措施为止
　　　　　(D) 它是寻找质量问题产生原因的一种有效工具
458. CB003　设备安装工程的质量应按(　)工程顺序依次进行检验评定。
　　　　　(A) 分部→分项→单位　　　　　　(B) 分项→分部→单位
　　　　　(C) 分项→单位→分部　　　　　　(D) 单位→分项→分部

459. CB003　在进行单位工程质量检验评定时,应对有关质量检验评定标准中所列的质量保证资料进行核查,核查结果应满足（　）的要求。
（A）资料齐全,无缺项、漏项,内容应符合有关规范和专门规定的
（B）试验或检验报告项目齐全、准确、真实
（C）各级责任人员签证完备
（D）A,B,C

460. CB003　SH 3514—2001 中规定分项工程质量等级优良时,基本项目每项抽检处（件）的质量应符合本标准合格的规定,每项抽检的处（件）中有（　）及以上符合优良规定,该项应为优良项。优良项数占检验项目数的50%的及以上,该基本项目应评为优良。
（A）50%　　　（B）60%　　　（C）70%　　　（D）80%

461. CB004　我国的标准化法规体系有三个层次,依次为（　）。
（A）规章→法律→法规　　　　（B）法规→法律→规章
（C）法律→法规→规章　　　　（D）法律→法规→规定

462. CB004　属于企业标准的是（　）。
（A）GB、GB/T　　　　　　　（B）SH、SY、JB、DL、HG
（C）DB、DB37/T　　　　　　（D）Q/、Q/QGS

463. CB004　企业标准体系由技术标准、管理标准和工作标准三个子体系组成,其中（　）是企业标准体系的主体。
（A）基础标准　（B）管理标准　（C）工作标准　（D）技术标准

464. CB005　计量基准可分为（　）。
（A）国家基准、副基准、工作基准　　（B）副基准、工作基准
（C）国家基准、工作基准　　　　　　（D）国家基准、副基准

465. CB005　计量标准是在一定范围内统一量值的依据,根据其统一范围可分为（　）。
（A）社会公用计量标准、行业计量标准
（B）企事业单位计量标准、行业计量标准
（C）企事业单位计量标准、社会公用计量标准
（D）社会公用计量标准、行业计量标准、企事业单位计量标准

466. CB005　按其对象、状态和目的可分为首次检定、随后检定、周期检定、抽样检定和仲裁检定。其中（　）是用计量基准或社会公用计量标准所进行的以仲裁为目的的检定。
（A）随后检定　（B）仲裁检定　（C）抽样检定　（D）周期检定

二、判断题（对的画"√",错的画"×"）

（　）1. AA001　读图时,一般从俯视图开始。
（　）2. AA002　在机械制造业中,为了便于装配和维修,在相同规格的一批零件（或部件）中任取一件,不经选择和修配,就能顺利地装配,并达到一定的使用要求,零件（或部件）所具有的这种性质称为零件的互换性。
（　）3. AA003　基本尺寸相同的、相互结合的孔和轴公差带之间的关系,称为配合。
（　）4. AA004　位置公差是单一实际要素的形状所允许的变动全量（有基准要求的轮廓度除外）。
（　）5. AA005　过盈配合为孔与轴装配时有过盈（包括最小过盈等于零）的配合。此时,孔

的公差带完全位于轴的公差带之下。

( ) 6. AA006　零件表面在加工工程中,由于机床和刀具的振动、材料不均匀及切削时表面金属的塑性变形等因素,加工后的表面总会留下加工的痕迹。用显微镜观察,会清楚地看到高低不平的峰谷,这种加工表面周期很小,具有较小间距和峰谷所组成的微观几何形状称为表面粗糙度。

( ) 7. AA007　安装工程图样可分基本图和样图两种。基本图是在建筑物的平面上标明设备布置、管道、电气线路的走向和安装要求的平面图。详图则是表明设备基础,连接和固定方式,埋设件制作和表明安装要求的立面图或剖面图。

( ) 8. AB001　Q235 – AF 中 A 表示钢的质量等级代号。

( ) 9. AB002　铸铁在受到压力的情况下,没有明显的伸长或颈缩现象就突然断裂。因此,不适用于制造以压应力为主载荷的零件。

( ) 10. AB003　合金调质钢主要用于工程结构构件及零件。

( ) 11. AB004　灰口铸铁的热处理可以从根本上消除石墨的有害作用。

( ) 12. AB005　铸青铜 ZCuSn10P1,表示成分 Sn 为 10%、P 为 1%、Cu 为 89%。

( ) 13. AB006　金属退火的目的主要在于改善塑性,防止变形。

( ) 14. AB007　火焰加热表面淬火由于加热时易过热,所以淬火质量不稳定。

( ) 15. AB008　硅酸盐水泥是一种最常见的水泥,主要用于土木建筑、水泥制品及混凝土。

( ) 16. AB009　毛毡在装设之前,先将热矿物油浸渍。

( ) 17. AB010　英制非密封管螺纹的完整标记包含螺纹的特征代号、螺纹尺寸代号和旋向。

( ) 18. AC001　润滑油可以起到清洗冷却作用。

( ) 19. AC002　飞溅润滑装置简单,只适合用于半封闭润滑设备。

( ) 20. AC003　油品的粘温性质是指粘度随温度的变化而变化的性质。在温度升高时,液体粘度升高。

( ) 21. AC004　在润滑脂表示式中,第二位表示最低温度,其含义为设备启动时,或泵输送润滑脂时所经历的最低温度。

( ) 22. AC005　在液压及导轨润滑共用一个系统时,应选用汽轮机油。

( ) 23. AC006　在高温下工作的润滑油,代用品的闪点和氧化安定性应高于外界温度。

( ) 24. AC007　化学清洗一般包括水冲洗、碱洗或碱煮、酸洗、漂洗和钝化等步骤。

( ) 25. AC008　硅酸盐是一种廉价缓蚀剂,在清洗中,对保证去污效果有一定作用。

( ) 26. AC009　对于动设备应在安装、找正、调整各部间隙完毕前,进行脱脂处理。

( ) 27. AD001　常用施工工器具主要包括:常用施工机具、常用施工工具。

( ) 28. AD002　外卡钳用于测量工件外围时,两卡钳脚应垂直由工作轴线卡入工件时两卡脚不应歪斜,也不应与工件表面接触过紧,以免测量尺寸不正确。

( ) 29. AD003　液压拉伸器存在易泄露,难检查故障,难保证精确的传动比,难保持比较稳定的运动速度,在低温地区使用比较困难等缺点。

( ) 30. AD004　水平仪是一种检测仪器。

( ) 31. AD005　内径量表是用比较法测量内尺寸的量具。

( ) 32. AD006　使用框式水平仪前,应检查水平仪零位是否正确。

( ) 33. AD007　水准仪一般分为普通水准仪、精密光学水准仪和自动安平水准仪三种。

( ) 34. AD008　工具经纬仪是利用自准直原理制造的光学量仪。

( ) 35. AD009　采用激光对中仪对中能提高对中工作效率和对中精度。

( ) 36. AE001　经过划线确定加工时的最后尺寸,在加工过程中,应通过加工来保证尺寸的准确程度。

( ) 37. AE002　标准群钻圆弧刃上各点的前角比磨出圆弧刃之前减小,楔角增大,强度提高。

( ) 38. AE003　带有圆弧刃的标准群钻,在钻孔过程中,孔底切削出一道圆环肋与棱边能共同起稳定钻头方向的作用。

( ) 39. AE003　标准群钻上的分屑槽能使宽的切屑变窄,从而使排屑流畅。

( ) 40. AE004　钻小孔时,因转速很高,实际加工时间又短,钻头在空气中冷却得很快,所以不能用切削液。

( ) 41. AE005　CO_2 气体保护焊焊接过程中对油锈不敏感。

( ) 42. AF001　二力平衡的条件是:作用在同一物体上的两个力,如果作用在同一条直线上,它们的大小相等、方向相反,这两力就达到了平衡。

( ) 43. AF002　按滑轮的多少来分,滑车可以分为单门滑车、双门滑车直到六门滑车。

( ) 44. AF002　导向滑车既省力,又能改变力的速度,还可以改变被牵引物体运动的方向。

( ) 45. AF002　滑车组由一定数量的定滑车和动滑车以及穿插绕过它们的绳索组成。

( ) 46. AF002　滑车组只具有动滑车的优点。

( ) 47. AF003　螺旋千斤顶分为固定式和移动式两种。

( ) 48. AF003　使用千斤顶顶升重物时,应在上下端垫以坚韧的木板,以防止千斤顶受力时打滑。

( ) 49. AF004　滚杠运输时,滚杠的规格应按滚动设备的规格尺寸来选用。

( ) 50. AF004　采用滚杠运输设备时,滚杠应伸出设备外面 1000mm 左右。

( ) 51. AF005　卷扬机根据驱动方式的不同,可以分为手摇卷扬机和电动卷扬机。

( ) 52. AG001　笼型三相异步电动机启动时的电流一般为额定电流的 5~7 倍。

( ) 53. AG002　电工材料按极限温度划分为 6 个耐热等级。

( ) 54. AG003　除一些特定的工作外,凡在电气设备上进行工作的,均必须填写工作票。

( ) 55. AG004　保护接零属于 TT 系统。

( ) 56. AG005　环境温度对液柱式压力计的测量精度影响不大,可以忽视。

( ) 57. AG006　涡街流量计是应用流体自然振荡原理工作的。

( ) 58. AG007　可以通过增加测量次数,减少系统误差对测量结果的影响。

( ) 59. BA001　混凝土用水可以选择清洁的天然水或者是自来水。

( ) 60. BA002　地脚螺栓用在基础上固定设备,以防止设备工作和运转时,在负荷和振动作用下发生位移或倾覆。

( ) 61. BA003　垫铁平面尺寸(长和宽)可由所需要的垫铁总面积和垫铁的组数来计算。

( ) 62. BA004　整体或刚性连接的设备不得跨越地坪伸缩线、沉降缝。

( ) 63. BA005　将水平仪在被测平面上同一测点处正反测量各一次,取其两次读数差的一半作为被测平面的水平度误差,平均值即是水平仪自身的误差数值。

( ) 64. BA006　给原基础和二次灌浆层抹面用的水泥砂浆常用 10 号及 25 号。

( ) 65. BA007　车用汽油不能用作清洗液。

( ) 66. BB001　轴承套塑性越好,与轴颈的压力分布越均匀。

( ) 67. BB002　轴承的使用寿命长短,主要取决于轴承的跑合性好坏、减磨性好坏和耐磨性好坏。

第三部分　中级工理论知识试题

( ) 68. BB002　含油轴承的材料是天然原料。
( ) 69. BB003　滚动轴承的精度等级 C 级最低而 G 级最高。
( ) 70. BB004　前后两个滚动轴承的径向圆跳动不等时,应使前轴承的径向圆跳动量比后轴承小。
( ) 71. BB005　直齿圆柱齿轮传动比斜齿圆柱齿轮平稳。
( ) 72. BB006　当两轴间距离过远时,适宜采用齿轮传动。
( ) 73. BB007　蜗杆与配对蜗轮的精度等级一般取相同等级,但允许取不同等级。
( ) 74. BB008　动力压入法常用于低速和小型联轴器的装配。
( ) 75. BB009　平键连接对中性良好,但不能传递轴向力。
( ) 76. BB010　圆锥销定位用于经常拆卸的地方。
( ) 77. BB011　液压传动系统不需另加润滑装置,零件使用寿命长。
( ) 78. BB012　液压千斤顶是依靠液体作为介质来传递能量的。
( ) 79. BC001　方向阀一般应保持水平安装,蓄能器应保持轴线竖直安装。
( ) 80. BC002　液压系统中使用的换向阀绝大多数是滑阀,而转阀只用在中低压、小流量的场合,作为先导阀和小型换向阀使用。
( ) 81. BC003　过滤比值越大,滤油器的过滤精度越高。
( ) 82. BC004　烧结式滤油器适用于精过滤。
( ) 83. BC005　先导式溢流阀要在先导阀和主阀都动作后才能起控制作用。
( ) 84. BC006　噪声大多是由于机械振动和气流引起的。
( ) 85. BD001　电动单梁悬挂起重机当主、端梁铰接时,起重机跨度的允许偏差为 ±4mm。
( ) 86. BD002　桥式起重机负荷试车时,应测量主梁的挠度,挠度允许值应小于 $L/700$,卸载后恢复原状。(L 为起重机的跨度)
( ) 87. BD003　门式起起重机现场组装桥架时可不检查对角线的相对差。
( ) 88. BD004　起重机调整时,当吊钩下放到最低位置时,圈筒上钢丝绳的圈数不应少于 2 圈(固定圈除外)。
( ) 89. BD005　采用焊接法对起重机主梁下挠修理时,对焊接工艺要求比较严格,修理质量较易控制。
( ) 90. BE001　低压泵的压强小于 2MPa。
( ) 91. BE001　泵的总效率,用 η 表示,其值恒小于 100%。
( ) 92. BE001　诱导轮全开式叶轮可适用高转速、高扬程、容易汽化的流体。
( ) 93. BE002　一般情况下机泵精找在地脚螺栓灌浆至少 7 天后,强度达至 80% 以上进行。
( ) 94. BE003　离心泵试运时,待出口压力稳定后,立即缓慢打开出口阀门调节流量。
( ) 95. BE004　离心泵轴瓦间隙旨在保证轴瓦的润滑与冷却以及避免轴窜动对轴瓦的影响。
( ) 96. BE005　往复泵的活塞由连杆曲轴与原动机相连。
( ) 97. BE006　往复泵的安装高度有一定限制。
( ) 98. BE007　计量泵额定排出压力为 1~5MPa 的泵,在 1MPa 时运转 10min 后,即可升压至额定压力运转 2h。
( ) 99. BE008　蒸汽往复泵活塞环各环工作位置下的开口间隙应互相错开 45°~180°。
( ) 100. BE009　单螺杆泵主要工作部件由具有单头螺旋空腔的衬套(定子)和在定子腔内与其啮合的单头螺旋螺杆(转子)组成。

( ) 101. BE010　螺杆泵主动螺杆不承受弯曲负荷。
( ) 102. BE011　水环真空泵叶轮旋转时,水被叶轮抛向四周,由于轴向力的作用,水形成了一个封闭圆环。
( ) 103. BE012　水环真空泵总试运时间大于4h。
( ) 104. BE013　屏蔽泵无滚动轴承和电动机风扇,故不需加润滑油。
( ) 105. BE014　低温泵在运行前或运行中要及时排除逐渐积存的气体,保证低温泵可靠地工作。
( ) 106. BE015　由于工程陶瓷具有很好的耐热、耐腐蚀、耐摩擦性能,所以磁力泵的滑动轴承多采用工程陶瓷制作。
( ) 107. BE016　泵零部件经检修后,即可进行装配,其装配顺序和拆卸顺序相同。
( ) 108. BE017　机泵填料箱严重泄漏最常见的原因之一是压盖偏斜。
( ) 109. BE018　如往复泵缸体内表面有轻微拉毛和擦伤,可用半圆形油石沿缸体内圆周方向磨光。
( ) 110. BF001　离心式风机的联轴器通常采用标准橡胶弹性圈柱销联轴器,它的弹性元件为梯形断面的橡胶或皮革衬环,不但具有可移性,还具有缓冲吸振的能力。
( ) 111. BF002　风机的超负荷试车是对风机安装和检修质量的最后检验试运转。
( ) 112. BF003　轴流风机的检修分小修与大修,检修的内容包括拆卸及叶轮、主轴、联轴器、传动部件的检修,叶轮与传动轴的静平衡,以及装配试验工作。
( ) 113. BF004　轴流风机的叶片角度调至最小,才能进行满负荷试车。
( ) 114. BF005　罗茨鼓风机需要进行调整的间隙包括:主动转子与从动转子之间的啮合间隙;主动转子和从动转子与机壳内表面的径向间隙;转子与右墙板之间的轴向间隙(定位端);转子与左墙板之间的轴向间隙(自由端)。
( ) 115. BF006　风机出口总管压力低可能原因是电机进线接反,使风机反转。
( ) 116. BF007　滤槽与转鼓泄漏试验时,滤槽内充水至输蜡器壳体处溢流,通过漏斗出口向转鼓内充入压缩空气。
( ) 117. BG001　每个汽缸都有一个确定的气阀数量和气阀尺寸。
( ) 118. BG002　对置式压缩机的中体布置在曲轴两侧,用螺栓与机身连接在一起。
( ) 119. BG003　活塞式压缩机气缸发生不正常的振动会引起机体润滑油不正常的波动。
( ) 120. BG004　安装活塞式压缩机要检查曲轴的开度。
( ) 121. BG005　润滑油质量低或有污垢会造成活塞式压缩机轴承或十字头滑道发热。
( ) 122. BG006　活塞环磨损造成间隙大而漏气,会引起活塞式压缩机打气量超压。
( ) 123. BG007　装配时连杆螺母拧得太紧会造成连杆螺钉断裂,使活塞式压缩机曲柄连杆发出异常声音。
( ) 124. BG008　由于吸气阀、排气阀漏气造成活塞式压缩机打气量不足的处理措施是检查吸气阀、排气阀必要时修复更换。
( ) 125. BG009　润滑油系统的油箱试运转前需进行清洗,允许有少量杂质。
( ) 126. BG010　试运转前润滑油系统的油检查合格,进油压力一定要调整好。
( ) 127. BH001　离心式压缩机是容积式压缩机。
( ) 128. BH002　离心压缩机是由机壳、隔板束、转子、叶轮、平衡鼓和止推环组成。
( ) 129. BH003　离心压缩机组垫铁组应承载均匀,接触严密。
( ) 130. BH004　吊装转子时一定要用专用吊具。

( ) 131. BH005　离心式压缩机拆卸止推轴承、汽封或浮环密封时需把轴承先拆掉。
( ) 132. BH006　离心压缩机壳体检查不允许有气孔夹渣等缺陷。
( ) 133. BH007　离心压缩机轴封方向要安装正确。
( ) 134. BH008　润滑油压力不一定非要调整到规定的压力,只要保证油路畅通即可。
( ) 135. BI001　汽轮机、压缩机、鼓风机的轴端和级间都广泛采用迷宫密封。
( ) 136. BI002　汽轮机、压缩机、鼓风机的轴端和级间都广泛采用迷宫密封。
( ) 137. BJ001　强制循环式锅炉的代号为QG。
( ) 138. BJ002　胀管工作的环境温度应保持在0℃以上。
( ) 139. CA001　搞好安全生产工作对于保护劳动生产力,均衡发展各部门、各行业的经济劳动力资源具有重要的作用。
( ) 140. CA002　二氧化碳灭火器都是以高压气瓶内储存的二氧化碳气体作为灭火剂进行灭火,二氧化碳灭火后不留痕迹。
( ) 141. CA003　扑救A类火灾应选用水、泡沫、磷酸铵盐干粉、卤代烷烃灭火器。
( ) 142. CA003　扑救极性溶剂B类火灾可以选用化学泡沫灭火器。
( ) 143. CA004　一般警告标志是指出安全通道和太平门的方向。如当发生事故时,要求操作人员迅速从安全通道撤离,就需要在安全通道附近标上有指明安全通道方向的提示标志。
( ) 144. CA004　国家颁布《安全色》和《安全标志》标准,目的是使人们迅速地发现或分辨出安全标志,避免进入危险场所或做出有危险的行为。
( ) 145. CA005　黄色只有与几何图形同时使用时才表示指令,必须要遵守的意思。
( ) 146. CA005　为了提高对安全色的辨别,不需要规定相应的对比色。
( ) 147. CA006　安全帽、劳保鞋、安全网是减少和防止高处坠落和物体打击这类事故发生的重要措施,常称之为"三宝"。
( ) 148. CA006　常用脚手架的结构其主要类型有:A型、依靠型、鸟笼型、悬挂型。
( ) 149. CA007　当(履带)起重机如需带载行走时,载荷不得超过允许起重量的80%,行走道路应坚实平整,重物应在起重机正前方向,重物离地面不得大于700mm,并应拴好拉绳,缓慢行驶;严禁长距离带载行驶。
( ) 150. CA007　用两台或多台起重机吊运同一重物时,钢丝绳应保持垂直;各台起重机的升降、运行应保持同步;各台机重机所承受的载荷均不得超过各处的额定起重能力。
( ) 151. CA008　道路运输经营者应当根据拥有车辆的车型和技术条件,承运适合装载的人数。
( ) 152. CA008　搬运装卸普通货物和大型物件,应当具备相应的设施、工具和防护设备,并到当地县级以上人民政府交通行政主管部门办理审批手续。
( ) 153. CA009　超速试验主要检查机器在特殊情况下超速运转的能力。
( ) 154. CA009　设备试车时,在没有启动电动机前,必须先用手拨动,看其是否转动灵活后,才能启动电动机。
( ) 155. CA010　降低物料移动中的摩擦速度或液体物料在管道中流速等工作参数,不可限制静电的产生。
( ) 156. CA010　增湿法消除静电危害的效果一般。
( ) 157. CA011　容器内作业不需要设专人监护。

(　) 158. CA011　化学物质一旦进入眼睛,应立即用大量洁净的冷水冲洗眼睛。
(　) 159. CA012　安全生产的监督管理分为国家监督和社会监督。
(　) 160. CA012　旧的安全生产管理体制突出强调了企业的责任。
(　) 161. CA013　漏电保护开关要定期进行灵敏性检验。
(　) 162. CA013　开关和熔断丝可以装设在地线和零线上。
(　) 163. CB001　ISO 9001:2000 标准是允许根据需要删减的,不需要说明删减的理由和细节。
(　) 164. CB002　攻关型质量控制小组以技术或工艺课题攻关为核心,进行某一方面的工艺或技术的突破改进活动。
(　) 165. CB003　质量检验评定的分项、分部、单位工程质量均分为"不合格"、"合格"、"优良"三个等级。
(　) 166. CB004　制定标准的目的是获得最佳秩序、促进最大的社会效益。
(　) 167. CB005　计量与测量不同,它是以公认的计量基准、标准为基础,依据计量法规和法定的计量检定系统(表)进行量值传递来保证测量准确的测量。

理论知识试题答案

一、选择题

1. A	2. C	3. A	4. C	5. B	6. D	7. A	8. B	9. D	10. B
11. B	12. B	13. B	14. A	15. B	16. A	17. D	18. D	19. A	20. D
21. D	22. D	23. D	24. A	25. A	26. A	27. A	28. A	29. A	30. C
31. B	32. B	33. B	34. A	35. C	36. D	37. A	38. C	39. B	40. D
41. A	42. B	43. A	44. C	45. D	46. A	47. D	48. A	49. C	50. B
51. A	52. A	53. D	54. B	55. B	56. A	57. B	58. B	59. B	60. B
61. B	62. C	63. B	64. C	65. C	66. B	67. B	68. A	69. D	70. D
71. C	72. A	73. A	74. A	75. C	76. C	77. A	78. D	79. A	80. C
81. A	82. B	83. B	84. C	85. A	86. B	87. B	88. B	89. D	90. B
91. B	92. D	93. B	94. A	95. C	96. C	97. A	98. C	99. A	100. B
101. A	102. B	103. A	104. A	105. C	106. A	107. C	108. D	109. B	110. A
111. A	112. A	113. A	114. A	115. B	116. B	117. D	118. B	119. D	120. A
121. A	122. D	123. C	124. D	125. D	126. A	127. B	128. C	129. D	130. A
131. D	132. A	133. D	134. B	135. D	136. D	137. C	138. B	139. D	140. B
141. D	142. A	143. C	144. A	145. B	146. D	147. B	148. C	149. C	150. D
151. A	152. B	153. B	154. B	155. C	156. D	157. A	158. D	159. A	160. D
161. D	162. B	163. C	164. D	165. A	166. C	167. B	168. A	169. B	170. C
171. A	172. B	173. D	174. D	175. A	176. B	177. D	178. C	179. D	180. D
181. D	182. B	183. C	184. C	185. D	186. C	187. C	188. B	189. B	190. C
191. A	192. B	193. A	194. B	195. D	196. C	197. C	198. C	199. C	200. C
201. C	202. B	203. C	204. A	205. B	206. A	207. C	208. B	209. C	210. C
211. D	212. C	213. C	214. C	215. B	216. C	217. A	218. A	219. A	220. A
221. B	222. C	223. B	224. C	225. D	226. D	227. D	228. A	229. B	230. A
231. C	232. A	233. B	234. C	235. D	236. B	237. B	238. C	239. B	240. A
241. B	242. B	243. D	244. A	245. D	246. A	247. C	248. B	249. B	250. A
251. A	252. B	253. B	254. B	255. D	256. A	257. B	258. C	259. B	260. A
261. C	262. B	263. D	264. B	265. C	266. A	267. C	268. B	269. C	270. C
271. A	272. A	273. B	274. C	275. A	276. B	277. D	278. A	279. B	280. C
281. C	282. C	283. C	284. D	285. A	286. D	287. C	288. D	289. C	290. A
291. C	292. D	293. A	294. D	295. A	296. B	297. C	298. A	299. C	300. A
301. A	302. D	303. B	304. D	305. C	306. A	307. A	308. B	309. A	310. C
311. B	312. A	313. A	314. D	315. D	316. D	317. A	318. A	319. C	320. A

321. C	322. A	323. B	324. B	325. B	326. B	327. A	328. B	329. A	330. B
331. C	332. B	333. A	334. D	335. D	336. D	337. C	338. B	339. C	340. B
341. B	342. B	343. C	344. A	345. B	346. D	347. B	348. A	349. B	350. B
351. C	352. A	353. B	354. C	355. C	356. A	357. B	358. C	359. B	360. A
361. B	362. B	363. B	364. B	365. A	366. B	367. B	368. C	369. C	370. B
371. B	372. B	373. B	374. B	375. B	376. B	377. B	378. B	379. B	380. B
381. A	382. C	383. B	384. B	385. C	386. B	387. B	388. B	389. B	390. B
391. B	392. C	393. B	394. B	395. B	396. B	397. B	398. B	399. B	400. A
401. A	402. B	403. B	404. B	405. B	406. C	407. D	408. B	409. C	410. B
411. A	412. B	413. B	414. B	415. B	416. C	417. D	418. C	419. B	420. A
421. B	422. C	423. D	424. C	425. C	426. B	427. C	428. C	429. C	430. C
431. B	432. A	433. C	434. C	435. C	436. C	437. C	438. D	439. C	440. B
441. A	442. C	443. C	444. C	445. C	446. C	447. C	448. C	449. C	450. D
451. B	452. C	453. C	454. D	455. C	456. A	457. C	458. C	459. C	460. C
461. C	462. D	463. D	464. A	465. D	466. B				

二、判断题

1. ×　读图时,一般从主视图开始。　2. √　3. √　4. ×　形状公差是单一实际要素的形状所允许的变动全量(有基准要求的轮廓度除外)。　5. √　6. √　7. √　8. √　9. ×　铸铁在受到拉力的情况下,没有明显的伸长或颈缩现象就突然断裂。因此,不适用于制造以拉应力为主载荷的零件。　10. ×　合金结构钢主要用于工程结构构件及零件。

11. ×　灰口铸铁的热处理,无法从根本上消除石墨的有害作用。　12. √　13. ×　金属退火的目的主要在于消除内应力,防止变形。　14. √　15. √　16. √　17. ×　英制密封管螺纹的完整标记包含螺纹的特征代号、螺纹尺寸代号和旋向。　18. √　19. ×　飞溅润滑装置简单,只适合用于全封闭润滑设备。　20. ×　油品的粘温性质是指粘度随温度的变化而变化的性质。在温度升高时,液体粘度下降。

21. √　22. ×　液压及导轨润滑共用一个系统,应选用液压导轨油。　23. √　24. √　25. √　26. ×　对于动设备应在安装、找正、调整各部间隙完毕后,拆解脱脂处理,再进行组装。　27. √　28. √　29. √　30. ×　水平仪是一种检测器具。

31. √　32. √　33. √　34. √　35. √　36. ×　经过划线确定加工时的最后尺寸,在加工过程中,应通过加工来保证尺寸的精确程度。　37. ×　标准群钻圆弧刃上各点的前角增大,减小了切削阻力,可提高切削效率。　38. √　39. √　40. √

41. √　42. √　43. ×　按滑轮的多少来分,滑车可以分为单门滑车、双门滑车直到十三门滑车。　44. ×　导向滑车既不省力,也不能改变力的速度,仅用来改变被牵引物体运动的方向。　45. ×　滑车组由一定数量的定滑车以及穿插绕过它们的绳索组成。　46. ×　滑车组既有动滑车又有定滑车的优点。　47. √　48. √　49. ×　滚杠运输时,滚杠的规格应按滚动设备的质量来选用。　50. ×　采用滚杠运输设备时,滚杠应伸出设备外面300mm左右。

51. √　52. √　53. ×　电工材料按极限温度划分为7个耐热等级。　54. √　55. ×

保护接零属于 TN 系统。　56. ×　环境温度对液柱式压力计的测量精度影响较大,不能忽视。　57. √　58. ×　单纯地增加测量次数,无法减少系统误差对测量结果的影响。　59. √　60. √

61. √　62. ×　直接放在厂房混凝土地坪上的轻型设备不得跨越地坪伸缩线、沉降缝。　63. ×　将水平仪在被测平面上同一测点处正反测量各一次,取其平均值作为被测平面的水平度误差。两次读数差的一半即是水平仪自身的误差数值。　64. √　65. √　66. √　67. √　68. ×　含油轴承的材料是合成材料。　69. ×　滚动轴承的精度等级 C 级最高而 G 级最低。　70. √

71. ×　直齿圆柱齿轮传动不如斜齿圆柱齿轮平稳。　72. ×　当两轴间距离过远时,不能采用齿轮传动。　73. √　74. √　75. √　76. √　77. √　78. √　79. √　80. √

81. √　82. √　83. √　84. √　85. √　86. √　87. ×　门式起重机现场组装桥架时应检查对角线的相对差。　88. √　89. ×　采用焊接法对起重机主梁下挠修理时,对焊接工艺要求比较严格,修理质量不易控制。　90. √

91. √　92. √　93. √　94. √　95. ×　轴瓦间隙旨在保证轴瓦的润滑与冷却以及避免轴振动对轴瓦的影响。　96. √　97. √　98. ×　计量泵额定排出压力为 1~5MPa 的泵,在 1MPa 时运转 0.5h 后,即可升压至额定压力运转 2h。　99. √　100. ×　单螺杆泵主要工作部件由具有双头螺旋空腔的衬套(定子)和在定子腔内与其啮合的单头螺旋螺杆(转子)组成。

101. √　102. ×　水环真空泵叶轮旋转时,水被叶轮抛向四周,由于离心力的作用,水形成了一个封闭圆环。　103. ×　水环真空泵连续试运时间大于 4h。　104. √　105. √　106. √　107. ×　泵零部件经检修后,即可进行装配,其装配顺序和拆卸顺序相反。　108. √　109. √　110. √

111. ×　风机的负荷试车是对风机安装和检修质量的最后检验试运转。　112. √　113. ×　轴流风机的叶片角度调至最大,才能进行满负荷试车。　114. √　115. √　116. √　117. √　118. √　119. ×　活塞式压缩机气缸发生不正常的振动也会引起机体发生不正常的振动。　120. √

121. √　122. ×　活塞环磨损造成间隙大而漏气,从而引起活塞式压缩机打气量不足。　123. √　124. √　125. ×　润滑油系统的油箱试运转前需清洗干净,不允许有杂质。　126. √　127. ×　离心式压缩机不是容积式压缩机。　128. √　129. √　130. √

131. ×　离心式压缩机拆卸止推轴承、汽封或浮环密封时要把推力瓦块先拆掉。　132. √　133. √　134. ×　润滑油压力一定要调整到规定的压力,并保证油路畅通。　135. √　136. √　137. ×　强制循环式锅炉的代号为 QX。　138. √　139. √　140. √

141. √　142. ×　扑救极性溶剂 B 类火灾不得选用化学泡沫灭火器。　143. ×　一般提示标志是指出安全通道和太平门的方向。如当发生事故时,要求操作人员迅速从安全通道撤离,就需要在安全通道附近标上有指明安全通道方向的提示标志。　144. √　145. ×　黄色表示警告或注意危险。　146. ×　为了提高对安全色的辨别,还规定了相应的对比色。黄色的对比色为黑色,其他三种安全色的对比色为白色。　147. ×　安全帽、安全带、安全网是减少和防止高处坠落和物体打击这类事故发生的重要措施,常称之为"三宝"。　148. ×　常用脚手架的结构其主要类型有:独立型、依靠型、鸟笼型、悬挂型。　149．×　当(履带)起重机如需带载行走时,载荷不得超过允许起重量的70%,行走道路应坚实平整,重物应在起重机正前方向,重物离地面不得大于500mm,并应拴好拉绳,缓慢行驶;严禁长距离带载行驶。　150．√

　　151．×　道路运输经营者应当根据拥有车辆的车型和技术条件,承运适合装载的货物。　152．×　搬运装卸危险货物和大型物件,应当具备相应的设施、工具和防护设备,并到当地县级以上人民政府交通行政主管部门办理审批手续。　153．√　154．√　155．×　降低物料移动中的摩擦速度或液体物料在管道中流速等工作参数,可限制静电的产生。　156．×　增湿法消除静电危害的效果显著。　157．×　容器内作业必须设专人监护。　158．√　159．√　160．×　新的安全生产管理体制突出强调了企业的责任。

　　161．√　162．×　开关和熔断丝不能装设在地线和零线上。　163．×　ISO 9001:2000标准是允许根据需要删减的,删减的理由和细节必须在质量手册中说明。　164．√　165．×　质量检验评定的分项、分部、单位工程质量均分为"合格"、"优良"两个等级。　166．×　制定标准的目的是在一定范围内获得最佳秩序、促进最大的社会效益。　167．×　计量也是测量的特定形式,但意义不同,它是以公认的计量基准、标准为基础,依据计量法规和法定的计量检定系统(表)进行量值传递来保证测量准确的测量。

第四部分　中级工技能操作试题

考核内容层次结构表

级　别	技能操作			合　计
	基本技能		专业技能	
	测绘零件	加工零件	安装调试诊断	
初级工	10分 90min	40分 150~240min	50分 90~120min	100分 330~450min
中级工	15分 120min	35分 240~270min	50分 120~180min	100分 480~570min
高级工	15分 120min	30分 240~270min	55分 180min	100分 540~570min
技师和高级技师	15分 120min	30分 120~360min	55分 120~240min	100分 360~720min

鉴定要素细目表

行为领域	代码	鉴定范围	鉴定比重	代码	鉴定点	重要程度	备注
基本技能 A 50%	A	测绘零件	15%	001	测绘台阶轴	X	
				002	测绘对焊法兰	X	
	B	加工零件	35%	001	加工内外圆弧	X	
				002	加工多角样板	X	
				003	加工平行直角块	X	
				004	三四五方镶合套	X	
				005	四五六方镶合套	X	
				006	加工圆柱五角体	X	
				007	加工圆柱六角体	X	
				008	加工刀口形直角尺	X	
				009	加工方孔圆柱	X	
				010	槽形镶配件	X	
				011	加工凸凹圆模板	X	
				012	加工变角板	X	
专业技能 B 50%	A	安装调试诊断	50%	001	调整滑动轴承瓦背紧力	X	
				002	装配多级离心泵机械密封	Y	
				003	拆装配离心泵	Y	
				004	检查修理多级离心泵转子跳动	Y	
				005	检查、修理往复泵流量不足	Y	
				006	检查、修理齿轮油泵	Y	

注：X—核心要素；Y——般要素。

技能操作试题

一、AA001 测绘台阶轴

1. 考核要求
(1)必须穿戴好劳动保护用品。
(2)必备的工具、用具、量具准备齐全。
(3)图形正确,表达清楚。
(4)尺寸完整,线形分明。
(5)图面整洁,字迹工整。

2. 准备要求
(1)材料准备:以下所需材料由鉴定站准备。

序号	名称	规格	数量	备注
1	台阶轴	待定	1件	
2	纸	1号	1张	
3	图板	1号	1块	
4	图钉		4个	

(2)工具、用具、量具准备:以下所需工具、用具、量具由考生准备。

序号	名称	规格	数量	备注
1	绘图工具		1套	
2	螺纹规		1套	
3	游标卡尺	0~300mm	1把	精度0.02mm
4	三角板		1套	
5	外径千分尺	0~25mm、25~50mm	各1把	
6	深度游标卡尺	0~200mm	1把	

3. 操作程序说明
(1)测量并记录尺寸及公差。
(2)绘图。
(3)标注尺寸。
(4)标注形位公差及粗糙度。

4. 考核规定说明
(1)如考试违纪,将按规定停止考核。
(2)考试采用百分制,然后按鉴定比重进行折算。
(3)考核方式说明:本项目为技能笔试试题,按标准对测绘结果进行评分。
(4)测量技能说明:本项目主要测试考生对测绘台阶轴的熟练程度。

5. 考核时限

(1)准备时间:5min。

(2)操作时间:120min。

(3)从正式操作开始计时。

(4)考试时,根据考试场所确定考试人数,按笔试要求统一计时,提前完成操作不加分,超过规定操作时间按规定标准评分。

6. 评分记录表

序号	考核内容	评分要素	配分	评分标准	检测结果	扣分	得分	备注
1	测量并记录尺寸及公差	根据测量结果记录尺寸及公差	5	测量未做记录不得分;少记一处扣1分				
2	绘图	按一定比例绘制主视图	10	主视图比例不正确扣10分				
		绘制主视图中心线	3	未画中心线扣3分				
		主视图在图面上的位置符合标准	8	位置不对扣8分				
		主视图能表达零件的基本形状和特征	8	主视图不能表达零件的基本形状和特征扣10分				
		主视图轮廓完整	5	轮廓线不完整一处扣1分				
		绘制螺纹部分	5	螺纹画法不对扣5分				
		绘制倒角	5	少一处扣1分				
		尺寸线、尺寸界线完整	4	不完整一处扣1分				
3	标注尺寸	标注最大外径尺寸及公差	8	未标或标注尺寸不对不得分;只标注尺寸未标公差扣3分				
		标注各台阶尺寸及公差	10	未标或错标尺寸不得分,少标一项扣2分;只标注尺寸未标注公差扣2分				
		标注总长尺寸	3	未标注总长尺寸扣3分				
		标注各台阶长度尺寸	8	少标注一处扣2分;3处未标注此项不得分				
		标注螺纹尺寸	4	少标注一处扣1分				
		标注倒角	4	少标注一处扣1分				
4	标注形位公差及粗糙度	标注形位公差(同心度)	5	标注位置不对扣3分;形位公差符号不对扣2分				
		标注粗糙度	3	未标注不得分;少标注一处扣1分				
5	图面	图面整洁	2	图面不整洁扣2分				
6	考试时限	在规定时间内完成		提前完成不加分,到时停止操作				
	合 计		100					

考评员: 核分员: 年 月 日

二、AA002　测绘对焊法兰

1. 考核要求

(1)必须穿戴好劳动保护用品。

(2)必备的工具、用具、量具准备齐全。

(3)图形正确,表达清楚。

(4)尺寸完整,线形分明。

(5)图面整洁,字迹工整。

2. 准备要求

(1)材料准备:以下所需材料由鉴定站准备。

序　号	名　　称	规　格	数　量	备　注
1	台阶轴	待定	1件	
2	纸	1号	1张	
3	图板	1号	1块	
4	图钉		4个	

(2)工具、用具、量具准备:

① 以下所需工具、用具、量具由鉴定站准备。

序　号	名　　称	规　格	数　量	备　注
1	游标卡尺	0～150mm	1把	精度0.02mm
2	深度游标卡尺	0～200mm	1把	
3	内径百分表	30～50mm	1块	
4	外径千分尺	25～50mm、50～75mm	各1把	

② 以下所需工具、用具、量具由考生准备。

序　号	名　　称	规　格	数　量	备　注
1	绘图工具		1套	
2	三角板		1套	

3. 操作程序说明

(1)测量并记录尺寸及公差。

(2)绘图。

(3)标注尺寸。

(4)标注形位公差及粗糙度。

4. 考试规定说明

(1)如考试违纪,将按规定停止考核。

(2)考试采用百分制,然后按鉴定比重进行折算。

(3)考核方式说明:本项目为技能笔试试题,按标准对测绘结果进行评分。

(4)测量技能说明:本项目主要测试考生对测绘对焊法兰的熟练程度。

5. 考试时限

(1) 准备时间:5min。

(2) 操作时间:120min。

(3) 从正式操作开始计时。

(4) 考试时,根据考试场所确定考试人数,按笔试要求统一计时,提前完成操作不加分,超过规定操作时间按规定标准评分。

6. 评分记录表

序号	考核内容	评分要素	配分	评分标准	检测结果	扣分	得分	备注
1	测量并记录尺寸及公差	根据测量结果记录尺寸及公差	5	测量未做记录不得分;少一处扣1分				
2	绘图	按一定比例绘制主视图	5	主视图不按比例绘制不得分				
		绘制主视图中心线	4	未画中心线不得分				
		主视图在图面上的位置符合标准	8	主视图在图面上的位置不正确不得分				
		主视图能表达零件的基本形状和特征	10	主视图不能表达零件的基本形状和特征不得分				
		主视图半剖或全剖	5	没有半剖或全剖不得分				
		主视图轮廓线完整	5	不完整一处扣1分				
		尺寸线,尺寸界线完整	4	不完整一处扣1分				
		绘制侧视图	8	图形不对不得分;图形对但在图面上的位置不对扣4分;图形位置正确但线型错一处扣1分				
		倒角画法正确	3	少画一处扣1分				
		尺寸线,尺寸界线和箭头绘制完整		一处不正确扣1分				
3	标注尺寸	标注最大外圆公称直径尺寸	5	未标注或标注错误不得分				
		标注阶台外圆公称尺寸及公差	5	未标注或标注错误不得分				
		标注内孔直径尺寸及公差	8	未标注或标注错误不得分				
		标注均布孔中心距尺寸	5	未标注或标注错一处扣3分				
		标注均布孔直径尺寸	5	少标一处扣1分				
		标注均布等分数	3	未标注不得分,少标注一处扣1分				
4	标注形位公差及粗糙度	标注形位公差及符号(垂直度、位置度)	7	未标注或标注位置不对不得分;位置标注正确但少标注一项扣2分				
		标注粗糙度	3	未标注不得分;少标注一处扣1分				
5	图面	图面整洁	2	图面不整洁扣2分				
6	考试时限	在规定时间内完成		提前完成不加分,到时停止操作				
	合 计		100					

考评员: 核分员: 年 月 日

三、AB001 加工内外圆弧

1. 考核要求

(1)必须穿戴好劳动保护用品。
(2)正确使用工具、用具、量具。
(3)按加工合理的工艺要求进行内外圆弧的加工。
(4)符合安全文明操作

2. 准备要求

(1)材料准备:以下所需材料由鉴定站准备。

序 号	名 称	规 格	数 量	备 注
1	试件	75mm×45mm×15mm	1件	Q235-A

备料图如下:

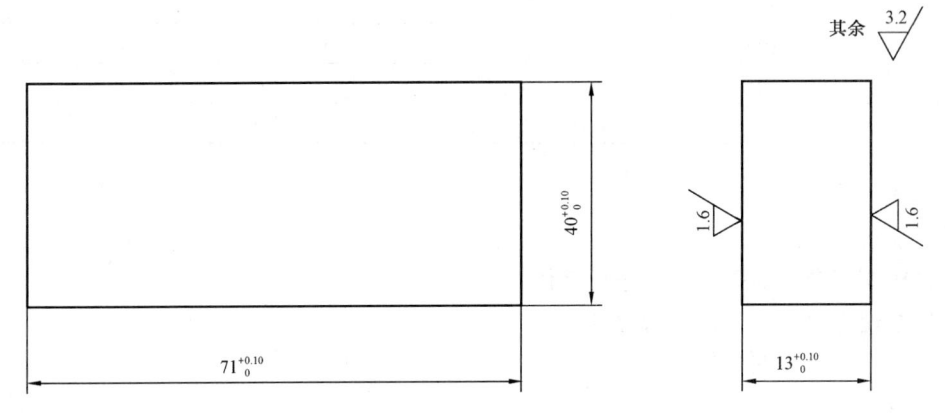

(2)设备准备:以下所需设备由鉴定站准备。

序 号	名 称	规 格	数 量	备 注
1	划线平台	2000mm×1500mm	1台	
2	方箱	205mm×205mm×205mm	1个	
3	台式钻床	Z4112	1台	
4	钳台	3000m×2000mm	1台	
5	台虎钳	125mm	1台	
6	砂轮机	S3SL-250	1台	

(3)工具、用具、量具准备:以下所需工具、用具、量具由鉴定站准备。

序 号	名 称	规 格	数 量	备 注
1	高度游标卡尺	0~300mm	1把	精度0.02mm
2	游标卡尺	0~150mm	1把	精度0.02mm
3	90°角尺	100mm×63mm	1把	一级
4	刀口尺	125mm	1把	

续表

序　号	名　　称	规　格	数量	备　注
5	直柄麻花钻	φ6mm	1个	
6	R规	7～14mm	1个	
		14.5～25mm	1个	
7	锯弓		1个	
8	划针		1个	
9	锯条		1根	
10	平锉	300mm(1号纹)	1把	
		250mm(1号纹)	1把	
		250mm(2号纹)	1把	
		200mm(3号纹)	1把	
11	样冲		1个	
12	软钳口		1副	
13	锉刀刷		1把	
14	钢直尺	0～150mm	1把	
15	手锤		1把	

3. 操作程序说明

(1) 准备工作。

(2) 按加工合理的工艺要求进行操作。

(3) 按规定尺寸对试件进行锉削。

(4) 符合安全文明操作。

(5) 收拾考场。

4. 考核规定说明

(1) 公差等级: IT7。

(2) 形位公差: 面轮廓度 0.05mm、垂直度 0.04mm。

(3) 表面粗糙度: $R_a 3.2 \mu m$。

(4) 图形及技术要求(见下图)。

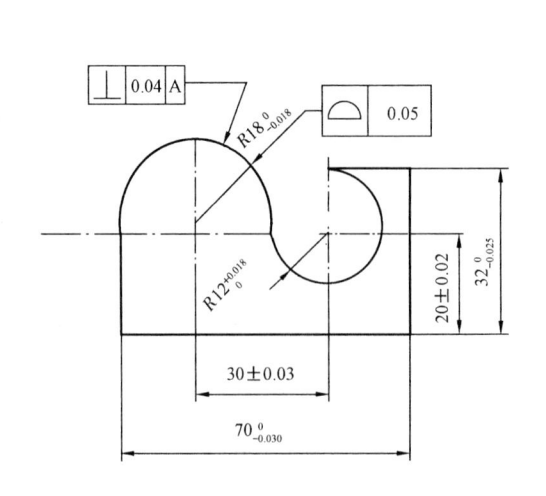

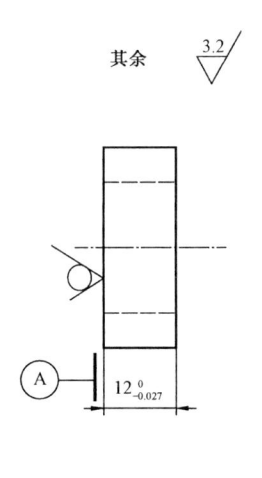

(5)如违章操作,将停止考核。
(6)考核采用百分制,然后按鉴定比重进行折算。
(7)考核方式说明:本项目为实际操作试题,按标准对结果进行评分。
(8)测量技能说明:本项目主要测试考生对加工内外圆弧实际操作的熟练程度。

5. 考核时限

(1)准备时间:10min。
(2)操作时间:240min。
(3)从正式操作开始计时。
(4)提前完成操作不加分,超过规定操作时间按规定标准评分。

6. 评分记录表

序号	考核内容	评分要素	配分	评分标准	检测结果	扣分	得分	备注
1	着装	工作服穿戴整洁	5	不整洁扣5分				
		工作服穿戴衣袖领口系好	5	没系好扣5分				
		工作服穿戴得体	5	不得体扣5分				
2	准备工作	选择所用工具	5	选错一件扣1分				
		选择所用用具	5	选错一件扣1分				
		选择所用量具	5	选错一件扣1分				
3	锉削	$R18_{-0.018}^{0}$mm	8	超差不得分				
		$R12_{0}^{+0.018}$mm	8	超差不得分				
		(20 ± 0.02)mm	5	超差不得分				
		(30 ± 0.03)mm	5	超差不得分				
		$12_{-0.027}^{0}$mm	6	超差不得分				
		$32_{-0.025}^{0}$mm	8	超差不得分				
		$70_{-0.030}^{0}$mm	7	超差不得分				
		⊥ 0.04 A	10	超差不得分				
		⌒ 0.05	8	超差不得分				
		表面粗糙度:$R_a3.2\mu m$	5	降一级不得分				
4	安全文明操作	遵守安全操作规程;在规定时间内完成		每违反一项规定从总分中扣5分;严重违规者停止操作;每超时1min从总分扣5分,超3min停止操作				
	合 计		100					

考评员: 　　　　　　核分员: 　　　　　　年　月　日

四、AB002 加工多角样板

1. 考核要求

(1)必须穿戴好劳动保护用品。
(2)正确使用工具、用具、量具。
(3)按加工合理的工艺要求进行操作。
(4)符合安全文明操作。

2. 准备要求

(1)材料准备：以下所需材料由鉴定站准备。

序号	名称	规格	数量	备注
1	试件	105mm×100mm×6mm	1件	45钢

备料图如下：

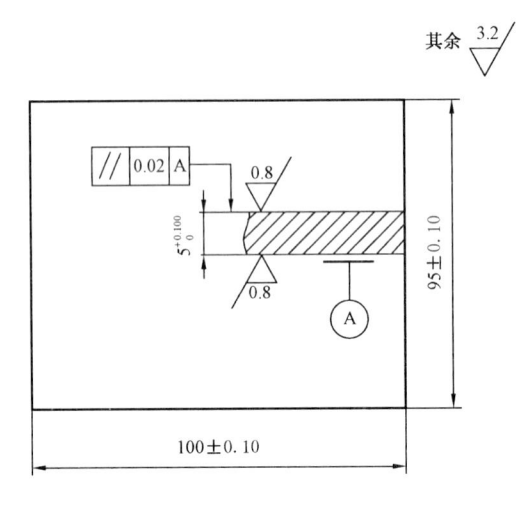

(2)设备准备：以下所需设备由鉴定站准备。

序号	名称	规格	数量	备注
1	划线平台	2000mm×1500mm	1台	
2	方箱	205mm×205mm×205mm	1个	
3	台式钻床	Z4112	1台	
4	钳台	3000m×2000mm	1台	
5	台虎钳	125mm	1台	
6	砂轮机	S3SL－250	1台	

(3)工具、用具、量具准备：以下工具、用具、量具由鉴定站准备。

序号	名称	规格	数量	备注
1	高度游标卡尺	0~300mm	1把	精度0.02mm
2	游标卡尺	0~150mm	1把	精度0.02mm
3	万能角度尺	0°~320°	1把	精度2′
4	千分尺	0~25mm	1把	精度0.01mm
5	90°角尺	100mm×63mm	1把	一级
6	刀口尺	125mm	1把	
7	塞尺		1把	
8	平锉	300mm(1号纹)	1把	
		250mm(1号纹)	1把	
		250mm(2号纹)	1把	
		200mm(3号纹)	1把	

续表

序号	名称	规格	数量	备注
9	锯弓		1把	
10	划针		1个	
11	样冲		1个	
12	软钳口		1副	
13	锉刀刷		1把	
14	钢直尺	0~150mm	1把	
15	手锤		1把	
16	锯条		1根	
17	錾子		自定	
18	外角样板	120°,边长40mm	1块	
19	直柄麻花钻	ϕ2mm	1个	
		ϕ4mm	1个	

3. 操作程序说明

（1）准备工作。

（2）按加工合理的工艺要求进行操作。

（3）按规定尺寸对试件进行锉削。

（4）符合安全文明操作。

（5）收拾考场。

4. 考核规定说明

（1）公差等级：IT7、未注公差按IT14（2处）。

（2）形位公差：直线度0.03mm、垂直度0.03mm。

（3）表面粗糙度：R_a3.2μm。

（4）图形及技术要求（见下图）。

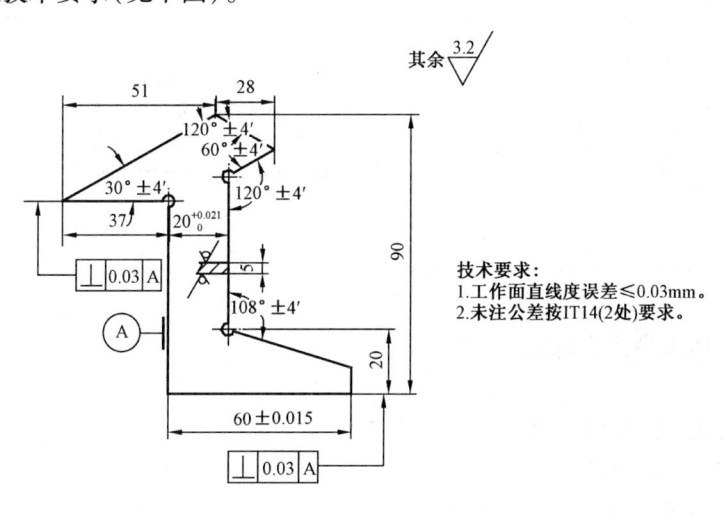

技术要求：
1. 工作面直线度误差≤0.03mm。
2. 未注公差按IT14（2处）要求。

（5）如违章操作,将停止考核。

（6）考核采用百分制,然后按鉴定比重进行折算。

(7)考核方式说明：本项目为实际操作试题，按标准对结果进行评分。
(8)测量技能说明：本项目主要测试考生对加工多角样板实际操作的熟练程度。

5. 考核时限

(1)准备时间：10min。
(2)操作时间：240min。
(3)从正式操作开始计时。
(4)提前完成操作不加分，超过规定操作时间按规定标准评分。

6. 评分记录表

序号	考核内容	评分要素	配分	评分标准	检测结果	扣分	得分	备注
1	着装	工作服穿戴整洁	5	不整洁扣5分				
		工作服穿戴衣袖领口系好	5	没系好扣5分				
		工作服穿戴得体	5	不得体扣5分				
2	准备工作	选择所用工具	5	选错一件扣1分				
		选择所用用具	5	选错一件扣1分				
		选择所用量具	5	选错一件扣1分				
3	锉削	(60 ± 0.015)mm	5	超差不得分				
		$20_{\ 0}^{+0.021}$mm	5	超差不得分				
		未注公差按IT14(2处)	5	超差不得分				
		$30° \pm 4'$	8	超差不得分				
		$120° \pm 4'$(凸)	8	超差不得分				
		$60° \pm 4'$	6	超差不得分				
		$120° \pm 4'$(凹)	6	超差不得分				
		$108° \pm 4'$(凸)	6	超差不得分				
		工作面直线度误差≤0.03mm	6	超差不得分				
		⊥ 0.03 A (2处)	6	超差不得分				
		表面粗糙度：$R_a3.2\mu m$	9	降一级不得分				
4	安全文明操作	遵守安全操作规程；在规定时间内完成		每违反一项规定从总分中扣5分；严重违规者停止操作；每超时1min从总分扣5分，超3min停止操作				
		合　　计	100					

考评员：　　　　　　　　　核分员：　　　　　　　　　年　月　日

五、AB003　加工平行直角块

1. 考核要求

(1)必须穿戴好劳动保护用品。
(2)正确使用工具、用具、量具。
(3)按加工合理的工艺要求进行操作。
(4)符合安全文明操作。

2. 准备要求

(1) 材料准备：以下所需材料由鉴定站准备。

序 号	名 称	规 格	数 量	备 注
1	试件	155mm×75mm×75mm	1件	HT200

备料图如下：

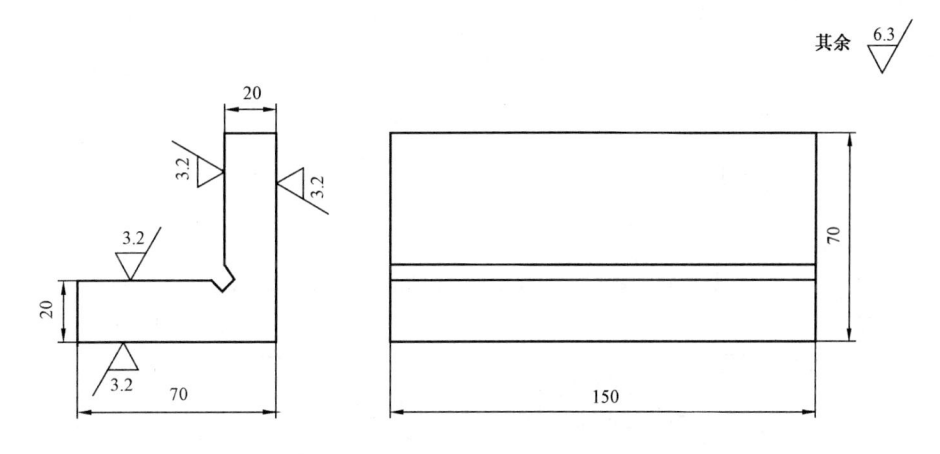

(2) 设备准备：以下所需设备由鉴定站准备。

序 号	名 称	规 格	数 量	备 注
1	划线平台	2000mm×1500mm	1台	
2	方箱	205mm×205mm×205mm	1个	
3	台式钻床	Z4112	1台	
4	钳台	3000m×2000mm	1台	
5	台虎钳	125mm	1台	
6	砂轮机	S3SL-250	1台	

(3) 工具、用具、量具准备：以下工具、用具、量具由鉴定站准备。

序 号	名 称	规 格	数 量	备 注
1	平板	300mm×200mm	1把	0级
2	千分表头	0~1mm	1个	
3	磁力表座		1个	
4	研磨板	50mm×100mm	1块	0级
5	粗平面刮刀		1把	
6	细平面刮刀		1把	
7	精平面刮刀		1把	
8	涂色料	红丹油	自定	

3. 操作程序说明

(1) 准备工作。

(2) 按加工合理的工艺要求进行操作。

(3) 按规定尺寸对试件进行锉削。

(4)符合安全文明操作。
(5)收拾考场。

4. 考核规定说明

(1)形位公差:平行度 0.01mm、垂直度 0.02mm。
(2)表面粗糙度:表面粗糙度: $R_a 0.8 \mu m$。
(3)其他方面:18 点/(25mm×25mm)。
(4)图形及技术要求(见下图)。

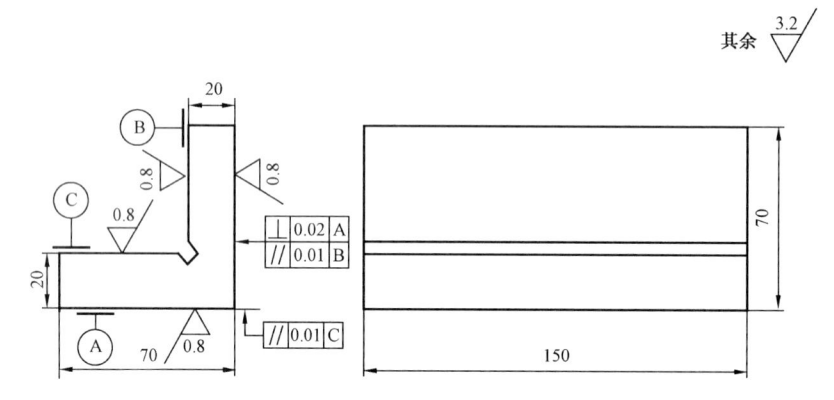

(5)如违章操作,将停止考核。
(6)考核采用百分制,然后按鉴定比重进行折算。
(7)考核方式说明:本项目为实际操作试题,按标准对结果进行评分。
(8)测量技能说明:本项目主要测试考生对加工平行直角块实际操作的熟练程度。

5. 考核时限

(1)准备时间:10min。
(2)操作时间:270min。
(3)从正式操作开始计时。
(4)提前完成操作不加分,超过规定操作时间按规定标准评分。

6. 评分记录表

序号	考核内容	评分要素	配分	评分标准	检测结果	扣分	得分	备注
1	着装	工作服穿戴整洁	5	不整洁扣5分				
		工作服穿戴衣袖领口系好	5	没系好扣5分				
		工作服穿戴得体	5	不得体扣5分				
2	准备工作	选择所用工具	5	选错一件扣1分				
		选择所用用具	5	选错一件扣1分				
		选择所用量具	5	选错一件扣1分				
3	锉削	内角 ⊥ 0.02 A	10	超差不得分				
		外角 ⊥ 0.02 A	10	超差不得分				
		立面与立面平行	10	超差不得分				
		立面 // 0.01 B	10	超差不得分				

续表

序号	考核内容	评分要素	配分	评分标准	检测结果	扣分	得分	备注
3	锉削	水平面 // 0.01 C	10	超差不得分				
		18 点/(25mm×25mm)	10	超差不得分				
		表面粗糙度：$R_a 0.8 \mu m$	10	降一级不得分				
4	安全文明操作	遵守安全操作规程；在规定时间内完成		每违反一项规定从总分中扣5分；严重违规者停止操作；每超时1min从总分扣5分，超3min停止操作				
		合　　计	100					

考评员：　　　　　　　　　　　核分员：　　　　　　　　　　　　　年　月　日

六、AB004　三四五方镶合套

1. 考核要求

(1) 必须穿戴好劳动保护用品。

(2) 正确使用工具、用具、量具。

(3) 按加工合理的工艺要求进行操作。

(4) 符合安全文明操作。

2. 准备要求

(1) 材料准备：以下所需材料由鉴定站准备。

序号	名　称	规　格	数　量	备　注
1	试件	35mm×35mm×8mm	1件	Q235-A
2		60mm×60mm×8mm	1件	Q235-A
3		90mm×90mm×8mm	1件	Q235-A

备料图如下：

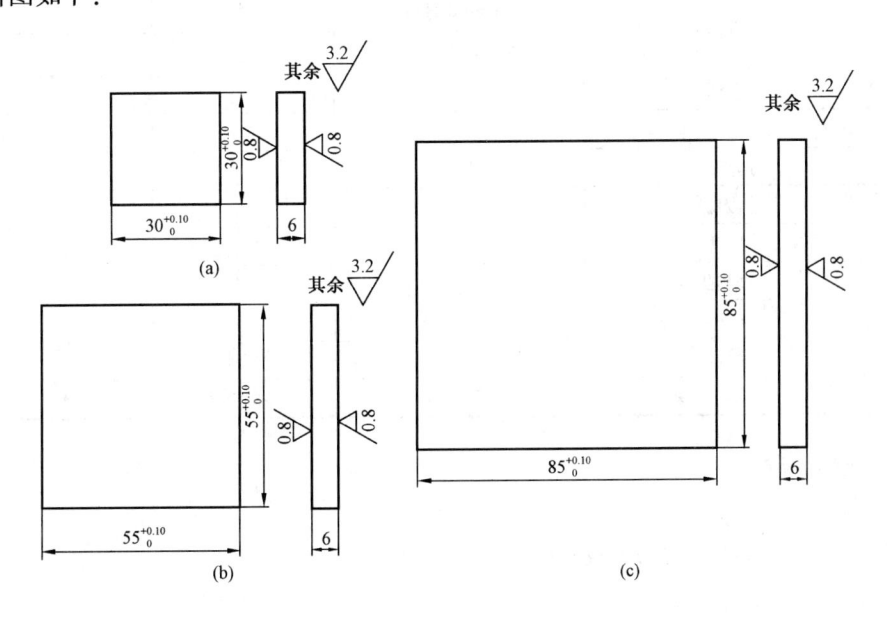

(2)设备准备:以下所需设备由鉴定站准备。

序 号	名 称	规 格	数 量	备 注
1	划线平台	2000mm×1500mm	1台	
2	方箱	205mm×205mm×205mm	1个	
3	台式钻床	Z4112	1台	
4	钳台	3000m×2000mm	1台	
5	台虎钳	125mm	1台	
6	砂轮机	S3SL-250	1台	

(3)工具、用具、量具准备:以下所需工具、用具、量具由鉴定站准备。

序 号	名 称	规 格	数 量	备 注
1	高度游标卡尺	0~300mm	1把	精度0.02mm
2	游标卡尺	0~150mm	1把	精度0.02mm
3	万能角度尺	0°~320°	1把	
4	直角尺	100mm×63mm	1把	一级
5	刀口尺	125mm	1把	
6	塞尺	0.02~0.5mm	1把	
7	直柄麻花钻	ϕ4mm	1个	
		ϕ8mm	1个	
		ϕ10mm	1个	
8	平锉	250mm(1号纹)	1把	
		250mm(2号纹)	1把	
		200mm(4号纹)	1把	
9	三角锉	200mm(2号纹)	1把	
		200mm(3号纹)	1把	
		150mm(2号纹)	1把	
10	方锉	200mm(2号纹)	1把	
		200mm(3号纹)	1把	
11	手锤		1把	
12	锯条		自定	
13	钢直尺	0~150mm	1把	
14	锉刀刷		1把	
15	划针		1个	
16	划规		1个	
17	样冲		1个	
18	软钳口		1副	
19	錾子		自定	

3. 操作程序说明

(1)准备工作。

(2)检查设备、工具、用具、量具。

(3)按加工合理的工艺要求进行锉削。
(4)收拾考场。

4. 考核规定说明
(1)公差等级:IT8。
(2)形位公差:0.04~0.03mm。
(3)表面粗糙度:锉配 R_a3.2μm。
(4)图形及技术要求(见下图),其他方面:配合间隙≤0.04mm。

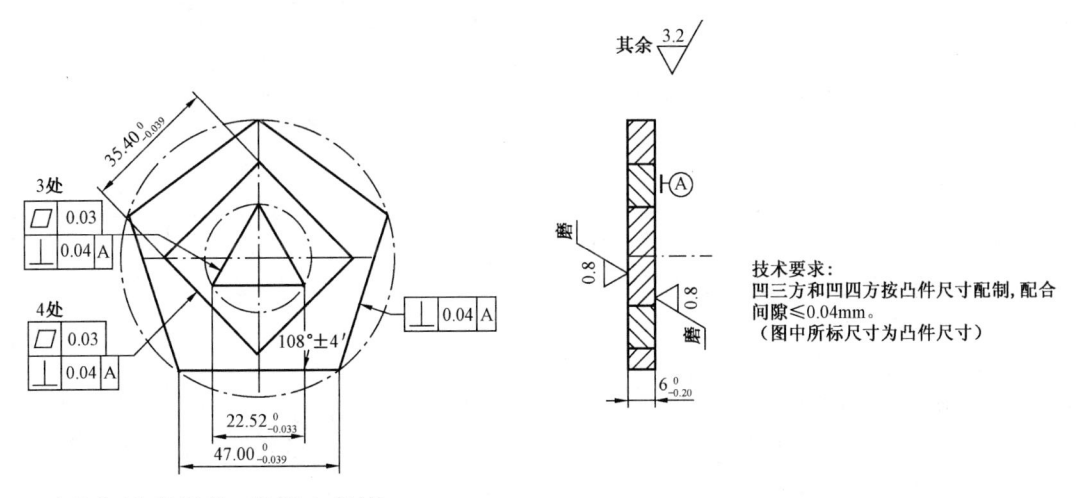

技术要求:
凹三方和凹四方按凸件尺寸配制,配合间隙≤0.04mm。
(图中所标尺寸为凸件尺寸)

(5)如违章操作,将停止考核。
(6)考核采用百分制,然后按鉴定比重进行折算。
(7)考核方式说明:本项目为实际操作试题,按标准对结果进行评分。
(8)测量技能说明:本项目主要测试考生对三四五方镶合套实际操作的熟练程度。

5. 考核时限
(1)准备时间:10min。
(2)操作时间:270min。
(3)从正式操作开始计时。
(4)提前完成操作不加分,超过规定操作时间按规定标准评分。

6. 评分记录表

序号	考核内容	评分要素	配分	评分标准	检测结果	扣分	得分	备注
1	着装	工作服穿戴整洁	5	不整洁扣5分				
		工作服穿戴衣袖领口系好	5	没系好扣5分				
		工作服穿戴得体	5	不得体扣5分				
2	准备工作	选择所用工具	5	选错一件扣1分				
		选择所用用具	5	选错一件扣1分				
		选择所用量具	3	选错一件扣1分				
3	锉削	$22.52_{-0.033}^{0}$mm(3处)	9	超差不得分				
		$35.40_{-0.039}^{0}$mm(4处)	9	超差不得分				
		$47.00_{-0.039}^{0}$mm(5处)	9	超差不得分				

续表

序号	考核内容	评分要素	配分	评分标准	检测结果	扣分	得分	备注
3	锉削	108°±4′	9	超差不得分				
		▱ 0.03	9	超差不得分				
		⊥ 0.04 A	9	超差不得分				
		配合间隙≤0.04mm	9	超差不得分				
		表面粗糙度:$R_a 0.8\mu m$	9	降一级不得分				
4	安全文明操作	遵守安全操作规程;在规定时间内完成		每违反一项规定从总分中扣5分;严重违规者停止操作;每超时1min从总分扣5分,超3min停止操作				
	合 计		100					

考评员:　　　　　　　　　　　核分员:　　　　　　　　　　年　月　日

七、AB005　四五六方镶合套

1. 考核要求

（1）必须穿戴好劳动保护用品。

（2）正确使用工量、用具、量具。

（3）按加工合理的工艺要求进行操作。

（4）符合安全文明操作

2. 准备要求

（1）材料准备:以下所需材料由鉴定站准备。

序号	名　称	规　格	数　量	备　注
1	试件	35mm×35mm×8mm、70mm×70mm×8mm、90mm×90mm×8mm	各1件	Q235-A

备料图如下:

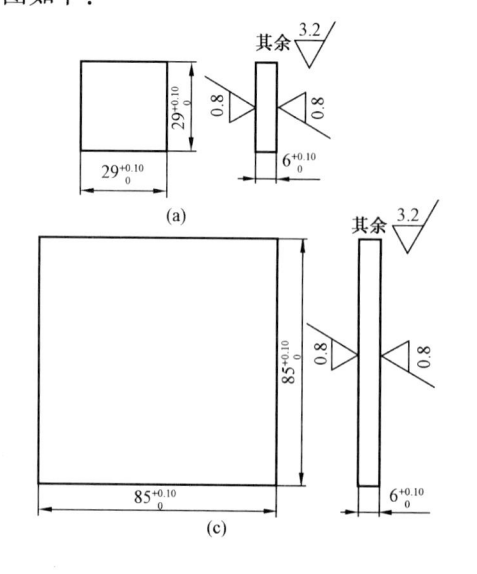

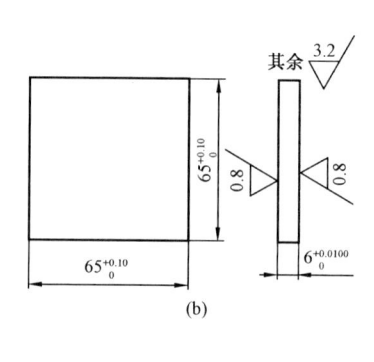

(a)

(b)

(c)

(2)设备准备:以下所需设备由鉴定站准备。

序 号	名 称	规 格	数 量	备 注
1	划线平台	2000mm×1500mm	1台	
2	方箱	205mm×205mm×205mm	1个	
3	台式钻床	Z4112	1台	
4	钳台	3000m×2000mm	1台	
5	台虎钳	125mm	1台	
6	砂轮机	S3SL-250	1台	

(3)工具、用具、量具准备:以下所需工具、用具、量具由鉴定站准备。

序 号	名 称	规 格	数 量	备 注
1	高度游标卡尺	0~300mm	1把	精度0.02mm
2	游标卡尺	0~150mm	1把	精度0.02mm
3	万能角度尺	0°~320°	1把	
4	直角尺	100mm×63mm	1把	一级
5	刀口尺	125mm	1把	
6	塞尺	0.02~0.5mm	1把	
7	直柄麻花钻	ϕ4mm	1个	
		ϕ8mm	1个	
		ϕ10mm	1个	
8	平锉	250mm(1号纹)	1把	
		250mm(2号纹)	1把	
		200mm(4号纹)	1把	
9	三角锉	200mm(2号纹)	1把	
		200mm(3号纹)	1把	
		150mm(2号纹)	1把	
10	方锉	200mm(2号纹)	1把	
		200mm(3号纹)	1把	
11	手锤		1把	
12	锯条		自定	
13	钢直尺	0~150mm	1把	
14	锉刀刷		1把	
15	划针		1个	
16	划规		1个	
17	样冲		1个	
18	软钳口		1副	
19	錾子		自定	

3.操作程序说明

(1)准备工作。

(2)按加工合理的工艺要求进行操作。

(2) 设备准备：以下所需设备由鉴定站准备。

序 号	名 称	规 格	数 量	备 注
1	划线平台	2000mm×1500mm	1 台	
2	方箱	205mm×205mm×205mm	1 个	
3	台式钻床	Z4112	1 台	
4	钳台	3000m×2000mm	1 台	
5	台虎钳	125mm	1 台	
6	砂轮机	S3SL-250	1 台	

(3) 工具、用具、量具准备：以下所需工具、用具、量具由鉴定站准备。

序 号	名 称	规 格	数 量	备 注
1	高度游标卡尺	0~300mm	1 把	精度 0.02mm
2	游标卡尺	0~150mm	1 把	精度 0.02mm
3	万能角度尺	0°~320°	1 把	2′
4	直角尺	100mm×63mm	1 把	一级
5	刀口尺	100mm	1 把	
6	塞尺	0.02~0.5mm	1 把	
7	直柄麻花钻	ϕ9.8mm	1 个	
		ϕ9.9mm	1 个	
		ϕ12mm	1 个	
8	平锉	300mm（1 号纹）	1 把	
		250mm（3 号纹）	1 把	
		200mm（4 号纹）	1 把	
9	千分尺	25~50mm	1 把	精度 0.01mm
10	正弦规	100mm×80mm	1 个	
11	杠杆百分表	0~0.8mm	1 块	精度 0.01mm
12	手用圆柱铰刀	ϕ10mm	1 个	H7
13	V 形架		1 个	
14	检验棒	ϕ10mm×100mm	1 根	H6
15	量块	38 块	1 套	一级
16	表架		1 个	
17	R 规	5~14.5mm	1 把	
18	手锤		1 把	
19	锯条		自定	
20	钢直尺	0~150mm	1 把	
21	锉刀刷		1 把	
22	划针		1 个	
23	划规		1 个	

续表

序 号	名 称	规 格	数 量	备 注
24	样冲		1个	
25	软钳口		1副	
26	錾子		自定	
27	铰杠		1根	

3. 操作程序说明

(1) 准备工作。
(2) 按加工合理的工艺要求进行操作。
(3) 按规定尺寸对试件进行锉削。
(4) 符合安全文明操作。
(5) 收拾考场。

4. 考核规定说明

(1) 公差等级：锉削 IT8、铰孔 IT7。
(2) 形位公差：锉削平面度 0.03mm、垂直度 0.03mm、同轴度 ϕ0.20mm、铰孔垂直度 0.03mm。
(3) 表面粗糙度：锉削 R_a3.2μm、铰孔 R_a1.6μm。
(4) 图形及技术要求（见下图）。

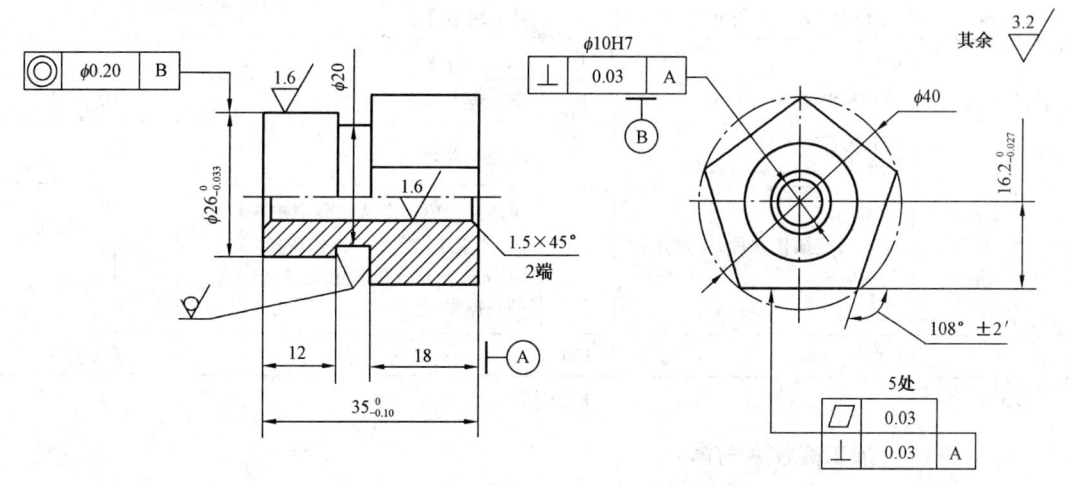

技术要求：加工尺寸 $\phi 26_{-0.033}^{0}$ 时，不得碰伤五角形左端。

(5) 如违章操作，将停止考核。
(6) 考核采用百分制，然后按鉴定比重进行折算。
(7) 考核方式说明：本项目为实际操作试题，按标准对结果进行评分。
(8) 测量技能说明：本项目主要测试考生对加工圆柱五角体实际操作的熟练程度。

5. 考核时限

(1) 准备时间：10min。
(2) 操作时间：270min。
(3) 从正式操作开始计时。

(4)提前完成操作不加分,超过规定操作时间按规定标准评分。

6. 评分记录表

序号	考核内容	评分要素	配分	评分标准	检测结果	扣分	得分	备注
1	着装	工作服穿戴整洁	2	违反一项扣2分				
		工作服穿戴衣袖领口系好	5	违反一项扣5分				
		工作服穿戴得体	5	违反一项扣5分				
2	准备工作	选择所用工具	5	选错一件扣1分				
		选择所用用具	5	选错一件扣1分				
		选择所用量具	3	选错一件扣1分				
3	锉削	$16.2_{-0.027}^{0}$ mm(5处)	10	超差不得分				
		108°±2′(5处)	10	超差不得分				
		表面粗糙度:$R_a 3.2 \mu m$(7处)	7	降一级不得分				
		▱ 0.03 (5处)	5	超差不得分				
		⊥ 0.03 A (5处)	5	超差不得分				
		$\phi 26_{-0.033}^{0}$ mm	10	超差不得分				
		◎ φ0.20 B	5	超差不得分				
		表面粗糙度:$R_a 3.2 \mu m$	3	降一级不得分				
4	铰孔	φ10H7	6	超差不得分				
		表面粗糙度:$R_a 1.6 \mu m$	4	降一级不得分				
		⊥ 0.03 A	10	超差不得分				
5	安全文明操作	遵守安全操作规程;在规定时间内完成		每违反一项规定从总分中扣5分;严重违规者停止操作;每超时1min从总分扣5分,超3min停止操作				
		合　计	100					

考评员:　　　　　　　　　核分员:　　　　　　　　　年　月　日

九、AB007　加工圆柱六角体

1. 考核要求

(1)必须穿戴好劳动保护用品。

(2)正确使用工具、用具、量具。

(3)按加工合理的工艺要求进行操作。

(4)符合安全文明操作。

2. 准备要求

(1)材料准备:以下所需材料由鉴定站准备。

序号	名称	规格	数量	备注
1	试件	见备料图	1件	45钢

备料图如下：

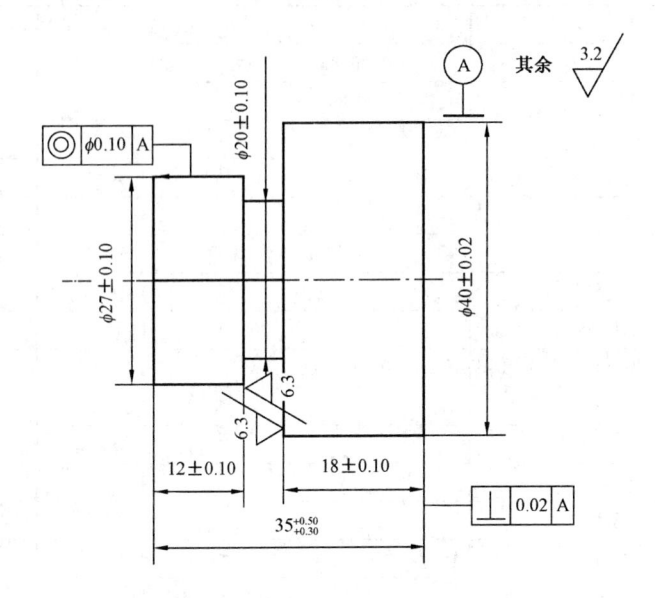

(2) 设备准备：以下所需设备由鉴定站准备。

序号	名称	规格	数量	备注
1	划线平台	2000mm×1500mm	1台	
2	方箱	205mm×205mm×205mm	1个	
3	台式钻床	Z4112	1台	
4	钳台	3000m×2000mm	1台	
5	台虎钳	125mm	1台	
6	砂轮机	S3SL-250	1台	

(3) 工具、用具、量具准备：以下所需工具、用具、量具由鉴定站准备。

序号	名称	规格	数量	备注
1	高度游标卡尺	0~300mm	1把	精度0.02mm
2	游标卡尺	0~150mm	1把	精度0.02mm
3	万能角度尺	0°~320°	1把	
4	直角尺	100mm×63mm	1把	一级
5	刀口尺	125mm	1把	
6	塞尺	0.02~0.5mm	1把	
7	直柄麻花钻	ϕ9.8mm	1个	
		ϕ9.9mm	1个	
		ϕ12mm	1个	
8	平锉	250mm(1号纹)	1把	
		250mm(2号纹)	1把	
		200mm(4号纹)	1把	
9	千分尺	25~50mm	1把	精度0.01mm
10	正弦规	100mm×80mm	1个	

续表

序 号	名 称	规 格	数 量	备 注
11	杠杆百分表	0~0.8mm	1块	精度0.01mm
12	手用圆柱铰刀	φ10mm	1个	
13	V形架		1个	
14	量块	38块	1块	一级
15	表架		1个	
16	R规	5~14.5mm	1个	
17	手锤		1把	
18	锯条		自定	
19	钢直尺	0~150mm	1把	
20	锉刀刷		1把	
21	划针		1个	
22	划规		1个	
23	样冲		1个	
24	软钳口		1副	
25	錾子		自定	
26	铰杠		1根	

3. 操作程序说明

(1)准备工作。

(2)按加工合理的工艺要求进行操作。

(3)按规定尺寸对试件进行锉削。

(4)符合安全文明操作。

(5)收拾考场。

4. 考核规定说明

(1)公差等级:锉削IT8、铰孔IT7。

(2)形位公差:锉削平行度0.03mm、垂直度0.03mm、同轴度φ0.20mm、铰孔垂直度0.03mm。

(3)表面粗糙度:锉削R_a3.2μm、铰孔R_a1.6μm。

(4)图形及技术要求(见下图)。

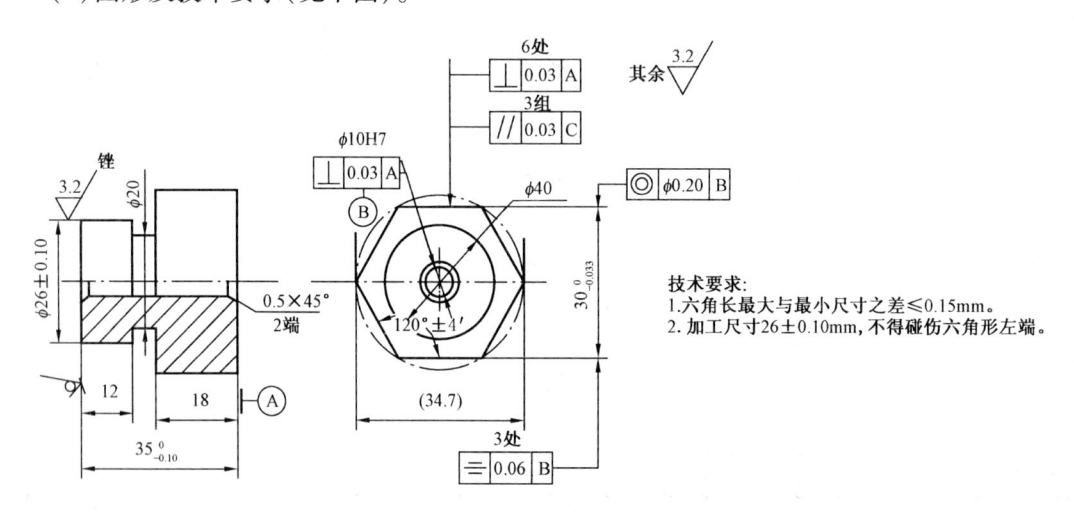

技术要求:
1. 六角长最大与最小尺寸之差≤0.15mm。
2. 加工尺寸26±0.10mm,不得碰伤六角形左端。

(5)如违章操作,将停止考核。
(6)考核采用百分制,然后按鉴定比重进行折算。
(7)考核方式说明:本项目为实际操作试题,按标准对结果进行评分。
(8)测量技能说明:本项目主要测试考生对加工圆柱六角体实际操作的熟练程度。

5. 考核时限

(1)准备时间:10min。
(2)操作时间:240min。
(3)从正式操作开始计时。
(4)提前完成操作不加分,超过规定操作时间按规定标准评分。

6. 评分记录表

序号	考核内容	评分要素	配分	评分标准	检测结果	扣分	得分	备注
1	着装	工作服穿戴整洁	5	不整洁扣5分				
		工作服穿戴衣袖领口系好	5	没系好扣5分				
		工作服穿戴得体	5	不得体扣5分				
2	准备工作	选择所用工具	5	选错一件扣1分				
		选择所用用具	5	选错一件扣1分				
		选择所用量具	5	选错一件扣1分				
3	锉削	$30_{-0.033}^{0}$ mm(3处)	5	超差不得分				
		120°±4′(6处)	5	超差不得分				
		表面粗糙度:R_a3.2μm(8处)	6	降一级不得分				
		⊥ 0.03 A(6处)	12	超差不得分				
		∥ 0.03 C(3组)	6	超差不得分				
		= 0.06 B(3处)	6	超差不得分				
		六边长尺寸之差≤0.15mm	5	超差不得分				
		φ26mm±0.10	6	超差不得分				
		◎ φ0.20 B	6	超差不得分				
		表面粗糙度:R_a1.6μm	3	降一级不得分				
		$35_{-0.10}^{0}$ mm	4	超差不得分				
		φ10H7	6	超差不得分				
4	安全文明操作	遵守安全操作规程;在规定时间内完成		每违反一项规定从总分中扣5分;严重违规者停止操作;每超时1min从总分扣5分,超3min停止操作				
	合 计		100					

考评员:　　　　　　　　　　核分员:　　　　　　　　　　年　月　日

十、AB008　加工刀口形直角尺

1. 考核要求

(1)必须穿戴好劳动保护用品。
(2)正确使用工具、用具、量具。

(3)按加工合理的工艺要求进行操作。

(4)符合安全文明操作。

2. 准备要求

(1)材料准备:以下所需材料由鉴定站准备。

序 号	名 称	规 格	数 量	备 注
1	试件	$\phi55mm \times 12mm$	1件	Q235-A
2	试件	$26mm \times 26mm \times 15mm$	1件	Q235-A

备料图如下:

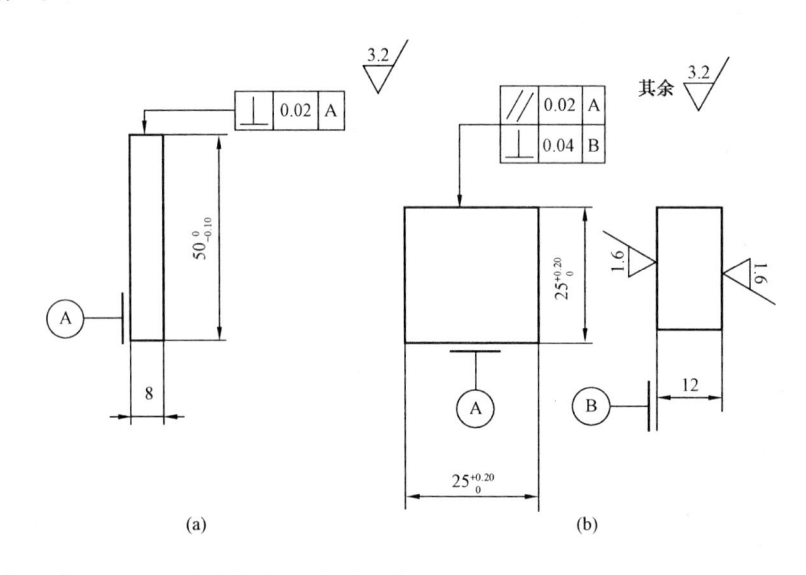

(2)设备准备:以下所需设备由鉴定站准备。

序 号	名 称	规 格	数 量	备 注
1	划线平台	$2000mm \times 1500mm$	1台	
2	方箱	$205mm \times 205mm \times 205mm$	1个	
3	台式钻床	Z4112	1台	
4	钳台	$3000m \times 2000mm$	1台	
5	台虎钳	125mm	1台	
6	砂轮机	S3SL-250	1台	

(3)工具、用具、量具准备:以下所需工具、用具、量具由鉴定站准备。

序 号	名 称	规 格	数 量	备 注
1	高度游标卡尺	$0 \sim 300mm$	1把	精度0.02mm
2	游标卡尺	$0 \sim 150mm$	1把	精度0.02mm
3	万能角度尺	$0° \sim 320°$	1把	
4	直角尺	$100mm \times 63mm$	1把	一级
5	刀口尺	125mm	1把	

续表

序 号	名 称	规 格	数 量	备 注
6	塞尺	0.02~0.5mm	1把	
7	直柄麻花钻	ϕ2mm	1个	
		ϕ4.8mm	1个	
		ϕ4.9mm	1个	
		ϕ7mm	1个	
8	平锉	250mm(1号纹)	1把	
		250mm(2号纹)	1把	
		200mm(4号纹)	1把	
9	千分尺	25~50mm	1把	精度0.01mm
10	手用圆柱铰刀	ϕ5mm	1把	H7
11	油石	扁形、三角形	1块	
12	手锤		1把	
13	锯条		自定	
14	R规	5~14.5mm	1个	
15	钢直尺	0~150mm	1把	
16	锉刀刷		1把	
17	划针		1个	
18	划规		1个	
19	样冲		1个	
20	软钳口		1副	
21	錾子		自定	
22	铰杠		1根	

3. 操作程序说明

(1)准备工作。

(2)按加工合理的工艺要求进行操作。

(3)按规定尺寸对试件进行锉削。

(4)符合安全文明操作。

(5)收拾考场。

4. 考核规定说明

(1)公差等级:锉削IT8、铰孔IT7。

(2)形位公差:锉削0.03mm。

(3)表面粗糙度:锉削R_a3.2μm、铰孔R_a1.6μm。

(4)图形及技术要求(见下图)。

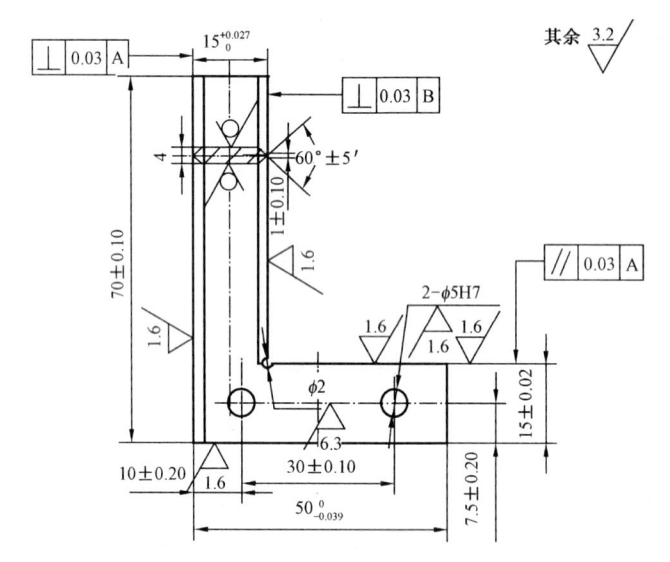

(5)如违章操作,将停止考核。
(6)考核采用百分制,然后按鉴定比重进行折算。
(7)考核方式说明:本项目为实际操作试题,按标准对结果进行评分。
(8)测量技能说明:本项目主要测试考生对加工刀口形直角尺实际操作的熟练程度。

5. 考核时限

(1)准备时间:10min。
(2)操作时间:240min。
(3)从正式操作开始计时。
(4)提前完成操作不加分,超过规定操作时间按规定标准评分。

6. 评分记录表

序号	考核内容	评分要素	配分	评分标准	检测结果	扣分	得分	备注
1	着装	工作服穿戴整洁	5	不整洁扣5分				
		工作服穿戴衣袖领口系好	5	没系好扣5分				
		工作服穿戴得体	5	不得体扣5分				
2	准备工作	选择所用工具	5	选错一件扣1分				
		选择所用用具	5	选错一件扣1分				
		选择所用量具	5	选错一件扣1分				
3	锉削	(15 ± 0.02)mm	5	超差不得分				
		$15^{+0.027}_{0}$mm	5	超差不得分				
		$50^{0}_{-0.039}$mm	5	超差不得分				
		(1 ± 0.10)mm(2处)	5	超差不得分				
		$60°\pm5'$	5	超差不得分				
		// 0.03 A	5	超差不得分				

续表

序号	考核内容	评分要素	配分	评分标准	检测结果	扣分	得分	备注
3	锉削	⊥ 0.03 A	5	超差不得分				
		⊥ 0.03 B	5	超差不得分				
		表面粗糙度:$R_a1.6\mu m$	8	降一级不得分				
		表面粗糙度:$R_a3.2\mu m$	6	降一级不得分				
4	铰孔	2-φ5H7	6	超差不得分				
		(30±0.10)mm	5	超差不得分				
		表面粗糙度:$R_a1.6\mu m$	5	降一级不得分				
5	安全文明操作	遵守安全操作规程;在规定时间内完成		每违反一项规定从总分中扣5分;严重违规者停止操作;每超时1min从总分扣5分,超3min停止操作				
		合　计	100					

考评员:　　　　　　　　核分员:　　　　　　　　年　月　日

十一、AB009　加工方孔圆柱

1. 考核要求

(1)必须穿戴好劳动保护用品。
(2)正确使用工具、用具、量具。
(3)按加工合理的工艺要求进行操作。
(4)符合安全文明操作。

2. 准备要求

(1)材料准备:以下所需材料由鉴定站准备。

序号	名称	规格	数量	备注
1	试件	φ35mm×95mm	1件	45钢

备料图如下:

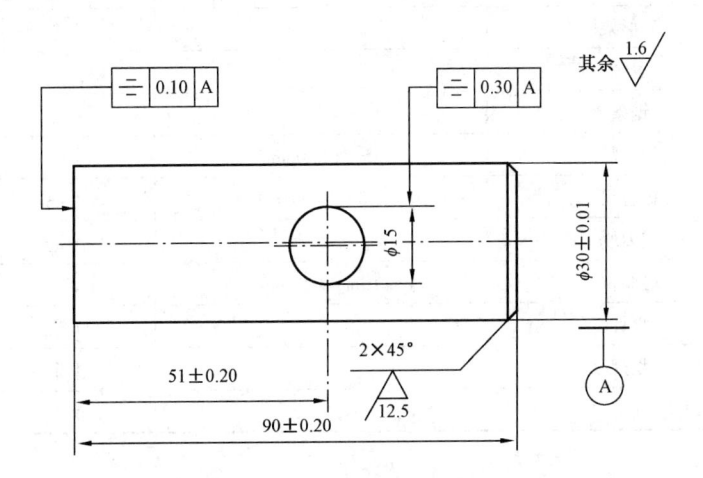

(2)设备准备:以下所需设备由鉴定站准备。

序 号	名 称	规 格	数 量	备 注
1	划线平台	2000mm×1500mm	1台	
2	方箱	205mm×205mm×205mm	1个	
3	台式钻床	Z4112	1台	
4	钳台	3000m×2000mm	1台	
5	台虎钳	125mm	1台	
6	砂轮机	S3SL-250	1台	

(3)工具、用具、量具准备:以下所需工具、用具、量具由鉴定站准备。

序 号	名 称	规 格	数 量	备 注
1	高度游标卡尺	0~300mm	1把	精度0.02mm
2	游标卡尺	0~150mm	1把	精度0.02mm
3	万能角度尺	0°~320°	1把	
4	直角尺	100mm×63mm	1把	一级
5	刀口尺	125mm	1把	
6	塞尺	0.02~0.5mm	1把	
7	塞规	ϕ10mm	1个	H7
8	直柄麻花钻	ϕ3mm	1个	
		ϕ8mm	1个	
		ϕ9.8mm	1个	
9	平锉	150mm(5号纹)	1把	
		100mm(5号纹)	1把	
10	方锉	250mm(2号纹)	1把	
		250mm(4号纹)	1把	
		200mm(5号纹)	1把	
11	千分尺	25~50mm	1把	精度0.01mm
12	手用圆柱铰刀	ϕ10mm	1把	H7
13	V形架		1个	
14	手锤		1把	
15	锯条		自定	
16	R规	5~14.5mm	1个	
17	钢直尺	0~150mm	1把	
18	锉刀刷		1把	
19	检验棒	ϕ10mm×120mm	1根	
20	划针		1个	
21	划规		1个	
22	样冲		1个	

续表

序 号	名 称	规 格	数 量	备 注
23	软钳口		1 副	
24	铰杠		1 根	
25	三角锉	100mm(4 号纹)	1 把	
26	百分表	0~0.8mm	1 块	
27	表架		1 个	
28	平板	280mm×330mm	1 块	
29	自制方规	$16_{\ 0}^{+0.03}$mm×$16_{\ 0}^{+0.03}$mm×60mm	1 块	

3. 操作程序说明

(1) 准备工作。

(2) 按加工合理的工艺要求进行锉削。

(3) 收拾考场。

4. 考核规定说明

(1) 公差等级:锉削 IT8、铰孔 IT7、锯削 IT14。

(2) 形位公差:锉削平行度 0.04mm、垂直度 0.04mm、平面度 0.03mm、对称度 0.06mm;铰孔垂直度 0.03mm、对称度 0.20mm;锯削平面度 0.30mm、垂直度 0.40mm。

(3) 表面粗糙度:锉削 R_a1.6μm、铰孔 R_a1.6μm、锯削 R_a25μm。

(4) 图形及技术要求(见下图)。

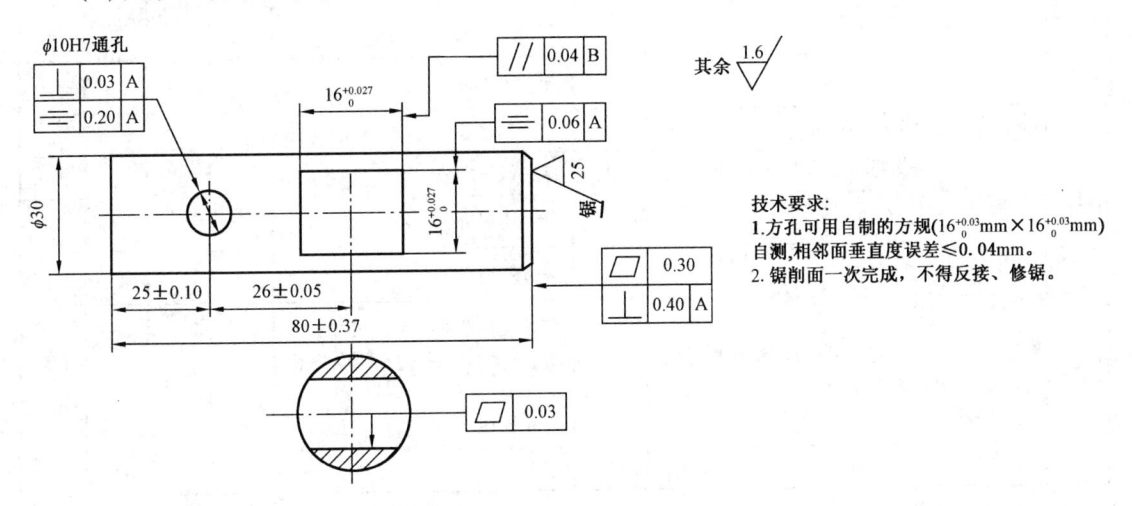

技术要求:
1. 方孔可用自制的方规($16_{\ 0}^{+0.03}$mm×$16_{\ 0}^{+0.03}$mm)自测,相邻面垂直度误差≤0.04mm。
2. 锯削面一次完成,不得反接、修锯。

(5) 如违章操作,将停止考核。

(6) 考核采用百分制,然后按鉴定比重进行折算。

(7) 考核方式说明:本项目为实际操作试题,按标准对结果进行评分。

(8) 测量技能说明:本项目主要测试考生对加工方孔圆柱实际操作的熟练程度。

5. 考核时限

(1) 准备时间:15min。

(2) 操作时间:240min。

(3)从正式操作开始计时。

(4)提前完成操作不加分,超过规定操作时间按规定标准评分。

6. 评分记录表

序号	考核内容	评分要素	配分	评分标准	检测结果	扣分	得分	备注
1	着装	工作服穿戴整洁	5	不整洁扣5分				
		工作服穿戴衣袖领口系好	5	没系好扣5分				
		工作服穿戴得体	5	不得体扣5分				
2	准备工作	选择所用工具、用具、量具	5	选错一件扣1分				
		零件划线	5	不划线不得分				
		划线打样冲眼	5	不划线打样冲眼不得分				
3	锉削	$16^{+0.027}_{0}$ mm	5	超差不得分				
		表面粗糙度:$R_a 1.6 \mu m$(4处)	6	降一级不得分				
		(26 ± 0.05) mm	5	超差不得分				
		= 0.06 A	5	超差不得分				
		// 0.04 B	5	超差不得分				
		相邻面垂直度误差≤0.04mm	6	超差不得分				
4	铰孔	$\phi 10H7$	4	超差不得分				
		表面粗糙度:$R_a 1.6 \mu m$	4	降一级不得分				
		(25 ± 0.10) mm	4	超差不得分				
		⊥ 0.03 A	5	超差不得分				
		= 0.20 A	6	超差不得分				
5	锯削	(80 ± 0.37) mm	6	超差不得分				
		表面粗糙度:$R_a 25 \mu m$	3	降一级不得分				
		▱ 0.30	3	超差不得分				
		⊥ 0.40 A	3	超差不得分				
6	安全文明操作	遵守安全操作规程;在规定时间内完成		每违反一项规定从总分中扣5分;严重违规者停止操作;每超时1min从总分扣5分,超3min停止操作				
	合 计		100					

考评员: 核分员: 年 月 日

十二、AB010 槽形镶配件

1. 考核要求

(1)必须穿戴好劳动保护用品。

(2)正确使用工具、用具、量具。

(3)按加工合理的工艺要求进行操作。

(4)符合安全文明操作。

2. 准备要求

(1) 材料准备：以下所需材料由鉴定站准备。

序 号	名 称	规 格	数 量	备 注
1	试件	40mm×25mm×20mm	1件	45钢
2	试件	ϕ60mm×20mm	1件	45钢

备料图如下：

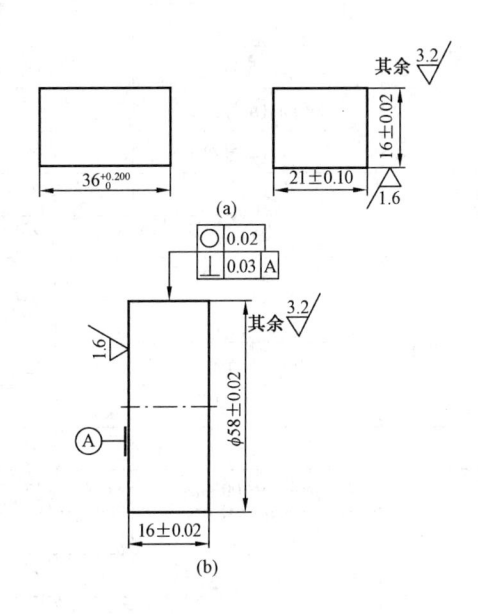

(a) $36_0^{+0.200}$ ； 21 ± 0.10，16 ± 0.02，其余 3.2 / 1.6

(b) $\phi58\pm0.02$，16 ± 0.02，1.6，其余 3.2，○ 0.02，⊥ 0.03 A

(2) 设备准备：以下所需设备由鉴定站准备。

序 号	名 称	规 格	数 量	备 注
1	划线平台	2000mm×1500mm	1台	
2	方箱	205mm×205mm×205mm	1个	
3	台式钻床	Z4112	1台	
4	钳台	3000m×2000mm	1台	
5	台虎钳	125mm	1台	
6	砂轮机	S3SL-250	1台	

(3) 工具、用具、量具准备：以下所需工具、用具、量具由鉴定站准备。

序 号	名 称	规 格	数 量	备 注
1	高度游标卡尺	0~300mm	1把	精度0.02mm
2	游标卡尺	0~150mm	1把	精度0.02mm
3	万能角度尺	0°~320°	1把	
4	直角尺	100mm×63mm	1把	一级
5	刀口尺	125mm	1把	
6	塞尺	0.02~0.5mm	1把	

续表

序 号	名 称	规 格	数 量	备 注
7	塞规	$\phi 8mm \times 100mm$	1把	H7
8	千分尺	0~25mm	1把	精度0.01mm
		25~50mm	1把	精度0.01mm
		50~75mm	1把	精度0.01mm
9	平锉	250mm(2号纹)	1把	
		250mm(4号纹)	1把	
		200mm(5号纹)	1把	
10	三角锉	250mm(4号纹)	1把	
		250mm(1号纹)	1把	
11	直柄麻花钻	$\phi 4mm$	1个	
12	狭錾		1个	
1	手锤		1把	
3	锯条		自定	
14	钢直尺	0~150mm	1把	
15	V形架		1个	
16	锉刀刷		1把	
17	检验棒	$\phi 8mm \times 100mm$	1根	
18	划针		1个	
19	划规		1个	
20	样冲		1个	
21	软钳口		1副	
22	铰杠		1个	
23	三角锉	100mm(4号纹)	1把	
24	手用圆柱刀	$\phi 8mm$	1个	H7
25	直柄麻花钻	$\phi 7.8mm, \phi 10mm$	各1个	

3.操作程序说明

(1)准备工作。

(2)按加工合理的工艺要求进行操作。

(3)按规定尺寸对试件进行锉削。

(4)符合安全文明操作。

(5)收拾考场。

4.考核规定及说明

(1)公差等级:锉配IT8、钻孔IT11。

(2)形位公差:配合圆度0.04mm;锉配平面度、平行度、垂直度0.03mm、对称度0.06mm;钻孔对称度0.25mm。

(3)表面粗糙度:锉配$R_a 3.2 \mu m$、钻孔$R_a 3.2 \mu m$。

(4)其他方面:配合间隙≤0.04mm。

(5)图形及技术要求(见下图)。

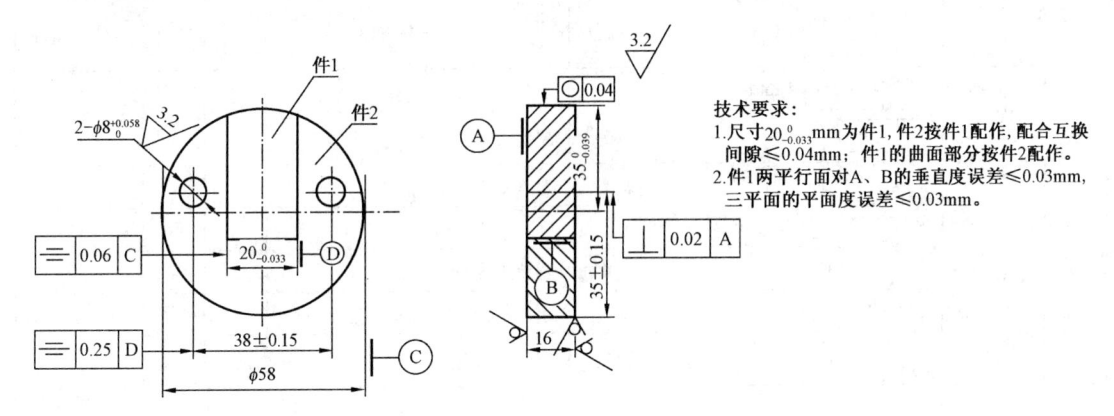

技术要求：
1. 尺寸 $20_{-0.033}^{\ 0}$mm 为件1，件2按件1配作，配合互换间隙≤0.04mm；件1的曲面部分按件2配作。
2. 件1两平行面对A、B的垂直度误差≤0.03mm，三平面的平面度误差≤0.03mm。

(6)如违章操作，将停止考核。
(7)考核采用百分制，然后按鉴定比重进行折算。
(8)考核方式说明：本项目为实际操作试题，按标准对结果进行评分。
(9)测量技能说明：本项目主要测试考生对槽形镶配件实际操作的熟练程度。

5. 考核时限
(1)准备时间：10min。
(2)操作时间：240min。
(3)从正式操作开始计时。
(4)考试时，根据考试场所确定考试人数，提前完成操作不加分，超过规定操作时间按规定标准评分。

6. 评分记录表

序号	考核内容	评分要素	配分	评分标准	检测结果	扣分	得分	备注
1	着装	工作服穿戴整洁	5	不整洁扣5分				
		工作服穿戴衣袖领口系好	5	没系好扣5分				
		工作服穿戴得体	5	不得体扣5分				
2	准备工作	选择所用工具、用具、量具	5	选错一件扣1分				
		零件划线	5	不划线不得分				
		划线打样冲眼	5	不划线打样冲眼不得分				
3	锉削	$20_{-0.033}^{\ 0}$mm	6	超差不得分				
		$35_{-0.039}^{\ 0}$mm	6	超差不得分				
		表面粗糙度：R_a3.2μm(6处)	6	降一级不得分				
		三平面的平面度误差≤0.03mm	6	超差不得分				
		// 0.03	5	超差不得分				
		两平行面对A、B的垂直度误差≤0.03mm	6	超差不得分				
		≡ 0.06 C	7	超差不得分				

续表

序号	考核内容	评分要素	配分	评分标准	检测结果	扣分	得分	备注
3	锉削	配合间隙≤0.04mm(3处)	6	超差不得分				
		○ 0.04	7	超差不得分				
4	钻孔	$2-\phi 8^{+0.058}_{0}$ mm	2	超差不得分				
		表面粗糙度:$R_a 3.2\mu m$	2	降一级不得分				
		(35±0.15)mm	4	超差不得分				
		(38±0.15)mm	5	超差不得分				
		⫶ 0.25 D	2	超差不得分				
5	安全文明操作	遵守安全操作规程;在规定时间内完成		每违反一项规定从总分中扣5分;严重违规者停止操作;每超时1min从总分扣5分,超3min停止操作				
	合 计		100					

考评员：　　　　　　　　核分员：　　　　　　　　　　　　年　月　日

十三、AB011 加工凸凹圆模板

1. 考核要求

(1)必须穿戴好劳动保护用品。

(2)准备工作。

(3)正确使用工具、用具、量具。

(4)按加工合理的工艺要求进行操作。

(5)符合安全、文明生产。

2. 准备要求

(1)材料准备:以下所需材料由鉴定站准备。

序号	名　称	规　格	数量	备　注
1	试件	$\phi 65mm \times 12mm$	1件	45钢

备料图如下：

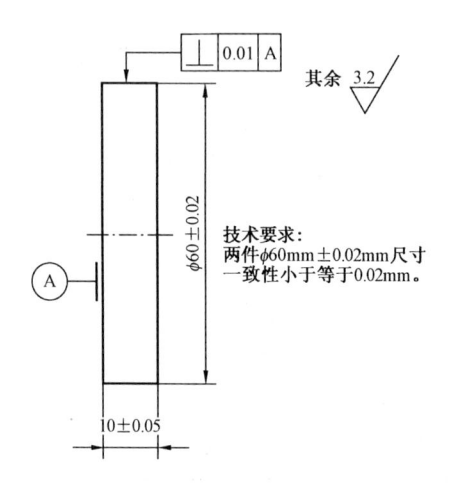

技术要求：
两件$\phi 60mm \pm 0.02mm$尺寸一致性小于等于0.02mm。

(2)设备准备:以下所需设备由鉴定站准备。

序号	名称	规格	数量	备注
1	划线平台	2000mm×1500mm	1台	
2	方箱	205mm×205mm×205mm	1个	
3	台式钻床	Z4112	1台	
4	钳台	3000m×2000mm	1台	
5	台虎钳	125mm	1台	
6	砂轮机	S3SL-250	1台	

(3)工具、用具、量具准备:以下所需工具、用具、量具由鉴定站准备。

序号	名称	规格	数量	备注
1	高度游标卡尺	0~300mm	1把	精度0.02mm
2	游标卡尺	0~150mm	1把	精度0.02mm
3	万能角度尺	0°~320°	1把	
4	直角尺	100mm×63mm	1把	一级
5	刀口尺	125mm	1把	
6	深度千分尺	0~25mm	1把	
7	检验棒	ϕ10mm×120mm	1根	
8	千分尺	0~25mm	1把	精度0.01mm
		25~50mm	1把	精度0.01mm
9	平锉	250mm(1号纹)	1把	
		150mm(3号纹)	1把	
		200mm(4号纹)	1把	
		150mm(4号纹)	1把	
10	杠杆百分表	0~0.8mm	1块	
11	直柄麻花钻	ϕ4mm	1个	
		ϕ9.8mm	1个	
		ϕ11mm	1个	
12	手用圆柱铰刀	ϕ10mm	1个	H7
13	錾子		1个	
14	手锤		1把	
15	锯条		自定	
16	钢直尺	0~150mm	1把	
17	V形架		1个	
18	锉刀刷		1把	
19	塞尺	0.02~0.5mm	1把	
20	划针		1个	
21	划规		1个	

续表

序 号	名 称	规 格	数 量	备 注
22	软钳口		1副	
23	铰杠		1个	
24	三角锉	100mm（4号纹）	1把	
25	样冲		1个	
26	三角锉	250mm（4号纹）	1把	
27	磁力表座		1个	

3.操作程序说明
(1)准备工作。
(2)按加工合理的工艺要求进行操作。
(3)按规定尺寸对试件进行锉削。
(4)符合安全文明操作。
(5)收拾考场。

4.考核规定说明
(1)公差等级：锉配 IT8、钻孔 IT10。
(2)形位公差：锉削：对称度 0.06mm。钻孔：对称度 0.30mm、垂直度 0.03mm。
(3)表面粗糙度：锉配 R_a3.2μm、钻孔 R_a3.2μm。
(4)其他方面：配合间隙≤0.04mm。
(5)图形及技术要求(见下图)。

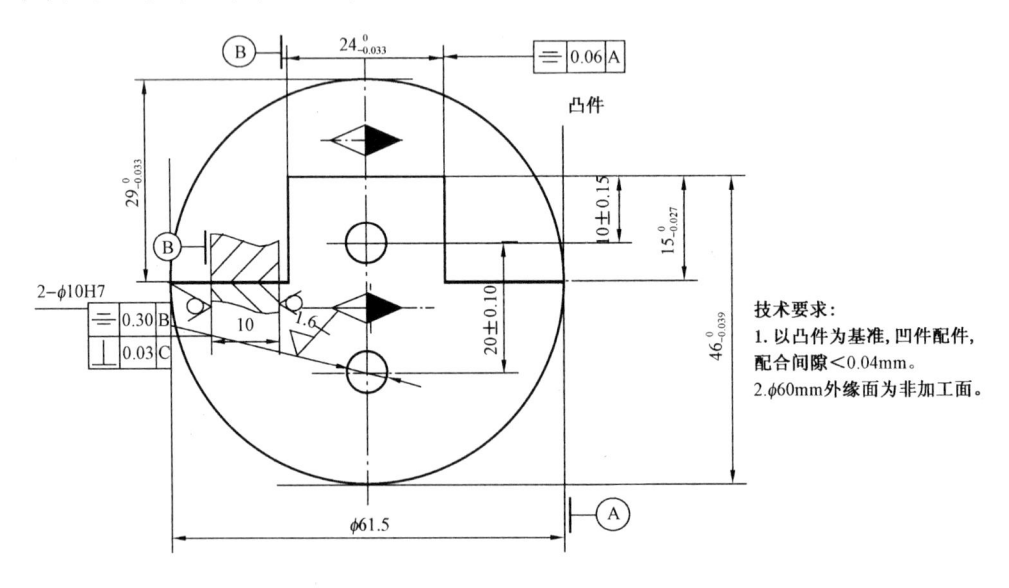

技术要求：
1. 以凸件为基准，凹件配件，配合间隙<0.04mm。
2. φ60mm 外缘面为非加工面。

(6)如违章操作，将停止考核。
(7)考核采用百分制，然后按鉴定比重进行折算。
(8)考核方式说明：本项目为实际操作试题，按标准对结果进行评分。
(9)测量技能说明：本项目主要测试考生对加工凸凹圆模板实际操作的熟练程度。

5. 考核时限

(1) 准备时间:5min。

(2) 操作时间:240min。

(3) 从正式操作开始计时。

(4) 考试时,根据考试场所确定考试人数,提前完成操作不加分,超过规定操作时间按规定标准评分。

6. 评分记录表

序号	考核内容	评分要素	配分	评分标准	检测结果	扣分	得分	备注
1	着装	工作服穿戴整洁	3	不整洁扣5分				
		工作服穿戴衣袖领口系好	2	没系好扣5分				
		工作服穿戴得体	2	不得体扣5分				
2	准备工作	选择所用工具、用具、量具	3	选错一件扣1分				
		零件划线	3	不划线不得分				
		划线打样冲眼	2	不划线打样冲眼不得分				
3	锉削	$46_{-0.039}^{0}$ mm	8	超差不得分				
		$15_{-0.027}^{0}$ mm	8	超差不得分				
		$24_{-0.033}^{0}$ mm	8	超差不得分				
		⌖ 0.06 A	8	超差不得分				
		$29_{-0.033}^{0}$ mm	8	超差不得分				
		表面粗糙度:R_a3.2μm	10	降一级不得分				
		配合间隙≤0.04mm	10	超差不得分				
		$2-\phi10_{0}^{+0.058}$ mm	8	超差不得分				
		(10±0.15)mm	5	超差不得分				
		(20±0.10)mm	5	超差不得分				
		表面粗糙度:R_a3.2μm	2	降一级不得分				
		⌖ 0.30 B	3	超差不得分				
		⊥ 0.03 C	2	超差不得分				
4	安全文明操作	遵守安全操作规程;在规定时间内完成		每违反一项规定从总分中扣5分;严重违规者停止操作;每超时1min从总分扣5分,超3min停止操作				
	合 计		100					

考评员: 核分员: 年 月 日

十四、AB012 加工变角板

1. 考核要求

(1) 必须穿戴好劳动保护用品。

(2) 准备工作。

(3) 正确使用工具、用具、量具。

(4)按加工合理的工艺要求进行操作。

(5)符合安全、文明生产。

2. 准备要求

(1)材料准备:以下所需材料由鉴定站准备。

序 号	名 称	规 格	数 量	备 注
1	试件	125mm×95mm×10mm	1件	45钢

备料图如下:

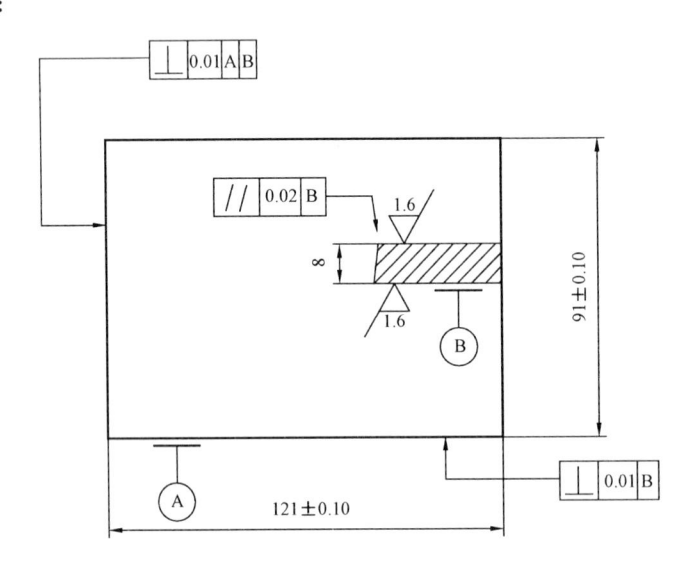

(2)设备准备:以下所需设备由鉴定站准备。

序 号	名 称	规 格	数 量	备 注
1	划线平台	2000mm×1500mm	1台	
2	方箱	205mm×205mm×205mm	1个	
3	台式钻床	Z4112	1台	
4	钳台	3000m×2000mm	1台	
5	台虎钳	125mm	1台	
6	砂轮机	S3SL-250	1台	

(3)工具、用具、量具准备:以下所需工具、用具、量具由鉴定站准备。

序 号	名 称	规 格	数 量	备 注
1	高度游标卡尺	0~300mm	1把	精度0.02mm
2	游标卡尺	0~150mm	1把	精度0.02mm
3	万能角度尺	0°~320°	1把	
4	直角尺	100mm×63mm	1把	一级
5	刀口尺	125mm	1把	
6	深度千分尺	0~25mm	1把	

续表

序 号	名 称	规 格	数 量	备 注
7	塞规	φ10mm	1个	H7
8	千分尺	0~25mm	1把	精度0.01mm
		25~50mm	1把	精度0.01mm
9	平锉	250mm(1号纹)	1把	
		200mm(2号纹)	1把	
		200mm(3号纹)	1把	
10	杠杆百分表	0~0.8mm	1块	
11	磁力表座		1个	
12	手用圆柱铰刀	φ10mm	1个	H7
13	直柄麻花钻	φ4mm	1个	
14	直柄麻花钻	φ8mm	1个	
		φ11mm	1个	
15	錾子		1个	
16	手锤		1把	
17	锯条		自定	
18	钢直尺	0~150mm	1把	
19	V形架		1个	
20	锉刀刷		1把	
21	塞尺	0.02~0.5mm	1把	
22	划针		1个	
23	划规		1个	
24	软钳口		1副	
25	铰杠		1根	
26	方锉	200mm(5号纹)	1把	
27	样冲		1个	

3. 操作程序说明

(1)准备工作。

(2)按加工合理的工艺要求进行操作。

(3)按规定尺寸对试件进行锉削。

(4)符合安全文明操作。

(5)收拾考场。

4. 考核规定说明

(1)公差等级:锉配 IT8、钻孔 IT10。

(2)表面粗糙度:锉配 $R_a 3.2 \mu m$、钻孔 $R_a 3.2 \mu m$。

(3)其他方面:配合间隙≤0.04mm、错位量≤0.06mm。

(4)图形及技术要求(见下图)。

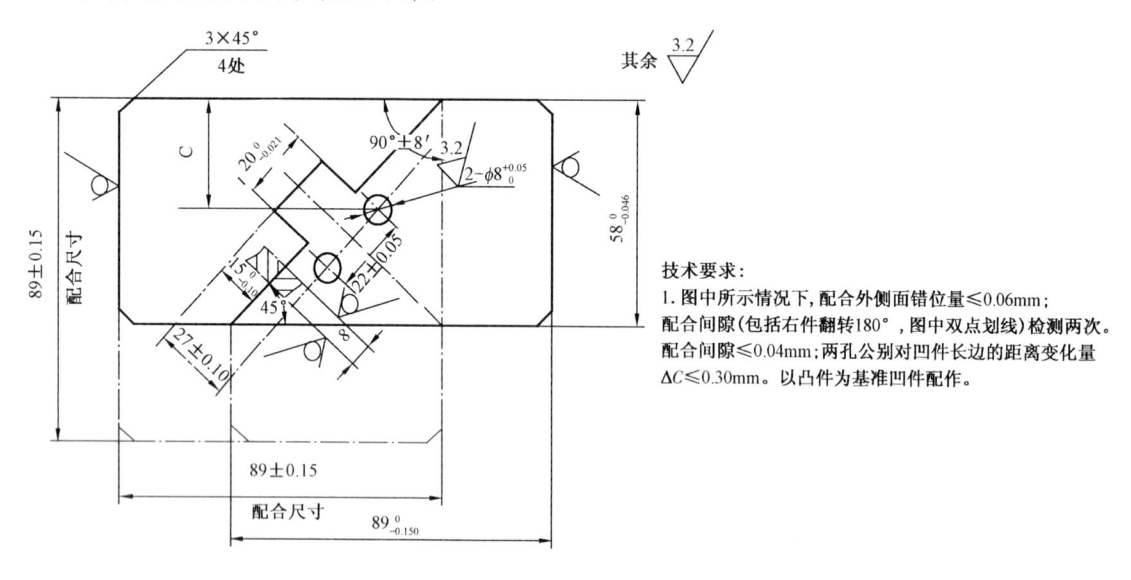

技术要求:
1. 图中所示情况下,配合外侧面错位量≤0.06mm;配合间隙(包括右件翻转180°,图中双点划线)检测两次。配合间隙≤0.04mm;两孔公别对凹件长边的距离变化量 ΔC≤0.30mm。以凸件为基准凹件配作。

(5)如违章操作,将停止考核。
(6)考核采用百分制,然后按鉴定比重进行折算。
(7)考核方式说明:本项目为实际操作试题,按标准对结果进行评分。
(8)测量技能说明:本项目主要测试考生对加工变角板实际操作的熟练程度。

5. 考核时限
(1)准备时间:5min。
(2)操作时间:270min。
(3)从正式操作开始计时。
(4)考试时,根据考试场所确定考试人数,提前完成操作不加分,超过规定操作时间按规定标准评分。

6. 评分记录表

序号	考核内容	评分要素	配分	评分标准	检测结果	扣分	得分	备注
1	着装	工作服穿戴整洁	3	不整洁扣5分				
		工作服穿戴衣袖领口系好	2	没系好扣5分				
		工作服穿戴得体	2	不得体扣5分				
2	准备工作	选择所用工具、用具、量具	3	选错一件扣1分				
		零件划线	3	不划线不得分				
		打样冲眼	2	不打样冲眼不得分				
3	零件加工	$58_{-0.046}^{0}$ mm	8	超差不得分				
		$20_{-0.021}^{0}$ mm	8	超差不得分				
		$15_{-0.10}^{0}$ mm	6	超差不得分				
		表面粗糙度:$R_a 3.2\mu m$	7	降一级不得分				
		$(89±0.15)$mm(2处)	7	超差一处扣4分				

续表

序号	考核内容	评分要素	配分	评分标准	检测结果	扣分	得分	备注
3	零件加工	配合间隙(5处)	10	超差一处扣2分				
		$\Delta C \leq 0.30$ mm	6	超差不得分				
		错位量≤0.06mm	8	超差不得分				
		98°±8′	7	超差不得分				
		$2-\phi 8_{0}^{+0.05}$ mm	7	超差不得分				
		(22±0.05)mm	6	超差不得分				
		表面粗糙度:$R_a 3.2 \mu m$	5	降一级不得分				
4	安全文明操作	遵守安全操作规程;在规定时间内完成		每违反一项规定从总分中扣5分;严重违规者停止操作;每超时1min从总分扣5分,超3min停止操作				
	合　计		100					

考评员:　　　　　　　　　　　　核分员:　　　　　　　　　　　　年　月　日

十五、BA001　调整滑动轴承瓦背紧力

1. 考核要求

(1)必须穿戴好劳动保护用品。

(2)准备工作。

(3)正确使用工具、用具、量具调整滑动轴承瓦背紧力。

(4)符合安全、文明生产。

2. 准备要求

(1)材料准备:以下所需材料由鉴定站准备。

序号	名称	规格	数量	备注
1	滑动轴承		1套	

(2)工具、用具、量具准备:以下所需工具、用具、量具由鉴定站准备。

序号	名称	规格	数量	备注
1	扳手	360mm	1把	
2	梅花扳手		1把	
3	外径千分尺	0~25mm	1把	
4	铅丝	选用间隙的1.5~2倍	1把	
5	调整垫片	0.05~0.20mm	6片	

3. 操作程序说明

(1)必须穿戴好劳动保护用品。

(2)准备工作。

(3)将轴承上盖拆开。

(4)装铅丝。

(5)装上轴承上盖。

(6)拆开轴承上盖取出压扁铅丝。

(7)计算夹紧力。

(8)调整夹紧力。

(9)正确使用工具、用具、量具。

(10)按合理的压铅丝程序要求进行操作。

4.考核规定说明

(1)如操作违章,将停止考核。

(2)考核采用百分制,然后按鉴定比重进行折算。

(3)考核方式说明:本项目为实际操作试题,按标准对结果进行评分。

(4)测量技能说明:本项目主要测试考生对调整滑动轴承瓦背紧力实际操作的熟练程度。

5.考核时限

(1)准备时间:5min。

(2)操作时间:180min。

(3)从正式操作开始计时。

(4)考试时,根据考试场所确定考试人数,提前完成操作不加分,超过规定操作时间按规定标准评分。

6.评分记录表

序号	考核内容	评分要素	配分	评分标准	检测结果	扣分	得分	备注
1	着装	工作服穿戴整洁	5	不整洁扣5分				
		工作服穿戴衣袖领口系好	5	没系好扣5分				
		工作服穿戴得体	5	不得体扣5分				
2	准备工作	选择所用工具、用具、量具	5	选错一件扣1分				
3	清洗	清洗零配件	10	不清洗不得分				
4	检查	根据过盈量选择瓦口垫片	10	选错不得分				
		将铅丝分别装到瓦背上和轴承盖与轴承座之间的结合面上	10	不符合要求不得分				
		安装上轴承盖,均匀、对称地拧紧螺丝	10	不正确不得分				
		随即拆开上轴承盖,取出压扁铅丝,用千分尺检测其厚度	10	不正确不得分				
		各部位铅丝要有记号,不允许搞错	10	记号搞错不得分				
5	调整	根据测的数据是否采用加厚或减薄垫片	10	不正确不得分				
		瓦背不允许加垫片	10	不正确不得分				

续表

序号	考核内容	评分要素	配分	评分标准	检测结果	扣分	得分	备注
6	安全文明操作	遵守安全操作规程；在规定时间内完成		每违反一项规定从总分中扣5分；严重违规者停止操作；每超时1min从总分扣5分，超3min停止操作				
	合 计		100					

考评员： 　　　　　　　　　　　　核分员： 　　　　　　　　　　　年　月　日

十六、BA002　装配多级离心泵机械密封

1. 考核要求

(1)必须穿戴好劳动保护用品。
(2)准备工作。
(3)正确使用工具、用具、量具。
(4)按合理的程序要求进行操作。
(5)符合安全、文明生产。

2. 准备要求

(1)材料准备：以下所需材料由鉴定站准备。

序号	名称	规格	数量	备注
1	弹簧式机械密封		1套	
2	机械密封压盖		1个	准备机械密封压盖

(2)设备准备：以下所需设备由鉴定站准备。

序号	名称	规格	数量	备注
1	离心泵		1台	

(3)工具、用具、量具准备：以下所需工具、用具、量具由鉴定站准备。

序号	名称	规格	数量	备注
1	游标卡尺	0~150mm、0~300mm	各1把	
2	外径千分尺	25~50mm	1把	
3	深度游标卡尺	200mm	1把	
4	钢板尺	0~150mm	1把	

3. 操作程序说明

(1)必须穿戴好劳动保护用品。
(2)准备工作。
(3)清洗。
(4)检查。
(5)装配。

(6)装配。
(7)正确使用工具、用具、量具。
(9)按合理验收的程序要求进行操作。

4. 考核规定说明

(1)如操作违章,将停止考核。
(2)考核采用百分制,然后按鉴定比重进行折算。
(3)考核方式说明:本项目为实际操作试题,按标准对结果进行评分。
(4)测量技能说明:本项目主要测试考生对装配多级离心泵机械密封实际操作的熟练程度。

5. 考核时限

(1)准备时间:5min。
(2)操作时间:180min。
(3)从正式操作开始计时。
(4)考试时,根据考试场所确定考试人数,提前完成操作不加分,超过规定操作时间按规定标准评分。

6. 评分记录表

序号	考核内容	评分要素	配分	评分标准	检测结果	扣分	得分	备注
1	着装	工作服穿戴整洁	5	不整洁扣5分				
		工作服穿戴衣袖领口系好	5	没系好扣5分				
		工作服穿戴得体	5	不得体扣5分				
2	准备工作	选择所用工具、用具、量具	5	选错一件扣1分				
3	清洗	清洗机械密封轴套、压盖并去毛刺	5	不清洗扣5分				
		保持清洁、动静环、密封圈表面应无杂质、灰尘	5	表面有杂质,灰尘扣5分				
4	检查	检查零配件配合尺寸、平行度、表面粗糙度及密封圈表面粗糙度	10	不检查不得分				
		静环尾部与压盖、防转槽与压盖防转销的间隙为1~2mm	10	选用不符合要求不得分				
5	装配	测量调整压缩量(定位尺寸)符合规定要求4~6mm	10	不符合规定要求不得分				
		动静环安装时,涂清洁机油	10	不涂油不得分				
		动环、密封圈、轴套组装后,必须保证动环在轴套上移动灵活,压紧弹簧后,能活动自如	10	动环移动不灵活扣5分;活动不自如扣5分				
		压盖与轴套要保持同心度,把紧时,用力要均匀	10	用力不均匀,未保持同心度不得分				
		旋转主轴时不允许有卡阻现象	10	有卡阻现象不得分				

续表

序号	考核内容	评分要素	配分	评分标准	检测结果	扣分	得分	备注
6	安全文明操作	遵守安全操作规程；在规定时间内完成		每违反一项规定从总分中扣5分；严重违规者停止操作；每超时1min从总分扣5分，超3min停止操作				
	合　计		100					

考评员：　　　　　　　　　　　　核分员：　　　　　　　　　　　　年　月　日

十七、BA003　拆装配离心泵

1. 考核要求：

(1) 必须穿戴好劳动保护用品。

(2) 准备工作。

(3) 正确使用工具、用具、量具。

(4) 按合理的程序要求进行操作。

(5) 符合安全、文明生产。

2. 准备要求

(1) 材料准备：以下材料由鉴定站准备。

序号	名称	规格	数量	备注
1	煤油		1kg	
2	棉布		1m	

(2) 设备准备：以下所需设备由鉴定站准备。

序号	名称	规格	数量	备注
1	离心泵		1台	

(3) 工具、用具、量具准备：以下所需工具、用具、量具由鉴定站准备。

序号	名称	规格	数量	备注
1	扳手		1把	
2	游标卡尺	0～150mm、0～300mm	各1把	
3	外径千分尺	根据泵定	1把	
4	钢板尺	0～150mm	1把	
5	手锤	1.5lb	1把	
6	铜棒	$\phi 25mm \times 300mm$	1根	
7	螺丝刀	200mm	1把	

3. 操作程序说明

(1) 准备工作。

(2) 选择所用工具、用具、量具。

(3)清洗、检查零件是否符合装配要求。
(4)检查叶轮口环间隙是否符合要求。
(5)叶轮与轴的装配。
(6)压紧泵盖,装配对轮后用手盘车是否灵活。
(7)收拾考场。

4. 考核规定说明

(1)如操作违章,将停止考核。
(2)考核采用百分制,然后按鉴定比重进行折算。
(3)考核方式说明:本项目为实际操作试题,按标准对结果进行评分。
(4)测量技能说明:本项目主要测试考生对离心泵拆装配实际操作的熟练程度。

5. 考核时限

(1)准备时间:5min
(2)操作时间:180min。
(3)从正式操作开始计时。
(4)考试时,根据考试场所确定考试人数,提前完成操作不加分,超过规定操作时间按规定标准评分。

6. 评分记录表

序号	考核内容	评分要素	配分	评分标准	检测结果	扣分	得分	备注
1	着装	工作服穿戴整洁	5	不整洁扣5分				
		工作服穿戴衣袖领口系好	5	没系好扣5分				
		工作服穿戴得体	5	不得体扣5分				
2	准备工作	选择所用工具、用具、量具	5	选错一件扣1分				
3	清洗	清洗零配件	5	不清洗不得分				
4	检查	检查零配件尺寸	5	不检查不得分				
		选用零配件	10	选用不符合要求不得分				
5	装配	叶轮动静环的组装前检查	10	不检查不得分				
		动静环装完后各部间隙达到技术要求	10	没有达到要求不得分				
		装泵盖压紧螺钉时用力均匀	10	用力不均匀不得分				
		对轮装配前检查	10	不检查不得分				
		装配对轮不得强行砸入使用铜棒	10	违反不得分				
		旋转主轴时不允许有卡阻现象	10	有卡阻现象不得分				
6	安全文明操作	遵守安全操作规程;在规定时间内完成		每违反一项规定从总分中扣5分;严重违规者停止操作;每超时1min从总分扣5分,超3min停止操作				
		合 计	100					

考评员: 核分员: 年 月 日

十八、BA004 检查修理多级离心泵转子跳动

1. 考核要求

(1)必须穿戴好劳动保护用品。

(2)正确使用工具、用具、量具。

(3)检查离心泵转子跳动。

(4)按安装合理的工艺要求进行操作。

(5)符合安全、文明生产。

2. 准备要求

(1)材料准备：以下所需材料由鉴定站准备。

序 号	名 称	规 格	数 量	备 注
1	多级离心泵		1台	

(2)工具、用具、量具准备：以下以下所需工具、用具、量具由鉴定站准备。

序 号	名 称	规 格	数 量	备 注
1	游标卡尺	300mm	1把	
2	百分表	0～10mm	1块	
3	磁力表座		1个	
4	砂布		2张	
5	V形铁		2块	

3. 操作程序说明

(1)准备工作

(2)测量叶轮口环的椭圆度。

(3)检查叶轮端面的端跳动。

(4)检查轴套及各级叶轮的径向跳动。

(5)检查轴的弯曲度。

(6)组装。

(7)测定转子晃动度。

(8)安装往复泵。

(9)安装后的盘车测量。

(10)收拾考场。

4. 考核规定说明

(1)如操作违章，将停止考核。

(2)考核采用百分制，然后按鉴定比重进行折算。

(3)考核方式说明：本项目为实际操作试题，按标准对结果进行评分。

(4)测量技能说明：本项目主要测试考生对检查修理多级离心泵转子跳动实际操作的熟练程度。

5. 考核时限

(1)准备时间：5min。

(2)操作时间:120min。

(3)从正式操作开始计时。

(4)考试时,根据考试场所确定考试人数,提前完成操作不加分,超过规定操作时间按规定标准评分。

6. 评分记录表

序号	考核内容	评 分 要 素	配分	评 分 标 准	检测结果	扣分	得分	备注
1	着装	工作服穿戴整洁	5	不整洁扣5分				
		工作服穿戴衣袖领口系好	5	没系好扣5分				
		工作服穿戴得体	5	不得体扣5分				
2	准备工作	选择所用工具、用具、量具	5	选错一件扣1分				
3	清洗	清洗零配件	10	不清洗不得分				
4	检查与测量	测量叶轮口环椭圆度	10	测量不准一次扣5分				
		检查叶轮端面的端跳动	10	检查方法有错一次扣5分				
		检查轴套及各级叶轮径向跳动	10	径向跳动数据不准一次扣5分				
		检查轴的弯曲度	10	检查数据不准一次扣5分				
5	组装	把叶轮、轴套依次装到轴上,进行组装	10	组装转子时碰伤一次扣5分				
6	测定转子晃动度	用百分表测量转子的跳动	10	百分表不对零扣5分;漏检扣5分				
		检测转子的端跳动和径向跳动值	10	检测数据不准确不得分				
7	安全文明操作	遵守安全操作规程;在规定时间内完成		每违反一项规定从总分中扣5分;严重违规者停止操作;每超时1min从总分扣5分,超3min停止操作				
	合 计		100					

考评员:　　　　　　　　　　　　核分员:　　　　　　　　　　　年　月　日

十九、BA005　检查、修理往复泵流量不足

1. 考核要求:

(1)必须穿戴好劳动保护用品。

(2)切断电源、拆卸,检查、安装往复泵。

(3)正确使用工具、用具、量具。

(4)按拆装检查合理的工艺要求进行操作。

2. 准备要求

(1)材料准备:以下所需材料由鉴定站准备。

序号	名　称	规　格	数　量	备　注
1	往复泵		1台	

(2)工具、用具、量具准备:以下所需工具、用具、量具由鉴定站准备。

序号	名称	规格	数量	备注
1	扳手	360mm	1把	
2	螺丝刀	200mm	1把	
3	游标卡尺	300mm	1把	
4	撬杠		1根	

3. 操作程序说明

(1)准备工作。

(2)拆卸泵缸盖及进、出口阀盖。

(3)检查调整。

(4)检查所有进、出口阀。

(5)组装。

(6)收拾考场。

4. 考核规定说明

(1)如操作违章,将停止考核。

(2)考核采用百分制,然后按鉴定比重进行折算。

(3)考核方式说明:本项目为实际操作试题,按标准对结果进行评分。

(4)测量技能说明:本项目主要测试考生对检查、修理往复泵流量不足实际操作的熟练程度。

5. 考核时限

(1)准备时间:5min。

(2)操作时间:180min。

(3)从正式操作开始计时。

(4)考试时,根据考试场所确定考试人数,提前完成操作不加分,超过规定操作时间按规定标准评分。

6. 评分记录表

序号	考核内容	评分要素	配分	评分标准	检测结果	扣分	得分	备注
1	着装	工作服穿戴整洁	5	不整洁扣5分				
		工作服穿戴衣袖领口系好	5	没系好扣5分				
		工作服穿戴得体	5	不得体扣5分				
2	准备工作	选择所用工具、用具、量具	5	选错一件扣1分				
3	拆卸	将泵进行解体	10	解体时碰伤一次扣5分				
4	检修	检修活塞与缸套间隙达到标准要求	10	超差0.01扣5分				
		检修出入单向阀座的球体及密封垫处锈蚀损坏情况	10	漏检修一处扣5分,处理不合格扣5分				
		检修进出口阀及密封垫处是否泄漏	10	一处未检修扣5分;如泄漏未修或换件扣5分				

续表

序号	考核内容	评分要素	配分	评分标准	检测结果	扣分	得分	备注
5	组装	清洗往复泵	10	清洗不净一处扣1分				
		组装往复泵	10	组装时碰伤一处扣5分				
		组装过程按标记对号不允许用手锤硬砸强行装配	10	不对号或硬砸不得分				
		动作灵活、无卡阻	10	不灵活扣5分；有卡阻扣5分				
6	安全文明操作	遵守安全操作规程，在规定时间内完成		每违反一项规定从总分中扣5分；严重违规者停止操作；每超时1min从总分扣5分，超3min停止操作				
		合　计	100					

考评员：　　　　　　　　　　核分员：　　　　　　　　　　　　　　年　月　日

二十、BA006　检查、修理齿轮油泵

1. 考核要求

（1）必须穿戴好劳动保护用品。

（2）准备工作。

（3）正确使用工具、用具、量具。

（4）检查、修理齿轮油泵。

（5）按对中离心泵合理的要求进行操作。

2. 准备要求

（1）材料准备：以下所需材料由鉴定站准备。

序　号	名　称	规　格	数　量	备　注
1	柴油		若干	
2	棉纱		若干	

（2）设备准备：以下所需材料由鉴定站准备。

序　号	名　称	规　格	数　量	备　注
1	齿轮泵		1台	

（3）工具、用具、量具准备：以下所需工具、用具、量具由鉴定站准备。

序　号	名　称	规　格	数　量	备　注
1	扳手	360mm	1把	
2	螺丝刀	200mm	2把	
3	游标卡尺	0～150mm、0～300mm	1把	
4	外径千分尺	0～75mm	1把	
5	撬杠		1根	
6	钢板尺	0～150mm	1把	
7	铜棒		1根	
8	手锤	2lb	1把	

3. 操作程序说明

(1)准备工作。

(2)选择、检查所用工具、用具、量具。

(3)泵解体。

(4)检查调整。

(5)组装。

(6)收拾考场。

4. 考核规定说明

(1)如操作违章,将停止考核。

(2)考核采用百分制,然后按鉴定比重进行折算。

(3)考核方式说明:本项目为实际操作试题,按标准对结果进行评分。

(4)测量技能说明:本项目主要测试考生对检查修理齿轮泵实际操作的熟练程度。

5. 考核时限

(1)准备时间:5min。

(2)操作时间:180min。

(3)从正式操作开始计时。

(4)考试时,根据考试场所确定考试人数,提前完成操作不加分,超过规定操作时间按规定标准评分。

6. 评分记录表

序号	考核内容	评分要素	配分	评分标准	检测结果	扣分	得分	备注
1	着装	工作服穿戴整洁	5	不整洁扣5分				
		工作服穿戴衣袖领口系好	5	没系好扣5分				
		工作服穿戴得体	5	不得体扣5分				
2	准备工作	选择所用工具、用具、量具	5	选错一件扣1分				
3	拆卸	将泵进行解体	10	解体时碰伤一次扣5分				
		拆卸前要做好标记	10	不做标记不得分				
		清洗零配件	10	不清洗不得分				
4	检查	检查零配件尺寸	10	不检查不得分				
		选用零配件	10	选错一件扣5分				
5	组装	安装泵轴连主动齿轮——安装从动齿轮——安装泵压盖	10	按顺序进行,错一项扣5分				
		检查端面间隙达到要求	10	达不到要求不得分				
		检查齿轮间隙达到要求	10	达不到要求不得分				
6	安全文明操作	遵守安全操作规程;在规定时间内完成		每违反一项规定从总分中扣5分;严重违规者停止操作;每超时1min从总分扣5分,超3min停止操作				
	合计		100					

考评员: 核分员: 年 月 日

第五部分 高级工理论知识试题

鉴定要素细目表

行为领域	代码	鉴定范围（重要程度比例）	鉴定比重	代码	鉴定点	重要程度	备注
基础知识 A 20% (22:17:10)	A	工程识图知识 (3:4:1)	4%	001	基准的选择原则	Y	
				002	装配尺寸链的概念	Y	
				003	公差与配合的选用	X	JD,JS
				004	装配图视图的表示方法	X	
				005	钣金展开图知识	Y	
				006	机械设备装配图知识	X	JD
				007	工艺流程图知识	Z	
				008	零件图	Y	
	B	工程材料与零件知识 (4:1:1)	3%	001	合金钢的分类及用途	X	
				002	有色金属的分类及用途	Y	
				003	金属热处理的应用	X	
				004	非金属材料的应用	Z	
				005	密封垫片的型式及适用场合	X	
				006	密封垫片的选用	X	
	C	润滑与清洗知识 (5:1:1)	3%	001	常用机械设备润滑油的应用	X	JD
				002	润滑剂的储运管理	Z	
				003	润滑剂的使用管理	Y	
				004	润滑剂使用中的质量维护与监控	X	
				005	脱脂、酸洗和钝化选用注意事项	X	
				006	脱脂、酸洗和钝化的检验	X	
				007	常用清洗剂选用	X	
	D	钳工基础知识 (5:4:0)	4%	001	钳工常用工具的使用	Y	
				002	测温仪与测振仪的原理及使用	X	
				003	光学合像水平仪的特点	X	
				004	光学合像水平仪的使用	Y	
				005	量块的使用	Y	
				006	平尺的使用	X	

续表

行为领域	代码	鉴定范围（重要程度比例）	鉴定比重	代码	鉴定点	重要程度	备注
基础知识 A 20% (22:17:10)	D	钳工基础知识 (5:4:0)	4%	007	经纬仪的原理	X	
				008	经纬仪的使用	Y	
				009	激光对中仪的使用	X	
	E	钳工基本操作 (2:2:4)	3%	001	大型工件划线	X	
				002	畸形工件划线	Y	JD
				003	钻削操作	X	
				004	研磨操作	Z	JD
				005	刮削操作	Z	JD
				006	锯削操作	Y	JD
				007	矫正和弯形	Z	JD
				008	孔的钻削	Z	JD
	F	起重作业基础知识 (3:1:0)	1%	001	力学知识	Y	
				002	平衡梁的使用	X	JD
				003	滑车和滑车组使用	X	JS
				004	桥式起重机的操作	X	
	G	电气、仪表基础知识 (0:4:3)	2%	001	三相异步电动机的结构	Z	JD
				002	同步电动机的结构原理	Y	
				003	电气设备标示	Z	
				004	大型机组常用监测仪表的基础知识	Y	
				005	防喘振阀的原理	Y	JD
				006	自力式调节阀的原理	Z	
				007	自力式调节阀的调试	Y	
专业知识 B 60% (34:32:11)	A	设备安装基础知识 (3:2:2)	5%	001	设备基础	Z	
				002	设备地脚螺栓	Y	
				003	设备放线就位	X	
				004	设备找正找平	X	JD
				005	设备灌浆	Z	JD
				006	设备清洗、清洁	Y	
				007	设备试车	X	JD
	B	典型零部件安装知识 (4:3:3)	6%	001	滑动轴承	X	JD
				002	滚动轴承	Y	JD
				003	轴承材料	Z	JD
				004	多瓦式滑动轴承	X	JD
				005	键安装	Z	JD
				006	销安装	Z	
				007	齿轮轮系传动	X	JD

续表

行为领域	代码	鉴定范围（重要程度比例）	鉴定比重	代码	鉴 定 点	重要程度	备注
专业知识 B 60% (34:32:11)	B	典型零部件安装知识 (4:3:3)	6%	008	蜗杆、蜗轮传动	X	JD
				009	液压系统应用	Y	JD
				010	液压元件	Y	
	C	锻压、液压设备安装知识 (2:3:1)	4%	001	液压控制元件及基本回路	Z	JD
				002	流量控制阀的种类	Y	JD
				003	溢流阀的工作原理	Y	
				004	溢流阀的作用	X	JD
				005	换向阀的结构原理	Y	
				006	液压系统常见故障	X	
	D	起重机械安装知识 (3:1:0)	3%	001	起重机械的负荷试运转	Y	JD
				002	起重机的调试	X	JD
				003	起重机的改造	X	
				004	起重机的检验和维修	X	
	E	机泵安装知识 (6:3:0)	7%	001	多级离心泵的检修	X	JD
				002	泵总装过程中各部间隙测量要求	X	JD
				003	高速泵的操作与维修	X	JD
				004	卧式三柱塞泵的检修	X	JD
				005	离心泵的故障与处理	X	JD
				006	离心泵的汽蚀与防治	X	JD
				007	螺杆泵的故障诊断	Y	JD
				008	轴流式风机的故障诊断	Y	JD
				009	罗茨风机的故障诊断	Y	JD
	F	活塞式压缩机组安装知识 (4:3:2)	8%	001	汽缸的结构与安装	Y	JD
				002	活塞压缩机曲轴的安装要求	X	
				003	十字头、连杆的结构与安装	X	
				004	活塞环、密封器和刮油器的结构与安装	Y	
				005	活塞、活塞杆的结构与安装知识	Y	JD
				006	气阀安装知识	Z	JD
				007	附属设备安装知识	Z	
				008	活塞式压缩机的试车	X	
				009	活塞式压缩机的故障分析与处理	X	
	G	离心式压缩机组安装知识 (4:5:1)	9%	001	离心压缩机止推轴承检查方法	X	
				002	压缩机转子组件检查方法	Z	
				003	压缩机汽缸壳体检查方法	Y	
				004	离心压缩机轴封的检查方法	X	
				005	离心压缩机的试车	X	

续表

行为领域	代码	鉴定范围（重要程度比例）	鉴定比重	代码	鉴定点	重要程度	备注
专业知识 B 60% (34:32:11)	G	离心式压缩机组安装知识 (4:5:1)	9%	006	离心压缩机的故障分析与处理	X	
				007	干气密封系统的原理	Y	
				008	干气密封的安装	Y	
				009	干气密封试车的要求	Y	
				010	油膜振荡的原因	Y	
	H	汽轮机组安装知识 (6:7:1)	10%	001	汽轮机的特点	Y	
				002	汽轮机的工作原理	Y	
				003	汽轮机本体结构	X	
				004	汽轮机本体安装	X	
				005	汽轮机找中心的目的及方法	X	
				006	汽轮机的辅助设备	Z	
				007	汽轮机的调速系统	Y	
				008	汽气轮机的转子组件安装检查	X	
				009	汽轮机转子扬度测定与滑销系统安装	Y	
				010	汽轮机汽封的测量	Y	
				011	汽轮机的静态试验	Y	
				012	汽轮机的试车	X	
				013	汽轮机检修	Y	
				014	汽轮机的故障分析与处理	X	
	I	燃气轮机安装专业知识 (1:2:1)	5%	001	燃气轮机的概念	Z	
				002	燃气轮机的结构	Y	JD
				003	燃气轮机的安装	X	
				004	燃气轮机的检修	Y	
	J	锅炉机组安装知识 (0:2:0)	1%	001	锅炉的组成与代号	Y	
				002	锅炉附属设备安装基本要求	Y	
	K	电机安装专业知识 (1:1:0)	2%	001	电机基础知识	Y	
				002	大型电机安装	X	JD
相关知识 C 20% (6:9:6)	A	安全生产与环境保护知识 (3:2:2)	8%	001	安全教育与培训	Y	
				002	安全交底与安全检查的意义	X	
				003	安全检查的方法	X	
				004	班组安全管理方法	X	
				005	安全防护用品的分类	Y	
				006	化学危险品安全管理	Z	
				007	电磁辐射的预防方法	Z	
				008	爆炸危险场所的安全规定企业防火的主要措施	Y	

续表

行为领域	代码	鉴定范围（重要程度比例）	鉴定比重	代码	鉴定点	重要程度	备注
相关知识 C 20% (5:7:4)	B	质量管理知识 (1:1:2)	6%	001	ISO 9000 质量管理系列标准介绍	Z	
				002	质量管理原则	X	
				003	质量管理基础	Z	
				004	质量管理术语	Y	
	C	班组管理 (1:3:0)	6%	001	班组管理的内容	Y	
				002	班组经济核算的方法	Y	
				003	班组生产计划的编制	X	
				004	成本和节约计划管理	Y	

注：X—核心要素；Y—一般要素；Z—辅助要素；JD—简答题；JS—计算题。

理论知识试题

一、选择题(每题 4 个选项,其中只有 1 个是正确的,将正确的选项填入括号内)

1. AA001 因为加工相同公差等级的孔或轴时,孔的加工比轴困难,使用的刀具和量具数量、规格也要多,所以一般情况在生产中优先选用( )配合。
  (A) 基孔制　　　(B) 基轴制　　　(C) 基准制　　　(D) 不好确定

2. AA001 孔的实际尺寸小于轴的实际尺寸所组成的配合称为( )。
  (A) 过渡配合　　(B) 间隙配合　　(C) 过盈配合　　(D) 接触配合

3. AA001 在装配零件中,$\phi 40H8/f5$ 的配合方式为( )。
  (A) 过渡配合　　(B) 间隙配合　　(C) 过盈配合　　(D) 无法判断

4. AA002 装配尺寸链是根据装配精度合理分配各组成环公差的过程称为( )。
  (A) 装配方法　　(B) 检验方法　　(C) 分配公差　　(D) 解尺寸链

5. AA002 在装配尺寸链中,当其他尺寸确定后,新产生的一个环是( )。
  (A) 增环　　　　(B) 封闭环　　　(B) 减环　　　　(D) 组成环

6. AA002 选择装配法是将尺寸链中组成的公差放大到经济可行的程度,然后选择合适的零件进行装配,以保证规定的装配精度,即( )精度。
  (A) 增环　　　　(B) 封闭环　　　(B) 减环　　　　(D) 组成环

7. AA003 形状和位置的公差简称为( )。
  (A) 形状公差　　(B) 形位公差　　(C) 基本公差　　(D) 基本误差

8. AA003 位置公差是指关联实际要素的位置对( )所允许的变动全量。
  (A) 基准　　　　(B) 平面　　　　(C) 标准　　　　(D) 表面

9. AA003 基本偏差为一定孔的公差带,与不同偏差的轴公差带形成各种配合的一种制度称为( )。
  (A) 基准制　　　(B) 基轴制　　　(C) 基孔制　　　(D) 配合

10. AA003 用以限制给定平面内或空间直线的形状误差为( )公差。
  (A) 平面度　　　(B) 直线度　　　(C) 圆柱度　　　(D) 曲面

11. AA003 在配合性质相同的条件下,零件尺寸越小,粗糙度高度参数值要越( )。
  (A) 大　　　　　(B) 小　　　　　(C) 适中　　　　(D) 高

12. AA004 齿轮泵装配图中两齿轮轴中心距 20.4mm±0.038mm 所表示的尺寸为( )。
  (A) 配合尺寸　　(B) 定位尺寸　　(C) 安装尺寸　　(D) 外形尺寸

13. AA004 机械制图中,局部视图的断裂边界应以( )表示。
  (A) 细实线　　　(B) 虚线　　　　(C) 波浪线　　　(D) 粗实线

14. AA004 在蜗轮传动箱装配图中,$\phi 16H7/h6$ 是( )。
  (A) 中心距尺寸　(B) 中心高尺寸　(C) 配合尺寸　　(D) 安装尺寸

15. AA005 在制造一些板材料制成的焊接结构设备时,需将制造这些设备的每一个构件展成一个平面,画出( )。
  (A) 零件图　　　(B) 主视图　　　(C) 展开图　　　(D) 焊接图

16. AA005 将机件表面按实际形状展开在一个平面上,所得到的图形称为( )。
　　(A) 展开图　　　(B) 零件图　　　(C) 主视图　　　(D) 焊接图

17. AA005 在曲面体表面展开中,球面是( )准确地展开在一个平面上。
　　(A) 可以　　　(B) 不可以　　　(C) 不一定可以　　　(D) 不确定

18. AA006 装配图中若干相同的零件组,在装配图中可详细地画出一组或几组,其余只须表示出装配的( )。
　　(A) 位置　　　(B) 尺寸　　　(C) 数量　　　(D) 方法

19. AA006 无论装配尺寸链还是零件尺寸链,其( )均为一确定值。
　　(A) 公差　　　(B) 精度　　　(C) 封闭环　　　(D) 工艺基准

20. AA006 在将装配过程中孔径的制造尺寸、轴的制造尺寸及( )彼此连接起来组成一个封闭外形称为装配尺寸链。
　　(A) 配合间隙　　　(B) 配合性质　　　(C) 形状公差　　　(D) 位置公差

21. AA007 根据工艺总布置图绘制的公用工程流量分配的流程图称为( )。
　　(A) 压力安全排放流程图　　　(B) 公用工程流程图
　　(C) 工艺控制流程图　　　(D) 工艺流程图

22. AA007 在工艺流程图和同类详图上标有分析点和控制回路的流程图称为( )。
　　(A) 压力安全排放流程图　　　(B) 公用工程流程图
　　(C) 工艺控制流程图　　　(D) 工艺流程图

23. AA007 不需要在简化流程图上标出的是( )。
　　(A) 设备名称　　　(B) 特殊事项
　　(C) 主要操作条件　　　(D) 主要物流的流量

24. AA008 表达单个零件的结构形状、尺寸大小和技术要求的图样称为( )。
　　(A) 装配图　　　(B) 尺寸图　　　(C) 零件图　　　(D) 局部图

25. AA008 三视图的投影规律中,高平齐的是( )两个视图。
　　(A) 主、右　　　(B) 主、俯　　　(C) 主、剖视图　　　(D) 俯、左

26. AA008 最能反应零件形状特征的视图称为( ),它是零件图中最主要的视图。
　　(A) 俯视图　　　(B) 左视图　　　(C) 主视图　　　(D) 右视图

27. AB001 合金钢中按加入合金总含量的百分比不同可以分为低合金钢、中合金钢、高合金钢,高合金钢的总合金含量为( )。
　　(A) >5%　　　(B) >10%　　　(C) >15%　　　(D) >20%

28. AB001 不属于制造合金钢目的的是( )。
　　(A) 提高力学性能　　　(B) 提高热处理性能
　　(C) 使钢材获得耐热、耐腐蚀等特殊性能　　(D) 降低冶炼温度

29. AB001 用于制造机械零件和工程结构的合金钢是( )。
　　(A) 合金结构钢　　(B) 合金工具钢　　(C) 特殊性能钢　　(D) 中合金钢

30. AB002 内燃机、压缩机活塞常用的铝合金是( )。
　　(A) 防锈铝合金　　　(B) 硬铝合金
　　(C) 铸造铝合金　　　(D) 锻造铝合金

31. AB002 主要用于大载荷、高速机械设备(如涡轮压缩机)的轴承合金是( )。
　　(A) 锡基轴承合金　(B) 铅基轴承合金　(C) 铸铁　　　(D) 青铜

32. AB002 主要用于中等载荷(如汽车、压缩机、真空泵的轴承)、工作温度不超过120℃的轴承合金是( )。
(A) 锡基轴承合金 (B) 铅基轴承合金 (C) 黄铜 (D) 青铜

33. AB003 适用于中碳钢和中等含碳量的合金件,使表面硬而耐磨、内部有较好的强度和韧性的热处理方法是( )。
(A) 表面感应淬火 (B) 火焰表面淬火
(C) 单介质淬火 (D) 双介质淬火

34. AB003 对结构简单的合金钢机件通常采用( )介质进行单介质淬火。
(A) 水 (B) 盐水 (C) 油 (D) 空气

35. AB003 主要用于要求强度、韧性高的重要零件(如轴、齿轮等)的回火方法是( )。
(A) 低温回火 (B) 中温回火 (C) 高温回火 (D) 表面回火

36. AB004 常用来制作机器零件、热电偶绝缘管、自润滑轴承的热塑性塑料是( )。
(A) 尼龙 (B) 有机玻璃 (C) 聚四氟乙烯 (D) ABS

37. AB004 具有良好的耐油、耐腐蚀、耐热性和优良的气密性,常用来制造圆形密封圈、耐油密封圈的橡胶材料是( )。
(A) 氯丁橡胶 (B) 丁腈橡胶 (C) 硅橡胶 (D) 丁苯橡胶

38. AB004 材料具有质硬、坚韧、刚性好,易成形加工,尺寸稳定性好,常用来制作齿轮、方向盘、电视机外壳等的塑料是( )。
(A) 尼龙 (B) 有机玻璃 (C) 聚四氟乙烯 (D) ABS

39. AB005 石棉橡胶垫片适用的密封面形式是( )。
(A) 榫面、全平面 (B) 凹凸面、突面
(C) 环连接面 (D) 突面、全平面

40. AB005 八角垫片适用的密封面形式是( )。
(A) 榫面、全平面 (B) 凹凸面、突面
(C) 环连接面 (D) 突面、全平面

41. AB005 缠绕垫片适用的工作压力是不大于( )。
(A) 2MPa (B) 5MPa (C) 15MPa (D) 25MPa

42. AB006 一般温度在-30℃,压力为2MPa,耐油、耐热、耐老化工作场合下,选用的非金属密封垫片是( )。
(A) 金属平垫片 (B) 丁腈橡胶垫片
(C) 柔性石墨复合垫片 (D) 金属环垫片

43. AB006 一般压缩性好、价格便宜、制造简单、密封性能好,适用于有松弛、温度和压力波动,以及有振动场合的密封垫是( )。
(A) 聚四氟乙烯垫片 (B) 丁腈橡胶垫片
(C) 柔性石墨复合垫片 (D) 缠绕式垫片

44. AB006 法兰密封面为梯形槽的,应选用( )密封垫片。
(A) 金属 (B) 丁腈橡胶 (C) 柔性石墨复合 (D) 金属环

45. AC001 工业齿轮油选择原则是,根据齿面的( )和使用工况选择工业齿轮油的种类以及根据节圆圆周速度和滚动压力选择齿轮油的粘度等级。
(A) 接触面积、齿轮类型 (B) 接触应力、齿轮直径

(C) 红外测温仪　　　　　　　　(D) 双金属温度计

70. AD002　红外线测温仪利用物体的红外辐射能量的大小及其按（　）的分布——与它的表面温度有着十分密切的关系。
(A) 波长　　　(B) 磁场　　　(C) 电场　　　(D) 振幅

71. AD002　测振仪一般采用（　）式的,其原理是利用石英晶体和人工极化陶瓷效应设计而成的。
(A) 压缩　　　(B) 剪切　　　(C) 折叠　　　(D) 压电

72. AD003　当一光学合像水平仪示值为 0.01m/m、L = 166mm、读数为 5 时,光学合像水平仪的前后倾斜的高度差为（　）。
(A) 0.05mm　　(B) 0.0083mm　(C) 1.66mm　　(D) 8.3mm

73. AD003　光学合像水平仪的测量范围比框式水平仪（　）。
(A) 大　　　　(B) 小　　　　(C) 差不多　　(D) 相同

74. AD003　光学合像水平仪调节旋钮上的每格示值为（　）。
(A) 1/100　　 (B) 1/1000　　(C) 0.1/1000　(D) 0.01/1000

75. AD004　光学合像水平仪是一种测量对水平位置或垂直位置微小偏差的（　）量仪。
(A) 数值　　　(B) 角值　　　(C) 几何　　　(D) 函数值

76. AD004　光学合像水平仪可对精密机床（　）工作台面的平面度进行测量。
(A) 小型　　　(B) 大型　　　(C) 普通　　　(D) 中型

77. AD004　光学合像水平仪通过（　）传动机构提高读数的灵敏性。
(A) 杠杆　　　(B) 轴承　　　(C) 齿轮　　　(D) 螺栓

78. AD005　测量过程不可以使用量块的是（　）。
(A) 和其他量具配合测量间隙　　(B) 校验其他量具
(C) 垫在平尺下找平高低不一的设备　(D) 螺距

79. AD005　量块的分级是按照量块的实际尺寸与标称尺寸的偏差确定,偏差小级别就高。根据偏差量的大小将量块分为（　）级。
(A) 4　　　　(B) 5　　　　(C) 6　　　　(D) 7

80. AD005　在量块级别中,偏差最小的级为（　）级。
(A) 00　　　 (B) 0　　　　(C) 1　　　　(D) K

81. AD006　安装钳工常用的是（　）平尺。
(A) 矩形　　　(B) 桥形　　　(C) 三角形　　(D) 圆形

82. AD006　平尺不可以用于检查机械设备的（　）。
(A) 直线度　　(B) 平行度　　(C) 平面度　　(D) 圆度

83. AD006　关于平尺的描述不正确的是（　）。
(A) 平尺一般分为矩形和桥形两种
(B) 安装钳工常用的是矩形平尺
(C) 平尺主要用于检查机械设备平面的直线度、平行度和水平方向配合使用可检查机械设备的平面度
(D) 平尺放置时可以两端受力、中间悬空

84. AD007　在经纬仪的主要部分中,（　）在度盘上刻有 0°～360°,可用来测定水平角和垂直线的位置。

(A) 水平度盘　　(B) 圆水准器　　(C) 瞄准器　　(D) 竖直度盘

85. AD007　经纬仪的上层运动部件,可绕（　）轴转,仪器的（　）轴制成通孔形式,可用来组成一个光学对中器,用来对准测点的中心。
(A) 横;横　　(B) 横;竖　　(C) 竖;横　　(D) 竖;竖

86. AD007　经纬仪的望远镜与横轴固定一起,并安放在瞄准架的横轴承上,可做（　）的俯仰转动。
(A) 90°　　(B) 120°　　(C) 180°　　(D) 360°

87. AD008　经纬仪主要供空间定位用,它具有竖轴和横轴,可使瞄准镜管在水平方向做360°的方向移动,也可在（　）面内做大角度的俯仰。
(A) 平行　　(B) 垂直　　(C) 水平　　(D) 斜

88. AD008　经纬仪使用装配中建立（　）坐标进行测量校正的需要。
(A) 直角　　(B) 平行　　(C) 横向　　(D) 定向

89. AD008　使用经纬仪时,首先调整（　）使所提供的基准视线与定位基准线重合。
(A) 直轴　　(B) 光轴　　(C) 曲轴　　(D) 光源

90. AD009　激光对中仪是用来（　）的先进仪器。
(A) 测量机器振动　　(B) 测量轴承温度
(C) 同心度对中　　(D) 测量介质流量

91. AD009　同激光对中仪在找正中与传统的百分表找正法相比消除了（　）的影响。
(A) 温度　　(B) 找正架挠度　　(C) 海拔　　(D) 人为固表

92. AD009　激光最大的特点是（　）。
(A) 方向性　　(B) 单色性　　(C) 方向性、单色性　　(D) 发热性

93. AD009　在适用的范围内,激光束所形成的（　）具有高定向性、高单向性等特性。
(A) 水平线　　(B) 基准线　　(C) 平行线　　(D) 垂直线

94. AE001　在大型平板拼接工艺中,应用（　）进行检测,其精度和效果比传统平板拼接工艺好。
(A) 经纬仪　　(B) 大平尺　　(C) 水平仪　　(D) 水准仪

95. AE001　大型工件划线常用（　）作为辅助划线基准。
(A) 拉线和吊线　　(B) 外形　　(C) 某个面和孔　　(D) 某个点

96. AE001　挖掘机动臂是以（　）为基准进行划线的。
(A) 工艺孔　　(B) 孔的凸缘部分　　(C) 平板　　(D) 凸台

97. AE002　在划盘形滚子凸轮的工作轮廓线时,是（　）为中心作滚子圆的。
(A) 以基圆　　(B) 以理论轮廓曲线
(C) 以滚子圆的外包络线　　(D) 以凸轮中心

98. AE002　畸形工件划线基准可以借助（　）作为参考基准。
(A) 原始基准　　(B) 辅助基准　　(C) 某个面和孔　　(D) 设计基准

99. AE002　畸形工件划线安装一般要借助于（　）来完成。
(A) 在加工机床上　　(B) 划线平板上　　(C) 辅助工夹具　　(D) 涂色

100. AE003　麻花钻将棱边转角处副后刀面磨出副后角主要用于钻削（　）。
(A) 铸铁　　(B) 碳钢　　(C) 合金钢　　(D) 铜

101. AE003　采用台钻钻不通孔时,要按钻孔深度调整（　）。

(A) 切削速度　　(B) 进给量　　(C) 吃刀深度　　(D) 挡块

102. AE003　钻削时的切削热大部分由（　）传散出去。
(A) 刀具　　(B) 工件　　(C) 切屑　　(D) 空气

103. AE004　研磨是一种超精度加工内孔的方法,研磨时,研磨头相对于工件的运动是（　）运动的复合。
(A) 旋转和往复两种
(B) 旋转、径向进给和往复三种
(C) 径向进给和往复两种
(D) 旋转和径向进给两种

104. AE004　当两块研磨平板上下对研时,上平板无论是作圆形移动还是"8"字运动,都会产生（　）的结果。
(A) 下凹上凸
(B) 上凹下凸
(C) 上平板为高精度平面,下平板微凸
(D) 上下平板都达高精度平面

105. AE004　研磨平面时的工艺参数主要是指（　）。
(A) 尺寸精度
(B) 表面形状精度
(C) 表面粗糙度
(D) 研磨压力和速度

106. AE005　大型机床V形导轨面刮削前应调整床身的水平到最小误差,在（　）状态下,对床身进行粗刮和精刮。
(A) 紧固完成的　　(B) 自由　　(C) 只将立柱压紧　　(D) 任意

107. AE005　曲面刮削主要是滑动轴承内孔的刮削,用轴和轴承对研后（　）来判定它的接触精度。
(A) 单位面积上的研点
(B) 单位面积上研点合计面积的百分比
(C) 研点数
(D) 单位长度上的研点

108. AE005　刮花的目的一是为了美观,二是为了使滑动件之间造成良好的（　）条件。
(A) 润滑　　(B) 接触　　(C) 运动　　(D) 空隙

109. AE006　钳工常用的锯条长度是（　）。
(A) 500mm　　(B) 400mm　　(C) 300mm　　(D) 200mm

110. AE006　锯条的切削角度前角是（　）。
(A) 30°　　(B) 0°　　(C) 60°　　(D) 40°

111. AE006　锯割薄板零件宜选用（　）锯条。
(A) 细齿　　(B) 粗齿　　(C) 中齿　　(D) 任意

112. AE007　弯曲一块厚为3mm的铁板,宜选用（　）。
(A) 冷弯法　　(B) 热弯法　　(C) 热轧法　　(D) 冷轧法

113. AE007　用厚为14mm的铁板卷成直径是ϕ200的水管,宜选用（　）。
(A) 冷弯法　　(B) 热弯法　　(C) 热轧法　　(D) 冷轧法

114. AE007　材料弯曲变形后（　）长度不变。
(A) 外层　　(B) 中性层　　(C) 内层　　(D) 表面层

115. AE007　角钢既有弯曲变形又有扭曲变形时,一般应先矫正（　）变形。
(A) 弯曲　　(B) 扭曲　　(C) 宽度　　(D) 长度

116. AE008　在钻孔时,当孔径D（　）为钻小孔。

(A) ≤5mm　　　　(B) ≤4mm　　　　(C) ≤3mm　　　　(D) <1mm

117. AE008　当被钻孔径 D 与孔深 L 之比（　　）时属于钻深孔。
(A) >10　　　　(B) >8　　　　(C) >5　　　　(D) >20

118. AE008　在钢板上对 φ3mm 小孔进行精加工,其高效的工艺方法应选（　　）。
(A) 研磨　　　　(B) 珩磨　　　　(C) 挤光　　　　(D) 滚压

119. AF001　合力 F 等于两个分力 F_1 和 F_2 的（　　）。
(A) 矢量乘积　　(B) 矢量和　　　(C) 代数乘积　　(D) 数量和

120. AF001　力的分解是（　　）。
(A) 已知分力,求合力
(B) 已知合力,求另一合力
(C) 已知分力,求另一分力
(D) 已知合力,求其分力

121. AF001　说法正确的是（　　）。
(A) 合力是以两个分力为边的平行四边形的面积
(B) 合力就是两个分力的代数和
(C) 合力是两个分力相乘
(D) 合力是以两个分力为边组成平行四边形的对角线

122. AF001　用两根千斤绳起吊同一物体,两绳夹角为120°,每根千斤绳承重为 $F_1 = F_2 =$ 10kN,则物体重为（　　）。
(A) 10kN　　　(B) 20kN　　　(C) 17.32kN　　(D) 5kN

123. AF002　槽钢型平衡梁由（　　）、吊环板、吊耳等组成。
(A) 无缝钢管　　(B) 槽钢　　　　(C) 圆木　　　　(D) 方木

124. AF002　管式平衡梁由（　　）、吊耳、加强板等焊接而成。
(A) 钢管　　　　(B) 工字钢　　　(C) 方木　　　　(D) 圆木

125. AF002　（　　）平衡梁常用在大型安装工地上。
(A) 管式　　　　(B) 桁架式　　　(C) 槽钢型　　　(D) 特殊结构

126. AF002　（　　）平衡梁一般用来吊装管排、屋架、型板和中小型零件。
(A) 槽钢　　　　(B) 管式　　　　(C) 桁架式　　　(D) 特殊结构

127. AF003　铸铁滑轮的（　　）较低。
(A) 易切削力　　(B) 强度　　　　(C) 防腐能力　　(D) 转动速度

128. AF003　（　　）滑轮的强度和韧性都较高,工艺性较差。
(A) 铸铁　　　　(B) 球墨铸铁　　(C) 木制　　　　(D) 铸钢

129. AF003　用滑车组起吊一台 200kN 的设备,已知计算载荷（设备重）为 200kN,载荷系数为 0.207,则跑绳拉力为（　　）。
(A) 21.2kN　　　(B) 82.8kN　　　(C) 41.4kN　　　(D) 60kN

130. AF004　桥式起重机工作级别,按起重机的利用等级和载荷状态分为（　　）个等级。
(A) 10　　　　　(B) 8　　　　　(C) 6　　　　　(D) 12

131. AF004　按桥式起重机设计寿命期内总的工作循环次数的不同分为（　　）级。
(A) 10　　　　　(B) 8　　　　　(C) 6　　　　　(D) 12

132. AF004　按桥式起重机载荷谱系数分为（　　）级。
(A) 3　　　　　(B) 4　　　　　(C) 6　　　　　(D) 8

133. AF004　桥式起重机大车的驱动方式可分为（　　）种。

(A) 1　　　　(B) 2　　　　(C) 3　　　　(D) 4

134. AF004　据统计,一般使用 1~2 年后桥式起重机上拱度为消失（　）。
(A) 10%　　　(B) 20%　　　(C) 30%　　　(D) 40%

135. AG001　三相异步电动机的定额是指电动机运行时的通电状态,又称为工作制,它分为（　）。
(A) 连续定额和短时定额两种
(B) 连续定额和断续定额两种
(C) 短时定额和断续定额两种
(D) 连续定额、断续定额和短时定额三种

136. AG001　三相绕线转子异步电动机通常用于（　）。
(A) 启动、制动比较频繁,启动、制动转矩较大,而且有一定调速要求的生产机械上
(B) 要求大功率、恒转速和改善功率因数的场合
(C) 要求在大范围内平滑调速和需要精确的位置控制的生产机械上
(D) 不要求调速和启动性能要求不高的场合

137. AG001　对短时工作制电动机,国家规定的标准持续时间有（　）个级别。
(A) 3　　　　(B) 4　　　　(C) 5　　　　(D) 6

138. AG002　同步电动机因其自身特点,主要用作（　）。
(A) 发电机　　　　　　　　(B) 电动机
(C) 发电机和电动机　　　　(D) 原动机

139. AG002　对汽轮发电机和水轮发电机的叙述正确的是（　）。
(A) 汽轮发电机和水轮发电机主要在定子结构上有一些差别
(B) 汽轮发电机和水轮发电机的基本工作原理完全相同
(C) 汽轮发电机转速低,水轮发电机转速高
(D) 汽轮发电机和水轮发电机的工作特性完全相同

140. AG002　对同步电动机类型的描述正确的是（　）。
(A) 按运行方式和功率转换方向的不同,同步电机可分为发电机、电动机、原动机和调相机四类
(B) 发电机将电能能转化为机械能
(C) 电动机将机械能转换为电能
(D) 调相机用来调节电网的无功功率,改善电网的功率因数,基本上没有功率转换

141. AG002　不属于同步电动机启动方法的是（　）。
(A) 辅助电动机启动法　　　(B) 调频启动法
(C) 调速启动法　　　　　　(D) 异步启动法

142. AG003　电气设备外壳防护等级中第二位特征数字"4"表示（　）。
(A) 水滴防护　　(B) 防护溅出的水　　(C) 防护强射水　　(D) 防护喷水

143. AG003　电气设备外壳防护等级中第二位特征数字是指（　）。
(A) 防止人触电或发生其他危险　　(B) 防止异物对设备的损害
(C) 防止水对设备的损坏　　　　　(D) 防止尘埃对设备的损害

144. AG003　如果一台电气设备铭牌上标示 IP44 意义为（　）。

(A) 该设备外壳能防止大于1.0mm的固体异物进入内部,并且防护喷水
(B) 该设备外壳能防止大于2.5mm的固体异物进入内部,并且防护溅出的水
(C) 该设备外壳能防止大于12.5mm的固体异物进入内部,并且防护水滴
(D) 该设备外壳能防护灰尘,并且防护喷水

145. AG004 大型机组常用于控制和监视的参数有（　　）。
(A) 位移、振动　　(B) 转速　　(C) 温度　　(D) A,B,C

146. AG004 机组运转过程中常用热电阻来监测温度,它的测温原理是:温度越高,铂、铜等材料的电阻值（　　）。
(A) 越大　　(B) 越小　　(C) 不变　　(D) 不确定

147. AG004 关于涡流传感器的说法不正确的是（　　）。
(A) 安装传感器之前应保证螺纹孔不能有异物,且螺纹良好
(B) 传感器的托架应选择钢材等坚固件
(C) 非钢材被测体不会影响传感器的输出特性
(D) 安装两个临近传感器时应保证传感器探头之间有足够的距离以防止交叉失真

148. AG005 为保证流体输送设备不至于损坏的保护性控制是（　　）
(A) 防喘振控制　(B) 选择性控制　(C) 三冲量控制　(D) 分程控制

149. AG005 要防止离心压缩机发生喘振,只需要工作转速下的吸入流量（　　）喘振点的流量。
(A) 小于　　(B) 大于　　(C) 等于　　(D) 接近

150. AG005 不属于离心式压缩机固定极限防喘振控制的是（　　）。
(A) 以压缩机在最大转速下喘振点的流量作为极限值
(B) 压缩机运行时的流量始终大于喘振点的极限流量
(C) 控制压缩机的入口流量不低于某一不变的极限值
(D) 在压缩机负荷变化范围内,设置极限流量跟随转速而变的防喘振控制

151. AG006 关于自力式调节阀说法不正确的是（　　）。
(A) 自力式调节阀无需外来能源
(B) 自力式调节阀可以依靠被测介质自身压力变化,按照预先设定值进行自动调节
(C) 自力式调节阀需要接受外界仪表的信号才能实现自动调节
(D) 自力式调节阀集变送器、控制器及执行机构的功能于一体

152. AG006 自力式压力调节阀按是否带指挥器可分为两大类,即（　　）。
(A) 自力式低压调节阀、自力式高压调节阀
(B) 直接作用型自力式调节阀、指挥器操作型自力式调节阀
(C) 金属波纹管式平衡型自力式调节阀、活塞平衡式自力式调节阀
(D) 以上都不对

153. AG006 自力式调节阀的流量特性一般为（　　）。
(A) 线性　　(B) 对数型　　(C) 快开　　(D) 积分型

154. AG007 自力式压力调节阀的调节精确度指的是（　　）。
(A) 在调压范围内,调压阀因压力变化和流量变化引起阀后压力对设定压力的

偏差
（B）在调压范围内,调压阀因压力变化和流量变化引起阀前压力对设定压力的偏差
（C）可以通过设定弹簧调节的目标压力值范围
（D）输出流量不变的条件下,当阀前压力在规定范围内变化时,引起阀后压力稳态值的变化

155. AG007 自力式温度调节阀正常工作时的目标温度值称为（　）。
（A）测量温度　　（B）设定温度　　（C）温度设定范围　　（D）极限温度

156. AG007 自力式压力调节阀和普通气动调节阀在出厂前都应该做的试验有（　）。
（A）泄露量　　（B）耐压强度　　（C）气室的密封性　　（D）A,B,C

157. BA001 （　）混凝土基础的刚性最大。
（A）块式　　（B）墙式　　（C）悬臂式　　（D）构架式

158. BA001 混凝土达到其标号强度的（　）左右时,就可以拆去模板。
（A）85%　　（B）75%　　（C）65%　　（D）55%

159. BA001 混凝土砂中的含泥量应不超过（　）。
（A）35%　　（B）25%　　（C）15%　　（D）5%

160. BA002 用环氧树脂安装的地脚螺栓,其特点是（　）。
（A）牢固耐水、耐侵蚀　　　　（B）不耐侵蚀、操作条件要求高
（C）硬化时间长、强度高　　　　（D）养护期长、强度高

161. BA002 短地脚螺栓不能用于固定（　）。
（A）离心泵　　　　　　　　　（B）静设备
（C）鼓风机　　　　　　　　　（D）大型活塞式压缩机

162. BA002 设备与基础的连接主要是（　）,将设备找正找平后通过灌浆将设备固定在设备基础上。
（A）地脚螺栓连接　　　　　　（B）垫铁连接
（C）焊接　　　　　　　　　　（D）压板

163. BA003 拉线时,使用紧线器将钢丝拉直,拉紧力应为钢丝线拉断力的（　）。
（A）<30%　　　　　　　　　（B）30%～80%
（C）80%～90%　　　　　　　（D）90%～95%

164. BA003 吊装最为轻便灵活的方法是（　）。
（A）搬抬法　　（B）滑移法　　（C）铲移法　　（D）吊装法

165. BA003 设备就位时,与其他设备无机械上的联系时,设备的安装要求是（　）。
（A）平面位置±5mm;标高-10～+20mm
（B）平面位置±3mm;标高-10～+20mm
（C）平面位置±5mm;标高±5mm
（D）平面位置±10mm;标高-10～+20mm

166. BA004 水平仪在同一测点处,正反两次的读数分别为+0.06和-0.04,则水平度误差为（　）。
（A）-0.02　　（B）-0.01　　（C）+0.01　　（D）+0.02

167. BA004 水平仪在同一测点处,正反两次的读数分别为+0.06和-0.04,则水平仪自身的

误差为（　　）。
(A) +0.01　　　(B) +0.02　　　(C) +0.04　　　(D) +0.05

168. BA004　框式水平仪水准管里面的液体通常为（　　）。
(A) 甲醇　　　(B) 乙醇　　　(C) 盐水　　　(D) 清洁水

169. BA005　采用无垫铁安装法时，二次灌浆所用的砂浆中水泥、砂、水、铝粉的配合比为（　　）（质量比）。
(A) 1:2:0.4:0.004　　　　　　(B) 2:2:0.4:0.004
(C) 2:1:0.4:0.004　　　　　　(D) 1:1:0.4:0.004

170. BA005　为了提高抹面层的耐酸性，抹面水泥砂浆中还应加入占整个砂浆量一定比例的（　　）。
(A) 铝粉　　　(B) 水玻璃　　　(C) 氯化钙　　　(D) 氧化钙

171. BA005　二次灌浆用膨胀水泥可用600~700号水泥加（　　）铝粉配制。
(A) 1‰　　　(B) 2‰　　　(C) 3‰　　　(D) 4‰

172. BA006　不能用于设备清洗的是（　　）。
(A) 轻柴油　　　(B) 机械油　　　(C) 二氧乙烷　　　(D) 变压器油

173. BA006　有色金属件主要使用（　　）进行除锈。
(A) 盐酸　　　(B) 硝酸　　　(C) 磷酸　　　(D) 硫酸

174. BA006　需要脱脂的设备有（　　）。
(A) 制酸设备　　　(B) 制碱设备　　　(C) 制氧设备　　　(D) 制氮设备

175. BA007　泵无负荷试验的持续时间一般为（　　）。
(A) 1h　　　(B) 2h　　　(C) 3h　　　(D) 4h

176. BA007　离心式压缩机负荷试验的持续时间一般为（　　）。
(A) 4h　　　(B) 8h　　　(C) 12h　　　(D) 24h

177. BA007　启动时不需要出入口全开的是（　　）。
(A) 活塞式压缩机　(B) 螺杆压缩机　(C) 离心式压缩机　(D) 罗茨风机

178. BB001　滑动轴承最理想的润滑性能是（　　）润滑。
(A) 固体摩擦　　　　　　　　(B) 液体摩擦
(C) 气体摩擦　　　　　　　　(D) 固液两相摩擦

179. BB001　整体式向心滑动轴承的装配方法，取决于它们的（　　）。
(A) 材料　　　(B) 结构形式　　　(C) 润滑要求　　　(D) 应用场合

180. BB001　决定滑块轴承稳定性好坏的根本因素是轴在轴承中的（　　）。
(A) 旋转速度　　　(B) 轴向窜动　　　(C) 偏心距大小　　　(D) 径向跳动

181. BB002　滚动轴承的温升不得超过（　　），温度过高时应检查原因并采取正确措施调整。
(A) 60~65℃　　　(B) 40~50℃　　　(C) 25~30℃　　　(D) 70~85℃

182. BB002　将滚动轴承的一个套圈固定，另一个套圈沿径向的最大移动量称为（　　）。
(A) 径向位移　　　(B) 径向游隙　　　(C) 轴向游隙　　　(D) 轴向位移

183. BB002　轴承在使用中滚子及滚道会磨损，当磨损达到一定程度，滚动轴承将（　　）而报废。
(A) 过热　　　(B) 卡死　　　(C) 滚动不平稳　　　(D) 失衡

184. BB003　在浇铸大型轴瓦时，常采用（　　）浇铸法。

(A) 手工　　　(B) 离心　　　(C) 虹吸　　　(D) 高温

185. BB003 含油轴承价廉又能节约有色金属,但性脆,不宜承受冲击载荷,常用于(　)、轻载及不便润滑的场合。
(A) 高速机械　　　　　　　　(B) 小型机械
(C) 低速或中速机械　　　　　(D) 重载机械

186. BB003 分度蜗杆的径向轴承是青铜材料制成的滑动轴承,修整时需用(　)材料制成的研棒研磨。
(A) 铸铁　　　(B) 软钢　　　(C) 铝合金　　　(D) 巴氏合金

187. BB004 椭圆形和可倾瓦等形式轴承,可有效地解决滑动轴承在高速下可能发生的(　)问题。
(A) 工作温度　(B) 油膜振荡　(C) 耐磨性　　(D) 抱轴

188. BB004 可倾瓦轴承各瓦块背部的曲率半径,均应(　)轴承体内孔的曲率半径,以保证瓦块的自由摆动。
(A) 大于　　　　　　　　　　(B) 小于
(C) 等于　　　　　　　　　　(D) 等于或大于

189. BB004 可倾瓦轴承由于每个瓦块都能偏转而产生油膜压力,故其抑振性能与椭圆轴承相比(　)。
(A) 更好　　　(B) 一样　　　(C) 更差　　　(D) 稍差

190. BB005 平键截面尺寸 $b \times h$ 的确定方法是(　)。
(A) 只按轴的直径,由标准中选定　　(B) 按传动转矩计算而确定
(C) 按轴的直径选定后,再经校核确定　(D) A,B,C

191. BB005 键长度尺寸的确定方法是(　)。
(A) 按轮毂长度确定　　　　　(B) 按轮毂长度和标准系列确定
(C) 经强度校核后再按标准系列确定　(D) 按标准确定

192. BB005 当键的截面尺寸和长度尺寸都一定时,挤压面积最大的是(　)。
(A) 圆头平键　(B) 平头平键　(C) 单圆头平键　(D) 任意键

193. BB006 因为圆锥销有(　)的斜度,具有可行的自锁性,可以在同一销孔中多次装拆而不影响被连接零件的相互位置精度。
(A) 1∶50　　　(B) 1∶100　　(C) 1∶50　　　(D) 1∶100

194. BB006 对于盲孔的连接,若想装拆方便,应使用(　)。
(A) 圆锥定位销　　　　　　　(B) 内螺纹圆锥定位销
(C) 开尾圆锥销　　　　　　　(D) 圆柱定位销

195. BB006 用定位销连接承受振动和有变向载荷的地方宜选用(　)。
(A) 圆柱销　　(B) 圆锥销　　(C) 槽销　　　(D) 任意销

196. BB007 提高齿轮的安装精度,主要是提高安装时的(　)精度,对减少齿轮运行的噪声有很大作用。
(A) 位置度　　(B) 平行度　　(C) 同轴度　　(D) 直线度

197. BB007 为了提高安装在细长轴上的齿轮刚度,可采用加大(　)厚度的办法。
(A) 整个齿轮　(B) 轮齿部分　(C) 轮毂部分　(D) 轮辐

198. BB007 齿轮传动副中,影响传动精度较大的主要是(　)误差。

(A) 齿距　　　　(B) 齿距累积　　　(C) 齿圈径向跳动　(D) 装配

199. BB008　精密齿轮加工机床的分度蜗杆副,是按(　)级精度制造的。
(A) 00　　　　(B) 0　　　　　(C) 1　　　　　(D) 2

200. BB008　分度蜗杆副修整时,常采用(　)方法。
(A) 更换蜗杆,修正蜗轮　　　　(B) 更换蜗轮,修正蜗杆
(C) 更换蜗轮和蜗杆　　　　　　(D) 修正蜗轮和蜗杆

201. BB008　对单向工作的蜗杆蜗轮传动的蜗轮受力后会向轴的一端窜动,故蜗轮齿面接触斑点位置应在(　)的方向。
(A) 中部稍偏蜗杆旋出　　　　　(B) 中部
(C) 前部　　　　　　　　　　　(D) 后部

202. BB009　液压传动的动力部分作用是将机械能转变成液体的(　)。
(A) 热能　　　(B) 电能　　　(C) 压力势能　(D) 光能

203. BB009　液压传动的动力部分一般指(　)。
(A) 电动机　　(B) 液压泵　　(C) 储能器　　(D) 管线

204. BB009　水压机的大活塞上所受的力是小活塞受力的50倍,则大活塞截面积是小活塞截面积的(　)倍。
(A) 50　　　　(B) 100　　　 (C) 200　　　 (D) 250

205. BB010　缸体固定的液压缸,活塞的移动速度与(　)成正比。
(A) 活塞直径　　　　　　　　　(B) 负载的大小
(C) 进入缸内油液的流量　　　　(D) 活塞厚度

206. BB010　为了实现液压缸的差动连接,需采用(　)。
(A) 单出杆活塞液压缸　　　　　(B) 双出杆活塞液压缸
(C) 摆式液压缸　　　　　　　　(D) 往复式液压缸

207. BB010　用来调定系统压力和防止系统过载的压力控制部件是(　)。
(A) 回转式油缸　(B) 溢流阀　　(C) 换向阀　　(D) 油泵

208. BC001　驱动设备的液压传动系统,一般由油箱、过滤器、(　)、溢流阀、节流阀、换向阀、液压缸以及连接这些元件的油管、管接头等组成。
(A) 水箱　　　(B) 化工泵　　(C) 水泵　　　(D) 液压泵

209. BC001　液压传动的特点是:先通过动力元件(液压泵)将原动机(如电动机)输入的机械能转换为(　),再经密封管道和控制元件等输送至执行元件(如液压缸),将液体压力能又转换为机械能以驱动工作部件。
(A) 液体压力能　(B) 化学能　　(C) 风能　　　(D) 电能

210. BC001　液压缸推动工作台移动产生的推力是由液压缸中的油液压力产生的。这一压力称为液压缸的(　)。
(A) 工作效率　(B) 工作压力　(C) 风能　　　(D) 电能

211. BC002　流量控制阀按用途分为(　)种。
(A) 5　　　　(B) 6　　　　　(C) 3　　　　　(D) 7

212. BC002　在载荷压力变化时能保持节流阀的进出口压差为定值的是(　)。
(A) 溢流阀　　(B) 调速阀　　(C) 分流阀　　(D) 减压阀

213. BC002　在调定节流口面积后,能使载荷压力变化不大和运动均匀性要求不高的执行元

件运动速度基本上保持稳定的是（　　）。
(A) 节流阀　　　(B) 调速阀　　　(C) 分流阀　　　(D) 减压阀

214. BC003　卸荷溢流阀由溢流阀和（　　）组成。
(A) 节流阀　　　(B) 单向阀　　　(C) 比例分流阀　　(D) 减压阀

215. BC003　先导型溢流阀由主阀和（　　）两部分组成。
(A) 节流阀　　　(B) 单向阀　　　(C) 先导阀　　　(D) 减压阀

216. BC003　直动型溢流阀包括锥阀式直动型溢流阀和（　　）直动型溢流阀两部分组成。
(A) 球阀式　　　(B) 单向阀　　　(C) 先导阀　　　(D) 减压阀

217. BC004　溢流阀的用途包括定压溢流作用、安全保护作用、（　　）等。
(A) 换向　　　　　　　　　　(B) 方向
(C) 节流　　　　　　　　　　(D) 作卸荷阀用

218. BC004　球阀式直动型溢流阀活塞与球阀之间不是刚性连接，而是通过（　　）使活塞与球阀接触。
(A) 阀门　　　(B) 阻尼弹簧　　(C) 管件　　　(D) 支杆

219. BC004　卸荷溢流阀的主要用途之一是高低压泵组合中大流量的（　　）卸荷。
(A) 屏蔽泵　　(B) 高温泵　　　(C) 低压泵　　(D) 高压泵

220. BC005　换向阀按照操作方式分为手动换向阀、机动换向阀、（　　）换向阀、液动换向阀、电液换向阀。
(A) 二位二通　(B) 电磁　　　　(C) 二位三通　(D) 二位四通

221. BC005　换向阀按照阀芯工作时在阀体中所处的位置和换向阀所控制的通路数不同分为二位二通、机动、（　　）、二位四通等换向阀。
(A) 手动　　　(B) 电磁　　　　(C) 二位三通　(D) 电液

222. BC005　换向阀按照阀的安装方式不同分为管式换向阀、板式换向阀、（　　）换向阀。
(A) 手动　　　(B) 电磁　　　　(C) 二位三通　(D) 法兰式

223. BC006　溢流阀的压力波动可能的原因是（　　）。
(A) 弹簧弯曲或太软　　　　(B) 锥阀与阀座接触不良
(C) 钢球与阀座密合不良　　(D) A,B,C

224. BC006　减压阀的二次压力升不高可能的原因是（　　）。
(A) 漏油　　　　　　　　　(B) 锥阀与阀座接触不良
(C) 钢球与阀座密合不良　　(D) A,B,C

225. BC006　节流调速阀节流作用失灵及调速范围不大可能的原因是（　　）。
(A) 节流阀和孔的间隙过大，有泄漏以及系统内部泄漏
(B) 节流孔阻塞或阀芯卡住
(C) 油中杂质粘附在节流口边上，通油截面减小，使速度减慢
(D) A,B,C

226. BD001　起重机空载试运合格后方可进行（　　）试运。
(A) 动载　　　(B) 行走　　　(C) 静载　　　(D) 超负荷

227. BD001　起重机空载试运将吊钩降至最低位置时，检查卷筒上的钢丝绳的圈数不应少于（　　）圈，固定圈除外。
(A) 2　　　　(B) 5　　　　(C) 6　　　　(D) 8

第五部分　高级工理论知识试题

228. BD001　起重机静载试运增加负荷至额定负荷的（　　）倍,起升离地面 100～200mm,悬停 10min,反复三次,不得有失稳现象,并测量主梁的上拱度和下挠度。
(A) 2　　　　　(B) 1.15　　　　(C) 1.25　　　　(D) 1

229. BD002　起重机调试时用兆欧计检查电路系统和所有电气设备的绝缘电阻,其值不得小于（　　）。
(A) 0.5MΩ　　　(B) 0.3MΩ　　　(C) 0.1MΩ　　　(D) 0.4MΩ

230. BD002　起重机当断电后,制动瓦要贴合在制动轮上,牢固可靠,实际接触面积不得少于理论接触面的（　　）。
(A) 60%　　　　(B) 70%　　　　(C) 80%　　　　(D) 90%

231. BD002　起重机做静负荷试验时,应将起重机停靠在（　　）。
(A) 厂房两柱子中间位置　　　　(B) 厂房柱子处
(C) 靠支柱 1/3 跨距位置　　　　(D) 任意位置

232. BD003　起重机的改造应按照（　　）、有关标准和起重机使用说明书进行。
(A) 设计文件　　(B) 草图　　　　(C) 经验　　　　(D) 领导指示

233. BD003　起重机加大跨度首先要根据加大跨度的长度,计算起重机主梁钢结构所需（　　）,然后确定改造措施。
(A) 长度　　　　(B) 截面积　　　(C) 容积　　　　(D) 体积

234. BD003　起重设备驱动型式的改造应考虑到起重机的（　　）。
(A) 材质　　　　(B) 截面积　　　(C) 容积　　　　(D) 冲击载荷

235. BD004　起重机的维修分为（　　）、中修和大修。
(A) 保养　　　　(B) 小修　　　　(C) 日常维护　　(D) 年度维护

236. BD004　起重机的同一小车架端梁下车轮同位差采用（　　）、卷尺、水平尺测量。
(A) 游标卡尺　　(B) 千分尺　　　(C) 钢丝　　　　(D) 水准仪

237. BD004　起重机的大车运行机构跨度相对差采用（　　）、平尺测量。
(A) 盘尺　　　　(B) 千分尺　　　(C) 钢丝　　　　(D) 水准仪

238. BE001　多级离心泵工作窜量的数值主要是保证机械密封在多级离心泵（　　）及事故工况下不发生机械碰撞和挤压,也是多级离心泵运行中防止动静摩擦的一个重要措施。
(A) 安装时　　　(B) 停运工况　　(C) 运行工况　　(D) 启停工况

239. BE001　多级离心泵拆除（　　）后即可测量多级离心泵总窜量。
(A) 平衡盘　　　(B) 轴承　　　　(C) 联轴器　　　(D) 叶轮

240. BE001　多级离心泵叶轮与泵轴靠（　　）传递转动。
(A) 平衡盘　　　(B) 键　　　　　(C) 联轴器　　　(D) 叶轮

241. BE002　在多级泵组装过程中要对每级叶轮进行总窜量测量以保证多级泵轴向间隙,组装过程中最大与最小窜量的偏差不能超过（　　）,否则就要检查原因并消除。
(A) 0.30mm　　　(B) 0.50mm　　　(C) 0.40mm　　　(D) 0.70mm

242. BE002　完成转子总窜量的测量调整后,将平衡盘、调整套装好并将锁母紧固,架上百分表,前后拨动（　　）,百分表读数差即为转子半窜量。
(A) 壳体　　　　(B) 电机　　　　(C) 转子　　　　(D) 轴

243. BE002　泵体装完后,将调整转子与静子的同心度(抬轴)。对于转子与静子的同心度要求是:半抬等于总抬量的一半或者( )位置。
(A) 2/3　　　　(B) 稍小　　　　(C) 稍大　　　　(D) 1/3

244. BE003 高速泵的小修周期一般( )个月。
(A) 6　　　　(B) 24　　　　(C) 12　　　　(D) 10

245. BE003 高速泵的高速轮、诱导轮径向圆跳动应小于等于( ),端面圆跳动小于等于0.15mm。
(A) 0.20mm　　(B) 0.38mm　　(C) 0.25mm　　(D) 0.15mm

246. BE003 高速泵的变速机高低速轴直线度允差值为( )。
(A) 0.08mm　　(B) 0.05mm　　(C) 0.01mm　　(D) 0.15mm

247. BE004 卧式柱塞泵每( )个月检查一次安全阀、单向阀、压力表和其他仪表装置是否灵敏可靠。
(A) 24　　　　(B) 1　　　　(C) 6　　　　(D) 12

248. BE004 卧式柱塞泵在泵架加工面上用水平仪测量泵架安装的水平度,纵向、横向水平度误差均不大于( )。
(A) 0.03mm/m　(B) 0.05mm/m　(C) 0.02mm/m　(D) 0.01mm/m

249. BE004 卧式柱塞泵用( )检测缸体内径的圆度和圆柱度误差,不得超过内径公差的一半,超标时应加工处理。
(A) 内径千分尺　(B) 游标卡尺　(C) 外径千分尺　(D) 直尺

250. BE004 卧式柱塞泵曲轴安装水平度误差小于( )。
(A) 0.05mm/m　(B) 0.15mm/m　(C) 0.10mm/m　(D) 0.02mm/m

251. BE005 离心泵启动后,叶轮转向不会造成泵的压力( )或没有流量。
(A) 压力反常　(B) 过大　　(C) 过低　　(D) 超高压

252. BE005 离心泵启动后,排出阀开得过快,容易造成( ),流量不稳。
(A) 压力正常　(B) 压力大　(C) 压力低　(D) 压力波动

253. BE005 离心泵启动后,如油温过低、油粘度大、输送困难,易造成( )、流量不稳。
(A) 压力正常　(B) 压力大　(C) 压力低　(D) 压力波动

254. BE006 在离心泵中产生气泡和气泡破裂使过流部件遭受到破坏的过程就是泵中的( )过程。
(A) 降压　　(B) 升压　　(C) 汽蚀　　(D) 升温

255. BE006 提高离心泵本身抗汽蚀性能的措施之一是改进泵的吸入口至叶轮附近的结构设计和( )过流面积。
(A) 增大　　(B) 减少　　(C) 去掉　　(D) 阻挡

256. BE006 提高离心泵本身抗汽蚀性能的措施之一是( )吸上装置泵的安装高度。
(A) 增大　　(B) 减少　　(C) 去掉　　(D) 阻挡

257. BE007 螺杆泵泵轴功率急剧增大可能原因是( )。
(A) 吸入管路堵塞　　　　　　(B) 流量增大
(C) 进口阀关小　　　　　　　(D) 排出管路堵塞

258. BE007 螺杆泵泵振动大可能原因是( )。
(A) 流量大　　　　　　　　　(B) 泵与电动机不同心
(C) 进口阀过大　　　　　　　(D) 出口阀过大

259. BE007 螺杆泵泵体过热故障原因可能是泵内（　　）。
　　（A）流量大　　　　　　　　　　（B）严重摩擦
　　（C）进口阀过大　　　　　　　　（D）出口阀过大

260. BE008 轴流式风机机体振动故障可能原因是（　　）。
　　（A）叶片角度过大　　　　　　　（B）电压低
　　（C）电压大　　　　　　　　　　（D）电流小

261. BE008 轴流式风机电动机不转故障可能原因是（　　）。
　　（A）叶片角度过小　　　　　　　（B）电流大
　　（C）电压大　　　　　　　　　　（D）电流小

262. BE008 轴流式风机电机过热故障可能原因是（　　）。
　　（A）叶片角度小　　　　　　　　（B）电流大
　　（C）电压小　　　　　　　　　　（D）电流小

263. BE009 罗茨鼓风机风量不足故障可能原因是（　　）。
　　（A）转子各部间隙大　　　　　　（B）电流大
　　（C）电压大　　　　　　　　　　（D）电流小

264. BE009 罗茨鼓风机振动超限故障可能原因是（　　）。
　　（A）转子各部间隙大　　　　　　（B）齿轮损坏
　　（C）电压大　　　　　　　　　　（D）电流小

265. BE009 罗茨鼓风机机体内有碰擦声故障可能原因是（　　）。
　　（A）转子各部间隙大　　　　　　（B）转子相互之间摩擦
　　（C）电压大　　　　　　　　　　（D）电流小

266. BF001 用起吊工具将汽缸连接在中体上，（　　）地把紧连接螺栓。
　　（A）用力　　（B）均匀　　（C）轻轻　　（D）慢慢

267. BF001 安装汽缸中的一个重要问题是使（　　）中心与汽缸中心同心。
　　（A）曲轴　　（B）滑道　　（C）活塞　　（D）活塞环

268. BF001 活塞式压缩机汽缸按压缩方式可分为（　　）汽缸。
　　（A）单级式、级差式　　　　　　（B）风冷式、水冷式
　　（C）单作用、双作用　　　　　　（D）组合式、整体式

269. BF002 活塞压缩机曲轴（　　）安装是否符合要求，是检查压缩机安装质量好坏的重要依据之一。
　　（A）平行度　　（B）直度　　（C）水平度　　（D）圆度

270. BF002 测量活塞压缩机曲轴不水平度的方法，是将（　　）放置在曲轴的各曲柄销上，每转90°测量一次。
　　（A）直尺　　（B）平尺　　（C）水平仪　　（D）经纬仪

271. BF002 活塞压缩机曲轴上钻有（　　），以供润滑轴承用。
　　（A）中心孔　　（B）顶尖孔　　（C）油孔　　（D）螺栓孔

272. BF003 在活塞压缩机十字头安装时要检查的工作是（　　）。
　　（A）与滑道的接触面积　　　　　（B）与滑道的间隙
　　（C）十字头与滑道的垂直度　　　（D）A,B,C

273. BF003 整体式十字头的特点是结构（　　）、轻巧、制造方便。

(A) 复杂　　　　(B) 简单　　　　(C) 一般　　　　(D) 多样

274. BF003　检查十字头上下滑履要（　）牢固可靠,并用着色法检查十字头滑履与中体滑道的接触贴合情况。
(A) 进行　　　　(B) 浇铸　　　　(C) 安装　　　　(D) 加热

275. BF004　一般用油润滑压缩机可用优质珠光体铸铁、合金铸铁、（　）制作活塞环。
(A) 青铜　　　　(B) 橡胶　　　　(C) 铸钢　　　　(D) 铝合金

276. BF004　活塞环装入活塞槽后,应能沉在（　）。
(A) 槽底　　　　(B) 槽下面　　　(C) 槽表面　　　(D) 槽中间

277. BF004　活塞式压缩机多个活塞环安装时,各环的切口位置应（　）。
(A) 相互一致　　　　　　　　　(B) 相互错开
(C) 随意安装　　　　　　　　　(D) 根据机组情况确定

278. BF004　活塞式压缩机支撑环对活塞起（　）作用。
(A) 支撑　　　　　　　　　　　(B) 密封
(C) 导向　　　　　　　　　　　(D) 支撑和导向

279. BF005　对于立式无油润滑压缩机的活塞,也有安装支撑环的,以承受因振动而产生的（　）。
(A) 活塞力　　　(B) 轴向力　　　(C) 侧向力　　　(D) 气体压力

280. BF005　对于无十字头的压缩机,活塞销是连接（　）与活塞的,相当于十字头的作用。
(A) 连杆　　　　(B) 轴瓦　　　　(C) 销子　　　　(D) 物体

281. BF005　活塞式压缩机活塞杆表面粗糙,容易造成（　）
(A) 活塞杆过热　　　　　　　　(B) 活塞杆弯曲
(C) 活塞杆裂纹　　　　　　　　(D) 活塞杆变形

282. BF006　密封片若发现翘曲度超过允许值,不允许用（　）的方法进行校正。
(A) 磨削　　　　(B) 锤击　　　　(C) 刮研　　　　(D) 打磨

283. BF006　阀片两面的粗糙度 R_a 不应低于（　）。
(A) 0.03　　　　(B) 0.4　　　　(C) 平面　　　　(D) 5

284. BF006　阀片两面之间的（　）不应大于0.05mm。
(A) 间隙　　　　(B) 平行度　　　(C) 余量　　　　(D) 垂直度

285. BF007　为减少气流脉动,活塞式压缩机一般均设有（　）。
(A) 集液器　　　(B) 蓄能器　　　(C) 缓冲器　　　(D) 冷却器

286. BF007　管式换热器的传热面是由（　）组成的。
(A) 表面　　　　(B) 内部　　　　(C) 管子　　　　(D) 锉削

287. BF007　通常冷却器采用空气和（　）做冷却剂。
(A) 氮气　　　　(B) 氧气　　　　(C) 水　　　　　(D) 油

288. BF008　活塞式压缩机试车前应进行盘车,盘车停止后应将曲轴颈转到启动力矩最小位置,此时,曲轴销位于（　）位置。
(A) 前止点处　　(B) 后止点处　　(C) 回转最高点处　(D) 任意

289. BF008　活塞式压缩机试车时,开车前阀门应处于（　）位置。
(A) 入口阀全关　　　　　　　　(B) 出口阀全关
(C) 出口阀全开　　　　　　　　(D) 放空阀全关

290. BF008　活塞式压缩机填料环轴向间隙过小时,当压缩机运行时易出现(　)现象。
　　　　　　(A)活塞杆下沉　　　　　　　　(B)十字头发热
　　　　　　(C)撞缸声　　　　　　　　　　(D)活塞杆发热
291. BF009　活塞式压缩机打气量不足的原因是(　)。
　　　　　　(A)填料漏气　　　　　　　　　(B)冷却水压力
　　　　　　(C)润滑油量不足　　　　　　　(D)汽缸间隙反常
292. BF009　汽缸余隙容积过大会造成活塞式压缩机(　)。
　　　　　　(A)润滑不正常　　(B)打气量不足　　(C)机组振动　　(D)异常试验
293. BF009　内漏会造成活塞式压缩机(　)。
　　　　　　(A)某级压力升高　　　　　　　(B)某级压力降低
　　　　　　(C)汽缸发热　　　　　　　　　(D)磨损或损坏
294. BG001　离心式压缩机推力轴承(　)应平整,各处厚度差应小于0.01mm,当量不应超过2块。
　　　　　　(A)调整垫　　(B)止推盘　　(C)推力瓦块　　(D)瓦壳
295. BG001　轴瓦的研磨一般应分为两步进行,即(　)的研磨和接触点的研磨。
　　　　　　(A)表面　　　(B)轴承　　　(C)接触面　　　(D)轴封
296. BG001　接触点的研磨,一般要求(　)研磨出每平方厘米2～3个接触点。
　　　　　　(A)上瓦　　　(B)轴承　　　(C)下瓦　　　(D)间隙
297. BG002　测量压缩机转子各部位的径向跳动、(　)跳动要符合要求。
　　　　　　(A)推力盘　　(B)端面　　　(C)主轴颈　　(D)联轴节
298. BG002　离心压缩机转子就位后,应测定转子总(　)。
　　　　　　(A)不直度　　(B)串量　　　(C)跳动　　　(D)交叉度
299. BG002　测量采用三元流叶轮结构的离心式压缩机时效率(　)。
　　　　　　(A)较低　　　　　　　　　　　(B)较高
　　　　　　(C)与其他形式叶轮无差别　　　(D)与其他形式叶轮有差别
300. BG003　压缩机的支脚与底座采用(　)连接,但连接螺栓与支脚之间留有一定的膨胀间隙。
　　　　　　(A)螺栓　　　(B)刚性　　　(C)焊接　　　(D)铆接
301. BG003　高压离心式压缩机一般采用(　)形式。
　　　　　　(A)水平剖分　(B)垂直剖分　(C)轴流+离心　(D)A和B
302. BG003　在离心式压缩机中,通常将一套转子、一个汽缸及相应的部件组装在一起,称之为压缩机的一个(　)。
　　　　　　(A)级　　　　(B)段　　　　(C)缸　　　　(D)列
303. BG004　在安装离心式压缩机时要检查迷宫密封的(　)。
　　　　　　(A)间隙　　　(B)同心度　　(C)粗糙度　　(D)弯曲度
304. BG004　浮环密封的(　)环不能安装错。
　　　　　　(A)内外　　　(B)结构　　　(C)方向　　　(D)前后
305. BG004　蜂窝型密封属于(　)密封的一种。
　　　　　　(A)机械　　　(B)干气　　　(C)迷宫　　　(D)磁流体
306. BG005　离心压缩机喘振的原因之一是(　)。

（A）出口压力超高　　　　　　　　（B）轴承间隙过大
（C）轴向推力过小　　　　　　　　（D）润滑不正常

307. BG005　离心压缩机试车中的操作方法正确的是（　　）。
（A）先升压，再升速　　　　　　　（B）先升速，再升压
（C）关防喘振阀时要先高压后低压　（D）开防喘振阀时要先低压后高压

308. BG005　离心压缩机运行中降速未降речь，容易引发（　　）现象。
（A）同频振动　　（B）喘振　　（C）油膜振荡　　（D）旋转失速

309. BG006　离心压缩机密封面被腐蚀会造成压缩机（　　）。
（A）轴承故障　　　　　　　　　　（B）密封系统工作不稳定
（C）油压不正常　　　　　　　　　（D）油中有污物

310. BG006　离心压缩机气体出口管线上止逆阀不灵，可能会造成压缩机（　　）。
（A）润滑不正常　　　　　　　　　（B）喘振
（C）密封系统不正常　　　　　　　（D）油中有污物

311. BG006　离心压缩机流量和排出压力不足的原因之一是（　　）。
（A）吸气压力低　　　　　　　　　（B）轴承间隙过大
（C）轴承间隙过小　　　　　　　　（D）润滑不正常

312. BG007　浮环密封与其供油设备和控制仪表，共同组成了（　　）的密封系统。
（A）牢固　　（B）平稳　　（C）完善　　（D）超温

313. BG007　浮环密封对大气环境为"（　　）"密封，依靠密封液的隔离作用，确保气相介质不向大气环境泄漏。
（A）坚固　　（B）平均　　（C）零泄漏　　（D）超强

314. BG007　关于干气密封说法正确的是（　　）。
（A）干气密封运行时，密封面需要专门的流体冷却和润滑
（B）干气密封运行时，动环和静环是接触的
（C）干气密封安装时驱动端和非驱动端不能互换
（D）干气密封适合在低速运行

315. BG008　一般干气密封安装时应确保密封旋向与主轴旋向（　　）。
（A）相反　　　　　　　　　　　　（B）相同
（C）无要求　　　　　　　　　　　（D）需根据现场条件确定

316. BG008　压缩机在既不允许工艺汽泄漏到大气中，又不允许阻封气进入机内的工况下，应选用（　　）干气密封结构。
（A）双端面　　　　　　　　　　　（B）串联式
（C）带中间进气的串联式　　　　　（D）单端面

317. BG008　安装干气密封时，一般要求密封的轴向窜动应为（　　）。
（A）−3mm　　（B）3mm　　（C）±3mm　　（D）±0.6mm

318. BG009　干气密封操作时，当润滑油系统启动前，应先开启干气密封控制系统，并按照（　　）的顺序开启。
（A）先缓冲气，后隔离气　　　　　（B）先隔离气，后缓冲气
（C）先缓冲气，后密封气　　　　　（D）先密封气，后缓冲气

319. BG009　维持（　　）的稳定和不间断是干气密封正常运行的基本条件。

(A) 隔离气　　　(B) 缓冲气　　　(C) 驱动气　　　(D) 泄漏气

320. BG009　干气密封可在（　）环境下工作。
(A) 少量润滑油　　　　　　　(B) 大量冲洗油
(C) 禁油　　　　　　　　　　(D) 少量冲洗油

321. BG010　消除油膜振荡最有效的方法是（　）
(A) 加大轴承载荷　　　　　　(B) 提高润滑油粘度
(C) 减小轴承间隙　　　　　　(D) 改变轴承结构

322. BG010　（　）轴承能有效降低油膜振荡。
(A) 圆瓦　　　(B) 推力瓦　　　(C) 五油楔瓦　　　(D) 球面瓦

323. BG010　压缩机运转时,当转子转速为（　）时,容易引发油膜振荡。
(A) 临界转速　　　　　　　　(B) 两倍临界转速
(C) 低于临界转速　　　　　　(D) 高于临界转速

324. BH001　汽轮机按转速分类:低速汽轮机为 $n<3000\mathrm{r/min}$;中速汽轮机为（　）;高速汽轮机为 $n>3000\mathrm{r/min}$。
(A) $n=2000\mathrm{r/min}$　　　　(B) $n=3000\mathrm{r/min}$
(C) $n=1000\mathrm{r/min}$　　　　(D) $n<1000\mathrm{r/min}$

325. BH001　关于工业汽轮机特点的说法错误的是（　）。
(A) 效率高　　　　　　　　　(B) 转速不易控制
(C) 种类多　　　　　　　　　(D) 自控联锁程度高

326. BH001　在蒸汽轮机中,由喷嘴和与其配合的动叶片构成的做功单元称为（　）。
(A) 级　　　(B) 段　　　(C) 转子　　　(D) 隔板

327. BH002　汽轮机是将热能和（　）转变成机械能的机械装置。
(A) 动能　　　(B) 静压能　　　(C) 风能　　　(D) 水能

328. BH002　蒸汽通过特殊形状的喷嘴,静压能转变为（　）,高速的汽流冲向汽轮机的叶轮的叶片上,从而推动主轴旋转。
(A) 动能　　　(B) 动压能　　　(C) 风能　　　(D) 势能

329. BH002　汽轮机具有结构简单、转速高、（　）等特点。
(A) 好维修　　　(B) 防爆　　　(C) 好安装　　　(D) 质量轻

330. BH003　汽轮机本体的固定部分包括汽缸、喷嘴隔板和（　）。
(A) 汽封　　　(B) 叶轮　　　(C) 叶片　　　(D) 围带

331. BH003　汽轮机叶轮部分能把叶轮套装在轴上的是（　）。
(A) 轮缘　　　(B) 轮盘　　　(C) 轮毂　　　(D) 叶轮

332. BH003　汽轮机的转子包括主轴、叶轮、止推盘、（　）、联轴器等。
(A) 危急保安器　　(B) 静叶　　(C) 汽封　　(D) 隔板

333. BH004　汽轮机组装汽缸上壳体要把中分面进行清洗干净并涂上（　）。
(A) 松动剂　　　　　　　　　(B) 防咬合剂
(C) 耐高温密封胶　　　　　　(D) 普通密封胶

334. BH004　汽轮机安装汽缸上壳体时一定要装上（　）,吊装上壳体时应注意保持水平。
(A) 平衡杠　　　(B) 倒链　　　(C) 立键　　　(D) 导向杆

335. BH004　汽轮机的速关阀在启动和正常运行期处于（　）状态。

(A) 全关　　　(B) 全开　　　(C) 半开　　　(D) 负荷变化

336. BH005　汽轮机转子与缸体如不对中容易造成（　）。
(A) 蒸汽自激振荡引起振动　　(B) 止推轴承部件接触不良
(C) 汽缸热膨胀　　　　　　　(D) 真空度降低

337. BH005　关于引起汽轮机中心状态变化因素说法错误的是（　）。
(A) 汽缸、轴承座温升的影响　(B) 冷凝器的影响
(C) 挠性支撑板的影响　　　　(D) 真空度的影响

338. BH005　（　）方法不是常用的汽轮机转子与缸体找中心的方法。
(A) 拉钢丝　　　　　　　　　(B) 假轴
(C) 利用转子　　　　　　　　(D) 三表找正法

339. BH006　凝汽式汽轮机冷凝器的作用是（　）。
(A) 蒸汽回收　　　　　　　　(B) 建立并保持排汽出口的高度真空
(C) 将给水转变成高温、高压蒸汽　(D) A 和 B

340. BH006　汽轮机凝汽设备中供给冷却水的是（　）。
(A) 凝结水泵　(B) 循环水泵　(C) 主抽汽器　(D) 凝汽器

341. BH006　汽轮机中抽出凝汽器蒸汽空间的不凝结气体，维持凝汽器真空的设备是（　）。
(A) 凝结水泵　　　　　　　　(B) 循环水泵
(C) 主抽汽器　　　　　　　　(D) 排汽安全阀

342. BH007　汽轮机调速系统中改变调速汽门的开度以改变进入汽轮机的蒸汽量，从而改变汽轮机转速的是（　）机构。
(A) 感应　　　(B) 传动放大　(C) 执行　　　(D) 反馈

343. BH007　汽轮机调速系统试验时，为使静止试验符合运行情况，应将（　）保持在规定范围内。
(A) 阀门开度　(B) 位置　　　(C) 速度　　　(D) 油温

344. BH007　调节汽轮机的转速使之在稳定工况下规定值维持不变的是（　）系统的任务。
(A) 保护　　　(B) 旋转　　　(C) 调速　　　(D) 平衡

345. BH008　当汽轮机转子经过长期运行或经受剧烈的振动、冲击负荷后，有可能产生裂纹，因此应定期进行（　）检查。
(A) 试运转　　(B) 无损探伤　(C) 试压　　　(D) 超负荷

346. BH008　当汽轮机转子经过磁粉探伤，或检修中发现转子上同静止部件间（　）间隙较小部位出麻点等，有电蚀迹象应对转子进行退磁检查。
(A) 端面　　　(B) 轴向　　　(C) 径向　　　(D) 表面

347. BH008　不属于汽轮机转子轴向力平衡的方法是（　）。
(A) 平衡活塞　　　　　　　　(B) 开平衡孔
(C) 采用相反流动的布置　　　(D) 叶片加围带

348. BH009　由于汽轮机本身质量而产生（　）。
(A) 静挠度　　(B) 变形　　　(C) 下坠　　　(D) 上拱

349. BH009　一般工业汽轮机缸体的膨胀死点设置在（　）位置。
(A) 进汽端　　(B) 排汽端　　(C) 中间　　　(D) 前轴承座

350. BH009　汽轮机运行时，转子以（　）为相对死点相对于汽缸发生膨胀。

(A) 进汽端 　　(B) 排汽端 　　(C) 推力轴承 　　(D) 滑销系统

351. BH010　汽轮机汽封的轴向间隙测量可用（　　）、楔形游标卡尺等测量工具。
(A) 检验棒 　　(B) 塞尺 　　(C) 通规 　　(D) 止规

352. BH010　汽轮机的汽封块梳齿轻微磨损、发生卷曲时,应用（　　）,并在漏汽侧将梳齿刮尖。
(A) 板锉锉掉 　　　　　　　(B) 平口钳扳直
(C) 扁铲铲掉 　　　　　　　(D) 铜棒敲击

353. BH010　汽轮机更换新的汽封块弧长必须比旧的（　　）,留作汽封块端面接头的研配裕量。
(A) 短1/3 　　(B) 稍短一些 　(C) 稍长一些 　(D) 短2/3

354. BH011　汽轮机的静态试验前各系统要（　　）完。
(A) 吹扫 　　(B) 安装试验 　(C) 清理 　　(D) 冲洗

355. BH011　汽轮机的静态试验是在不通蒸汽、（　　）的情况下对各个机构的检查。
(A) 不清扫 　　(B) 不试验 　(C) 不运转 　(D) 不酸洗

356. BH011　汽轮机的静态试验的目的是检查整个系统的（　　）、可靠性。
(A) 清洁程度 　(B) 稳定性 　(C) 灵活性 　(D) 安全性

357. BH012　汽轮机在运行时,可通过轴向位置指示仪观测（　　）、轴瓦温度、轴振动等。
(A) 油温 　　(B) 压力 　　(C) 轴位移 　　(D) 曲线

358. BH012　凝汽式汽轮机运行时,如凝汽器的真空度过低,将导致汽轮机的功率（　　）。
(A) 增加 　　(B) 减小 　　(C) 不变 　　(D) 忽高忽低

359. BH012　汽轮机在（　　）工况下运行时间过长,将导致汽缸热应力增大,因此操作中应尽量避免。
(A) 低负荷 　(B) 满负荷 　(C) 额定负荷 　(D) 半负荷

360. BH013　（　　）情况不是汽轮机转子检修后需重新进行动平衡的原因。
(A) 更换全部轴瓦 　　　　　(B) 更换叶片
(C) 转子发生弯曲 　　　　　(D) 转子沿圆周方向有不均匀磨损

361. BH013　汽轮机汽缸检修时,紧固汽缸中分面的螺栓顺序一般是（　　）。
(A) 先紧中间,然后向前后对称紧固　(B) 先紧两端,然后向中间对称紧固
(C) 从一端开始对称紧固　　　(D) 从一侧开始对称紧固

362. BH013　汽轮机检修时对转子各部位进行跳动检查,一般要求装测振探头的部位的跳动值不应超过（　　）。
(A) 0.05mm 　(B) 0.10mm 　(C) 0.01mm 　(D) 0.03mm

363. BH014　（　　）情况不是汽轮机运行中轴瓦温度过高而采取的措施。
(A) 重新对中 　　　　　　　(B) 检查和校验各热电阻
(C) 调整轴封漏汽量,必要时更换汽封　(D) 调整提高真空度

364. BH014　汽轮机运行时,如缸体热膨胀受阻可能会导致（　　）。
(A) 轴瓦温度过高 　　　　　(B) 冷凝器真空度下降
(C) 汽轮机异常振动 　　　　(D) 轴封漏气

365. BH014　汽轮机运行时出现异常振动可能的原因是（　　）。
(A) 蒸汽带水 　　　　　　　(B) 供油温度高

(C) 汽轮机排汽量太大　　　　　　　(D) 调节系统传动执行机构卡涩

366. BI001　燃气轮机是由（　）、燃烧室和透平三大部分组成的动力装置。
(A) 压气机　　(B) 离心机　　(C) 膨胀机　　(D) 压缩机

367. BI001　不属于燃气轮机结构优点的是（　）。
(A) 结构简单　　　　　　(B) 单位功率大
(C) 维护简单　　　　　　(D) 运行工况窄

368. BI001　燃气轮机按热力循环方式可分为（　）循环。
(A) 单轴式　　(B) 多轴式　　(C) 简单　　(D) 开式

369. BI002　化工装置用燃气轮机的压气机均为（　）压缩机。
(A) 轴流式　　(B) 离心式　　(C) 罗茨式　　(D) 往复式

370. BI002　燃气轮机为扩大压气机的稳定运行范围，避免喘振，设有（　）。
(A) 可调静叶　　(B) 导流器　　(C) 静叶环　　(D) 喷嘴

371. BI002　工业用燃气轮机的燃烧室主要是（　）筒形结构。
(A) 回流式　　(B) 辐射式　　(C) 对流式　　(D) 绝热式

372. BI003　燃气轮机汽缸安装时，罩形螺母拧紧到安装位置后，罩顶内与螺栓顶部间隙不应小于（　）。
(A) 1mm　　(B) 2mm　　(C) 3mm　　(D) 5mm

373. BI003　对于燃气轮机汽缸安装，说法不正确的是（　）。
(A) 气缸可调静叶的转轴和轴套配合间隙应符合图纸要求，且转动灵活
(B) 汽缸的螺栓在安装时螺纹部分应涂耐高温涂料
(C) 透平汽缸水平结合面用 0.10mm 塞尺自内外两侧检查，均不得塞入
(D) 汽缸栽丝螺栓的螺纹部分应能全部拧入法兰内，且螺纹应低于法兰平面

374. BI003　燃气轮机安装前，应检查滑销系统，沿滑动方向测量三点，滑销与滑销槽测得的尺寸差值均不得超过（　）。
(A) 0.05mm　　(B) 0.03mm　　(C) 0.02mm　　(D) 0.01mm

375. BI004　燃气轮机的零部件在高温下容易发生（　）。
(A) 变形　　(B) 蠕变　　(C) 失稳　　(D) 磨损

376. BI004　燃气轮机的一级喷嘴和火焰筒如其连续运行已超过（　），一般原则上要将其更换报废。
(A) 8000h　　(B) 10000h　　(C) 30000h　　(D) 40000h

377. BI004　燃气轮机火焰筒采用（　）定位销固定在外壳上，前端锥顶内孔和旋流器配合，后端和过渡件套接在一起，以保证从冷态到高温始终保持同心并自由膨胀。
(A) 横向　　(B) 纵向　　(C) 三点径向　　(D) 径向

378. BJ001　锅炉主要由（　）两部分组成。
(A) 汽锅和炉子　　　　　　(B) 汽锅和下降管
(C) 炉子和集箱　　　　　　(D) 炉子和集箱

379. BJ001　锅炉汽水系统由（　）、对流管束、集箱、水冷壁、下降管等几部分组成。
(A) 锅筒　　(B) 除渣、送风装置　(C) 加煤斗　　(D) 炉排

380. BJ001　单筒立式锅炉的代号为（　）。
(A) WN　　(B) LH　　(C) LS　　(D) DL

381. BJ002　锅炉附属设备安装时,箱、罐安装的标高允许偏差为（　）。
　　　　（A）±2mm　　　（B）±4mm　　　（C）±5mm　　　（D）±10mm
382. BJ002　锅炉附属设备安装时,箱、罐安装的水平或垂直允许偏差为（　）(L—长度,H—高度）。
　　　　（A）1/1000L 或 1/1000H 但不大于 10mm
　　　　（B）2/1000L 或 2/1000H 但不大于 12mm
　　　　（C）3/1000L 或 3/1000H 但不大于 12mm
　　　　（D）5/1000L 或 5/1000H 但不大于 15mm
383. BJ002　锅炉附属设备安装时,箱、罐安装的中心线位置允许偏差为（　）。
　　　　（A）2mm　　　（B）3mm　　　（C）4mm　　　（D）5mm
384. BK001　异步电机和同步电机均属于（　）。
　　　　（A）交流电机　（B）直流电机　（C）电动机　（D）发电机
385. BK001　电机是利用电磁原理进行（　）与（　）互换的旋转机械。
　　　　（A）机械能;电能　　　　（B）动能;电能
　　　　（C）动能;热能　　　　　（D）机械能;热能
386. BK001　电机是利用（　）原理进行机械能与电能互换的旋转机械。
　　　　（A）电磁　　　（B）光电　　　（C）磁场　　　（D）电场
387. BK002　电机通常要存放在干燥、有一定室温的房间里,室温范围为不低于（　）,不高于（　）。
　　　　（A）5℃;40℃　（B）5℃;20℃　（C）0℃;40℃　（D）0℃;20℃
388. BK002　电机安装中需进行二次灌浆的基础表面应铲除麻面,麻面深度为（　），密度为 3～5 点/dm²。
　　　　（A）>10mm　（B）<10mm　（C）>5mm　（D）<5mm
389. BK002　防止产生轴电流的主要方法是在轴承座与底板之间正确地安装（　），使之形不成回路。
　　　　（A）绝缘垫板　（B）绝缘橡胶　（C）调整垫板　（D）垫板
390. BK002　对直流电动机当空气间隙值为（　）时,磁极下各点空气间隙的相互差值不应超过基准值的 20%。
　　　　（A）<3mm　　（B）>3mm　　（C）<2mm　　（D）>2mm
391. CA001　安全教育是为了提高人们的（　）。
　　　　（A）安全意识　　　　　　（B）安全教育技术水平
　　　　（C）安全管理水平　　　　（D）A+B+C
392. CA001　安全教育作为可靠的概念提出来,其教育内容是十分（　）的。
　　　　（A）丰富　　　（B）丰收　　　（C）贫乏　　　（D）一般
393. CA001　安全生产教育是对职工进行（　）等方面的教育。
　　　　（A）安全生产法律　　　　（B）安全生产法规
　　　　（C）安全专业知识　　　　（D）A+B+C
394. CA002　安全交底这项工作是的（　）工作,必须认真执行。
　　　　（A）要求　　　（B）规定　　　（C）法定　　　（D）一般
395. CA002　安全交底（　）在施工作业前进行,任何项目在没有交底前不准施工作业。

(A) 必须　　　(B) 一般　　　(C) 不可　　　(D) 视情况

396. CA002 被交底者在执行过程中,必须（　）项目部的管理、检查、监督、指导。
(A) 不必　　　(B) 由　　　(C) 通过　　　(D) 接受

397. CA003 安全检查是企业安全管理的一种既简便又（　）的方法。
(A) 普通　　　(B) 行之有效　　　(C) 容易　　　(D) 繁琐

398. CA003 检查中发现的不安全（　），要根据检查记录进行整理和分析,采取整改措施。
(A) 行为　　　(B) 人员　　　(C) 因素　　　(D) 状态

399. CA003 安全检查应将自查与互查（　）结合起来。
(A) 有机　　　(B) 无机　　　(C) 融合　　　(D) 联系

400. CA004 班组是企业的（　）组织,是加强企业管理、搞好安全生产的（　）。
(A) 机关;基础　　　(B) 基层;基础　　　(C) 一般;组织　　　(D) 多元;基础

401. CA004 各级领导必须认识到抓好班组安全管理是（　）各项安全工作的基础。
(A) 保障　　　(B) 决定　　　(C) 肯定　　　(D) 落实

402. CA004 每天开工前由班组长组织召开（　）安全生产短会,重点（　）作业任务,安全操作规程,注意事项等,并做好记录。
(A) 班前;介绍　　　(B) 班中;介绍　　　(C) 班后;谈论　　　(D) 过程;解说

403. CA005 使用劳动防护用品,是保障从业人员人身安全与健康的（　）措施。
(A) 主要　　　(B) 一般　　　(C) 重要　　　(D) 辅助

404. CA005 劳动防护用品按用途分类为:（　）和预防职业病类。
(A) 防止伤亡事故类　　　(B) 防止伤亡类
(C) 防止事故类　　　(D) 防止轻伤、重伤事故类

405. CA005 手部（　）用品是指保护手和手臂,供作业者劳动时戴用的手套。
(A) 维护　　　(B) 保护　　　(C) 围护　　　(D) 防护

406. CA006 化学危险品是指具有易燃性、（　）性、毒害性、腐蚀性、放射形等危险特性物品。
(A) 易融　　　(B) 易爆　　　(C) 挥发　　　(D) 溶水

407. CA006 对化学危险品其主要特性进行科学（　），有利于科学而严密的管理和采取必要的安全措施。
(A) 分类　　　(B) 分别　　　(C) 综合　　　(D) 性质分析

408. CA006 化学危险品的种类（　），性质各异,而且一种危险品并不只是具有一种危险性。
(A) 六种　　　(B) 较多　　　(C) 不多　　　(D) 繁多

409. CA007 电磁场能量以电磁波的形式向外发射的过程称为（　）。
(A) 电磁场　　　(B) 电磁能量
(C) 电磁辐射　　　(D) 电磁能量消耗

410. CA007 电磁辐射分成（　）中自然形成和人为引起两种类型。
(A) 大自然　　　(B) 山体　　　(C) 矿源　　　(D) 辐射物体

411. CA007 电磁场强度（　），人体吸收的能量越多、受伤害的程度也越严重。
(A) 越低　　　(B) 一般　　　(C) 微小　　　(D) 越高

412. CA008 在列入化学危险品管理的（　）危险品中,大多数都是燃烧性物质,具有可燃和易燃性能。
(A) 11类　　　(B) 10类　　　(C) 9类　　　(D) 8类

413. CA008 可燃性气体不能与（　　）物品、腐蚀性物品共同储存。
(A) 助燃　　　　(B) 阻燃　　　　(C) 气体　　　　(D) 固体

414. CA008 可燃性液体较易挥发，其蒸气和空气以一定比例混合时会形成（　　）性混合物。
(A) 爆炸　　　　(B) 化学　　　　(C) 生物　　　　(D) 有机

415. CA008 可燃性液体因受热膨胀，容易损坏盛装的容器，容器应保留不少于（　　）容积的空间。
(A) 10%　　　　(B) 5%　　　　(C) 12%　　　　(D) 8%

416. CB001 ISO 9001 标准是对组织提供满意产品而对质量管理的（　　）。
(A) 最低要求　　(B) 最高要求　　(C) 一般要求　　(D) 起码要求

417. CB001 2000 版 ISO 9000 系列的核心标准包括（　　）。
(A) ISO 9001，ISO 9004 和 ISO 8402
(B) ISO 9000，ISO 9001 和 ISO 10013
(C) ISO 9000，ISO 9004 和 ISO 9001 和 ISO 19011
(D) ISO 9000，ISO 9002，ISO 9003 和 ISO 9004

418. CB001 ISO 9001:2000（　　）提供了质量管理体系要求，供组织证实其提供满足顾客和适用法规要求产品的能力时使用。
(A)《质量管理体系　要求》
(B)《质量管理体系　基础和术语》
(C)《质量管理体系业绩改进指南》
(D)《质量管理体系和环境管理体系审核指南》

419. CB002 关于领导作用和全员参与说法错误的是（　　）。
(A) 领导是组织之本
(B) 各级人员都是组织之本
(C) 只有员工的充分参与，才能使他们的才干为组织带来收益
(D) 领导者确立组织统一的宗旨及方向

420. CB002 八项质量管理原则是"ISO 9001:2000 质量管理体系要求"的（　　）。
(A) 理论基础　　(B) 附加条件　　(C) 中心思想　　(D) 延伸

421. CB002 关于 ISO 9001 的过程模式的描述，（　　）是不正确的。
(A) 包括管理职责、资源管理、产品实现、测量、分析和改进
(B) 过程模式是从相关方要求出发，以满足相关方要求而结束
(C) 组织的产品实现是由一系列相关的过程来完成的
(D) 对过程模式中的各项活动应进行系统的管理

422. CB003 质量方针和质量目标的关系描述，（　　）是不正确的。
(A) 质量方针为质量目标的建立提供了框架
(B) 质量目标应与质量方针和持续改进的承诺相一致
(C) 质量目标只要包括满足产品要求的内容即可
(D) 质量目标应是可测量的，并应在相关职能和层次上建立质量目标

423. CB003 在质量管理体系中使用的文件描述错误的是（　　）。
(A) 向组织内部和外部提供关于质量管理体系的一致信息的文件，这类文件称为质量手册

(B) 表述质量管理体系如何应用于特定产品、项目或合同的文件,这类文件称为质量计划
(C) 阐明要求的文件,这类文件称为规范
(D) 阐明推荐的方法或建议的文件,这类文件称为作业指导书

424. CB003 组织在按照 ISO 9001:2000 标准建立质量管理体系时,应该( )。
(A) 进行内审员培训
(B) 加强领导的管理意识
(C) 鼓励全员参与和理解 ISO 9001:2000 标准
(D) A,B,C

425. CB004 在 ISO 9000:2000 质量管理基础和术语中共介绍了( )个方面80个术语。
(A) 6　　　　(B) 7　　　　(C) 8　　　　(D) 10

426. CB004 质量的内涵是由一组固有特性组成,其中包括( )。
(A) 经济性　　(B) 广义性　　(C) 时效性和相对性(D) A+B+C

427. CB004 关于顾客的描述准确的是( )。
(A) 接收产品的组织或个人　　　(B) 提供产品的组织或个人
(C) 接受产品的组织或个人　　　(D) 购买产品的组织或个人

428. CC001 班组生产管理的内容之一是制定生产作业计划,要把生产任务分解落实到( ),计划单位是作业或工序。
(A) 车间和个人　　　　(B) 班组和个人
(C) 车间和班组　　　　(D) 机台和个人

429. CC001 现代企业中,班组设备的日常管理主要通过( )进行规范化管理。
(A) 表格形式　　(B) 计算形式　　(C) 制图形式　　(D) 综合形式

430. CC001 班组生产前的准备情况包括( )、物质安全措施、人员组织和人员的思想状态。
(A) 车辆　　　　(B) 技术　　　　(C) 检验　　　　(D) 生活

431. CC002 班组经济核算便于及时( )、发现问题、改进工作。
(A) 掌握情况　　(B) 总结经验　　(C) 了解情况　　(D) 整理资料

432. CC002 通过班组经济核算,使每个工人可以及时知道自己( )的情况以及本班组工作的完成情况。
(A) 工作质量　　(B) 工作完成　　(C) 工资收入　　(D) 生产进度

433. CC002 抓好( )是班组及时发现问题,采取措施,保证每月各项任务能够及时、有效完成的关键。
(A) 领导工作　　(B) 组织工作　　(C) 数据统计　　(D) 定期核算

434. CC003 编制班组生产作业计划应掌握( )及班组上期生产作业计划完成情况。
(A) 每道工序　　　　(B) 上道工序
(C) 下道工序　　　　(D) 半成品数量

435. CC003 编制班组生产计划时,必须有( )观点,瞻前顾后统筹安排。
(A) 个人　　　　(B) 局部　　　　(C) 全局　　　　(D) 班组

436. CC003 班组生产计划内容包括质量( )和质量监督。
(A) 评审　　　　(B) 标准　　　　(C) 指标　　　　(D) 要求

437. CC004 加强成本的管理与控制,才能为提高企业( )奠定一个良好的基础。

(A) 管理水平　　(B) 计划水平　　(C) 经济效益　　(D) 核心能力

438. CC004　实行目标成本管理,控制和降低(　　),是谋求发展、走内涵式发展的客观和必然选择。

(A) 资源消耗　　(B) 能源消耗　　(C) 辅助成本　　(D) 生产成本

439. CC004　实施全员目标成本管理,确定目标成本要坚持实事求是,以人为本,符合客观经济规律,突出在(　　)上求实效。

(A) 精细管理　　(B) 工作管理　　(C) 质量管理　　(D) 核算管理

二、判断题(对的画"√",错的画"×")

(　) 1. AA001　基轴制:基本偏差为一定的孔的公差带,与不同基本偏差的轴的公差带形成各种配合的一种制度。

(　) 2. AA002　构成装配尺寸链封闭外形的每个尺寸的偏差都影响装配精度。

(　) 3. AA003　形状公差是指单一实际要素的形状所允许的变动全量。

(　) 4. AA004　在装配图上零件的编号是说明机器的部件或部件所包含的零件的名称、代号、数量和材料等。

(　) 5. AA005　由于钢板本身有一定的厚度,在卷制过程中又伴有弯形发生,因此,在展开图时,就必须考虑钢板的厚度问题。

(　) 6. AA006　在六个基本视图中,最常用的是主视图、俯视图、左视图,即通常所说的"三视图"。

(　) 7. AA007　在工艺流程图中,用方块流程图和简化流程图作为构成工艺过程和工艺设计的一种手段。这种情况是很多的,用这种方法能很好地反映出工艺过程的具体情况。

(　) 8. AA008　零件图上不必注出生产过程的技术要求。

(　) 9. AB001　在碳素钢中加入某些合金元素可使钢获得耐热、耐腐蚀等特殊性能。

(　) 10. AB002　铸造锡青铜主要用于制造低负荷和滑动速度(8m/s)下工作的连杆、轴瓦、齿轮等。

(　) 11. AB003　高碳非合金钢的淬透性高,但淬硬性差。

(　) 12. AB004　氟橡胶主要用于耐真空、耐高温、耐化学腐蚀的密封材料、胶管及化工设备衬里。

(　) 13. AB005　铜垫片适用蒸汽、压缩空气、丙烯等在高温中压场合下工作时的密封。

(　) 14. AB006　柔性石墨复合垫适用于法兰为平面、工作压力为2MPa、工作温度小于650℃的条件下。

(　) 15. AC001　对于环保要求较高的设备(如食品机械),可接受液压油。

(　) 16. AC002　油库应备有清洁的、适合存储该种油品的容器,且标志清晰,以保证油品质量。

(　) 17. AC003　钡基润滑剂的抗水能力差,不宜用于潮湿的工作条件。

(　) 18. AC004　锂基润滑剂具有良好的抗水性、机械安定性、防腐蚀性和氧化安定性。适用于工作温度 -20~120℃范围内的各种机械设备的滚动轴承和滑动轴承。

(　) 19. AC005　为了防止油温过高,应把油温控制在设计温度的最低点。

(　) 20. AC006　用浓硝酸清洗的设备和管道应分析其酸中所含有机物总量,以不超过0.3%为合格。

（　）21. AC007　钢铁的酸洗常使用硫酸或盐酸,有色金属常使用碳酸钠。

（　）22. AD001　使用砂轮机时,人要站在与砂轮机中心线成60°的地方,用砂轮机的外圆表面磨削,不要在砂轮侧磨削,以免砂轮破裂发生危险。

（　）23. AD002　红外线的波长在0.76~100μm之间,按波长的范围可分为近红外、中红外、远红外、极远红外四类,它在电磁波连续频谱中的位置是处于无线电波与可见光之间的区域。

（　）24. AD003　光学合像水平仪广泛应用于精密机床的测量,测量零件表面的平面度和直线度,同时还可以测量零件的微倾斜角。

（　）25. AD004　光学合像水平仪的工作原理是利用光学零件将气泡像复合放大,再通过杠杆传动机构来提高读数灵敏度,利用棱镜复合法,提高读度分辨能力。水准器主要起固定作用。

（　）26. AD005　量块可以用来测量较大间隙,或用来垫在平尺下面找平高低不一的设备,还可以校验其他量具。

（　）27. AD006　使用矩形平尺时,可以在平面上滑动,以便提高测量的精度。

（　）28. AD007　经纬仪的瞄准机构由内调焦望远镜构成。望远镜主要用于瞄准目标,将其安放在照准架上,可绕横轴做360°的俯仰回转。整个瞄准架又可绕竖轴在水平方向做180°方向转动。

（　）29. AD008　在机械设备安装中用经纬仪测量时,先要把仪器安置在已知的测点上,用光学仪器对准器或用挂在仪器上的线锤,把仪器的中心和测站点中心对准,再调解脚螺旋把仪器整平,然后才能进行测量工作,这就是仪器的对点和整平。

（　）30. AD009　激光对中仪是一种用来调整两个相连设备的相对位置,使该组设备的相对位置符合设计要求的一种测量仪器。

（　）31. AE001　大型工件划线,因其形大、体重,不易移动和翻转,故一般采用拉线、吊线或拼接平板等方法进行。

（　）32. AE001　平板拼接在大型工件划线中对划线质量影响较大。

（　）33. AE002　畸形工件划线,因形状奇特,装夹必须借助于辅助的工夹具。

（　）34. AE002　盘形沟槽端面凸轮的划线应先划外形轮廓曲线。

（　）35. AE003　采用量块移动坐标钻孔的方法加工孔距精度要求较高的孔时,应具有两个互相垂直的加工面作为基准。

（　）36. AE004　孔的研磨、珩磨等光整加工工艺,只能提高孔径尺寸、几何形状精度和改善孔壁表面粗糙度,而不能提高孔的位置精度。

（　）37. AE004　用三块平板互相刮削和互相研磨而获得的高精度平板,从工艺角度看,两者都是应用误差平均原理,故其操作工艺是相同的。

（　）38. AE004　研磨圆柱孔时,出现孔的两端大,中间小的原因是研具与孔的配合太紧,操作不稳造成。

（　）39. AE005　刮削平面时,为了保证研点的真实性,防止显点失真,必须使校准工具的面积和质量都大于被刮工件的面积和质量。

（　）40. AE005　刮削时如果工件支承方式不合理,将会造成工件不能同时均匀受压的重力变形,以致使刮削精度不稳定。

( ) 41. AE005　与刮削工作环境有关的一系列外界因素也会影响到刮削加工精度和稳定性,因此必须引起操作者的重视。
( ) 42. AE006　锯割软材料或锯缝较长的工件时,宜选用细齿锯条。
( ) 43. AE007　一般材料厚度在5mm以下时,采用热弯法。
( ) 44. AE008　研磨圆柱孔时,如工件两端有过多的研磨剂挤出,不及时擦掉,会出现孔口扩大。
( ) 45. AE008　对精密孔常用的加工工艺只有铰削和研磨两种。
( ) 46. AE008　在生产中由于钻削能达到的加工精度和表面粗糙度要求都不高,因此它只能用于孔的预加工工序而不能加工精密孔系。
( ) 47. AF001　合力的大小可由平行四边形法则求出:以这两个力为边组成平行四边形的对角线表示合力。
( ) 48. AF001　把一个已知力分解为两作用于同一点的分力,如果没有足够的限制条件,则可以得到三组不同的解。
( ) 49. AF002　施工现场使用平衡梁的方式很多,有槽钢型、钢管型、桁架型平衡梁。
( ) 50. AF002　管式平衡梁由无缝钢管、吊耳、加强板等焊接而成。
( ) 51. AF003　滑轮绳槽的槽底半径一般取 $R \approx (0.5 \sim 0.6)d$($d$为钢丝绳直径)。
( ) 52. AF003　跑绳拉力的计算公式为:跑绳拉力 = 计算载荷 × 载荷系数。
( ) 53. AF003　一门定滑车和双门动滑车所组成的滑车组叫"一二"滑车组。
( ) 54. AF004　桥式起重机在起吊时,重物质量不明确可以起吊。
( ) 55. AF004　大跨度、小起重量的桥架其上拱度消失得慢。
( ) 56. AF004　桥式起重机的大车运行机构其驱动方式一般采用集中驱动。
( ) 57. AG001　三相异步电动机的定额分为连续定额、断续定额和短时定额三种。
( ) 58. AG002　同步发电机的励磁方式基本上包括直流励磁机励磁、静止半导体励磁和旋转半导体励磁三种。
( ) 59. AG003　设备外壳防护等级中第二位特征数字是指防止水对设备的损坏。
( ) 60. AG004　光电式传感器工作在脉冲状态下,它将轴的转速变换成相应频率的脉冲。
( ) 61. AG005　喘振是活塞压缩机的固有特性。
( ) 62. AG006　自力式减压调节阀控制的是阀前压力。
( ) 63. AG007　一般地说自力式调节阀的精度高,电动或气动控制阀的精度低。
( ) 64. BA001　在混凝土中配置钢筋的目的是防止基础在凝固收缩、温度应力和冲击振动作用下发生裂缝或崩裂,或者是为承受弯曲应力,以增加基础的强度。
( ) 65. BA002　用环氧树脂粘接的地脚螺栓,牢固耐水、耐化学溶剂侵蚀,而且硬化快,无养护期。
( ) 66. BA003　平面位置安装基准线对基础实际轴线(如无基础时则与厂房墙或柱的实际轴线或边缘线)的距离偏差不得超过±10mm。
( ) 67. BA004　一般情况下,找平找正中两测点间距不宜大于2m。
( ) 68. BA005　为了保持二次灌浆层的强度,灌浆层的厚度不得小于35mm。
( ) 69. BA006　煤油溶剂的闪点是65℃,可以直接加热。
( ) 70. BA007　对电动机单独进行无负荷试运转,时间不得少于2h。
( ) 71. BB001　整体式向心滑动轴承的装配方法决定于它们的结构形式。

( ) 72. BB001　剖分式滑动轴承的轴瓦剖分面应比轴承体的剖分面低一些。

( ) 73. BB002　滚动轴承是标准部件,其内径和外径出厂时已确定,因此轴承内圈与轴的配合为基轴制。

( ) 74. BB002　滚动轴承与空心轴的配合应松些,以免迫使轴变形。

( ) 75. BB003　轴承合金具有良好的减磨性和耐磨性,故能单独制成各种轴瓦。

( ) 76. BB003　一些高速重载的滑动轴承必须整个轴瓦都是巴氏合金,这样才能满足轴承要求。

( ) 77. BB004　多瓦式(或称多油楔)动压轴承其油膜的形成与压力的大小、轴的转速是没有关联的。

( ) 78. BB005　普通平键和楔键的工作面都是键的侧面,工作时靠键与键槽侧面的挤压作用来传递运动和转矩。

( ) 79. BB006　圆柱销定位用于不常拆卸的地方。

( ) 80. BB007　齿轮在高速重载下,局部接触区发生高温软化或熔化,互相粘接,软化齿面被撕下形成胶合沟纹。在重负载的齿轮传动中,齿面压力很大,油膜不易形成,或者缺油,也会产生胶合现象。

( ) 81. BB008　蜗杆传动的效率和蜗轮的齿数有关。

( ) 82. BB009　液压传动能在较大范围内较方便地实现无级调速。

( ) 83. BB010　溢流阀属于流量控制阀。

( ) 84. BC001　液压传动的特点是:先通过动力元件(液压泵)将原动机(如电动机)输入的机械能转换为液体压力能,然后再经密封管道和控制元件等输送至执行元件(如液压缸),将液体压力能又转换为机械能以驱动工作部件。

( ) 85. BC002　流量控制阀利用调节阀芯和阀体间的节流口面积和它所产生的局部阻力对流量进行调节,从而控制执行元件的运动速度。

( ) 86. BC003　卸荷溢流阀当系统压力达到溢流阀的开启压力时,溢流阀开启,泵向系统加载。

( ) 87. BC004　卸荷溢流阀的主要功能是自动控制泵的流量。

( ) 88. BC005　手动换向阀是利用电磁吸力来改变阀芯位置实现换向的。

( ) 89. BC006　液控单向阀的逆方向不密封,有泄漏可能原因是控制压力过低。

( ) 90. BD001　起重机动负荷试运如使用抓斗,抓斗应做张开、下降、抓取、倒空动作的试验,并应在连续二次无负荷和五次负荷试验中能正常工作。

( ) 91. BD002　起重机端梁门安全行程开关调试:当所有端梁门任何一个被开启时,电路主回路部分应及时可靠地断电,并在端梁门再次关闭之前,不能再次启动电路。

( ) 92. BD003　起重机的改造是在原起重机的起重量无法满足当前使用要求时进行,一般增大的比例不大。如起重量改变太大,应选择购买新设备而不是改造。

( ) 93. BD004　当桥式起重机跨度小于10m时,起重机跨度偏差要小于±10mm。

( ) 94. BE001　在未拆除平衡盘的状态下测量多级离心泵的半窜量,多级离心泵的半窜量应该是多级离心泵总窜量的一半。检查多级离心泵半窜量与原始数据进行比较,可找出平衡盘磨损量及多级离心泵效率降低的原因。

( ) 95. BE002　多级泵都装有工作窜量调整装置,有的多级泵用推力瓦进行调整,有的多级泵用推力轴承进行调整。

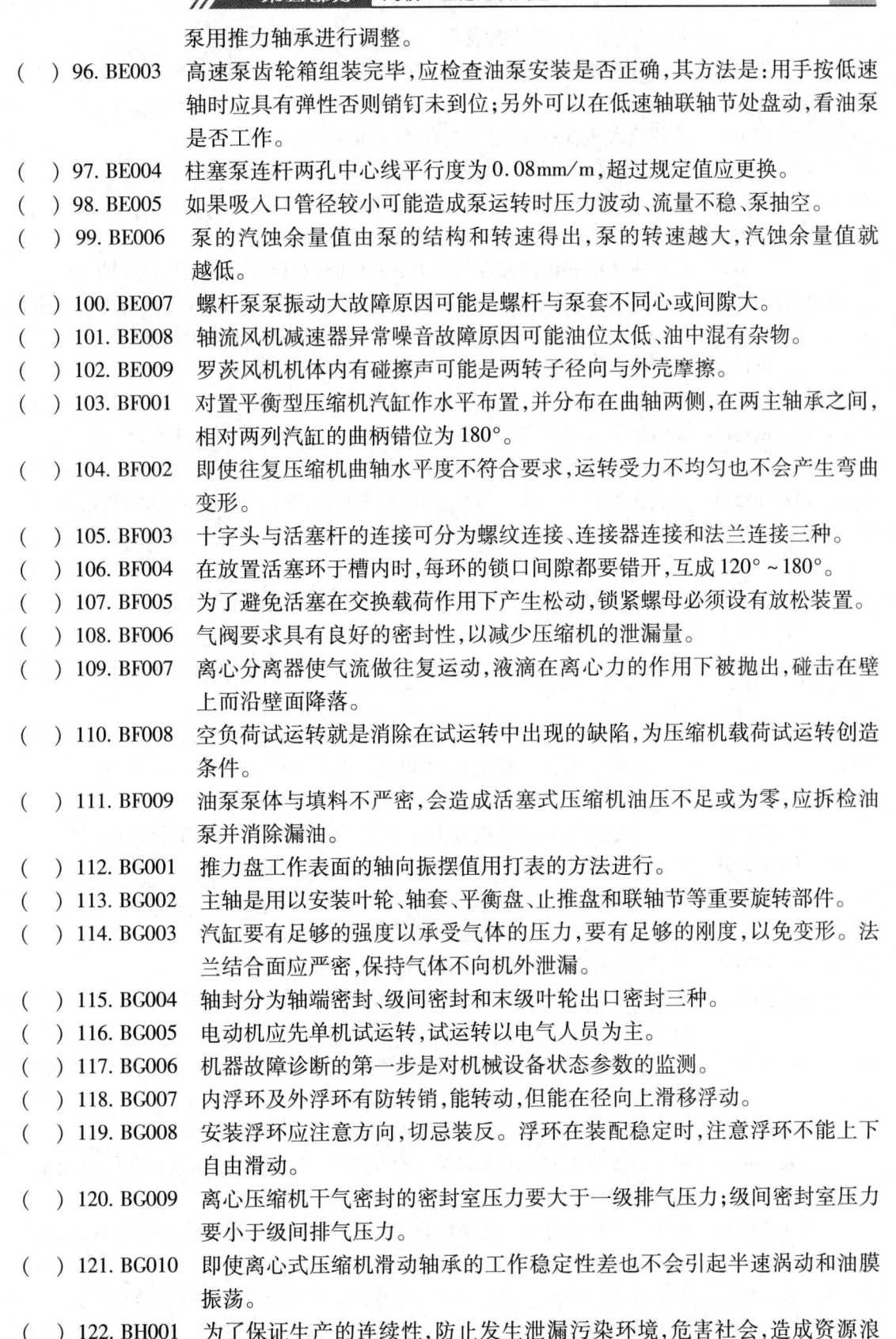

( ) 96. BE003　高速泵齿轮箱组装完毕,应检查油泵安装是否正确,其方法是:用手按低速轴时应具有弹性否则销钉未到位;另外可以在低速轴联轴节处盘动,看油泵是否工作。

( ) 97. BE004　柱塞泵连杆两孔中心线平行度为0.08mm/m,超过规定值应更换。

( ) 98. BE005　如果吸入口管径较小可能造成泵运转时压力波动、流量不稳、泵抽空。

( ) 99. BE006　泵的汽蚀余量值由泵的结构和转速得出,泵的转速越大,汽蚀余量值就越低。

( ) 100. BE007　螺杆泵泵振动大故障原因可能是螺杆与泵套不同心或间隙大。

( ) 101. BE008　轴流风机减速器异常噪音故障原因可能油位太低、油中混有杂物。

( ) 102. BE009　罗茨风机机体内有碰擦声可能是两转子径向与外壳摩擦。

( ) 103. BF001　对置平衡型压缩机汽缸作水平布置,并分布在曲轴两侧,在两主轴承之间,相对两列汽缸的曲柄错位为180°。

( ) 104. BF002　即使往复压缩机曲轴水平度不符合要求,运转受力不均匀也不会产生弯曲变形。

( ) 105. BF003　十字头与活塞杆的连接可分为螺纹连接、连接器连接和法兰连接三种。

( ) 106. BF004　在放置活塞环于槽内时,每环的锁口间隙都要错开,互成120°～180°。

( ) 107. BF005　为了避免活塞在交换载荷作用下产生松动,锁紧螺母必须设有放松装置。

( ) 108. BF006　气阀要求具有良好的密封性,以减少压缩机的泄漏量。

( ) 109. BF007　离心分离器使气流做往复运动,液滴在离心力的作用下被抛出,碰击在壁上而沿壁面降落。

( ) 110. BF008　空负荷试运转就是消除在试运转中出现的缺陷,为压缩机载荷试运转创造条件。

( ) 111. BF009　油泵泵体与填料不严密,会造成活塞式压缩机油压不足或为零,应拆检油泵并消除漏油。

( ) 112. BG001　推力盘工作表面的轴向振摆值用打表的方法进行。

( ) 113. BG002　主轴是用以安装叶轮、轴套、平衡盘、止推盘和联轴节等重要旋转部件。

( ) 114. BG003　汽缸要有足够的强度以承受气体的压力,要有足够的刚度,以免变形。法兰结合面应严密,保持气体不向机外泄漏。

( ) 115. BG004　轴封分为轴端密封、级间密封和末级叶轮出口密封三种。

( ) 116. BG005　电动机应先单机试运转,试运转以电气人员为主。

( ) 117. BG006　机器故障诊断的第一步是对机械设备状态参数的监测。

( ) 118. BG007　内浮环及外浮环有防转销,能转动,但能在径向上滑移浮动。

( ) 119. BG008　安装浮环应注意方向,切忌装反。浮环在装配稳定时,注意浮环不能上下自由滑动。

( ) 120. BG009　离心压缩机干气密封的密封室压力要大于一级排气压力;级间密封室压力要小于级间排气压力。

( ) 121. BG010　即使离心式压缩机滑动轴承的工作稳定性差也不会引起半速涡动和油膜振荡。

( ) 122. BH001　为了保证生产的连续性,防止发生泄漏污染环境,危害社会,造成资源浪费,因此需要干气密封技术。

( ) 123. BH002　反动式汽轮机是指蒸汽不仅在喷嘴中,而且在动叶片中也进行膨胀的汽轮机。

( ) 124. BH003　汽轮机底座找平找正后进行汽轮机的组装。

( ) 125. BH004　按要求找出理想的安装曲线,是保证机组正常运行的重要步骤。

( ) 126. BH005　试运转前汽轮机控制油压力要调整在要求范围内。

( ) 127. BH006　调速系统的第一次调整是在汽轮机未运行前进行的。

( ) 128. BH007　汽轮机的静态试验是在润滑油、控制油检查合格后才进行试验的。

( ) 129. BH008　汽轮机要严格按照试运转程序进行,否则因温度骤升,受热不均导致机组振动、水冲击、法兰盘冒气、汽缸变形、轴封磨损、轴变形弯曲等。

( ) 130. BH009　汽轮机启动要进行暖机。

( ) 131. BH010　汽轮机轴封检修,如齿变形和间隙不符可快速装入。

( ) 132. BH011　润滑油泵自启动联锁和自停机联锁静态试验不必进行试验。

( ) 133. BH012　在机组启动和运行过程中,能平稳控制转速,使转速波动率不大于10%。

( ) 134. BH013　汽轮机检修清除转子污垢,检查转子叶片、汽封等零件的损坏情况。

( ) 135. BH014　主蒸汽温度低于操作指标,蒸汽内能低,出力不足会造成汽轮机转速上不去。

( ) 136. BI001　燃气轮机的热力循环由进气、压缩、做功和排气四个过程组成。

( ) 137. BI002　工业用燃气轮机一般采用叶片式旋流器。

( ) 138. BI003　汽缸水平接合面螺栓的冷紧顺序宜从汽缸两端开始,按左右对称分次进行紧固。

( ) 139. BI004　燃气轮机检修时,对于火焰筒和过渡件,当其基体金属还容易焊接时,出现轻微的凹坑、裂纹等现象时,可以通过碾压和焊接的方法将其修复。

( ) 140. BJ001　锅炉主要由汽锅和炉子两部分组成。

( ) 141. BJ002　安装蒸汽往复泵前,应检查主要部件,活塞和一切活动轴必须灵活。

( ) 142. BK001　交流电动机的连续启动次数:在冷态时,电动机允许连续启动1~2次,在热态时,电动机允许启动1次。

( ) 143. BK001　交流电动机的缺点是调速和启动比较困难。

( ) 144. BK002　大型电机联轴器的套装工作一般是采用加热装配。

( ) 145. CA001　按照教育性质不同可将其分为:一般安全知识教育和特种作业安全知识教育。

( ) 146. CA001　员工安全教育的内容:三级安全教育,特种作业人员的安全教育,转岗、变换工种和"四新"安全教育,经常性安全教育。

( ) 147. CA002　企业安全生产管理工作的重要内容之一就是安全教育。

( ) 148. CA002　安全检查的依据是国家有关安全生产的方针、政策、法规、标准,以及企业的规章制度。

( ) 149. CA003　按检查时间分为日常安全检查、季节性安全检查、节假日安全检查、定期和不定期安全检查。

( ) 150. CA003　安全检查按照检查的性质分为综合性安全检查和专业性安全检查。

( ) 151. CA003　岗位安全检查的内容之一是设备的控制器、仪表、防护装置是否安全、可靠。
( ) 152. CA004　设立班组工作监督台,能增强职工自觉查错纠错意识。
( ) 153. CA004　只有抓好基层班组的安全建设,才能实现企业的安全生产。
( ) 154. CA005　劳动防护用品的选用三原则是从标准角度、从实际角度和从个人角度。
( ) 155. CA005　用人单位应当按照不同工种、不同劳动条件发给职工个人相应的劳保用品。
( ) 156. CA006　国家安全生产监督管理局负责全国全国化学危险品登记的监督管理工作。
( ) 157. CA006　国家对化学危险品经营销售实行保证金制度。
( ) 158. CA007　屏蔽按其机理可分为静电屏蔽、磁场屏蔽和电磁屏蔽。
( ) 159. CA007　静电屏蔽通常用于防止 10kHz 以上高频场的干扰。
( ) 160. CA008　高压天然气、煤气、液化石油气、原油、汽油或其他燃料油一般采用管道输送。
( ) 161. CA008　爆炸性化学危险品仓库地板应该是木材或其他不产生火花的材料制造的。
( ) 162. CB001　ISO 9004:2000 标准不可作为认证标准。
( ) 163. CB002　质量管理八项原则的作用是:指导管理者完善本组织的质量管理;指导编制 2000 版 ISO 9000 族标准;学习、理解和掌握 2000 版 ISO 9000 族标准。
( ) 164. CB003　组织的质量目标与其他目标,如与增长、资金、利润、环境及职业健康与安全有关的目标相辅相成。
( ) 165. CB004　"缺陷"不是不合格,只是未满足预期的使用要求而已。
( ) 166. CC001　开好班前班后会,班前会布置生产任务和进行安全教育;班后会检查生产完成情况,总结当班工作。
( ) 167. CC002　班组经济核算分析一般是通过班组会议或班后会进行的。
( ) 168. CC003　编制班组作业计划,不需掌握上道工序及班组上期生产作业计划地完成情况。
( ) 169. CC004　目标成本责任控制的实质就是为了提高企业经济效益。

三、简答题

1. AA003　基孔制与基轴制有什么区别?
2. AA003　简述选择公差等级的原则。
3. AA006　简述装配图假象画法的概念。
4. AA006　装配图有哪些规定画法?
5. AC001　汽轮机油应具备哪些基本性能要求?
6. AC001　目前国内液压油的种类有哪些?
7. AE002　畸形工件的划线有什么特点?
8. AE002　渐开线和抛物线应用在哪些方面?
9. AE004　研磨液应具备的条件是什么。
10. AE004　研磨过程中,工件平面产生凸形或孔口扩大的原因是什么?
11. AE005　为什么刮削和研磨至今仍为精密制造中作为普遍选用的重要精加工工艺?
12. AE005　刮削的特点是什么?
13. AE006　锯削薄壁管子的方法是什么?

14. AE006　棒料锯削的方法是什么？
15. AE007　什么是弹性变形？
16. AE007　简述管子弯曲的方法。
17. AE008　铰孔时,铰出的孔呈多角形的原因有哪些？
18. AE008　钻孔操作时,发生孔歪斜现象的原因是什么？
19. AF002　简述常用平衡梁的形式。
20. AF002　衡梁的结构。
21. AG001　简述异步电动机的额定值？
22. AG001　简述电动机的保护种类及保护目的。
23. AG005　防喘振控制的原理是什么？采用的控制方案有哪些？
24. AG005　简述固定极限两量防喘振控制的优缺点。
25. BA004　简述设备找正找平的概念。
26. BA004　简述设备找正找平的意义。
27. BA005　无垫铁安装工艺的重要意义是什么？
28. BA005　什么是设备二次灌浆？
29. BA007　设备试车时造成轴承严重发热的原因是什么？
30. BA007　设备停止试运转时,应做好哪些工作？
31. BB001　滑动轴承是如何分类的？
32. BB001　形成液体润滑必须具备哪些条件？
33. BB002　向心推力轴承和圆锥滚子轴承安装时应注意些什么？
34. BB002　滚动轴承定向装配时有什么要求？
35. BB003　轴承衬的材料有哪些？各适用于什么场合？
36. BB003　滑动轴承对轴承衬(或轴瓦)材料的要求有哪些？
37. BB004　静压轴承装配、调整好后,建立不起液体摩擦(主轴转不动,或转动阻力大),主要原因是什么？
38. BB004　为什么可倾瓦轴承具有更好的稳定性？
39. BB005　简述紧键连接装配要点。
40. BB005　简述松键连接装配要点。
41. BB007　斜齿轮传动中,正确的安装条件是什么？
42. BB007　齿轮安装为什么要有侧隙？
43. BB008　蜗杆传动有什么特点？常用于什么场合？
44. BB008　简述接触良好的蜗杆副痕迹分布位置。
45. BB009　简述液压系统中设置紧急切断阀的作用和位置。
46. BB009　简述液压控制阀的作用及分类。
47. BC001　简述液压传动系统除工作介质外,由哪几部分组成及其作用。
48. BC001　液压传动与气压传动比较有什么优缺点？
49. BC002　简述流量控制阀的种类及其作用。

50. BC002　什么是流量控制阀？
51. BC004　简述溢流阀的用途。
52. BC004　简述卸荷溢流阀的功能及要求。
53. BD001　起重机械试运转内容是什么？
54. BD001　起重机械空负荷试车内容是什么？
55. BD002　怎样进行小车限位开关及吊钩限位开关调试？
56. BD002　怎样进行大车限位开关调试？
57. BE001　测量多级泵高低压侧大小端盖与进出口端间隙的目的是什么？
58. BE001　怎样测量多级泵各中段止口径向间隙？
59. BE002　怎样对多级泵工作窜量进行调整？
60. BE002　多级泵对于转子与静子的同心度要求是什么？
61. BE003　高速泵叶轮、诱导轮检修标准是什么？
62. BE003　高速泵试车标准是什么？
63. BE004　柱塞泵中修内容是什么？
64. BE004　柱塞泵进口、出口阀组检修内容是什么？
65. BE005　泵运转中有振动、杂音（噪声）可能的原因是什么？
66. BE005　填料箱严重泄漏的原因是什么？
67. BE006　提高进液装置有效汽蚀余量的措施是什么？
68. BE006　什么是汽蚀现象？泵的汽蚀现象怎样产生的？对泵有什么危害？
69. BE007　螺杆泵不吸油的原因是什么？
70. BE007　螺杆泵流量下降的原因是什么？
71. BE008　轴流式风机叶轮损坏或变形的原因是什么？
72. BE008　轴流式风机机体振动的原因是什么？
73. BE009　罗茨鼓风机机体内有碰擦声的原因是什么？
74. BE009　罗茨鼓风机风量不足的原因是什么？
75. BF001　为什么活塞式压缩机汽缸必须留有余隙？
76. BF001　为什么第一级汽缸直径一定要比第二级汽缸直径大？它们之间的关系怎样？
77. BF005　简述活塞的结构有哪几种形式及其适用场合。
78. BF005　卧式压缩机的活塞下部为什么镶有巴氏合金？
79. BF006　气阀是由哪些零件组成的？各个零件有何作用？
80. BF006　简述吸气、排气阀不良是什么原因及其处理措施。
81. BI002　简述燃气轮机的热力循环的组成。
82. BI002　简述化工装置用燃气轮机的主要组成。
83. BK002　简述电动机安装前的准备工作。
84. BK002　简述电动机产生轴电流的预防措施。

四、计算题

1. AA003　计算 $\phi 30 \pm 0.015$ 的公差是多少？

2. AA003　在一张零件图上,轴的尺寸标准为 $\phi 50^{+0.039}_{-0.02}$,问此轴的基本尺寸、上偏差、下偏差、最大极限尺寸、最小极限尺寸各是多少?

3. AF003　用卷扬机牵引一台设备至安装地点,使用一台导向滑车,牵引绳拉力 $P=50kN$,牵引绳之间的夹角为90°,求作用于导向滑车上的力。

4. AF003　用滑车组起吊一台200kN的设备,滑车组工作绳数为6根,并带有3个导向滑车(载荷系数为0.207),求跑绳拉力。

5. AF003　检修某工程设置滑轮组时,工作绳数为6根,滑轮直径为350mm,起吊高度为20m,定滑车与卷扬机距离为15m,卷扬机卷筒需留10m钢丝绳,问至少需要多长的钢丝绳?

6. AF003　用一滑车组起吊80kN的小型设备,滑轮的阻力系数为1.06,滑车组有5根工作绳,跑绳经定滑车引出后直接引至卷扬机上,求跑绳拉力(取 $k=1$)。

理论知识试题答案

一、选择题

1. A	2. C	3. B	4. D	5. B	6. B	7. B	8. A	9. C	10. B
11. B	12. B	13. C	14. C	15. C	16. A	17. B	18. A	19. C	20. A
21. B	22. C	23. B	24. C	25. A	26. C	27. B	28. D	29. A	30. C
31. A	32. B	33. A	34. C	35. C	36. C	37. B	38. D	39. D	40. C
41. D	42. B	43. D	44. D	45. D	46. A	47. C	48. A	49. B	50. A
51. B	52. D	53. D	54. C	55. C	56. A	57. B	58. D	59. D	60. B
61. D	62. D	63. D	64. C	65. D	66. B	67. A	68. A	69. D	70. A
71. D	72. B	73. A	74. D	75. B	76. B	77. A	78. D	79. C	80. A
81. A	82. D	83. D	84. B	85. D	86. D	87. B	88. A	89. B	90. C
91. B	92. C	93. B	94. A	95. A	96. A	97. B	98. B	99. C	100. D
101. D	102. C	103. B	104. B	105. D	106. B	107. A	108. A	109. C	110. B
111. A	112. A	113. B	114. B	115. B	116. C	117. C	118. C	119. B	120. D
121. D	122. A	123. B	124. A	125. D	126. B	127. B	128. D	129. C	130. B
131. A	132. B	133. B	134. B	135. D	136. A	137. B	138. A	139. B	140. D
141. C	142. D	143. C	144. A	145. D	146. A	147. C	148. A	149. B	150. D
151. C	152. B	153. C	154. A	155. B	156. D	157. A	158. B	159. D	160. A
161. D	162. A	163. B	164. C	165. D	166. C	167. D	168. B	169. A	170. B
171. D	172. C	173. B	174. C	175. D	176. D	177. C	178. D	179. B	180. C
181. A	182. B	183. C	184. C	185. D	186. D	187. B	188. D	189. A	190. A
191. C	192. B	193. C	194. B	195. C	196. B	197. C	198. B	199. B	200. A
201. A	202. C	203. B	204. A	205. C	206. B	207. B	208. D	209. A	210. D
211. A	212. B	213. A	214. B	215. C	216. A	217. D	218. B	219. C	220. B
221. C	222. D	223. D	224. B	225. D	226. C	227. A	228. C	229. A	230. B
231. B	232. A	233. B	234. D	235. B	236. C	237. A	238. D	239. A	240. B
241. B	242. C	243. B	244. A	245. B	246. D	247. B	248. B	249. A	250. C
251. C	252. D	253. D	254. C	255. A	256. B	257. D	258. B	259. B	260. A
261. D	262. B	263. A	264. B	265. D	266. B	267. D	268. C	269. C	270. C
271. C	272. D	273. B	274. B	275. A	276. A	277. B	278. D	279. B	280. A
281. A	282. B	283. B	284. B	285. C	286. C	287. C	288. C	289. C	290. D
291. A	292. B	293. B	294. B	295. C	296. C	297. B	298. B	299. B	300. B
301. B	302. C	303. A	304. A	305. C	306. A	307. B	308. B	309. B	310. B
311. A	312. C	313. C	314. C	315. B	316. C	317. C	318. A	319. B	320. C

321. D	322. C	323. B	324. B	325. B	326. A	327. B	328. B	329. B	330. A
331. C	332. A	333. C	334. D	335. B	336. A	337. D	338. D	339. D	340. B
341. C	342. C	343. D	344. C	345. D	346. C	347. C	348. A	349. C	350. C
351. B	352. B	353. C	354. C	355. C	356. C	357. C	358. B	359. A	360. A
361. A	362. C	363. D	364. C	365. D	366. C	367. D	368. C	369. D	370. A
371. A	372. B	373. C	374. C	375. D	376. C	377. C	378. C	379. A	380. D
381. C	382. A	383. D	384. A	385. D	386. C	387. A	388. C	389. D	390. C
391. D	392. C	393. C	394. C	395. C	396. D	397. C	398. C	399. A	400. C
401. D	402. A	403. C	404. A	405. D	406. B	407. C	408. C	409. C	410. A
411. D	412. C	413. A	414. C	415. C	416. C	417. C	418. A	419. C	420. B
421. C	422. D	423. C	424. D	425. C	426. C	427. C	428. C	429. C	430. B
431. B	432. B	433. D	434. C	435. C	436. B	437. C	438. D	439. A	

二、判断题

1. × 基孔制:基本偏差为一定的孔的公差带,与不同基本偏差的轴的公差带形成各种配合的一种制度。 2. √ 3. √ 4. × 在装配图上零件的编号、明细表和标题栏是用于说明机器的部件或部件所包含的零件的名称、代号、数量和材料等。 5. √ 6. √ 7. × 在工艺流程图中,用方块流程图和简化流程图作为构成工艺过程和工艺设计的一种手段。这种情况是很多的,但用这种方法能不能很好地反映出工艺过程的具体情况。 8. × 零件图上必须注出生产过程的技术要求。 9. √ 10. × 铸造锡青铜主要用于制造高负荷和滑动速度(8m/s)下工作的连杆、轴瓦、齿轮等。

11. × 高碳非合金钢的淬硬性高,但淬透性差。 12. √ 13. √ 14. √ 15. √ 16. √ 17. × 钡基润滑剂有较强的抗水能力,宜用于潮湿的工作条件。 18. √ 19. × 为了防止油温过高,应把油温控制在工作温度的最低点。 20. × 用浓硝酸清洗的设备和管道应分析其酸中所含有机物总量,以不超过0.03%为合格。

21. × 钢铁的酸洗常使用硫酸或盐酸,有色金属常使用硝酸。 22. × 使用砂轮机时,人要站在与砂轮机中心线成45°的地方,用砂轮机的外圆表面磨削,不要在砂轮侧磨削,以免砂轮破裂发生危险。 23. √ 24. √ 25. × 光学合像水平仪的工作原理是利用光学零件将气泡像复合放大,再通过杠杆传动机构来提高读数灵敏度。利用棱镜复合法,提高读度分辨能力。水准器主要起定位作用。 26. √ 27. × 使用矩形平尺时,禁止在平面上摩擦。 28. × 经纬仪的瞄准机构由内调焦望远镜构成。望远镜主要用于瞄准目标,将其安放在照准架上,可绕横轴做360°的俯仰回转。整个瞄准架又可绕竖轴在水平方向做360°方向转动。 29. √ 30. √

31. √ 32. √ 33. √ 34. × 盘形沟槽端面凸轮的划线应先划内槽滚子中心运动曲线(理论轮廓曲线)。 35. √ 36. √ 37. × 用三块平板互相刮削和互相研磨而获得的高精度平板,虽然从工艺角度看两者都是应用误差平均原理,但其操作工艺却是不同的。 38. √ 39. × 刮削平面时,校准工具的面积和质量不一定要大于被刮工件的面积和质量。 40. √

41. √ 42. × 锯割软材料或锯缝较长的工件时,宜选用粗齿锯条。 43. × 一般材料厚度在5mm以下时,采用冷弯法。 44. √ 45. × 对精密孔常用的加工工艺有铰削和研磨等加工手段。 46. ×　在生产中,钻削不但能用于孔的预加工工序而且能用于精密孔系的加工。 47. √ 48. ×　把一个已知力分解为两作用于同一点的分力,如果没有足够的限制条件,则可以得到无数组不同的解。 49. √ 50. √

51. √ 52. √ 53. √ 54. ×　桥式起重机在起吊时,重物质量不明确不可以起吊。 55. ×　大跨度、小起重量的桥架其上拱度消失得快。 56. ×　桥式起重机的大车运行机构其驱动方式一般采用分别驱动。 57. √ 58. √ 59. √ 60. √

61. ×　喘振是离心式压缩机的固有特性。 62. ×　自力式减压调节阀控制的是阀后压力。 63. ×　一般地说自力式调节阀的精度低,电动或气动控制阀的精度高。 64. √ 65. √ 66. ×　平面位置安装基准线对基础实际轴线(如无基础时则与厂房墙或柱的实际轴线或边缘线)的距离偏差不得超过±20mm。 67. ×　一般情况下,找平找正中两测点间距不宜大于6m。 68. ×　为了保持二次灌浆层的强度,灌浆层的厚度不得小于25mm。 69. ×　煤油加热方法应采取隔水加热法。 70. √

71. √ 72. ×　为了达到配合的坚固性,剖分式滑动轴承的轴瓦剖分面应比轴承体的剖分面高一些。 73. ×　滚动轴承是标准部件,其内径和外径出厂时已确定,因此外圈与壳体孔的配合为基轴制。 74. ×　滚动轴承与空心轴的配合应紧些,以防轴的收缩而使配合松动。 75. ×　轴承合金具有良好的减磨性和耐磨性,但强度较低,不能单独制成轴瓦。 76. ×　锡基铸造巴氏合金力学性能和抗腐蚀性较好,能满足高速重载的承载要求。 77. ×　多瓦式(或称多油楔)动压轴承其油膜的形成与压力的大小、轴的转速是相关联的。 78. ×　普通平键的工作面是键的侧面,工作时靠键与键槽侧面的挤压作用来传递运动和转矩。 79. √ 80. √

81. ×　蜗杆传动的效率和蜗轮的齿数无关。 82. √ 83. ×　溢流阀属于压力控制阀。 84. √ 85. √ 86. ×　卸荷溢流阀当系统压力达到溢流阀的开启压力时,溢流阀开启,泵卸荷。 87. ×　卸荷溢流阀的主要功能是自动控制泵的卸荷或加载。 88. ×　手动换向阀是利用手动杠杆来改变阀芯位置实现换向的。 89. ×　液控单向阀的逆方向不密封,有泄漏可能原因是单向阀在全开位置上卡死或者单向阀锥面与阀座锥面接触不均匀。 90. √

91. √ 92. √ 93. ×　当桥式起重机跨度小于10m时,起重机跨度偏差要小于±2mm。 94. √ 95. √ 96. √ 97. ×　柱塞泵连杆两孔中心线平行度为0.30mm/m,超过规定值应更换。 98. √ 99. ×　泵的汽蚀余量值由泵的结构和转速得出,泵的转速越大,汽蚀余量值就越高。 100. √

101. √ 102. √ 103. √ 104. ×　往复压缩机曲轴水平度不符合要求,运转受力不均匀可能产生弯曲变形。 105. ×　十字头与活塞杆的连接可分为螺纹连接、连接器连接、法兰连接和楔连接四种。 106. √ 107. √ 108. √ 109. ×　离心分离器使气流做旋转运动,液滴在离心力的作用下被抛出,碰击在壁上而沿壁面降落。 110. √

111. √ 112. √ 113. √ 114. √ 115. √ 116. √ 117. √ 118. ×　内浮环及外浮环有防转销,不能转动,但能在径向上滑移浮动。 119. ×　安装浮环注意方向,切忌装反。浮环在装配稳定时,应注意浮环是否能上下自由滑动。 120. ×　离心式压缩机干气密封密封气密封室压力要大于一级排气压力;级间密封室压力要大于级间排气压力。

121. ×　如果离心式压缩机滑动轴承的工作稳定性差会引起半速涡动和油膜振荡。
122. ×　为了保证生产的连续性,防止发生泄漏污染环境,危害社会,造成资源浪费,因此需要各种密封技术。　123. √　124. √　125. √　126. √　127. √　128. √　129. √　130. √

131. ×　汽轮机轴封检修,齿变形和间隙不符不能强行安装。　132. ×　机组润滑油泵自启动连锁和自停机联锁静态试验是保证机组安全运行的必要条件。　133. ×　在机组启动和运行过程中,能平稳控制转速,使转速波动率不大于5%。　134. ×　汽轮机检修清除转子污垢,检查转子叶片、汽封等零件的损坏情况,更换损坏零件。　135. ×　主蒸汽温度、压力低于操作指标,蒸汽内能低,出力不足造会成汽轮机转速上不去。　136. ×　燃气轮机的热力循环由压缩、燃烧、膨胀和放热四个过程组成。　137. √　138. ×　汽缸水平接合面螺栓的冷紧顺序宜从汽缸中部开始,按左右对称分次进行紧固。　139. √　140. √

141. √　142. ×　交流电动机的连续启动次数:在冷态时,电动机允许连续启动2~3次,在热态时,电动机允许启动1次。　143. √　144. √　145. √　146. √　147. √　148. √
149. √　150. ×　安全检查按照检查的内容分为综合性安全检查和专业性安全检查。

151. √　152. √　153. √　154. √　155. √　156. √　157. ×　国家对化学危险品经营销售实行许可制度。　158. √　159. √　160. √

161. √　162. √　163. √　164. √　165. ×　"缺陷"是不合格的一种,只是未满足预期的使用要求而已。　166. √　167. √　168. ×　编制班组作业计划,必须掌握上道工序及班组上期生产作业计划地完成情况。　169. ×　目标成本责任控制的实质就是将目标成本和各管理层次的经济责任紧密联系起来的信息系统。

三、简答题

1. 答:① 基孔制是指基本偏差为一定的孔的公差带,与不同基本偏差的轴的公差带形成各种配合的一种制度;② 基轴制是指基本偏差为一定的轴的公差带,与不同基本偏差的孔的公差带形成各种配合的一种制度。

   评分标准:答对①、② 各占50%。

2. 答:① 在满足使用要求的前提下,尽可能选择较低的公差等级,② 以便很好地解决机器零件的使用。

   评分标准:答对①、② 各占50%。

3. 答:① 在装配图中,当需要表示某些零件运动范围的极限位置或中间位置时,可用双点画线画出运动零件在极限位置上的外形图;② 在装配图中,当需要表示部件与相邻零件(或部件)的相互关系时,可用双点画线画出相邻零件(或部件)的轮廓。

   评分标准:答对①、② 各占50%。

4. 答:① 两零件的接触表面和配合表面只画一条线,不接触表面和配合表面画两条线;② 相邻两个(或三个)零件的剖面线方向相反,或者方向一致,但间距不等;③ 在装配图中,当剖切面通过标准件和实心零件轴线时,这些零件按不剖画出。应注意,如剖切面垂直于上述这些零件的轴线时,则应画出剖面线。

   评分标准:答对①、② 各占30%,答对③ 占40%。

5. 答:① 良好的氧化安定性;② 适宜的粘度和良好的粘温性;③ 良好的抗乳化性;④ 良好的防锈防腐性;⑤ 良好的抗泡性和空气释放性。

   评分标准:答对①~⑤ 各占20%。

6. 答:① L-HL 抗氧防锈液压油、② L-HM 抗磨液压油、③ L-HG 液压导轨油、④ L-HV 抗磨液压油、⑤ L-HS 低温抗磨液压油、⑥ L-HR 抗氧防锈液压油。

评分标准:答对①~④各占20%,答⑤、⑥各占10%。

7. 答:① 对于畸形工件,因其形状奇特,一些待加工表面及加工孔的位置往往都不在垂直、水平位置,② 其尺寸标注也比较复杂,③ 所以对畸形工件的划线,很难找到其规律的东西,只能因具体工件而定,一般都借助于一些辅助工具,如④ 角铁、⑤ 方箱、⑥ 千斤顶、⑦ V 形块等来实现。

评分标准:答对①~③各占20%,答对④~⑦各占10%。

8. 答:① 渐开线应用最多的是齿廓曲线;② 抛物线应用在汽车前灯罩上(其剖面轮廓线)和③ 摇臂钻床摇臂下面的曲线。

评分标准:答对① 占40%,答对②、③ 各占30%。

9. 答:① 有一定的粘度和稀释能力;② 有良好的润滑、冷却作用;③ 对工人健康无害,对工件无腐蚀作用,④ 且易于洗净。

评分标准:答对①~④各占25%。

10. 答:① 研磨剂涂得太厚;② 孔口或工件边缘被挤出的研磨剂未清理就连续研磨;③ 研磨棒伸出孔口太长。

评分标准:答对①、③ 各占30%,答对② 占40%。

11. 答:① 刮削和研磨都属钳工基本操作技能,都是微量切削和精密、光整加工方法,② 虽然劳动强度较大,需要实现机械化,③ 但由于它们操作灵活,不受任何工件位置和工件大小的约束,切削力小,产生热量小,工件变形小,加工精度高,零件使用寿命长,所以沿用至今。

评分标准:答对①、② 各占30%,答对③ 占40%。

12. 答:刮削的特点是:① 切削量微小,能获得很高尺寸精度、形位精度、接触精度和较好的表面粗糙度。② 削后的工件表面形成了比较均匀的微浅凹坑,创造了良好的存油条件,改善了相对运动的零件之间的润滑情况。

评分标准:答对①、② 各占50%。

13. 答:① 锯削薄壁管子时,不应在一个方向从开始连续锯削到结束,否则锯齿会被管壁钩住而崩裂。② 正确的方法是,先在一个方向锯到管子内壁处,③ 然后把管子向推锯的方向转过一个角度,并连接原锯缝再锯到管子的内壁处,④ 如此进行几次,直至锯断为止。

评分标准:答对①~③ 各占30%,答对④ 占10%。

14. 答:① 棒料的锯削断面如果要求比较平整,应从起锯开始连续锯到结束。② 若所锯削的断面要求不高,可改变几次锯削的方向,使棒料转过一个角度再锯,③ 这样,由于锯削面变小而容易锯削,可提高工作效率。

评分标准:答对①、② 各占40%,答对③ 占20%。

15. 答:① 弹性变形是可以恢复的变形。② 对材料施加一定的拉伸、压缩、弯曲或剪切载荷时,便会产生相应的变形。③ 当外力去除后仍能恢复原状,这种变形称为弹性变形。

评分标准:答对①、③ 各占40%,答对② 占20%。

16. 答:① 直径在12mm 以下的管子,一般可用冷弯方法进行;直径在12mm 以上的管子,则要采用热弯。② 操作时,最小弯曲半径必须大于管子直径的4倍。③ 当弯曲的管子直径在 10mm 以上时,为了防止管子弯瘪,必须在管内灌满干砂(灌砂时应用木棍敲击,使砂子灌得结实),两端用木塞塞紧。④ 对于有焊缝的管子,焊缝必须放在中性层的位置上,否则焊缝会裂开。

评分标准:答对①~④各占 25%。

17. 答:① 铰孔是取得较高精度的孔尺寸和粗糙度的方法,铰出的孔呈多角形的原因有:铰前底孔不圆,铰孔时铰刀发生弹跳;② 铰削余量太大和铰刀刃口不锋利、铰削时产生振动。

评分标准:答对①、②各占 50%。

18. 答:① 工件上与孔垂直的平面与钻轴不垂直或主轴与台面不垂直;② 工件安装时,安装接触面上的切屑未清除干净;③ 工件装夹不稳,钻孔时产生歪斜,或工件有砂眼;④ 进给量过大使钻头产生弯曲变形。

评分标准:答对①~④各占 25%。

19. 答:① 平衡梁常用的形式有槽钢型、② 钢管型和③ 特殊结构的。

评分标准:答对①、②各占 30%,答对③占 40%。

20. 答:① 管式平衡梁由无缝钢管、② 吊耳、③ 加强板等焊接而成。

评分标准:答对①占 40%,答对②、③各占 30%。

21. 答:① 额定值是制造厂根据国家标准,对电机每一电量或机械量所规定的数值。包括:额定功率 P_N,指轴上输出的机械功率,单位为 W 或 kW。② 额定电压 U_N,指电动机在额定运行时电源的线电压,单位为 V 或 kV。③ 额定电流 I_N,指电动机在额定运行时的线电流,单位为 A。④ 额定频率 f_N,指电动机在额定运行时的电源的频率,单位为 Hz。⑤ 额定转速 n_N,指电动机在额定运行时的转速,单位为 r/min。

评分标准:答对①~⑤各占 20%。

22. 答:① 电动机的保护可以分为机械保护和电气保护。② 机械保护主要是大容量电动机运行时的轴承保护。③ 电气保护主要有:短路保护、过负荷保护、缺相保护、失压或欠压保护、接零或接地保护。④ 并非所有的电动机都全部设有这些保护,视具体情况这几种保护措施可以单独运用,也可以互相配合使用。⑤ 电气保护的目的,是使电动机不会因为过热而烧毁。

评分标准:答对①~⑤各占 20%。

23. 答:① 一般情况下,压缩机的喘振是因负荷的减小,使被输送气体的流量小于该工况下的特性曲线喘振点的流量所致。② 因此,只能在必要时采用部分回流的办法,使之既符合工艺低负荷生产的要求,又满足流量大于最小极限值(喘振点流量)的需要,这就是防喘振控制原理。③ 防喘振控制方案主要有两种:固定极限流量防喘振控制——把压缩机最大转速下喘振点的流量作为极限值,使压缩机运行时的流量始终大于该极限值。④ 可变极限流量防喘振控制——在喘振边界线的右侧画一条安全操作线,使反喘振调节器沿着安全线工作。换句话说,就是使压缩机在不同转速下运行时,其流量均不小于该转速下的喘振点流量。

评分标准:答对①、②各占 20%,答对③、④各占 30%。

24. 答:① 固定极限两量防喘振控制的优点是控制系统简单,使用仪表少,系统可靠性高,所以大多数压缩机都采用这种方案;② 缺点是在转速低、压缩机在低负荷运行时,极限流量的裕量显得过大而造成能量浪费,会增加运行费用,适用于固定转素的离心式压缩机防喘振控制。

评分标准:答对①、②各占50%。

25. 答:① 把设备调整到规定位置上,② 并处于水平③ 或铅直状态的工作统称为找正找平。

    评分标准:答对① 占40%,答对②、③ 各占30%。

26. 答:① 将设备的几何中心、质量中心和基础中心调整到同一区域,以保持设备的稳定及其重心的平衡,从而避免设备变形和减少运转中的振动;② 调整形位公差,保证配合要求,减少设备的磨损,延长设备的使用寿。③ 保证设备的正常润滑和运转;④ 保证产品的质量和加工精度;⑤ 保证在运转过程中降低设备的动力消耗,符合竣工验收要求。

    评分标准:答对①~⑤ 各占20%。

27. 答:① 由于不使用垫铁,省去了铲研垫铁窝的工作,从而节约了时间,并减轻了安装人员的劳动强度;② 节省了垫铁钢板和加工垫铁的费用,尤其是对某些大型设备的安装,节约了大量的钢材;③ 设备与基础的二次灌浆层能达到大面积均匀接触,受力状况良好,提高了抗振性能。

    评分标准:答对① 占40%,答对②、③ 各占30%。

28. 答:① 所谓二次灌浆,就是用细石混凝土或砂浆,② 将设备底座与基础表面间的全部间隙填满,③ 并将垫铁埋在混凝土里。

    评分标准:答对①、③ 各占30%,答对② 占40%。

29. 答:① 润滑剂过少或过多(过少润滑不良,过多散热不良);② 润滑油不洁净,有机械杂质或胶凝物质;③ 轴承装配不当,接触面积未达到规定,配合间隙未调整到规定标准(过紧或过松);④ 密封装置太紧引起轴过热并影响到轴承等。

    评分标准:答对①~④ 各占25%。

30. 答:① 切断电源和其他动力来源;② 除去压力和负荷(包括放水、放气等);③ 检查和复紧需要紧固的部件;④ 装好试前预留未装的部件以及试运转中拆下的部件和附属装置;⑤ 清理现场;⑥ 整理试运转时的各项记录。

    评分标准:答对①~④ 各占20%,答对⑤、⑥ 各占10%。

31. 答:① 滑动轴承按其受力方向可分为向心轴承,推力轴承两类;② 按其结构可分为整体和剖分轴承;③ 按其油膜压强建立方式可分为动压轴承和静压轴承两类。

    评分标准:答对①、② 各占30%,答对③ 占40%。

32. 答:形成液体润滑必须具备以下条件:① 润滑油粘度合适;② 轴承应有适当的间隙;③ 转子应有足够高的转速;④ 轴颈和轴承座有精确的几何形状和较小的表面粗糙度;⑤ 多支承的轴承应有较高的同心度。

    评分标准:答对①~⑤ 各占20%。

33. 答:① 向心推力轴承和圆锥滚子轴承常是成对安装,安装时应注意调整轴向游隙。② 游隙大小直接影响机械装配精度和轴承使用寿命,③ 轴向游隙可用千分表、深度游标卡尺来检查,④ 轴向游隙的大小由轴承布置方式、轴承间距离、轴和壳体材料、工作时温升影响等来决定。

    评分标准:答对①~④ 各占25%。

34. 答:滚动轴承定向装配时要求:① 主轴前轴承的径向圆跳动量比后轴承的径向圆跳动量小;② 前后两个轴承径向圆跳动量最大的方向置于同一轴向截面内,并位于旋转中心线的同一侧;③ 前后两个轴承径向圆跳动量最大的方向与主轴锥孔中心线的偏差方向相反。

评分标准:答对①占40%,答对②、③各占30%。

35. 答:① 灰铸铁适用于低速、轻载、无冲击的场合。② 铜基轴承合金:减摩性好、强度高,适用于中速、重载、高温、有冲击载荷的场合。③ 含油轴承,适用于低速、中速、轻载,不便润滑的场合。④ 尼龙:适用于要保护的轴、腐蚀,但不发热的场合。⑤ 轴承合金(锡基轴承合金或铅基轴承合金)适用于重载、高速和湿度低于110℃的重要轴承。⑥ 复合新型材料,适用于特殊场合。

评分标准:答对①~④各占20%,答对⑤、⑥各占10%。

36. 答:① 有足够的强度和塑性,轴承衬材料的塑性越好,则它与轴颈间的压力分布越均匀。② 有良好的跑合性、减摩性和耐磨性,以延长轴承的使用寿命。③ 润滑及散热性能好。④ 有良好的加工工艺性能。

评分标准:答对①~④各占25%。

37. 答:建立不起液体摩擦的原因有:① 轴承的四个油腔中有一个或两个漏油;② 节流器间隙堵塞;③ 轴承的同轴度和圆度误差太大。

评分标准:答对①、②各占35%,答对③占30%。

38. 答:① 可倾瓦轴承在工作时,轴颈带动油液挤入轴与轴瓦间隙,并迫使轴瓦绕球头摆动,从而形成油楔。② 由于每个瓦块都能偏转而产生油膜压力,故轴承具有更好的稳定性。

评分标准:答对①、②各占50%。

39. 答:① 键的斜度要与轮毂槽的斜度一致(装配时应用涂色检查斜面接触情况),否则套件会发生歪斜。② 键的上下工作表面与轴槽、轮槽的底部应贴紧,而两侧要留有一定间隙。③ 对于钩头楔键,不能使钩头紧贴套件的端面,必须留出一定的距离,以便拆卸。

评分标准:答对①、②各占35%,答对③占30%。

40. 答:① 必须清理键与键槽毛刺,以防影响配合的可靠性。② 对重要的键在装配前应检查键侧直线度、键槽对轴线的对称度。③ 用键头与轴槽试配,应保证其配合性质。④ 锉配键长和键头时,应留0.1mm间隙。⑤ 配合面上加机油后将键压装轴槽中,使键与槽底接触。

评分标准:答对①~⑤各占25%。

41. 答:① 齿轮模数必须相等,② 螺旋角相反,③ 压力角相等。

评分标准:答对①占40%,答对②、③各占30%。

42. 答:① 补偿齿轮加工误差,② 便于润滑,③ 防止齿轮因温升膨胀而卡住。

评分标准:答对①占40%,答对②、③各占30%。

43. 答:① 蜗杆传动结构紧凑、② 传动比大、③ 传动平稳无噪声、④ 可以实现自锁、⑤ 传动效率低、⑥ 成本高、⑦ 互换性较差⑧ 以及为了减少摩擦,提高耐磨性和胶合能力,蜗轮往往采用贵重金属、⑨ 常用于传动比大而传递功率较小的场合。

评分标准:答对①~⑧各占10%,答对⑨占20%。

44. 答:① 接触良好的蜗杆副痕迹分布位置趋近于齿面中部,② 允许略偏于啮合端。③ 在齿顶和啮入、啮出端的棱边处不允许接触。

评分标准:答对①占30%,答对②占20%,答对③占50%。

45. 答:① 现场发生故障时,保证在不停泵时切断油源并液压缸的余压泄掉,② 通常设置在泵站蓄势器后。

评分标准：答对①、②各占50%。

46. 答：① 液压控制阀是液压控制系统的控制元件，② 用以控制液流方向，③ 调节压力和流量，④ 从而控制执行元件的运动方向、⑤ 运动速度、⑥ 动作顺序、⑦ 输出力或力矩。⑧ 控制阀根据用途和工作特点可分为：方向控制阀、⑨ 压力控制阀、⑩ 流量控制阀三大类。

评分标准：答对①~⑩各占10%。

47. 答：液压传动系统除工作介质（液压油或压缩空气）外，由以下四个主要部分组成：① 动力元件：液压泵或气源装置，其功能是将原动机输入的机械能转换成流体的压力能，为系统提供动力。② 执行元件：液压缸或气缸、液压马达或气马达，它们的功能是将流体的压力能转换成机械能，输出力和速度（或转矩和转速），以带动负载进行直线运动或旋转运动。③ 控制元件：压力、流量和方向控制阀，它们的作用是控制和调节系统中流体的压力、流量和流动方向，以保证执行元件达到所要求的拾出力（或力矩）、运动速度和运动方向。④ 辅助元件：保证系统正常工作所需要的辅助装置，包括管道、管接头、油箱或储气罐、过滤器和压力计等。

评分标准：答对①~④各占25%。

48. 答：液压传动的主要优点① 在输出相同功率的条件下，液压传动装置体积小、质量轻、结构紧凑、惯性小，并且反应快；② 可在运行过程中实现大范围的无级调速，且调节方便。调速范围一般可达100∶1，甚至高达2000∶1；③ 传动无间隙，运动平稳，能快速启动、制动和频繁换向；④ 操作简单，易于实现自动化，特别是与电子技术结合更易于实现各种自动控制和远距离操纵；⑤ 不需要减速器就可实现较大推力、力矩的传动；⑥ 易于实现过载保护，安全性好；采用矿物油作为工作介质，自润滑性好，故使用寿命较长；⑦ 液压传动的元件已是标准化、系列化、通用化产品，便于系统的设计、制造和推广应用。

评分标准：答对①占10%，答对②~⑦各占15%。

49. 答：① 流量控制阀按用途分为五种：② 节流阀：在调定节流口面积后，能使载荷压力变化不大和运动均匀性要求不高的执行元件的运动速度基本上保持稳定；③ 调速阀：在载荷压力变化时能保持节流阀的进出口压差为定值。这样，在节流口面积调定以后，不论载荷压力如何变化，调速阀都能保持通过节流阀的流量不变，从而使执行元件的运动速度稳定；④ 分流阀：不论载荷大小，能使同一油源的两个执行元件得到相等流量的为等量分流阀或同步阀；得到按比例分配流量的为比例分流阀；⑤ 集流阀：作用与分流阀相反，使流入集流阀的流量按比例分配。⑥ 分流集流阀：兼具分流阀和集流阀两种功能。

评分标准：答对①、②各占10%，答对③~⑥各占20%。

50. 答：① 利用调节阀芯和阀体间的节流口面积，② 和它所产生的局部阻力对流量进行调节，③ 从而控制执行元件的运动速度。

评分标准：答对①、②各占30%，答对③占40%。

51. 答：① 定压溢流作用；② 安全保护作用；③ 作为卸荷阀用；④ 作为远程调压阀及高低压多级控制阀；⑤ 作为顺序阀或用于产生背压。

评分标准：答对①~⑤各占20%。

52. 答：① 卸荷溢流阀的主要功能是自动控制泵的卸荷或加载；② 对于卸荷溢流阀的功用，要求卸荷压力与加载压力之间存在一定差别,差值过小,则泵的卸荷与加载动作过于频繁;差值过大,则系统压力变化太大。

评分标准:答对①占40%,答对②占60%。

53. 答:起重机械试运转内容包括:① 试运前的准备检查、② 空负荷试车、③ 静负荷试车、④ 动负荷试车。

评分标准:答对①~④各占25%。

54. 答:① 用手盘动各机构的制动轮,使车轮轴旋转一周。② 送电点动检查操纵机构的操作方向与起重机械各机构运转方向是否相符;③ 分别启动大车、小车,主钩及副钩均应正常,制动器动作应灵活,工作可靠,减速箱应无噪声;④ 在起重机械试验过程中,应做反复转,但只有当原有运行机构停止后方可反转试验;⑤ 将吊钩降至最低位置时,检查卷筒上的钢丝绳圈数不应少于2圈,固定圈除外;⑥ 大车、小车在轨道全行程往返运行五次,运行应平稳。当接近限位开关时,运行速度应缓慢,当接触到限位开关时,安全保护系统动作应准确、及时、可靠,检查行走过程中,车轮不应有卡轨及打滑现象;⑦ 缓慢升高吊钩高度,当吊钩达到最高终点极限时,保安装置应迅速动作,吊钩迅速停止升高。

评分标准:答对①~④各占10%,答对⑤~⑦各占20%。

55. 答:① 当小车行至限位开关时保护装置动作及时,主令开关回到零位可再次启动电路,并当主令开关扳至反方向运转时,小车能可靠返回。② 吊钩升至限位开关点时保护装置应动作及时可靠。主令开关回到零位可再次启动电路,并当主令开关扳至反方向运转时吊钩能可靠返回。

评分标准:答对①、②各占50%。

56. 答:① 当大车行至限位点时,保护装置应动作及时可靠,主令开关回到零位可再次启动电路。② 当主令开关扳至反方向运转时大车能可靠返回。

评分标准:答对①、②各占50%。

57. 答:测量多级泵高低压侧大小端盖与进出口端间隙目的是① 在于检查紧固螺栓是否有松动现象,② 同时为多级泵组装时留下螺栓紧固的施力依据。

评分标准:答对①占40%,答对②占60%。

58. 答:测量多级泵各中段止口径向间隙① 应将相邻两泵段叠起,再往复推动上面的泵段,百分表读数差就是止口间隙。② 然后按上法对90°方位再测量一次取其平均数。

评分标准:答对①占40%,答对②占60%。

59. 答:① 在推力轴承(或推力瓦)工作面② 或非工作面③ 进行加减垫,即可对工作窜量进行调整。

评分标准:答对①占40%,答对②、③各占30%。

60. 答:对于转子与静子的同心度要求是:① 半抬量等于总抬量的一半或者稍小一点(考虑转子静挠度),② 瓦口间隙两侧相等且四角均匀。

评分标准:答对①、②各占50%。

61. 答:① 径向圆跳动应小于等于0.38mm,端面圆跳动盈小于等于0.15mm;② 轴向窜动量为0.33~0.42mm;③ 叶轮、诱导轮及高速轴组件动平衡精度等级为G04;④ 叶轮与高速轴的配合采用K7/h6,磨损后的间隙应不大于0.03mm。

评分标准:答对①~④各占25%。

62. 答：① 检修质量符合标准，外观整洁，部件齐全；② 扬程流量稳定正常、电流在额定值在额定值以内，电机温度正常，各指示仪表正确；③ 齿轮箱油压、油温稳定正常；④ 油封无泄漏；⑤ 试运转正常，无异常声音，振动正常；⑥ 检修记录齐全、准确。
评分标准：答对①～④各占15%，答对⑤、⑥各占20%。

63. 答：① 更换密封填料，消除泄漏点。② 检查、清洗泵入口和油系统的过滤器，更换润滑油。③ 检查、紧固各部螺栓。④ 检查、修理进出口阀组零部件。⑤ 检查、修理联轴器零件。⑥ 检查、调整或更换易损零部件。⑦ 修理或更换进出口阀组零件。⑧ 修理或刮研各部轴瓦，检查或更换轴承。⑨ 检查或修理柱塞、十字头、滑块，曲轴等主要部件。⑩ 校验压力表、安全阀、计量调节机构等。检查、清洗减速机。
评分标准：答对①～⑩各占10%。

64. 答：① 进口、出口阀组的阀座与阀芯封面不允许有擦伤、划痕、腐蚀、麻点等缺陷。② 阀座与阀芯应成对湿磨，研磨后应保持原来密封面曲宽度。③ 阀座与阀芯研磨后用煤油试验，5min内不允许有渗漏现象。④ 检查弹簧，若有折断或弹力降低时应更换。⑤ 阀座与阀体接触面应紧密贴合。⑥ 阀体装在缸体上必须牢固、紧密，不得有松动泄漏现象。
评分标准：答对①～④各占15%，答对⑤、⑥各占20%。

65. 答：可能原因是：① 机泵地脚螺栓松动、② 机和泵不同心，或泵轴弯曲、③ 进出口管路固定螺栓松动、④ 基础不牢固、⑤ 泵内有空气、⑥ 轴承装配不良、⑦ 平衡管堵塞。
评分标准：答对①～⑥各占15%，答对⑦占10%。

66. 答：可能原因是：① 填料箱螺栓未上紧或压盖偏斜；② 填料或端面密封损坏。
评分标准：答对①、②各占50%。

67. 答：① 增加泵前储液罐中液面的压力，以提高有效汽蚀余量。② 减小吸上装置泵的安装高度。③ 将上吸装置改为倒灌装置。④ 减小泵前管路上的流动损失，如在要求范围内尽量缩短管路、减小管路中的流速、减少弯管和阀门、尽量加大阀门开度等。
评分标准：答对①～④各占25%。

68. 答：① 液体在一定温度下，降低压力至该温度下的汽化压力时，液体便产生气泡。把这种产生气泡的现象称为汽蚀。② 泵在运转中，若其过流部分的局部区域（通常是叶轮叶片进口稍后的某处）因为某种原因，抽送液体的绝对压力降低到当时温度下的液体汽化压力时，液体便在该处开始汽化，产生大量蒸汽，形成气泡。③ 当含有大量气泡的液体向前经叶轮内的高压区时，气泡周围的高压液体致使气泡急剧地缩小以至破裂。④ 在气泡凝结破裂的同时，液体质点以很高的速度填充空穴，在此瞬间产生很强烈的水击作用，并以很高的冲击频率打击金属表面，冲击应力可达几百至几千个大气压，冲击频率可达每秒几万次，严重时会将壁厚击穿。⑤ 水泵产生汽蚀后除了对过流部件会产生破坏作用以外，还会产生噪声和振动，并导致泵的性能下降，严重时会使泵中液体中断，不能正常工作。
评分标准：答对①～⑤各占20%。

69. 答：螺杆泵不吸油原因是：① 吸入管路堵塞或漏气；② 吸入高度超过允许吸入真空高度；③ 电动机反转；④ 油料粘度过大。
评分标准：答对①～④各占25%。

70. 答：螺杆泵不吸油原因是：① 吸入管路堵塞或漏气；② 螺杆与泵套磨损；③ 安全阀弹簧太

松或阀瓣与阀座间不严;④电动机转速不够。

评分标准:答对①~④各占25%。

71. 答:① 叶片表面或铆钉头腐蚀或磨损;② 铆钉和叶片松动;③ 叶轮变形后歪斜过大,使叶轮径向跳动或端面跳动过大。

评分标准:答对①、②各占30%,答对③占40%。

72. 答:① 轮毂轴孔与主轴配合不严;② 叶片组不平衡,叶片腐蚀或表面有附着物;③ 叶片角度不一致;④ 叶片角度过大。

评分标准:答对①~④各占25%。

73. 答:① 转子相互之间摩擦;② 两转子径向与外壳摩擦;③ 两转子端面与墙板摩擦。

评分标准:答对①、②各占30%,答对③占40%。

74. 答:① 转子与机体因磨损而引起间隙增大;② 转子各部间隙不符合要求;③ 系统有泄漏。

评分标准:答对①、②各占35%,答对③占30%。

75. 答:① 压缩气体时,气体中可能有部分水蒸气凝结下来。人们知道水是不可压缩的,如果汽缸中不留余隙,则压缩机不可避免地会遭到损坏。因此,在压缩机汽缸中必须留有余隙。② 余隙存在以及残留在余隙容积内的气体可以起到气垫作用,也不会使活塞与汽缸发生撞击而损坏。同时,为了装配和调节的需要,在汽缸盖与处于死点位置的活塞之间也必须留有一定的余隙。③ 压缩机上装有气阀,在气阀与汽缸之间以及阀座本身的气道上都会有活塞赶不尽的余气,这些余气可以减缓气体本身对进出口气阀的冲击用作,同时也减缓了阀片对阀座及升程限制器(阀盖)的冲击作用。④ 由于金属的热膨胀,活塞杆、连杆在工作中,随着温度升高会发生膨胀而伸长。汽缸中留有余隙就能给压缩机的装配、操作和安全使用带来很多好处,但余隙留得过大,不仅没有好处,反而对压缩机的工作带来不好的影响,所以,在一般情况下,所留压缩机汽缸的余隙容积约为汽缸工作部分体积的3%~8%,而对压力较高、直径较小的压缩机汽缸,所留的余隙通常为5%~12%。

评分标准:答对①、②各占20%,答对③、④各占30%。

76. 答:① 因为经第一级压缩后,气体的压力增大,容积减小,当气体进入第二级汽缸时,气量没有第一级那么大,故第二级汽缸要比第一级汽缸直径小。② 另外,如有中间抽气或蒸汽冷凝,则下一级汽缸尺寸必然比前一级汽缸为小。

评分标准:答对①占60%,答对②占40%。

77. 答:活塞的结构形式有:① 筒形活塞(长度比直径大):用在没有十字头的压缩机中。② 盘状活塞(长度比直径小):用在有十字头的压缩机中。③ 级差式活塞:用于串联两个汽缸以上的级差式汽缸中。④ 隔距环的组合式活塞:用于活塞环厚度较大,直径较小的汽缸中。⑤ 柱塞式活塞:用于高压压缩机中。

评分标准:答对①~⑤各占20%。

78. 答:① 卧式压缩机在活塞下部镶有巴氏合金,其主要作用是减少气体与活塞的摩擦,② 减轻磨损,③ 保证活塞和汽缸的寿命及使用周期。④ 另外,也是为了承重,减轻磨损。一般多用在大型压缩机上。

评分标准:答对①~③各占20%,答对④占40%。

79. 答:① 气阀是由阀座、② 升高限制器③ 以及阀片和④ 弹簧组成,用螺栓把它们紧固在一起。⑤ 阀座是气阀的基础,是主体。⑥ 升高限制器用来控制阀片升程的大小,而升限制器上几个同心凸台是起导向作用的。⑦ 阀片是气阀的关键零件,它是关闭进出口阀保证压缩机吸入气量和排出气量按设计要求工作,它的好坏关系到压缩机的性能。⑧ 弹簧起着辅助阀片迅速弹回,以及保证密封的作用。

评分标准:答对①~⑤各占10%,答对⑥~⑦各占20%,答对⑧占10%。

80. 答:① 阀片破损,要更换阀片。② 阀片变形,要进行修复或更换阀片。③ 阀座面不好,应进行机械加工或重新研磨处理。④ 夹杂物附在阀上,应进行清洗,排除夹杂物的来源。⑤ 阀片在升程限制器导向机构中运动受阻,要排除阻碍阀片正常运动的因素。⑥ 阀簧磨损,应重新更换阀簧。⑦ 阀安装不良,要彻底紧固。⑧ 阀安装面密封不良,要重新研配,更换垫片。⑨ 阀贴合不严,要彻底贴合。

评分标准:答对①~④各占10%,答对⑤占20%,答对⑥~⑨各占10%。

81. 答:① 燃气轮机的热力循环由压缩、② 燃烧、③ 膨胀和④ 放热四个过程组成。

评分标准:答对①~④各占25%。

82. 答:① 化工装置用燃气轮机主要有压气机、② 燃烧系统、③ 燃气透平、④ 启动电动机或蒸气轮机⑤ 以及辅助设备组成。

评分标准:答对①~⑤各占20%。

83. 答:① 电动机安装前的准备工作包括:熟悉有关技术资料、② 电机的开箱与验收、③ 基础复查与基础处理、④ 制定合理的安装工艺以及安装进度、⑤ 工具材料的准备、⑥ 人员配备等。

评分标准:答对①~④各占20%,答对⑤~⑥各占10%。

84. 答:① 轴承座底部处的绝缘层,应严格按设计和规范要求进行安装,特别要注意洁净,没有短路的现象。② 有绝缘的轴承座的油管和仪表,应采取绝缘措施。③ 在固定要求绝缘的轴承座时,固紧用的螺栓与定位用的定位销也要采取绝缘措施。

评分标准:答对①、②各占30%,答对③占40%。

四、计算题

1. 解:公差 = 最大极限尺寸 - 最小极限尺寸 = 上偏差 - 下偏差 = 0.015 - (-0.015)
   = 0.03(mm)

   答:公差是0.03mm。

   评分标准:公式正确占40%,过程正确占40%,结果正确占20%;无公式、过程,只有结果不得分。

2. 解:① 根据题目的轴的尺寸标准,基本尺寸 = 50mm,上偏差 = +0.039mm,下偏差 = -0.02mm

   ② 最大极限尺寸 = 基本尺寸 + 上偏差 = 50 + 0.039 = 50.039(mm)

   ③ 最小极限尺寸 = 基本尺寸 + 下偏差 = 50 + (-0.02) = 49.98(mm)

   答:此轴的基本尺寸是50mm、上偏差是0.039mm、下偏差是-0.02mm、最大极限尺寸是50.039mm、最小极限尺寸是49.98mm。

   评分标准:公式正确占40%,过程正确占40%,结果正确占20%;无公式、过程,只有结果不得分。

3. 解:由题意知,$\alpha = 45°$,得 $Z = 2\cos 45° = 1.41$,代入公式:

   $P_1 = P \cdot Z = 50 \times 1.41 \approx 70.5 (kN)$

   答:作用于导向滑车上的力为70.5kN。

评分标准:公式正确占40%,过程正确占40%,结果正确占20%;无公式、过程,只有结果不得分。

4. 解:跑绳拉力 = 载荷×载荷系数 = 200×0.207 = 41.4(kN)

答:跑绳拉力应为41.4kN。

评分标准:公式正确占40%,过程正确占40%,结果正确占20%;无公式、过程,只有结果不得分。

5. 解:所需钢丝绳长度为:由题意知,$n=6$ 根,$h=20\text{m}$,$d=0.35\text{m}$,$L_1=15\text{m}$,$L_2=10\text{m}$

$$L = n(h+\pi d) + L_1 + L_2 = 6\times(20+3.14\times0.35) + 15 + 10 = 151.6(\text{m})$$

答:至少需要151.6m长的钢丝绳。

评分标准:公式正确占40%,过程正确占40%,结果正确占20%;无公式、过程,只有结果不得分。

6. 解:由题意知,$Q=80\text{kN}$,$n=5$ 根,$K=1$,$f=1.06$。则:

$$P = \frac{f-1}{f^n-1}\times f^{n-1}\times f^K \times Q = \frac{1.06-1}{1.06^5-1}\times 1.06^{5-1}\times 1.06\times 80 = 19(\text{kN})$$

答:跑绳拉力为19kN。

评分标准:公式正确占40%;过程正确占40%,结果正确占20%;无公式、过程,只有结果不得分。

第六部分　高级工技能操作试题

考核内容层次结构表

级　别	技能操作			合　计
	基本技能		专业技能	
	测绘零件	加工零件	安装调试诊断	
初级工	10分 90min	40分 150~240min	50分 90~120min	100分 330~450min
中级工	15分 120min	35分 240~270min	50分 120~180min	100分 480~570min
高级工	15分 120min	30分 240~270min	55分 180min	100分 540~570min
技师和高级技师	15分 120min	30分 120~360min	55分 120~240min	100分 360~720min

鉴定要素细目表

行为领域	代码	鉴定范围	鉴定比重	代码	鉴定点	重要程度	备注
基本技能 A 50%	A	测绘零件	15%	001	测绘多台阶轴	X	
				002	测绘渐开线直齿圆柱齿轮	X	
	B	加工零件	30%	001	加工样板	X	
				002	加工对称样板	X	
				003	加工燕尾R镶配件	X	
				004	加工双燕尾镶配件	X	
				005	加工压模	X	
				006	加工圆弧背向镶配件	X	
				007	加工带轮卡板	X	
				008	加工轴套	X	
				009	加工模板	X	
				010	加工燕尾卡板	X	
				011	加工单柱导模	X	
				012	加工五方镶配件	X	
专业技能 B 50%	A	安装调试诊断	55%	001	检查调整变速箱	X	
				002	检测离心式压缩机转子跳动值	Y	
				003	安装往复压缩机曲轴箱	Y	
				004	装配立式减速器	Y	
				005	调整可倾瓦轴承间隙	Y	
				006	装配往复式活塞压缩机连杆大头瓦	Y	

注：X—核心要素；Y——般要素。

技能操作试题

一、AA001 测绘多台阶轴

1. 考核要求

(1) 必须穿戴好劳动保护用品。
(2) 必备的工具、用具、量具准备齐全。
(3) 图形正确,表达清楚。
(4) 尺寸完整,线形分明。
(5) 图面整洁,字迹工整。

2. 准备要求

(1) 材料准备:以下所需材料由鉴定站准备。

序 号	名 称	规 格	数 量	备 注
1	弹性柱销联轴器	待定	若干	按考试人数每人1件
2	纸	1号	1张	
3	图板	1号	1块	
4	图钉		4个	

(2) 工具、用具、量具准备:以下所需工具、用具、量具由考生准备。

序 号	名 称	规 格	数 量	备 注
1	绘图工具		1套	
2	游标卡尺	0~150mm	1把	
3	三角板		1套	精度0.02mm
4	外径千分尺	0~25mm、25~50mm	各1把	
5	内经百分表	18~35mm	1把	

3. 操作程序说明

(1) 测量并记录尺寸及公差。
(2) 绘图。
(3) 标注尺寸。
(4) 标注形位公差及粗糙度。

4. 考核规定说明

(1) 如考试违纪,将按规定停止考核。
(2) 考试采用百分制,然后按鉴定比重进行折算。
(3) 考核方式说明:本项目为技能笔试试题,按标准对测绘结果进行评分。
(4) 测量技能说明:本项目主要测试考生对测绘多台阶轴的熟练程度。

5. 考核时限

(1) 准备时间:5min。

(2)操作时间:120min。

(3)从正式操作开始计时。

(4)考试时,根据考试场所确定考试人数,按笔试要求统一计时,提前完成操作不加分,超过规定操作时间按规定标准评分。

6. 评分记录表

序号	考核内容	评分要素	配分	评分标准	检测结果	扣分	得分	备注
1	测量并记录尺寸及公差	根据测量结果记录尺寸及公差	4	测量未做记录不得分;少记一处扣1分				
2	绘图	按一定比例绘制主视图	4	主视图比例不正确不得分				
		绘制主视图中心线	4	未画中心线扣2分;线性不对扣2分				
		主视图在图面上的位置摆放符合标准	4	主视图位置摆放不符合标准不得分				
		主视图能完整表达零件的基本形状和特征	4	主视图不能表达零件的基本形状和特征不得分				
		主视图轮廓完整无误	3	轮廓线不完整一处扣1分				
		主视图进行半剖或全剖	4	未进行半剖或全剖不得分				
		视图所见均布孔画法表达清楚	5	未画或表达不清楚不得分				
		内孔键槽表达清楚	5	表达不清楚不得分				
		圆柱孔表达清楚	5	表达不清楚不得分				
		绘制倒角	3	少画一处扣1分				
		尺寸线和尺寸界线箭头标注完整	3	一处标注不正确扣1分				
3	标注尺寸	标注外径各台阶公称直径尺寸及公差	5	未标注或标注尺寸不对不得分,少标注一处扣2分;公称尺寸标注正确未标公差扣3分,少标注一处扣1分				
		标注内孔直径尺寸及公差	5	未标注或标注尺寸不对不得分,少标注一处扣1分;公称尺寸标注正确未标公差扣3分;少标注一处扣1分				
		标注圆周等分孔中心距尺寸	3	未标注或标注尺寸不对不得分				
		标注圆周等分孔孔径尺寸及等分数	3	未标注或标注尺寸不对不得分				
		标注螺栓孔中心距尺寸	5	未标注或标注尺寸不对不得分				
		标注螺栓孔中心距尺寸及等分数	3	未标注或标注尺寸不对不得分				
		标注键槽尺寸	3	未标注或标注尺寸不对不得分				

续表

序号	考核内容	评分要素	配分	评分标准	检测结果	扣分	得分	备注
3	标注尺寸	标注长度尺寸	5	未标注总长尺寸扣2分,其他少标注一处扣1分				
		标注倒角	5	少标注一处扣1分				
4	标注形位公差及粗糙度	标注形位公差(同轴度、垂直度、位置度、对称度)	5	标注位置不对不得分;少标注一处扣2分				
		标注粗糙度	5	未标注不得分;少标注一处扣1分				
5	填写标题栏	标题栏主要内容正确(名称、材料、比例)	5	标题栏内容少一项扣1分				
6	图面	图面整洁		图面不整洁扣2分				
7	考试时限	在规定时间内完成		提前完成不加分,到时停止操作				
	合 计		100					

考评员: 　　　　　　　　　　　核分员: 　　　　　　　　　　　年　月　日

二、AA002　测绘渐开线直齿圆柱齿轮

1. 考核要求

(1)必须穿戴好劳动保护用品。

(2)必备的工具、用具、量具准备齐全。

(3)图形正确,表达清楚。

(4)尺寸完整,线形分明。

(5)图面整洁,字迹工整。

2. 准备要求

(1)材料准备:以下所需材料由鉴定站准备。

序号	名称	规格	数量	备注
1	直齿圆柱齿轮	待定	1件	按考试人数每人1件
2	纸	1号	1张	
3	图板	1号	1张	
4	图钉		4个	

(2)工具、用具、量具准备:以下所需工具、用具、量具由考生准备。

序号	名称	规格	数量	备注
1	绘图工具		1套	
2	游标卡尺	0~150mm	1把	精度0.02mm
3	三角板		1套	
4	齿厚游标卡尺	0~200mm	1把	
5	内径百分表	50~160mm	1块	
6	外径千分尺	50~75mm、100~125mm	各1把	

3. 操作程序说明

(1)测量并记录尺寸及公差。

(2)绘图。

(3)标注尺寸。

(4)标注形位公差及粗糙度。

4. 考试规定说明

(1)如考试违纪,将按规定停止考核。

(2)考试采用百分制,然后按鉴定比重进行折算。

(3)考核方式说明:本项目为技能笔试试题,按标准对测绘结果进行评分。

(4)测量技能说明:本项目主要测试考生对测绘渐开线直齿圆柱齿轮的熟练程度。

5. 考试时限

(1)准备时间:5min。

(2)操作时间:120min。

(3)从正式操作开始计时。

(4)考试时,根据考试场所确定考试人数,按笔试要求统一计时,提前完成操作不加分,超过规定操作时间按规定标准评分。

6. 评分记录表

序号	考核内容	评分要素	配分	评分标准	检测结果	扣分	得分	备注
1	测量并记录尺寸及公差	根据测量结果记录尺寸及公差	6	测量未做记录不得分;少一处扣1分				
2	绘图	按一定比例绘制主视图	4	主视图不按比例绘制不得分				
		绘制主视图中心线	4	未画中心线不得分				
		主视图在图面上的位置符合标准	5	主视图在图面上的位置不符合标准不得分				
		主视图能表达零件的基本形状和特征	5	主视图不能表达零件的基本形状和特征不得分				
		主视图进行半剖或全剖	5	未半剖或全剖及剖法不对不得分				
		主视图轮廓线完整无误	4	轮廓线不完整一处扣1分				
		尺寸线、尺寸界线完整	4	缺一处扣1分				
		齿形画法符合标准	4	齿形画法错误不得分				
		内孔键槽表达清楚	3	内孔键槽表达不清楚不得分				
		尺寸线、尺寸界线和箭头绘制完整无误	3	一处不正确扣1分				

续表

序号	考核内容	评分要素	配分	评分标准	检测结果	扣分	得分	备注
3	标注尺寸	标注齿顶圆直径	4	未标注或标注错误不得分				
		标注齿顶圆直径尺寸公差	4	未标注或标注错误不得分				
		标注分度圆直径	4	未标注或标注错误不得分				
		标注跨测齿数	4	未标注或标注错误不得分				
		标注公法线长度尺寸	4	未标注或标注错误不得分				
		标注倒角、圆角	4	未标注或标注错误不得分				
		标注模数(m)	4	未标注或标注错误不得分				
		标注齿数	4	未标注或标注错误不得分				
		标注轴向尺寸	3	未标注或标注错误不得分				
		标注内孔直径尺寸及公差	4	未标注或标注错误不得分,只标注公称直径不标注公差扣3分				
		标注内孔键槽尺寸	4	未标注不得分,一处未标注扣1分				
4	标注形位公差及粗糙度	标注形位公差及符号(垂直度、位置度)	4	未标注或标注位置不对不得分;位置标注正确但符号有误扣2分				
		标注两处重要的粗糙度	3	少标注一处扣1分				
5	填写标题栏	标题栏主要内容正确(名称、材料、比例)	3	标题栏内容少一项扣1分				
6	图面	图面整洁		图面不整洁扣5分				
7	考试时限	在规定时间内完成		提前完成不加分,到时停止操作				
		合 计	100					

考评员: 　　　　　　　　　核分员: 　　　　　　　　　年　月　日

三、AB001　加工样板

1. 考核要求

(1)必须穿戴好劳动保护用品。
(2)正确使用工具、用具、量具。
(3)按加工合理的工艺要求进行样板加工。
(4)符合安全文明操作。

2. 准备要求

(1)材料准备:以下所需材料由鉴定站准备。

序　号	名　称	规　格	数　量	备　注
1	试件	75mm×55mm×6mm	1件	45钢

备料图如下：

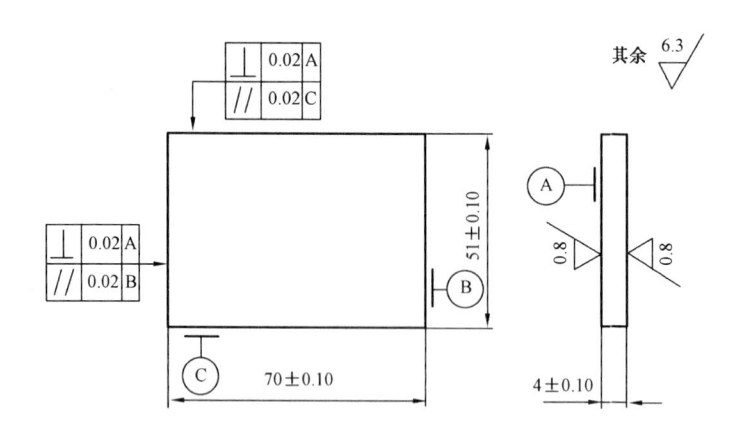

(2) 设备准备：以下所需设备由鉴定站准备。

序 号	名 称	规 格	数 量	备 注
1	划线平台	2000mm×1500mm	1台	
2	方箱	205mm×205mm×205mm	1个	
3	台式钻床	Z4112	1台	
4	钳台	3000mm×2000mm	1台	
5	台虎钳	125mm	1台	
6	砂轮机	S3SL-250	1台	

(3) 工具、用具、量具准备：以下所需工具、用具、量具由鉴定站准备。

序 号	名 称	规 格	数 量	备 注
1	高度游标卡尺	0~300mm	1把	精度0.02mm
2	游标卡尺	0~150mm	1把	精度0.02mm
3	直角尺	100mm×63mm	1把	一级
4	刀口尺	125mm	1把	
5	万能角度尺	0°~320°	1把	精度2′
6	千分尺	0~25mm	1把	
		25~50mm	1把	
		50~75mm	1把	
		75~100mm	1把	
7	平锉	150mm（1号纹）	1把	
		300mm（1号纹）	1把	
		200mm（4号纹）	1把	
8	检验棒	ϕ6mm×20mm	1根	h6
		ϕ10mm×20mm	1根	h6
		ϕ20mm×20mm	1根	h6

续表

序 号	名 称	规 格	数 量	备 注
9	直柄麻花钻	ϕ2mm	1个	
		ϕ4mm	1个	
		ϕ5.8mm	1个	
		ϕ9.8mm	1个	
		ϕ12mm	1个	
10	手用圆柱铰刀	ϕ6mm	1个	H7
		ϕ10mm	1个	H7
11	锯弓		1把	
12	划针		1个	
13	样冲		1个	
14	软钳口		1副	
15	锉刀刷		1把	
16	钢直尺	0~150mm	1把	
17	手锤		1把	
18	锯条		1根	
19	百分表	0~0.8mm	1块	
20	表架		1个	
21	深度千分尺	0~25mm	1把	
22	量块	38块	1套	
23	铰杠		1根	
24	V形架		1个	
25	尺规	5~14.5mm	1把	
26	平板	280×330mm	1把	
27	塞尺		1把	
28	塞规	0.02~0.5mm	1块	

3. 操作程序说明

(1)准备工作。
(2)按加工合理的工艺要求进行操作。
(3)按规定尺寸对试件进行锉削。
(4)符合安全文明操作。
(5)收拾考场。

4. 考核规定说明

(1)公差等级:IT6。
(2)形位公差:0.02~0.01mm。
(3)表面粗糙度:R_a1.6μm。
(4)考件图样及技术要求(见下图)。

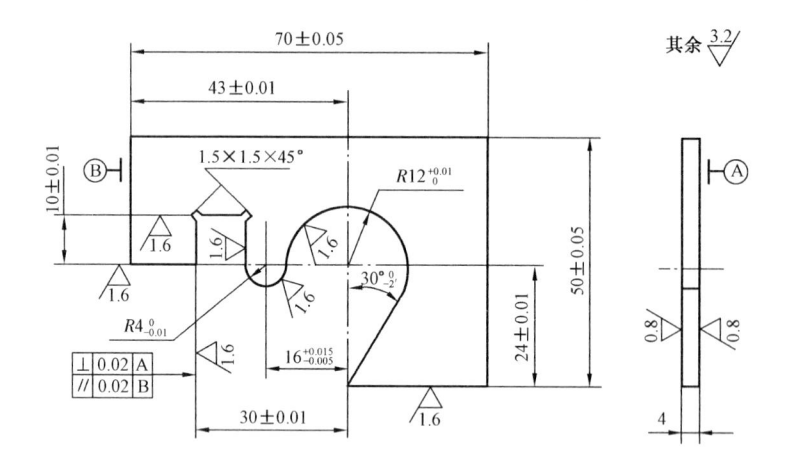

(5)如违章操作,将停止考核。
(6)考核采用百分制,然后按鉴定比重进行折算。
(7)考核方式说明:本项目为实际操作试题,按标准对结果进行评分。
(8)测量技能说明:本项目主要测试考生对加工样板实际操作的熟练程度。

5. 考核时限:
(1)准备时间:10min。
(2)操作时间:240min。
(3)从正式操作开始计时。
(4)提前完成操作不加分,超过规定操作时间按规定标准评分。

6. 评分记录表

序号	考核内容	评分要素	配分	评分标准	检测结果	扣分	得分	备注
1	着装	工作服穿戴整洁	5	不整洁扣5分				
		工作服穿戴衣袖领口系好	5	没系好扣5分				
		工作服穿戴得体	5	不得体扣5分				
2	准备工作	选择所用工具	5	选错一件扣1分				
		选择所用用具、量具	5	选错一件扣1分				
		划线打样冲眼	5	不划线或划错一处扣1分				
3	锉削	$16_{-0.005}^{0.015}$mm	4	超差不得分				
		(30 ± 0.01)mm	6	超差不得分				
		(10 ± 0.01)mm	6	超差不得分				
		$30°_{-2'}^{0}$	5	超差不得分				
		$R12_{0}^{+0.01}$mm	6	超差不得分				
		$R4_{-0.01}^{0}$mm	6	超差不得分				
		(70 ± 0.05)mm	4	超差不得分				
		(43 ± 0.01)mm	6	超差不得分				
		(50 ± 0.05)mm	6	超差不得分				
		(24 ± 0.01)mm	6	超差不得分				

续表

序号	考核内容	评分要素	配分	评分标准	检测结果	扣分	得分	备注
3	锉削	⊥ 0.02 A	5	超差不得分				
		∥ 0.02 B	5	超差不得分				
		表面粗糙度:$R_a1.6\mu m$	5	降一级不得分				
4	安全文明操作	遵守安全操作规程;在规定时间内完成		每违反一项规定从总分中扣5分;严重违规者停止操作;每超时1min从总分扣5分,超3min停止操作				
	合 计		100					

考评员:　　　　　　　　　　核分员:　　　　　　　　　　　　年　月　日

四、AB002　加工对称样板

1. 考核要求

(1) 必须穿戴好劳动保护用品。

(2) 正确使用工具、用具、量具。

(3) 按加工合理的工艺要求进行操作。

(4) 符合安全文明操作。

2. 准备要求

(1) 材料准备:以下所需材料由鉴定站准备。

序号	名　称	规　格	数量	备　注
1	试件	85mm×55mm×10mm	1件	45钢

备料图如下:

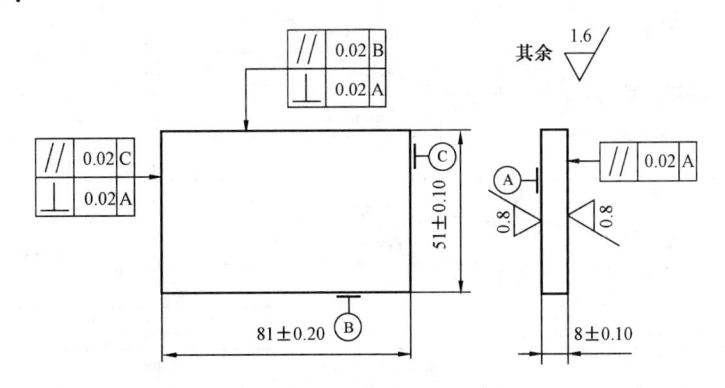

(2) 设备准备:以下所需设备由鉴定站准备。

序号	名　称	规　格	数量	备　注
1	划线平台	2000mm×1500mm	1台	
2	方箱	205mm×205mm×205mm	1个	

续表

序号	名称	规格	数量	备注
3	台式钻床	Z4112	1台	
4	钳台	3000mm×2000mm	1台	
5	台虎钳	125mm	1台	
6	砂轮机	S3SL-250	1台	

（3）工具、用具、量具准备：以下所需工具、用具、量具由鉴定站准备。

序号	名称	规格	数量	备注
1	高度游标卡尺	0~300mm	1把	精度0.02mm
2	游标卡尺	0~150mm	1把	精度0.02mm
3	千分尺	0~25mm	1把	精度0.01mm
		25~50mm	1把	
		50~75mm	1把	
		75~100mm	1把	精度0.01mm
4	深度千分尺	0~25mm	1把	精度0.01mm
5	直角尺	100mm×63mm	1把	一级
6	刀口尺	125mm	1把	
7	万能角度尺	0°~320°	1把	2′
8	正弦规	100mm×80mm	1个	
9	百分表	0~0.8mm	1块	
10	表架		1个	
11	塞尺	0.02~0.50mm	1把	
12	V形架		1个	
13	检验棒	ϕ10mm×16mm	1根	h6
14	手用圆柱铰刀	ϕ6mm	1把	
		ϕ12mm	1把	
15	锯弓		1把	
16	直柄麻花钻	ϕ3mm	1个	H7
		ϕ4mm	1个	H7
		ϕ8.7mm	1个	H7
17	铰杠		1根	
18	平锉	250mm（1号纹）	1把	
		200mm（2号纹）	1把	
		200mm（3号纹）	1把	
19	三角锉	150mm（4号纹）	1把	
		150mm（2号纹）	1把	
		150mm（4号纹）	1把	
20	软钳口		1副	

续表

序 号	名 称	规 格	数 量	备 注
21	锉刀刷		1把	
22	整形锉		1组	
23	钢直尺	0~150mm	1把	
24	手锤		1把	
25	样冲		1个	
26	划针		1个	
27	锯条		1根	

3. 操作程序说明

(1) 准备工作。

(2) 按规定尺寸对试件进行锉削。

(3) 收拾考场。

4. 考核规定说明

(1) 公差等级:锉配 IT7、攻螺纹 7H。

(2) 形位公差:锉配 0.03~0.02mm、攻螺纹 0.03~0.02mm。

(3) 表面粗糙度:锉配 $R_a1.6\mu m$、攻螺纹 $R_a6.3\mu m$。

(4) 其他方面:配合间隙≤0.03mm、错位量≤0.04mm。

(5) 考件图样及技术要求(见下图)。

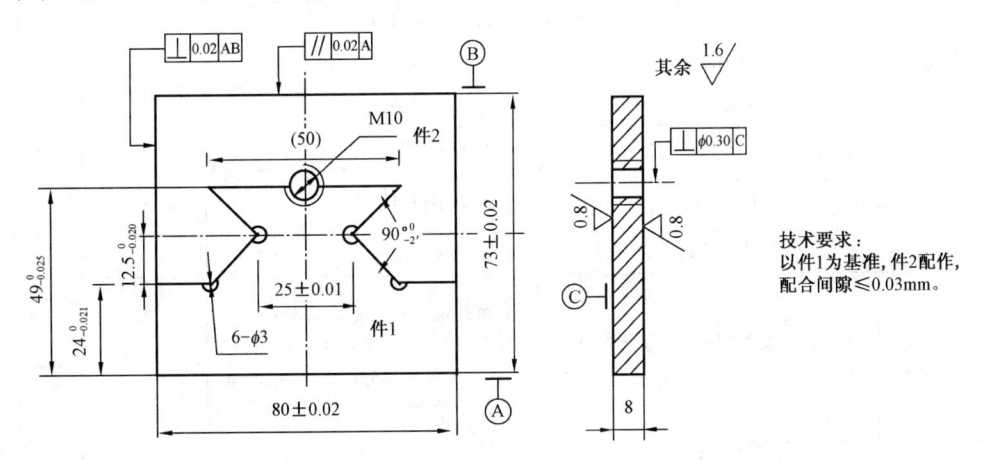

技术要求:
以件1为基准,件2配作,
配合间隙≤0.03mm。

(6) 如违章操作,将停止考核。

(7) 考核采用百分制,然后按鉴定比重进行折算。

(8) 考核方式说明:本项目为实际操作试题,按标准对结果进行评分。

(9) 测量技能说明:本项目主要测试考生对加工对称样板实际操作的熟练程度。

5. 考核时限

(1) 准备时间:10min。

(2) 操作时间:240min。

(3) 从正式操作开始计时。

(4) 提前完成操作不加分,超过规定操作时间按规定标准评分。

6. 评分记录表

序号	考核内容	评分要素	配分	评分标准	检测结果	扣分	得分	备注
1	着装	工作服穿戴整洁	5	不整洁扣5分				
		工作服穿戴衣袖领口系好	5	没系好扣5分				
		工作服穿戴得体	5	不得体扣5分				
2	准备工作	选择所用工具	5	选错一件扣1分				
		选择所用用具、量具	5	选错一件扣1分				
		划线打样冲眼	5	不划线或划错一次扣1分				
3	锉削	(80 ± 0.02)mm	4	超差不得分				
		$90°_{-2'}^{\ 0}$	6	超差不得分				
		(25 ± 0.01)mm	7	超差不得分				
		$49_{-0.025}^{\ 0}$mm	4	超差不得分				
		$12.5_{-0.020}^{\ 0}$mm	4	超差不得分				
		$24_{-0.021}^{\ 0}$mm	4	超差不得分				
		⊥ 0.02 AB	4	超差不得分				
		∥ 0.02 A	4	超差不得分				
		(73 ± 0.02)mm	4	超差不得分				
		表面粗糙度：$R_a1.6\mu m$	4	降一级不得分				
		配合间隙≤0.03mm	5	超差不得分				
		错位量≤0.04mm	5	超差不得分				
		M10	5	超差不得分				
		⊥ ϕ0.30 C	5	超差不得分				
		表面粗糙度：$R_a6.3\mu m$	5	降一级不得分				
4	安全文明操作	遵守安全操作规程；在规定时间内完成		每违反一项规定从总分中扣5分；严重违规者停止操作；每超时1min从总分扣5分，超3min停止操作				
		合　　计	100					

考评员：　　　　　　　　　　　核分员：　　　　　　　　　　　年　月　日

五、AB003　加工燕尾R镶配件

1. 考核要求

(1)必须穿戴好劳动保护用品。

(2)正确使用工具、用具、量具。

(3)按加工合理的工艺要求进行操作。

(4)符合安全文明操作。

2. 准备要求
(1)材料准备：以下所需材料由鉴定站准备。

序号	名称	规格	数量	备注
1	试件	80mm×80mm×8mm	1件	45钢

备料图如下：

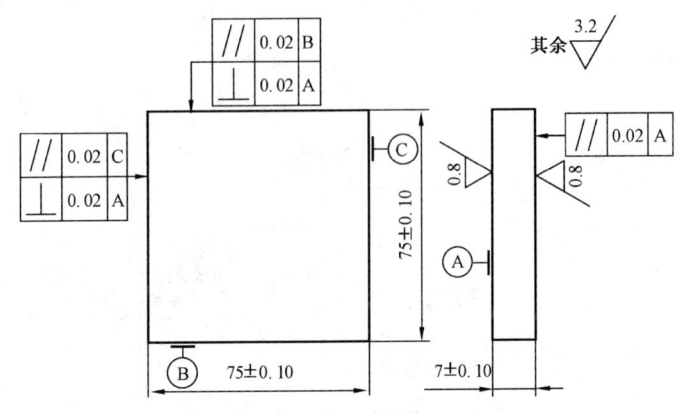

(2)设备准备：以下所需设备由鉴定站准备。

序号	名称	规格	数量	备注
1	划线平台	2000mm×1500mm	1台	
2	方箱	205mm×205mm×205mm	1个	
3	台式钻床	Z4112	1台	
4	钳台	3000mm×2000mm	1台	
5	台虎钳	125mm	1台	
6	砂轮机	S3SL-250	1台	

(3)工具、用具、量具准备：以下所需工具、用具、量具由鉴定站准备。

序号	名称	规格	数量	备注
1	平板	300mm×200mm	1件	0级
2	千分表头	0~1mm	1个	
3	磁力表座		1个	
4	研磨板	50mm×100mm	1件	0级
5	粗平面刮刀		1把	
6	细平面刮刀		1把	
7	精平面刮刀		1把	
8	涂色料	红丹油	自定	

3. 操作程序说明
(1)准备工作。
(2)按加工合理的工艺要求进行操作。

(3)按规定尺寸对试件进行锉削。
(4)符合安全文明操作。
(5)收拾考场。

4. 考核规定说明

(1)公差等级:IT7。
(2)形位公差:0.03~0.02mm。
(3)表面粗糙度:$R_a 1.6 \mu m$。
(4)考件图样及技术要求(见下图)。

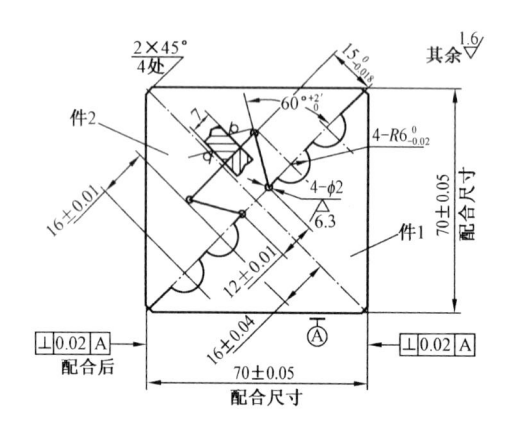

技术要求:
1. 曲面配合以件2为基准,燕尾配合以件1为基准,件2配作。
2. 配合互换间隙:平面部分≤0.02mm,曲面部分≤0.03mm。

(5)如违章操作,将停止考核。
(6)考核采用百分制,然后按鉴定比重进行折算。
(7)考核方式说明:本项目为实际操作试题,按标准对结果进行评分。
(8)测量技能说明:本项目主要测试考生对加工燕尾R镶配件实际操作的熟练程度。

5. 考核时限:

(1)准备时间:10min。
(2)操作时间:270min。
(3)从正式操作开始计时。
(4)提前完成操作不加分,超过规定操作时间按规定标准评分。

6. 评分记录表

序号	考核内容	评分要素	配分	评分标准	检测结果	扣分	得分	备注
1	着装	工作服穿戴整洁	5	不整洁扣5分				
		工作服穿戴衣袖领口系好	5	没系好扣5分				
		工作服穿戴得体	5	不得体扣5分				
2	准备工作	选择所用工具	5	选错一件扣1分				
		选择所用用具	5	选错一件扣1分				
		选择所用量具	5	选错一件扣1分				

续表

序号	考核内容	评分要素	配分	评分标准	检测结果	扣分	得分	备注
3	锉削	$15_{-0.018}^{0}$ mm(2处)	5	超差不得分				
		$60°_{0}^{+2'}$	6	超差不得分				
		$(12±0.01)$mm	6	超差不得分				
		$4-R6_{-0.02}^{0}$mm	6	超差不得分				
		$(16±0.01)$mm	5	超差不得分				
		⊥ 0.02 A	8	超差不得分				
		表面粗糙度:$R_a1.6\mu m$(30处)	5	降一级不得分				
		$(70±0.05)$mm(2处)	8	超差一处扣4分				
		⊥ 0.02 A 配合后		超差不得分				
		平面间隙≤0.02mm(9处)	8	超差一处扣1分				
		曲面间隙≤0.03mm(4处)	5	超差一处扣2分				
4	安全文明操作	遵守安全操作规程;在规定时间内完成		每违反一项规定从总分中扣5分;严重违规者停止操作;每超时1min从总分扣5分,超3min停止操作				
		合 计	100					

考评员： 核分员： 年 月 日

六、AB004 加工双燕尾镶配件

1. 考核要求

(1)必须穿戴好劳动保护用品。
(2)正确使用工具、用具、量具。
(3)按加工合理的工艺要求进行操作。
(4)符合安全文明操作。

2. 准备要求

(1)材料准备:以下所需材料由鉴定站准备。

序号	名称	规格	数量	备注
1	试件	90mm×75mm×8mm	2件	45钢

(2)设备准备:以下所需设备由鉴定站准备。

序号	名称	规格	数量	备注
1	划线平台	2000mm×1500mm	1台	
2	方箱	205mm×205mm×205mm	1个	
3	台式钻床	Z4112	1台	

续表

序 号	名 称	规 格	数 量	备 注
4	钳台	3000m×2000mm	1台	
5	台虎钳	125mm	1台	
6	砂轮机	S3SL-250	1台	

备料图如下：

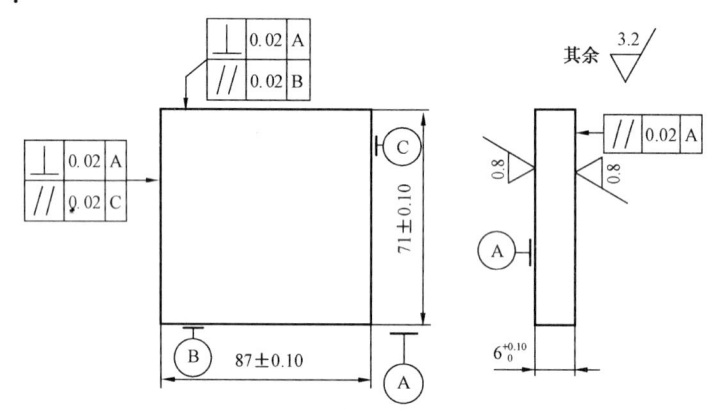

(3)工量、用具、量具准备：以下所需工具、用具、量具由鉴定站准备。

序 号	名 称	规 格	数 量	备 注
1	高度游标卡尺	0~300mm	1把	精度0.02mm
2	游标卡尺	0~150mm	1把	精度0.02mm
3	直角尺	100mm×63mm	1把	一级
4	刀口尺	125mm	1把	
5	V形架		1个	
6	万能角度尺	0°~320°	1把	精度2′
7	千分尺	25~50mm	1把	
		50~75mm	1把	
		75~100mm	1把	
8	平锉	150mm(1号纹)	1把	
		250mm(1号纹)	1把	
		220mm(3号纹)	1把	
		150mm(4号纹)	1把	
		150mm(5号纹)	1把	
		100mm(5号纹)	1把	
9	三角锉	150mm(1号纹)	1把	
		150mm(3号纹)	1把	
		150mm(4号纹)	1把	
		200mm(5号纹)	1把	
10	方锉	250mm(5号纹)	1把	

续表

序号	名称	规格	数量	备注
11	外角样板	60°×12mm(边长)	1块	
12	检验棒	φ10mm×20mm	1根	h6
13	直柄麻花钻	φ3mm	1个	
		φ4mm	1个	
14	锯弓		1把	
15	划针		1个	
16	样冲		1个	
17	软钳口		1副	
18	锉刀刷		1把	
19	钢直尺	0~150mm	1把	
20	手锤		1把	
21	锯条		1根	
22	百分表	0~0.8mm	1块	
23	表架		1个	
24	深度千分尺	0~25mm	1把	
25	量块	38块	1组	
26	整形锉		1组	
27	平板	280mm×330mm	1块	

3. 操作程序说明

(1) 准备工作。

(2) 按加工合理的工艺要求进行操作。

(3) 按规定尺寸对试件进行锉削。

(4) 符合安全文明操作。

(5) 收拾考场。

4. 考核规定说明

(1) 公差等级:IT7。

(2) 形位公差:0.03~0.02mm。

(3) 表面粗糙度:$R_a1.6\mu m$。

(4) 考件图样及技术要求(见下图)。

(5) 如违章操作,将停止考核。

(6) 考核采用百分制,然后按鉴定比重进行折算。

(7) 考核方式说明:本项目为实际操作试题,按标准对结果进行评分。

(8) 测量技能说明:本项目主要测试考生对实际操作的熟练程度。

5. 考核时限

(1) 准备时间:10min。

(2) 操作时间:270min。

(3) 从正式操作开始计时。

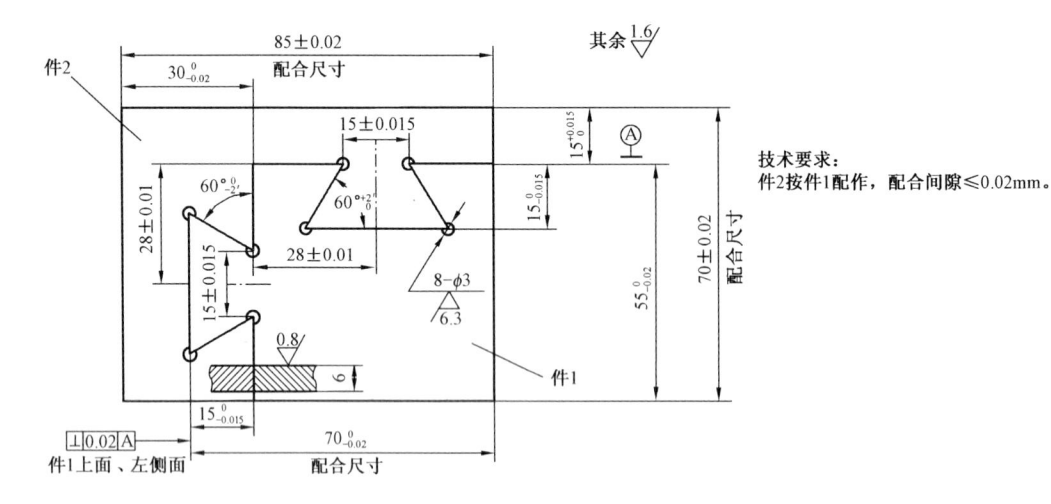

技术要求：
件2按件1配作，配合间隙≤0.02mm。

（4）提前完成操作不加分，超过规定操作时间按规定标准评分。

6. 评分记录表

序号	考核内容	评分要素	配分	评分标准	检测结果	扣分	得分	备注
1	着装	工作服穿戴整洁	5	不整洁扣5分				
		工作服穿戴衣袖领口系好	5	没系好扣5分				
		工作服穿戴得体	5	不得体扣5分				
2	准备工作	选择所用工具	5	选错一件扣1分				
		选择所用用具	5	选错一件扣1分				
		选择所用量具	3	选错一件扣1分				
3	锉削	$55_{-0.02}^{0}$ mm	3	超差不得分				
		$70_{-0.02}^{0}$ mm	6	超差不得分				
		(15 ± 0.015) mm（2处）	6	超差一处扣3分				
		(28 ± 0.01) mm（2处）	8	超差一处扣4分				
		$15_{-0.015}^{0}$ mm（3处）	6	超差一处扣2分				
		$60°_{-2'}^{0}$	8	超差不得分				
		⊥ 0.02 A	5	超差不得分				
		表面粗糙度：$R_a 1.6\mu m$（12处）	5	降一级不得分				
		$30_{-0.02}^{0}$ mm（2处）	5	超差一处扣3分				
		表面粗糙度：$R_a 1.6\mu m$（14处）	5	降一级不得分				
		配合间隙≤0.02mm（10处）	5	超差一处扣1分				
		(85 ± 0.02) mm	5	超差不得分				
		(70 ± 0.02) mm	5	超差不得分				

续表

序号	考核内容	评分要素	配分	评分标准	检测结果	扣分	得分	备注
4	安全文明操作	遵守安全操作规程；在规定时间内完成		每违反一项规定从总分中扣5分；严重违规者停止操作；每超时1min从总分扣5分，超3min停止操作				
	合　　计		100					

考评员：　　　　　　　　　　核分员：　　　　　　　　　　年　月　日

七、AB005　加工压模

1. 考核要求

(1) 必须穿戴好劳动保护用品。

(2) 正确使用工具、用具、量具。

(3) 按加工合理的工艺要求进行操作。

(4) 符合安全文明操作。

2. 准备要求

(1) 材料准备：以下所需材料由鉴定站准备。

序　号	名　称	规　格	数　量	备　注
1	试件	105mm×75mm×15mm	1件	45钢
2	试件	70mm×50mm×15mm	1件	45钢

备料图如下：

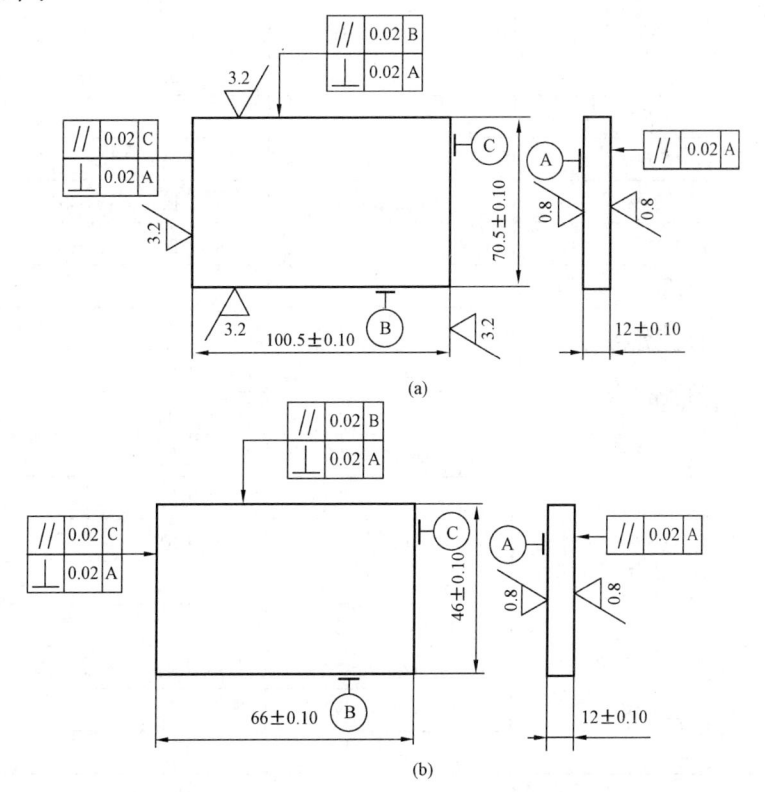

(a)

(b)

(2) 设备准备：以下所需设备由鉴定站准备。

序 号	名 称	规 格	数 量	备 注
1	划线平台	2000mm×1500mm	1台	
2	方箱	205mm×205mm×205mm	1个	
3	台式钻床	Z4112	1台	
4	钳台	3000mm×2000mm	1台	
5	台虎钳	125mm	1台	
6	砂轮机	S3SL-250	1台	

(3) 工具、用具、量具准备：以下所需工具、用具、量具由鉴定站准备。

序 号	名 称	规 格	数 量	备 注
1	高度游标卡尺	0~300mm	1把	精度0.02mm
2	游标卡尺	0~150mm	1把	精度0.02mm
3	千分尺	0~25mm	1把	精度0.01mm
		25~50mm	1把	
		50~75mm	1把	
		75~100mm	1把	精度0.01mm
4	深度千分尺	0~25mm	1把	精度0.01mm
5	直角尺	100mm×63mm	1把	一级
6	刀口尺	125mm	1把	
7	万能角度尺	0°~320°	1把	精度2′
8	正弦规	100mm×80mm	1个	一级
9	百分表	0~0.8mm	1块	
10	表架		1个	
11	塞规	ϕ10mm	1块	h6
12	检验棒	ϕ10mm×16mm	1根	h6
13	铰杠		1根	
14	锯弓		1把	
15	锯条		1根	
16	直柄麻花钻	ϕ4mm	1个	H7
		ϕ9.7mm	1个	H7
17	平锉	300mm（1号纹）	1把	
		250mm（2号纹）	1把	
		200mm（3号纹）	1把	
		200mm（4号纹）	1把	
		200mm（5号纹）	1把	
18	三角锉	150mm（3号纹）	1把	
		150mm（4号纹）	1把	
		150mm（5号纹）	1把	

续表

序 号	名 称	规 格	数 量	备 注
19	软钳口		1 副	
20	锉刀刷		1 把	
21	整形锉		1 组	
22	钢直尺	0~150mm	1 把	
23	手锤		1 把	
24	样冲		1 个	
25	划针		1 个	

3. 操作程序说明

(1)准备工作。

(2)按加工合理的工艺要求进行操作。

(3)按规定尺寸对试件进行锉削。

(4)符合安全文明操作。

(5)收拾考场。

4. 考核规定说明

(1)公差等级:锉配 IT7、攻螺纹 7H。

(2)形位公差:锉配 0.03~0.02mm。

(3)表面粗糙度:锉配 $R_a 1.6 \mu m$、攻螺纹 $R_a 6.3 \mu m$。

(4)其他方面:配合间隙≤0.03mm。

(5)考件图样及技术要求(见下图)。

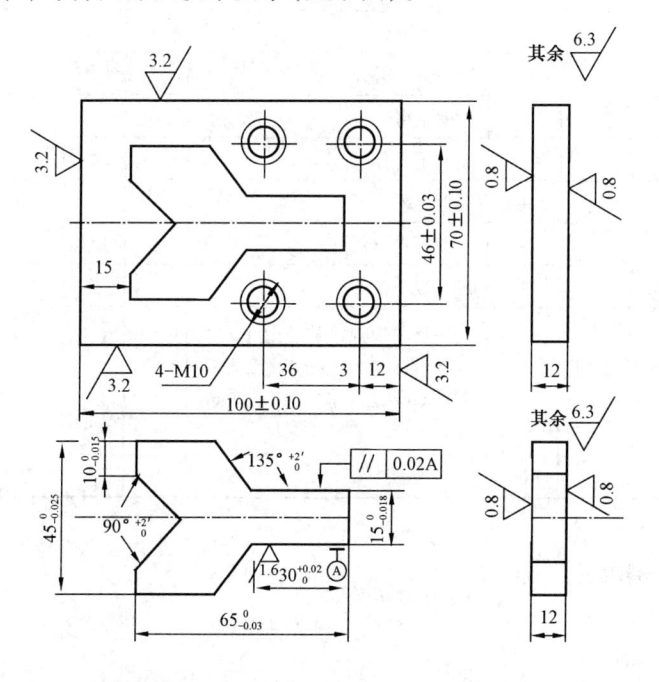

技术要求:
以凸件为基准,凹槽配作,
配合间隙≤0.03mm。

(6)如违章操作,将停止考核。

(7)考核采用百分制,然后按鉴定比重进行折算。

(8)考核方式说明:本项目为实际操作,考核过程按评分标准及操作过程进行评分。

(9)测量技能说明:本项目主要测试考生对加工压模实际操作的熟练程度。

5. 考核时限

(1)准备时间:10min。

(2)操作时间:270min。

(3)从正式操作开始计时。

(4)提前完成操作不加分,超过规定操作时间按规定标准评分。

6. 评分记录表

序号	考核内容	评分要素	配分	评分标准	检测结果	扣分	得分	备注
1	着装	工作服穿戴整洁	5	不整洁扣5分				
		工作服穿戴衣袖领口系好	5	没系好扣5分				
		工作服穿戴得体	5	不得体扣5分				
2	准备工作	选择所用工具	5	选错一件扣1分				
		选择所用用具	5	选错一件扣1分				
		选择所用量具	5	选错一件扣1分				
3	锉削	$65_{-0.03}^{0}$mm	5	超差不得分				
		$45_{-0.025}^{0}$mm	5	超差不得分				
		$30_{0}^{+0.02}$mm	4	超差不得分				
		$15_{-0.018}^{0}$mm	5	超差不得分				
		$10_{-0.015}^{0}$mm	6	超差不得分				
		$135°_{0}^{+2'}$	6	超差不得分				
		$90°_{0}^{+2'}$	8	超差不得分				
		表面粗糙度:$R_a1.6\mu m$	6	降一级不得分				
		配合间隙≤0.03mm	5	超差不得分				
		4-M10	8	超差不得分				
		(36±0.03)mm	4	超差不得分				
		(46±0.03)mm	4	超差不得分				
		表面粗糙度:$R_a6.3\mu m$	4	降一级不得分				
4	安全文明操作	遵守安全操作规程;在规定时间内完成		每违反一项规定从总分中扣5分;严重违规者停止操作;每超时1min从总分扣5分,超3min停止操作				
		合　　计	100					

考评员:　　　　　　　　　　核分员:　　　　　　　　　　年　月　日

八、AB006　加工圆弧背向镶配件

1. 考核要求

(1)必须穿戴好劳动保护用品。

(2)正确使用工具、用具、量具。

(3)按加工合理的工艺要求进行操作。

(4)符合安全文明操作。

2. 准备要求

(1)材料准备：以下所需材料由鉴定站准备。

序 号	名 称	规 格	数 量	备 注
1	试样	105mm×75mm×8mm	2件	45钢

备料图如下：

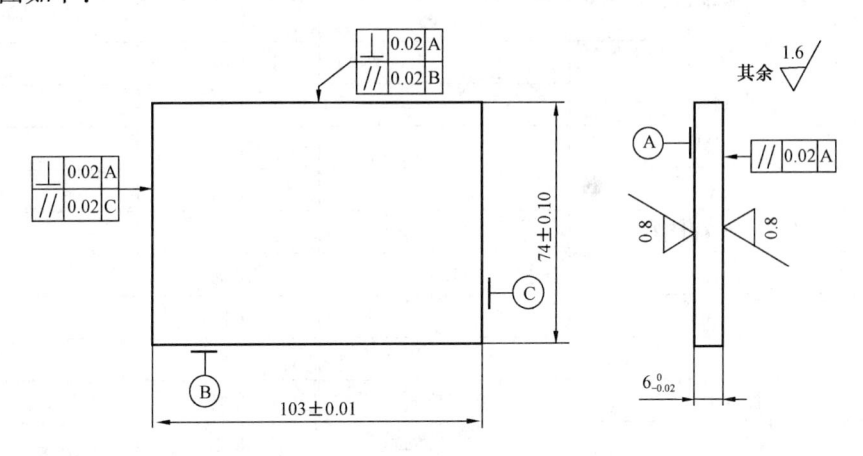

(2)设备准备：以下所需设备由鉴定站准备。

序 号	名 称	规 格	数 量	备 注
1	划线平台	2000mm×1500mm	1台	
2	方箱	205mm×205mm×205mm	1个	
3	台式钻床	Z4112	1台	
4	钳台	3000mm×2000mm	1台	
5	台虎钳	125mm	1台	
6	砂轮机	S3SL-250	1台	

(3)工具、用具、量具准备：以下所需工具、用具、量具由鉴定站准备。

序 号	名 称	规 格	数 量	备 注
1	高度游标卡尺	0~300mm	1把	精度0.02mm
2	游标卡尺	0~150mm	1把	精度0.02mm
3	直角尺	100mm×63mm	1把	一级
4	刀口尺	125mm	1把	
5	万能角度尺	0°~320°	1把	精度2′
6	千分尺	0~25mm	1把	
		25~50mm	1把	
		50~75mm	1把	
		75~100mm	1把	

续表

序 号	名 称	规 格	数 量	备 注
7	平锉	200mm(1号纹)	1把	
		200mm(1号纹)	1把	
		150mm(3号纹)	1把	
		150mm(4号纹)	1把	
8	直柄麻花钻	φ3mm	1个	H7
		φ4mm	1个	H7
9	锯弓		1把	
10	划针		1个	
11	样冲		1个	
12	软钳口		1副	
13	锉刀刷		1把	
14	钢直尺	0~150mm	1把	
15	手锤		1把	
16	锯条		1根	
17	深度千分尺	0~25mm	1把	
18	塞尺	0.02~0.5mm	1把	
19	整形锉		1组	
20	半圆锉	200mm(2号纹)	1把	
		150mm(4号纹)	1把	
21	方锉	150mm(2号纹)	1把	
		200mm(4号纹)	1把	

3. 操作程序说明

(1)准备工作。
(2)按加工合理的工艺要求进行操作。
(3)按规定尺寸对试件进行锉削。
(4)符合安全文明操作。
(5)收拾考场。

4. 考核规定说明

(1)公差等级:IT7。
(2)形位公差:0.03~0.02mm。
(3)表面粗糙度:R_a1.6μm。
(4)其他方面:配合间隙平面部分≤0.02mm、曲面部分≤0.03mm、错位量≤0.04mm。
(5)考件图样及技术要求(见下图)。
(6)如违章操作,将停止考核。
(7)考核采用百分制,然后按鉴定比重进行折算。
(8)考核方式说明:本项目为实际操作试题,按标准对结果进行评分。
(9)测量技能说明:本项目主要测试考生对加工圆弧背向镶配件实际操作的熟练程度。

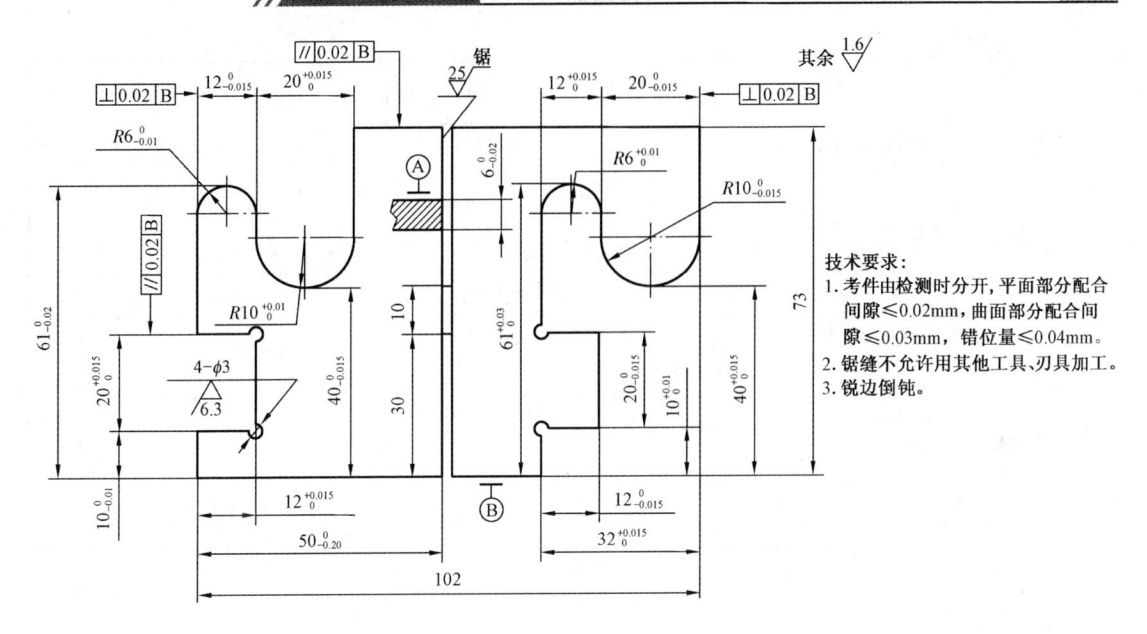

5. 考核时限

(1) 准备时间:10min。

(2) 操作时间:270min。

(3) 从正式操作开始计时。

(4) 提前完成操作不加分,超过规定操作时间按规定标准评分。

6. 评分记录表

序号	考核内容	评分要素	配分	评分标准	检测结果	扣分	得分	备注
1	着装	工作服穿戴整洁	5	不整洁扣5分				
		工作服穿戴衣袖领口系好	5	没系好扣5分				
		工作服穿戴得体	5	不得体扣5分				
2	准备工作	选择所用工具	5	选错一件扣1分				
		选择所用用具	5	选错一件扣1分				
		选择所用量具	5	选错一件扣1分				
3	锉削	$32^{+0.015}_{0}$ mm	5	超差不得分				
		$12^{0}_{-0.015}$ mm	5	超差不得分				
		$10^{+0.01}_{0}$ mm	5	超差不得分				
		$20^{0}_{-0.015}$ mm	5	超差不得分				
		$61^{0}_{-0.02}$ mm	4	超差不得分				
		$40^{+0.015}_{0}$ mm	4	超差不得分				
		⊥ 0.02 A (2处)	8	超差一处扣4分				
		表面粗糙度:$R_a 1.6\mu m$(配合面)	5	降一级不得分				
		$R6^{+0.01}_{0}$ mm	4	超差不得分				

续表

序号	考核内容	评分要素	配分	评分标准	检测结果	扣分	得分	备注
3	锉削	$R10_{-0.015}^{0}$ mm	4	超差不得分				
		// 0.02 B (2处)	6	超差一处扣3分				
		平面部分配合间隙≤0.02mm	5	超差不得分				
		曲面部分配合间隙≤0.03mm	5	超差不得分				
		错位量≤0.04mm	5	超差不得分				
4	安全文明操作	遵守安全操作规程;在规定时间内完成		每违反一项规定从总分中扣5分;严重违规者停止操作;每超时1min从总分扣5分,超3min停止操作				
	合 计		100					

考评员：　　　　　　　　　　核分员：　　　　　　　　　　年　月　日

九、AB007　加工带轮卡板

1. 考核要求

(1)必须穿戴好劳动保护用品。

(2)正确使用工具、用具、量具。

(3)按加工合理的工艺要求进行操作。

(4)符合安全文明操作。

2. 准备要求

(1)材料准备:以下所需材料由鉴定站准备。

序号	名 称	规 格	数 量	备 注
1	试件	65mm×30mm×5mm	1件	T10A

备料图如下：

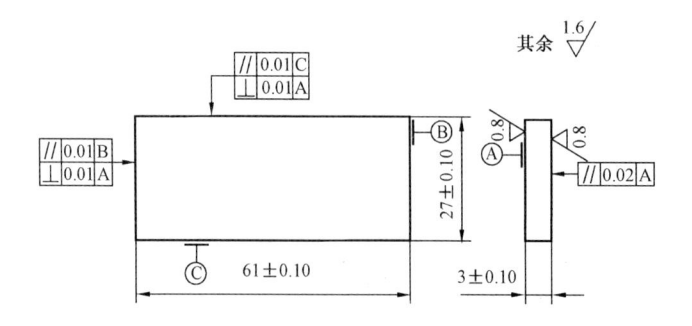

(2)设备准备:以下所需设备由鉴定站准备。

序号	名 称	规 格	数 量	备 注
1	划线平台	2000mm×1500mm	1台	
2	方箱	205mm×205mm×205mm	1个	

续表

序号	名称	规格	数量	备注
3	台式钻床	Z4112	1台	
4	钳台	3000mm×2000mm	1台	
5	台虎钳	125mm	1台	
6	砂轮机	S3SL-250	1台	

(3)工具、用具、量具准备：以下所需工具、用具、量具由鉴定站准备。

序号	名称	规格	数量	备注
1	高度游标卡尺	0~300mm	1把	精度0.02mm
2	游标卡尺	0~150mm	1把	精度0.02mm
3	直角尺	100mm×63mm	1把	一级
4	刀口尺	125mm	1把	
5	万能角度尺	0°~320°	1把	精度2′
6	千分尺	25~50mm	1把	
		50~75mm	1把	
		75~100mm	1把	
7	平锉(4号纹)	200mm(2号纹)	1把	
		150mm(3号纹)	1把	
		150mm(4号纹)	1把	
		150mm(5号纹)	1把	
8	直柄麻花钻	ϕ4mm	1个	H7
		ϕ9.8mm	1个	H7
9	检验棒	ϕ20mm×20mm	1根	h6
10	方锉	250mm(5号纹)	1把	
11	正弦规	100mm×80mm	1个	
12	手用圆柱铰刀	ϕ10mm	1把	
13	V形架		1个	
14	锯弓		1把	
15	划针		1个	
16	样冲		1个	
17	软钳口		1副	
18	锉刀刷		1把	
19	钢直尺	0~150mm	1把	
20	手锤		1把	
21	锯条		1根	
22	百分表	0~0.8mm	1块	
23	表架		1个	
24	深度千分尺	0~25mm	1把	

续表

序 号	名 称	规 格	数 量	备 注
25	量块	38块	1组	
26	整形锉		1组	
27	平板	280mm×330mm	1块	
28	三角锉	150mm(1号纹)	1把	
		150mm(3号纹)	1把	
		150mm(4号纹)	1把	
		200mm(5号纹)	1把	

3. 操作程序说明
(1)准备工作。
(2)按加工合理的工艺要求进行操作。
(3)按规定尺寸对试件进行锉削。
(4)符合安全文明操作。
(5)收拾考场。

4. 考核规定说明
(1)公差等级:锉削 IT7、铰孔 IT7。
(2)形位公差:锉削 0.03~0.02mm、铰孔 0.03~0.02mm。
(3)表面粗糙度:锉削 $R_a1.6\mu m$、铰孔 $R_a0.8\mu m$。
(4)考件图样及技术要求见下图。

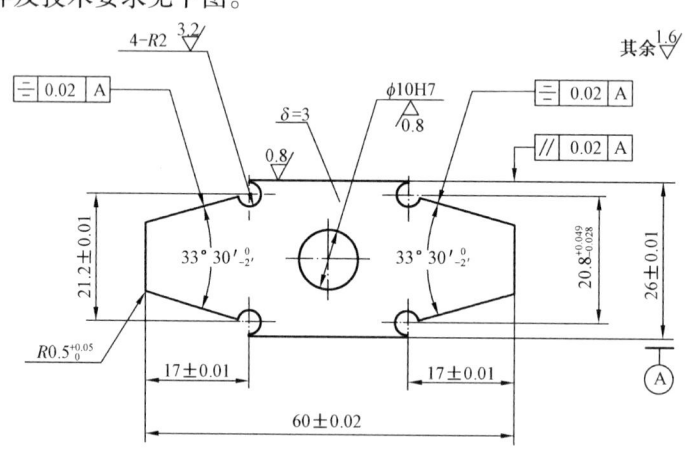

(5)如违章操作,将停止考核。
(6)考核采用百分制,然后按鉴定比重进行折算。
(7)考核方式说明:本项目为实际操作试题,按标准对结果进行评分。
(8)测量技能说明:本项目主要测试考生对加工带轮卡板实际操作的熟练程度。

5. 考核时限
(1)准备时间:10min。
(2)操作时间:240min。
(3)从正式操作开始计时。

(4)提前完成操作不加分,超过规定操作时间按规定标准评分。

6. 评分记录表

序号	考核内容	评分要素	配分	评分标准	检测结果	扣分	得分	备注
1	着装	工作服穿戴整洁	5	不整洁扣5分				
		工作服穿戴衣袖领口系好	5	没系好扣5分				
		工作服穿戴得体	5	不得体扣5分				
2	准备工作	选择所用工具	5	选错一件扣1分				
		选择所用用具	6	选错一件扣1分				
		选择所用量具	6	选错一件扣1分				
3	锉削	(21.2 ± 0.01)mm	6	超差不得分				
		$20.8^{+0.049}_{-0.028}$mm	8	超差不得分				
		(26 ± 0.01)mm	6	超差不得分				
		(17 ± 0.01)mm	6	超差不得分				
		(60 ± 0.02)mm	6	超差不得分				
		$R0.5^{+0.05}_{0}$mm	6	超差不得分				
		$33°30'^{0}_{-2'}$	6	超差不得分				
		表面粗糙度:$R_a1.6\mu m$(12处)	6	降一级不得分				
		⏤ 0.02 A	6	超差不得分				
		∥ 0.02 A	6	超差不得分				
		$\phi10H7$	6	超差不得分				
4	安全文明操作	遵守安全操作规程;在规定时间内完成		每违反一项规定从总分中扣5分;严重违规者停止操作;每超时1min从总分扣5分,超3min停止操作				
		合 计	100					

考评员:　　　　　　　　核分员:　　　　　　　　年　月　日

十、AB008　加工轴套

1. 考核要求

(1)必须穿戴好劳动保护用品。
(2)正确使用工具、用具、量具。
(3)按加工合理的工艺要求进行操作。
(4)符合安全文明操作。

2. 准备要求

(1)材料准备:以下所需材料由鉴定站准备。

序　号	名　称	规　格	数　量	备　注
1	试件		1件	45钢

备料图如下：

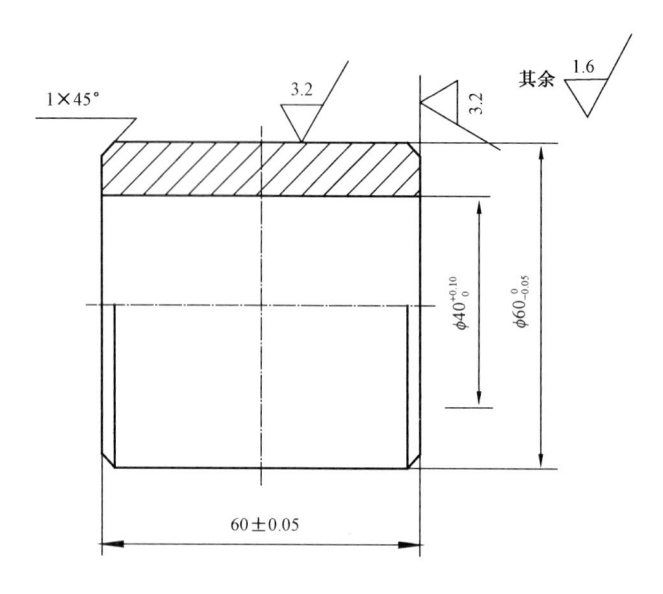

(2) 设备准备：以下所需设备由鉴定站准备。

序号	名称	规格	数量	备注
1	划线平台	2000mm×1500mm	1台	
2	方箱	205mm×205mm×205mm	1个	
3	台式钻床	Z4112	1台	
4	钳台	3000mm×2000mm	1台	
5	台虎钳	125mm	1台	
6	砂轮机	S3SL-250	1台	

(3) 工具、用具、量具准备：以下所需工具、用具、量具由鉴定站准备。

序号	名称	规格	数量	备注
1	高度游标卡尺	0~300mm	1把	精度0.02mm
2	游标卡尺	0~150mm	1把	精度0.02mm
3	直角尺	100mm×63mm	1把	一级
4	刀口尺	125mm	1把	
5	万能角度尺	0°~320°	1把	精度2′
6	千分尺	25~50mm	1把	
		50~75mm	1把	
		75~100mm	1把	
7	平锉	200mm(2号纹)	1把	
		150mm(3号纹)	1把	
		150mm(4号纹)	1把	
		150mm(5号纹)	1把	
8	直柄麻花钻	φ11.7mm	1个	H7

续表

序 号	名 称	规 格	数 量	备 注
9	检验棒	$\phi 12mm \times 20mm$	1根	h6
10	三角锉	150mm(1号纹)	1把	
		150mm(3号纹)	1把	
		150mm(4号纹)	1把	
		200mm(5号纹)	1把	
11	锯弓		1把	
12	划针		1个	
13	样冲		1个	
14	软钳口		1副	
15	锉刀刷		1把	
16	钢直尺	0~150mm	1把	
17	手锤		1把	
18	锯条		1根	
19	百分表	0~0.8mm	1块	
20	表架		1个	
21	深度千分尺	0~25mm	1把	
22	量块	38块	1组	
23	整形锉		1组	
24	V形架		1个	
25	方锉	250mm(5号纹)	1把	
26	正弦规	100mm×80mm	1个	
27	手用圆柱铰刀	$\phi 12mm$	1把	

3. 操作程序说明

(1)准备工作。

(2)按加工合理的工艺要求进行操作。

(3)按规定尺寸对试件进行锉削。

(4)符合安全文明操作。

(5)收拾考场。

4. 考核规定说明

(1)公差等级:锉削 IT7、铰孔 IT7。

(2)形位公差:锉削 0.03~0.02mm、铰孔 0.03~0.02mm。

(3)表面粗糙度:锉削 $R_a1.6\mu m$,铰孔 $R_a0.8\mu m$。

(4)考件图样及技术要求(见下图)。

(5)如违章操作,将停止考核。

(6)考核采用百分制,然后按鉴定比重进行折算。

(7)考核方式说明:本项目为实际操作试题,按标准对结果进行评分。

(8)测量技能说明:本项目主要测试考生对加工轴套实际操作的熟练程度。

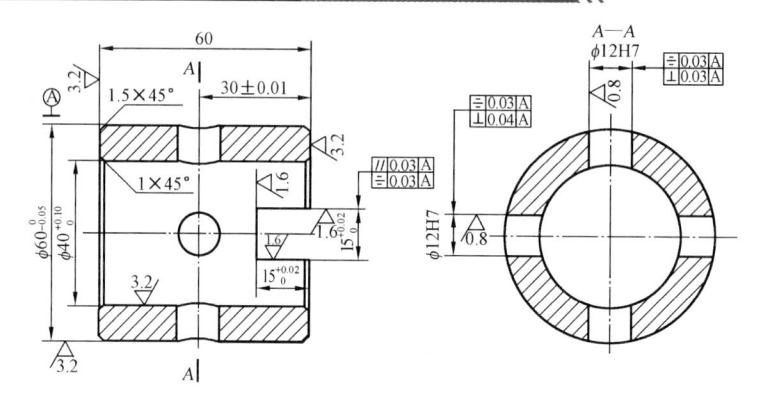

5. 考核时限

(1) 准备时间:10min。

(2) 操作时间:240min。

(3) 从正式操作开始计时。

(4) 提前完成操作不加分,超过规定操作时间按规定标准评分。

6. 评分记录表

序号	考核内容	评分要素	配分	评分标准	检测结果	扣分	得分	备注
1	着装	工作服穿戴整洁	5	不整洁扣5分				
		工作服穿戴衣袖领口系好	5	没系好扣5分				
		工作服穿戴得体	5	不得体扣5分				
2	准备工作	选择所用工具	5	选错一件扣1分				
		选择所用用具	5	选错一件扣1分				
		选择所用量具	5	选错一件扣1分				
3	锉削	$15_{0}^{+0.02}$mm(2处)	10	超差一处扣5分				
		(30±0.01)mm	10	超差不得分				
		∥ 0.03 A (2处)	10	超差一处扣5分				
		= 0.03 A (2处)	10	超差一处扣5分				
		表面粗糙度:R_a1.6μm(3处)	6	降一级不得分				
		φ12H7	6	超差不得分				
		⊥ 0.03 A (4处)	6	超差一处扣2分				
		= 0.03 A (4处)	6	超差一处扣2分				
		表面粗糙度:R_a0.8μm(4处)	6	降一级不得分				
4	安全文明操作	遵守安全操作规程;在规定时间内完成		每违反一项规定从总分中扣5分;严重违规者停止操作;每超时1min从总分扣5分,超3min停止操作				
		合 计	100					

考评员:　　　　　　　　核分员:　　　　　　　　年　月　日

十一、AB009 加工模板

1. 考核要求
(1)必须穿戴好劳动保护用品。
(2)正确使用工具、用具、量具。
(3)按加工合理的工艺要求进行操作。
(4)符合安全文明操作。
2. 准备要求
(1)材料准备：以下所需材料由鉴定站准备。

序 号	名 称	规 格	数 量	备 注
1	试件	$\phi100mm \times 25mm$	1件	45钢

备料图如下：

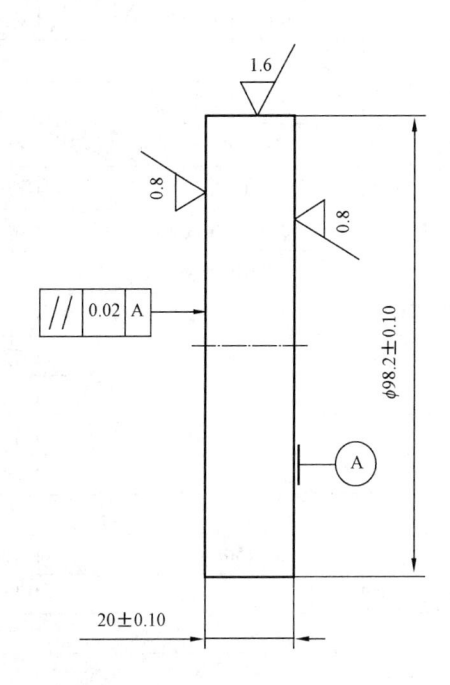

(2)设备准备：以下所需设备由鉴定站准备。

序 号	名 称	规 格	数 量	备 注
1	划线平台	$2000mm \times 1500mm$	1台	
2	方箱	$205mm \times 205mm \times 205mm$	1个	
3	台式钻床	Z4112	1台	
4	钳台	$3000mm \times 2000mm$	1台	
5	台虎钳	125mm	1台	
6	砂轮机	S3SL-250	1台	

(3)工具、用具、量具准备:以下所需工具、用具、量具由鉴定站准备。

序 号	名 称	规 格	数 量	备 注
1	高度游标卡尺	0~300mm	1把	精度0.02mm
2	游标卡尺	0~150mm	1把	精度0.02mm
3	直角尺	100mm×63mm	1把	一级
4	刀口尺	125mm	1把	
5	万能角度尺	0°~320°	1把	精度2′
6	正弦规		1个	
7	千分尺	25~50mm	1把	
		50~75mm	1把	
		75~100mm	1把	
8	平锉(4号纹)	200mm(2号纹)	1把	
		150mm(3号纹)	1把	
		150mm(4号纹)	1把	
		150mm(5号纹)	1把	
9	检验棒	ϕ12mm×20mm	1根	h6
10	三角锉	150mm(1号纹)	1把	
		150mm(3号纹)	1把	
		150mm(4号纹)	1把	
		200mm(5号纹)	1把	
11	锯弓		1把	
12	划针		1个	
13	样冲		1个	
14	软钳口		1副	
15	锉刀刷		1把	
16	钢直尺	0~150mm	1把	
17	手锤		1把	
18	锯条		1根	
19	百分表	0~0.8mm	1块	
20	表架		1个	
21	深度千分尺	0~25mm	1把	
22	量块	38块	1组	
23	整形锉		1组	
24	V形架		1个	
25	方锉	250mm(5号纹)	1把	
26	正弦规	100mm×80mm	1个	
27	手用圆柱铰刀	ϕ12mm	1把	
28	直柄麻花钻	ϕ11.7mm	1个	

3. 操作程序说明
(1)准备工作。

(2)按加工合理的工艺要求进行锉削。
(3)收拾考场。

4. **考核规定说明**

(1)公差等级:锉削 IT7、铰孔 IT7。
(2)形位公差:锉削 0.03~0.02mm、铰孔 0.03~0.02mm。
(3)表面粗糙度:锉削 $R_a1.6\mu m$、铰孔 $R_a0.8\mu m$。
(4)考件图样及技术要求(见下图)。

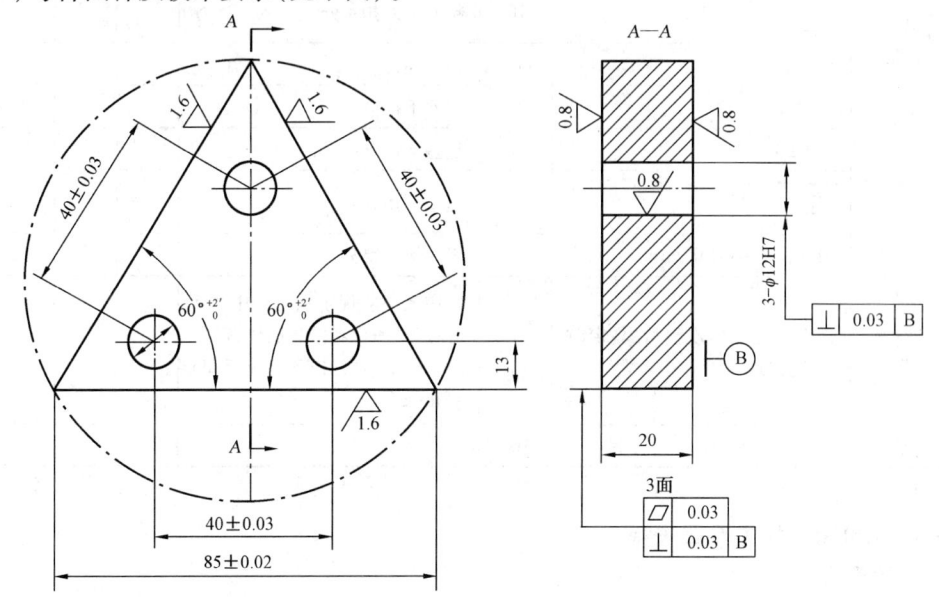

(5)如违章操作,将停止考核。
(6)考核采用百分制,然后按鉴定比重进行折算。
(3)考核方式说明:本项目为实际操作试题,按标准对结果进行评分。
(4)测量技能说明:本项目主要测试考生对加工模板实际操作的熟练程度。

5. **考核时限**

(1)准备时间:15min。
(2)操作时间:240min。
(3)从正式操作开始计时。
(4)提前完成操作不加分,超过规定操作时间按规定标准评分。

6. **评分记录表**

序号	考核内容	评分要素	配分	评分标准	检测结果	扣分	得分	备注
1	着装	工作服穿戴整洁	5	不整洁扣5分				
		工作服穿戴衣袖领口系好	5	没系好扣5分				
		工作服穿戴得体	5	不得体扣5分				
2	准备工作	选择所用工具、用具、量具	5	选错一件扣1分				
		零件划线	5	不划线不得分				
		划线打样冲眼	5	不划线打样冲眼不得分				

续表

序号	考核内容	评分要素	配分	评分标准	检测结果	扣分	得分	备注
3	锉削	(85±0.02)mm	8	超差不得分				
		表面粗糙度：$R_a1.6\mu m$(3处)	8	降一级不得分				
		⊥ 0.03 B (3处)	10	超差一处扣4分				
		▱ 0.03 (3处)	10	超差一处扣4分				
		$60°^{+2'}_{0}$	8	超差不得分				
		$3-\phi12H7$	8	超差不得分				
		(40±0.03)mm	6	超差不得分				
		⊥ 0.03 B	6	超差不得分				
		表面粗糙度：$R_a0.8\mu m$	6	降一级不得分				
4	安全文明操作	遵守安全操作规程；在规定时间内完成		每违反一项规定从总分中扣5分；严重违规者停止操作；每超时1min从总分扣5分，超3min停止操作				
	合　计		100					

考评员：　　　　　　　　　　核分员：　　　　　　　　　　年　月　日

十二、AB010　加工燕尾卡板

1. 考核要求

(1)必须穿戴好劳动保护用品。

(2)正确使用工具、用具、量具。

(3)按加工合理的工艺要求进行操作。

(4)符合安全文明操作。

2. 准备要求

(1)材料准备：以下所需材料由鉴定站准备。

序　号	名　称	规　格	数　量	备　注
1	试件	85mm×75mm×15mm	1件	45钢

(2)设备准备：以下所需设备由鉴定站准备。

序　号	名　称	规　格	数　量	备　注
1	划线平台	2000mm×1500mm	1台	
2	方箱	205mm×205mm×205mm	1个	
3	台式钻床	Z4112	1台	
4	钳台	3000mm×2000mm	1台	
5	台虎钳	125mm	1台	
6	砂轮机	S3SL-250	1台	

备料图如下：

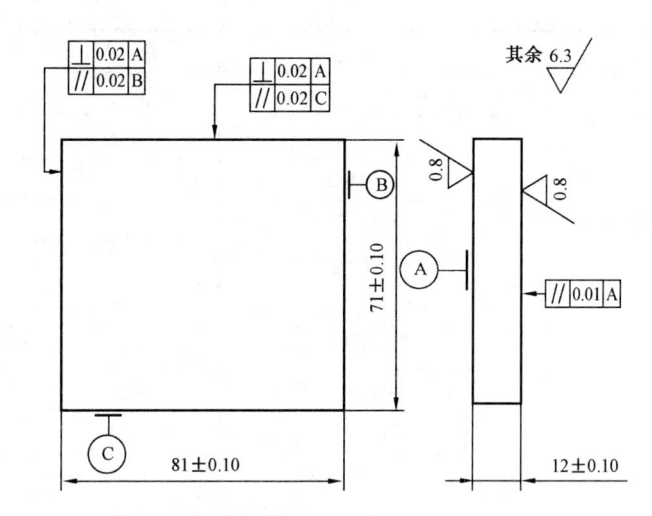

（3）工具、用具、量具准备：以下所需工具、用具、量具由鉴定站准备。

序 号	名 称	规 格	数 量	备 注
1	高度游标卡尺	0～300mm	1把	精度0.02mm
2	游标卡尺	0～150mm	1把	精度0.02mm
3	千分尺	25～50mm	1把	
		50～75mm	1把	
		75～100mm	1把	
4	直角尺	100mm×63mm	1把	一级
5	刀口尺	125mm	1把	
6	万能角度尺	0°～320°	1把	精度2′
7	正弦规	100mm×80mm	1个	
8	百分表	0～0.8mm	1块	
9	表架		1个	
10	深度千分尺	0～25mm	1把	
11	量块	38块	1组	
12	R规		1个	
13	检验棒	φ6mm×20mm	1根	h6
		φ10mm×20mm	1根	h6
		φ20mm×20mm	1根	h6
14	铰杠		1根	
15	样冲		1个	
16	手用圆柱铰刀	φ12mm	1把	
17	塞尺		1把	
18	塞规		1个	
19	平板		1块	
20	V形架		1个	

续表

序 号	名 称	规 格	数 量	备 注
21	整形锉		1组	
22	直柄麻花钻	ϕ2mm	1个	
		ϕ4mm	1个	
		ϕ5.8mm	1个	
		ϕ9.8mm	1个	
		ϕ12mm	1个	
23	平锉(4号纹)	300mm(1号纹)	1把	
		150mm(1号纹)	1把	
		200mm(4号纹)	1把	
		150mm(4号纹)	1把	
		150mm(5号纹)	1把	
		100mm(5号纹)	1把	
24	三角锉	150mm(1号纹)	1把	
25	圆锉	150mm(3号纹)	1把	
		150mm(4号纹)	1把	
		150mm(5号纹)	1把	
		250mm(2号纹)	1把	
		250mm(3号纹)	1把	
		150mm(4号纹)	1把	
		150mm(5号纹)	1把	
26	锯弓		1把	
27	划针		1个	
28	钢直尺	0~150mm	1把	
29	手锤		1把	
30	锯条		1根	
31	软钳口		1副	
32	锉刀刷		1把	

3. 操作程序说明

(1)准备工作。

(2)按加工合理的工艺要求进行操作。

(3)按规定尺寸对试件进行锉削。

(4)符合安全文明操作。

(5)收拾考场。

4. 考核规定说明

(1)公差等级:锉削 IT7、铰孔 IT7。

(2)形位公差:锉削 0.03~0.02mm、铰孔 0.03~0.02mm。

(3)表面粗糙度:锉削 R_a1.6μm、铰孔 R_a0.8μm。

(4)考件图样及技术要求(见下图)。

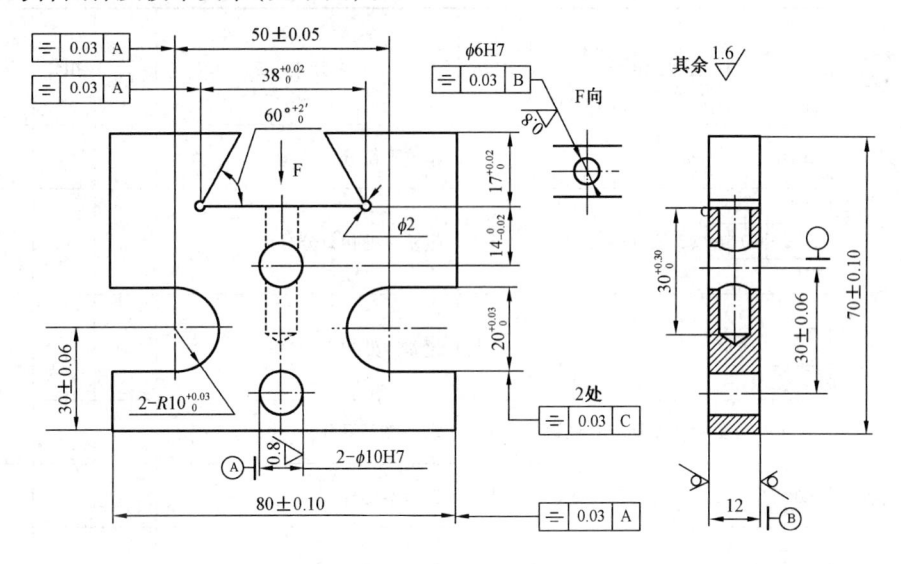

(5)如违章操作,将停止考核。
(6)考核采用百分制,然后按鉴定比重进行折算。
(7)考核方式说明:本项目为实际操作试题,按标准对结果进行评分。
(8)测量技能说明:本项目主要测试考生对加工燕尾卡板实际操作的熟练程度。

5. 考核时限
(1)准备时间:10min。
(2)操作时间:240min。
(3)从正式操作开始计时。
(4)考试时,根据考试场所确定考试人数,提前完成操作不加分,超过规定操作时间按规定标准评分。

6. 评分记录表

序号	考核内容	评分要素	配分	评分标准	检测结果	扣分	得分	备注
1	着装	工作服穿戴整洁	5	不整洁扣5分				
		工作服穿戴衣袖领口系好	5	没系好扣5分				
		工作服穿戴得体	5	不得体扣5分				
2	准备工作	选择所用工具、用具、量具	5	选错一件扣1分				
		零件划线	5	不划线不得分				
		划线打样冲眼	5	不划线打样冲眼不得分				
3	锉削	$38_{0}^{+0.02}$mm	6	超差不得分				
		$60°_{0}^{+2'}$	6	超差不得分				
		$(50±0.05)$mm	6	超差不得分				

续表

序号	考核内容	评分要素	配分	评分标准	检测结果	扣分	得分	备注
3	锉削	$2-R10^{+0.03}_{0}$ mm	6	超差不得分				
		▱ 0.03 A (3处)	6	超差一处扣2分				
		▱ 0.03 C (2处)	6	超差一处扣3分				
		表面粗糙度:$R_a1.6\mu m$(16处)	6	降一级不得分				
		$\phi 6H7$	4	超差不得分				
		▱ 0.03 B	4	超差不得分				
		$14^{\ 0}_{-0.02}$ mm	5	超差不得分				
		表面粗糙度:$R_a0.8\mu m$	5	降一级不得分				
		$2-\phi 10H7$	5	超差不得分				
		(30 ± 0.06) mm	5	超差不得分				
4	安全文明操作	遵守安全操作规程;在规定时间内完成		每违反一项规定从总分中扣5分;严重违规者停止操作;每超时1min从总分扣5分,超3min停止操作				
	合　计		100					

考评员：　　　　　　　　　核分员：　　　　　　　　　年　月　日

十三、AB011　加工单柱导模

1. 考核要求

（1）必须穿戴好劳动保护用品。

（2）正确使用工具、用具、量具。

（3）按加工合理的工艺要求进行操作。

（4）符合安全文明操作。

2. 准备要求

（1）材料准备:以下所需材料由鉴定站准备。

序　号	名　称	规　格	数　量	备　注
1	试件	85mm×70mm×15mm	1件	45钢

备料图如下：

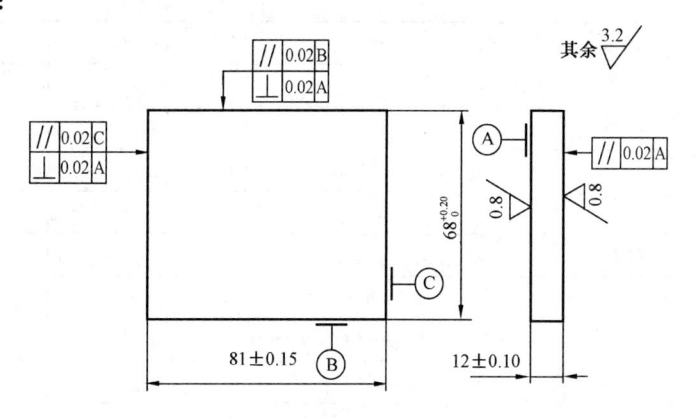

（2）设备准备：以下所需设备由鉴定站准备。

序号	名称	规格	数量	备注
1	划线平台	2000mm×1500mm	1台	
2	方箱	205mm×205mm×205mm	1个	
3	台式钻床	Z4112	1台	
4	钳台	3000mm×2000mm	1台	
5	台虎钳	125mm	1台	
6	砂轮机	S3SL-250	1台	

（3）工具、用具、量具准备：以下所需工具、用具、量具由鉴定站准备。

序号	名称	规格	数量	备注
1	高度游标卡尺	0~300mm	1把	精度0.02mm
2	游标卡尺	0~150mm	1把	精度0.02mm
3	直角尺	100mm×63mm	1把	一级
4	刀口尺	125mm	1把	
5	R规	5~14.5mm	1把	H7
6	塞尺	0.02~0.5mm	1把	h6
7	百分表	0~0.8mm	1块	0.01mm
8	表架		1个	
9	塞规	ϕ8mm	1个	
10	万能角度尺	0°~320°	1把	精度2′
11	检验棒	ϕ7.8mm×20mm	1根	h6
		ϕ8mm×20mm	1根	h6
12	量块	38块	1组	
13	平板	280mm×330mm	1块	
14	钢直尺	0~150mm	1把	
15	手用圆柱铰刀	ϕ8mm	1把	
16	锯弓		1把	

续表

序 号	名 称	规 格	数 量	备 注
17	锯条		1根	
18	样冲		1个	
19	直柄麻花钻	φ3mm	1个	
		φ7.8mm	1个	
20	铰杠		1根	
21	平锉	150mm（1号纹）	1把	
		150mm（3号纹）	1把	
		150mm（4号纹）	1把	
22	半圆锉	150mm（1号纹）	1把	
		150mm（3号纹）	1把	
		150mm（4号纹）	1把	
		150mm（5号纹）	1把	
23	三角锉	200mm（2号纹）	1把	
24	方锉	100mm（5号纹）	1把	
25	软钳口		1副	
26	锉刀刷		1把	
27	整形锉		1组	
28	手锤		1把	
29	錾子		1个	
30	划针		1个	

3. 操作程序说明

(1)准备工作。

(2)按加工合理的工艺要求进行操作。

(3)按规定尺寸对试件进行锉削。

(4)符合安全文明操作。

(5)收拾考场。

4. 考核规定说明

(1)公差等级：锉配 IT7、铰孔 IT7、锯削 IT12。

(2)形位公差：锉配 0.03~0.02mm、铰孔对称度 0.10mm、锯削 0.20mm。

(3)表面粗糙度：锉配 $R_a1.6\mu m$、铰孔 $R_a0.8\mu m$、锯削 $R_a12.5\mu m$。

(4)其他方面：配合间隙≤0.03mm、错位量≤0.04mm。

(5)考件图样及技术要求(见下图)。

(6)如违章操作,将停止考核。

(7)考核采用百分制,然后按鉴定比重进行折算。

(8)考核方式说明：本项目为实际操作试题,按标准对结果进行评分。

(9)测量技能说明：本项目主要测试考生对加工单柱导模实际操作的熟练程度。

第六部分 高级工技能操作试题

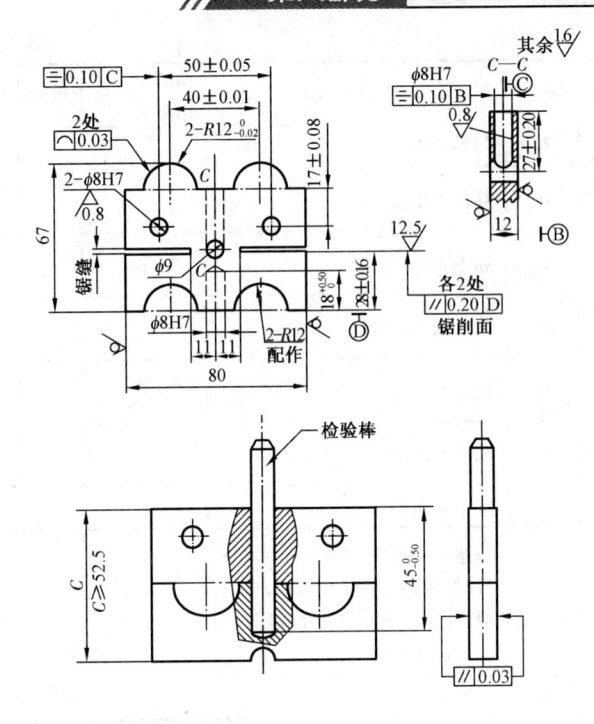

技术要求：
1. 检测时沿锯缝锯开，按图所示用 $\phi 7.8_{-0.02}^{0}$ mm 检验棒插入 $\phi 8H7$ 孔中，深度不小于 $45_{-0.5}^{0}$ mm 时进行检测。
2. 配合间隙≤0.03mm，两侧错位量≤0.04mm，两大平面平行度≤0.03mm。

5. 考核时限

（1）准备时间：5min。

（2）操作时间：240min。

（3）从正式操作开始计时。

（4）考试时，根据考试场所确定考试人数，提前完成操作不加分，超过规定操作时间按规定标准评分。

6. 评分记录表

序号	考核内容	评分要素	配分	评分标准	检测结果	扣分	得分	备注
1	着装	工作服穿戴整洁	3	不整洁扣5分				
		工作服穿戴衣袖领口系好	2	没系好扣5分				
		工作服穿戴得体	2	不得体扣5分				
2	准备工作	选择所用工具、用具、量具	3	选错一件扣1分				
		零件划线	3	不划线不得分				
		划线打样冲眼	2	不划线打样冲眼不得分				
3	锉削	$2-R12_{-0.02}^{0}$ mm	6	超差不得分				
		$(40±0.01)$ mm	6	超差不得分				
		表面粗糙度：$R_a 1.6\mu m$（2处）	6	降一级不得分				
		配合间隙≤0.03mm（5处）	6	超差不得分				
		错位量≤0.04mm（2处）	6	超差不得分				
		两大平面平行度≤0.03mm	6	超差不得分				
		⌒ 0.03	6	超差不得分				
		$\phi 8H7$（4处）	6	超差不得分				

续表

序号	考核内容	评分要素	配分	评分标准	检测结果	扣分	得分	备注
3	锉削	(50±0.05)mm	6	超差不得分				
		= 0.10 C	6	超差不得分				
		= 0.10 B	6	超差不得分				
		表面粗糙度：$R_a0.8\mu m$	6	降一级不得分				
		(28±0.16)mm(2处)	6	超差不得分				
		// 0.20 D (2处)	4	超差不得分				
		表面粗糙度：$R_a12.5\mu m$(2处)	3	降一级不得分				
4	安全文明操作	遵守安全操作规程；在规定时间内完成		每违反一项规定从总分中扣5分；严重违规者停止操作；每超时1min从总分扣5分，超3min停止操作				
		合　　计	100					

考评员：　　　　　　　　　　　　核分员：　　　　　　　　　　　　　　年　月　日

十四、AB012　加工五方镶配件

1. 考核要求

(1)必须穿戴好劳动保护用品。

(2)正确使用工具、用具、量具。

(3)按加工合理的工艺要求进行操作。

(4)符合安全文明操作。

2. 准备要求

(1)材料准备：以下所需材料由鉴定站准备。

序　号	名　称	规　格	数　量	备　注
1	试件	φ65mm×15mm、φ85mm×15mm	各1件	45钢

(2)设备准备：以下所需设备由鉴定站准备。

序　号	名　称	规　格	数　量	备　注
1	划线平台	2000mm×1500mm	1台	
2	方箱	205mm×205mm×205mm	1个	
3	台式钻床	Z4112	1台	
4	钳台	3000mm×2000mm	1台	
5	台虎钳	125mm	1台	
6	砂轮机	S3SL-250	1台	

备料图如下：

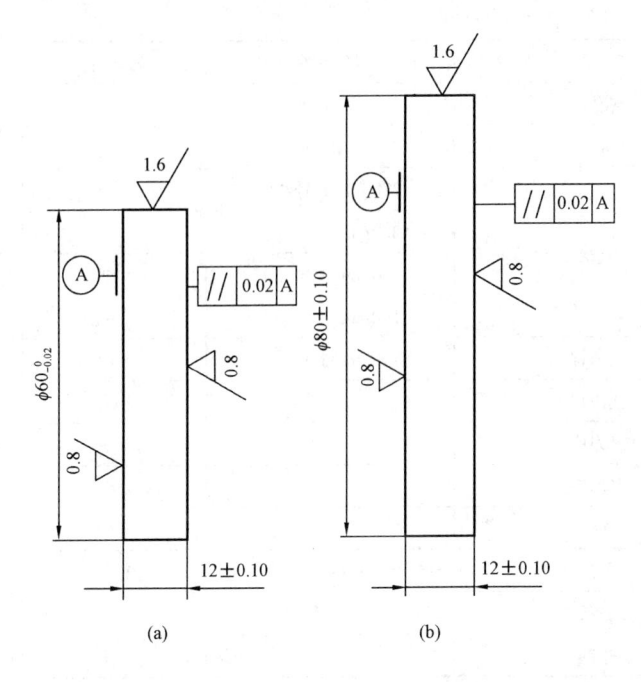

(a)　　　　(b)

（3）工具、用具、量具准备：以下所需工具、用具、量具由鉴定站准备。

序　号	名　称	规　格	数　量	备　注
1	高度游标卡尺	0～300mm	1把	精度0.02mm
2	游标卡尺	0～150mm	1把	精度0.02mm
3	千分尺	0～25mm	1把	精度0.01mm
		25～50mm	1把	精度0.01mm
4	深度千分尺	0～25mm	1把	精度0.01mm
5	直角尺	100mm×63mm	1把	一级
6	刀口尺	125mm	1把	
7	万能角度尺	0°～320°	1把	精度2′
8	正弦规	100mm×80mm	1个	
9	百分表	0～0.8mm	1块	
10	表架		1个	
11	塞尺	0.02～0.50mm	1把	
12	V形架		1个	
13	检验棒	φ12mm×30mm	1根	h6
14	手用圆柱铰刀	φ6mm	1把	
		φ12mm	1把	
15	平板	280mm×330mm	1块	
16	锯弓		1把	
17	直柄麻花钻	φ4mm	1个	H7
		φ5.8mm	1个	H7
		φ11.7mm	1个	H7

续表

序 号	名 称	规 格	数 量	备 注
18	铰杠		1根	
19	钢直尺	0~150mm	1把	
20	平锉	200mm(1号纹)	1把	
		200mm(2号纹)	1把	
		150mm(3号纹)	1把	
		100mm(4号纹)	1把	
21	三角锉	100mm(4号纹)	1把	
22	软钳口		1副	
23	锉刀刷		1把	
24	整形锉		1组	
25	划针		1个	
26	手锤		1个	
27	锯条		自定	
28	样冲		1个	

3. 操作程序说明

(1) 准备工作。

(2) 按加工合理的工艺要求进行操作。

(3) 按规定尺寸对试件进行锉削。

(4) 符合安全文明操作。

(5) 收拾考场。

4. 考核规定说明

(1) 公差等级:锉配 IT7、铰孔 IT7。

(2) 形位公差:锉配 0.03~0.02mm、铰孔 0.03~0.02mm。

(3) 表面粗糙度:锉配 $R_a 1.6 \mu m$、铰孔 $R_a 0.8 \mu m$。

(4) 其他方面:配合间隙≤0.03mm。

(5) 考件图样及技术要求(见下图)。

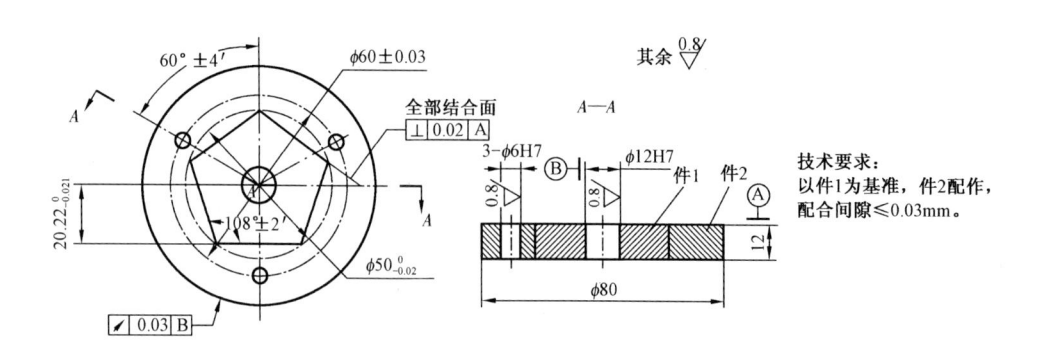

(6) 如违章操作,将停止考核。

(7)考核采用百分制,然后按鉴定比重进行折算。

(8)考核方式说明:本项目为实际操作试题,按标准对结果进行评分。

(9)测量技能说明:本项目主要测试考生对加工五方镶配件实际操作的熟练程度。

5. 考核时限

(1)准备时间:5min。

(2)操作时间:240min。

(3)从正式操作开始计时。

(4)考试时,根据考试场所确定考试人数,提前完成操作不加分,超过规定操作时间按规定标准评分。

6. 评分记录表

序号	考核内容	评分要素	配分	评分标准	检测结果	扣分	得分	备注
1	着装	工作服穿戴整洁	3	不整洁扣5分				
		工作服穿戴衣袖领口系好	2	没系好扣5分				
		工作服穿戴得体	2	不得体扣5分				
2	准备工作	选择所用工具、用具、量具	3	选错一件扣1分				
		零件划线	3	不划线不得分				
		划线打样冲眼	5	不划线打样冲眼不得分				
3	零件加工	108°±2′	10	超差不得分				
		$20.22_{-0.021}^{0}$ mm	10	超差不得分				
		表面粗糙度:$R_a1.6\mu m$	10	降一级不得分				
		⊥ 0.02 A	10	超差不得分				
		∕ 0.03 B	10	超差不得分				
		配合间隙≤0.03mm	10	超差不得分				
		$\phi(60\pm0.03)$mm	5	超差不得分				
		3-ϕ6H7	3	超差不得分				
		ϕ12H7	3	超差不得分				
		60°±4′	7	超差不得分				
		表面粗糙度:$R_a0.8\mu m$	4	降一级不得分				
4	安全文明操作	遵守安全操作规程;在规定时间内完成		每违反一项规定从总分中扣5分;严重违规者停止操作;每超时1min从总分扣5分,超3min停止操作				
	合 计		100					

考评员: 核分员: 年 月 日

十五、BA001 检查调整变速箱

1. 考核要求

(1)必须穿戴好劳动保护用品。

(2)正确使用工具、用具、量具检查调整变速箱。

(3)符合安全文明操作。

2. 准备要求

(1)材料准备:以下所需材料由鉴定站准备。

序 号	名 称	规 格	数 量	备 注
1	煤油		1kg	

(2)设备准备:以下所需设备由鉴定站准备。

序 号	名 称	规 格	数 量	备 注
1	变速箱		1台	

(3)工具、用具、量具准备:以下所需工具、用具、量具由鉴定站准备。

序 号	名 称	规 格	数 量	备 注
1	梅花扳手		1套	
2	专用套筒扳手		1套	
3	扳手	360mm	1套	
4	百分表	0~10mm	1块	
5	磁力表座		1个	
6	游标卡尺	150mm	1把	
7	铅丝		1卷	根据间隙
8	固定钻杆的专用工具		1套	

3. 操作程序说明

(1)必须穿戴好劳动保护用品。
(2)准备工作。
(3)拆变速箱两端轴承压盖。
(4)拆变速箱大盖检查。
(5)拆卸轴承上盖。
(6)拆卸变速箱传动大小齿轮。
(7)用煤油清洗箱体、轴承等零配件,摆放整齐。
(8)检查、调整、组装。
(9)按合理的压铅丝程序要求进行操作。

4. 考核规定说明

(1)如操作违章,将停止考核。
(2)考核采用百分制,然后按鉴定比重进行折算。
(3)考核方式说明:本项目为实际操作试题,按标准对结果进行评分。
(4)测量技能说明:本项目主要测试考生对检查调整变速箱实际操作的熟练程度。

5. 考核时限

(1)准备时间:5min。
(2)操作时间:180min。

(3)从正式操作开始计时。

(4)考试时,根据考试场所确定考试人数,提前完成操作不加分,超过规定操作时间按规定标准评分。

6. 评分记录表

序号	考核内容	评 分 要 素	配分	评 分 标 准	检测结果	扣分	得分	备注
1	着装	工作服穿戴整洁	5	不整洁扣5分				
		工作服穿戴衣袖领口系好	5	没系好扣5分				
		工作服穿戴得体	5	不得体扣5分				
2	准备工作	选择所用工具、用具、量具	5	选错一件扣1分				
3	清洗	清洗拆下零部件并摆放整齐	4	不符合要求不得分				
		清洗油箱及通油孔保持畅通	4	不符合要求不得分				
		清洗大小齿轮轴承及轴承压盖	4	不符合要求不得分				
4	检查	检查轴承及压盖	8	少检查一项扣4分				
		检查大齿轮、小齿轮	10	少检查一项扣5分				
5	安装	按拆卸反顺序组装	10	不符合要求扣10分				
6	测量调整	检查齿轮的啮合接触情况	10	不检查不得分				
		检查齿啮合的顶间隙、侧间隙	10	不检查不得分				
		铅丝要在三处放取其平均值	10	不符合要求不得分				
		安装后盘车灵活无卡阻现象	10	有卡阻现象不得分				
7	安全文明操作	遵守安全操作规程;在规定时间内完成		每违反一项规定从总分中扣5分;严重违规者停止操作;每超时1min从总分扣5分,超3min停止操作				
	合 计		100					

考评员:　　　　　　　　　　　核分员:　　　　　　　　　　　年　月　日

十六、BA002　检测离心式压缩机转子跳动值

1. 考核要求

(1)必须穿戴好劳动保护用品。

(2)正确使用工具、用具、量具检测离心式压缩机转子跳动值。

(3)符合安全文明操作。

2. 准备要求

(1)材料准备:以下所需材料由鉴定站准备。

序　号	名　　　称	规　格	数　量	备　注
1	金相砂纸		2张	
2	棉纱		2块	

(2)设备准备:以下所需设备由鉴定站准备。

序 号	名 称	规 格	数 量	备 注
1	压缩机转子		1台	

(3)工具、用具、量具准备:以下所需工具、用具、量具由鉴定站准备。

序 号	名 称	规 格	数 量	备 注
1	磁力表座		1套	
2	百分表		1套	
3	转子支架		1个	

3. 操作程序说明

(1)必须穿戴好劳动保护用品。

(2)准备工作。

(3)检查。

(4)处理测点。

(5)测量。

(6)正确使用工具、用具、量具。

(7)按合理验收的程序要求进行操作。

4. 考核规定说明

(1)如操作违章,将停止考核。

(2)考核采用百分制,然后按鉴定比重进行折算。

(3)考核方式说明:本项目为实际操作试题,按标准对结果进行评分。

(4)测量技能说明:本项目主要测试考生对检测离心式压缩机转子跳动测量实际操作的熟练程度。

5. 考核时限

(1)准备时间:5min。

(2)操作时间:180min。

(3)从正式操作开始计时。

(4)考试时,根据考试场所确定考试人数,提前完成操作不加分,超过规定操作时间按规定标准评分。

6. 评分记录表

序号	考核内容	评分要素	配分	评分标准	检测结果	扣分	得分	备注
1	着装	工作服穿戴整洁	5	不整洁扣5分				
		工作服穿戴衣袖领口系好	5	没系好扣5分				
		工作服穿戴得体	5	不得体扣5分				
2	准备工作	选择所用工具、用具、量具	5	选错一件扣1分				
3	检查	检查转子有无锈蚀、损伤、裂纹	10	不检查扣10分				
		检查叶轮摆动量是否正常	10	不检查扣10分				

续表

序号	考核内容	评分要素	配分	评分标准	检测结果	扣分	得分	备注
4	处理测点	测量表面应光洁无锈蚀和划伤，对测点如有轻微划伤和锈蚀用金相砂纸修复	10	未处理扣10分				
5	测量	叶轮端面跳动值	8	不正确扣8分				
		装轴承处径向跳动值	8	未测量或测量不正确扣8分				
		轴中间跳动值	8	未测量或测量不正确扣8分				
		止推盘端面、径向跳动值	8	未测量或测量不正确扣8分				
		对轮处径向、端面跳动值	8	未测量或测量不正确扣8分				
		要做好测量记录	10	未记录扣10分				
6	安全文明操作	遵守安全操作规程；在规定时间内完成		每违反一项规定从总分中扣5分；严重违规者停止操作；每超时1min从总分扣5分，超3min停止操作				
	合　　计		100					

考评员：　　　　　　　　　　　　　核分员：　　　　　　　　　　　　　年　月　日

十七、BA003　安装往复压缩机曲轴箱

1. 考核要求

（1）必须穿戴好劳动保护用品。

（2）正确使用的工具、用具、量具安装往复式压缩机曲轴箱。

（3）安装、装配方法正确。

（4）安装装配工艺合理。

（5）装配总成达到设计要求。

（6）符合安全文明操作。

2. 准备要求

(1)材料准备：以下材料由鉴定站准备。

序　号	名　　称	规　格	数　量	备　注
1	煤油		1kg	
2	棉布		1m	
3	垫铁	斜铁、平铁	各10块	
4	地脚螺栓		4根	

(2)设备准备：以下所需设备由鉴定站准备。

序　号	名　　称	规　格	数　量	备　注
1	往复压缩机曲轴箱		1个	

(3)工具、用具、量具准备:以下所需工具、用具、量具由鉴定站准备。

序号	名称	规格	数量	备注
1	扳手		1把	
2	游标卡尺	0～150mm、0～300mm	各1把	
3	外径千分尺	根据泵定	1把	
4	钢板尺	0～150mm	1把	
5	手锤	1.5lb	1把	
6	铜棒	$\phi 25mm \times 300mm$	1根	
7	螺丝刀	200mm	1把	
8	水平仪		1个	

3. 操作程序说明

(1)准备工作。

(2)选择所用工具、用具、量具。

(3)清洗清理待装件。

(4)安装曲轴箱。

(5)安装后的检查。

(6)收拾考场。

4. 考核规定说明

(1)如操作违章,将停止考核。

(2)考核采用百分制,然后按鉴定比重进行折算。

(3)考核方式说明:本项目为实际操作试题,按标准对结果进行评分。

(4)测量技能说明:本项目主要测试考生对安装往复式压缩机曲轴箱实际操作的熟练程度。

5. 考核时限

(1)准备时间:5min。

(2)操作时间:180min。

(3)从正式操作开始计时。

(4)考试时,根据考试场所确定考试人数,提前完成操作不加分,超过规定操作时间按规定标准评分。

6. 评分记录表

序号	考核内容	评分要素	配分	评分标准	检测结果	扣分	得分	备注
1	着装	工作服穿戴整洁	3	不整洁扣3分				
		工作服穿戴衣袖领口系好	3	没系好扣3分				
		工作服穿戴得体	3	不得体扣3分				
2	准备工作	待装件配套齐全	2	选错一件扣1分				
		待装件精度复核	2	不复核扣2分				

续表

序号	考核内容	评分要素	配分	评分标准	检测结果	扣分	得分	备注
3	清洗清理	清洗各待装件	2	不清洗扣2分				
		清洗待装件并使其保持清洁	3	不清洗或不清洁扣3分				
4	安装	垫铁选用、布置是否合理	3	选错或布置不合理不得分				
		地脚螺栓选用、丝扣露出长度是否达到要求	9	选用不符合要求不得分				
		曲轴箱水平度是否达到要求	10	没有达到要求不得分				
5	装配	轴承底瓦安装	10	不安装不得分				
		曲轴吊装是否水平，是否用吊带或用钢丝绳垫胶皮	10	没有达到要求不得分				
		轴瓦接触面要求均匀	10	不均匀扣5分				
		轴瓦径向间隙是否达到要求	10	没有达到要求不得分				
		推理瓦间隙是否达到要求	10	没有达到要求不得分				
		旋转主轴时不允许有卡阻现象	10	有卡阻现象不得分				
6	安全文明操作	遵守安全操作规程；在规定时间内完成		每违反一项规定从总分中扣5分；严重违规者停止操作；每超时1min从总分扣5分，超3min停止操作				
	合 计		100					

考评员：　　　　　　　　　　　核分员：　　　　　　　　　　　年　月　日

十八、BA004　装配立式减速器

1. 考核要求

(1)必须穿戴好劳动保护用品。

(2)正确使用工具、用具、量具装配立式减速器。

(3)按安装合理的工艺要求进行操作。

(4)符合安全文明操作。

2. 准备要求

(1)设备准备：以下所需设备由鉴定站准备。

序号	名称	规格	数量	备注
1	立式减速器		1台	

(2)工具、用具、量具准备：以下所需工具、用具、量具由鉴定站准备。

序号	名称	规格	数量	备注
1	游标卡尺	0~150mm	1把	
2	外径千分尺	25~50mm	1把	
3	深度游标卡尺	200mm	1把	
4	钢板尺	150mm	1把	
5	与装密封配套的工具		1套	

3. 操作程序说明

(1)准备工作。

(2)清洗。

(3)检查。

(4)测量。

(5)安装。

(6)安装后的盘车测量。

(7)收拾考场。

4. 考核规定说明

(1)如操作违章,将停止考核。

(2)考核采用百分制,然后按鉴定比重进行折算。

(3)考核方式说明:本项目为实际操作试题,按标准对结果进行评分。

(4)测量技能说明:本项目主要测试考生对立式减速器的装配实际操作的熟练程度。

5. 考核时限

(1)准备时间:5min。

(2)操作时间:180min。

(3)从正式操作开始计时。

(4)考试时,根据考试场所确定考试人数,提前完成操作不加分,超过规定操作时间按规定标准评分。

6. 评分记录表

序号	考核内容	评分要素	配分	评分标准	检测结果	扣分	得分	备注
1	着装	工作服穿戴整洁	5	不整洁扣5分				
		工作服穿戴衣袖领口系好	5	没系好扣5分				
		工作服穿戴得体	5	不得体扣5分				
2	准备工作	选择所用工具、用具、量具	5	选错一件扣1分				
3	清洗	清洗机封轴套、压盖并去除毛刺	5	不清洗不得分				
		保持清洁,动静环、密封圈表面应无杂质、灰尘	5	达不到要求不得分				
4	检查	检查机械密封各零件配合尺寸、平行度、表面粗糙度及密封圈粗糙度	10	不检查不得分				
		静环尾部与压盖、防转槽与压盖防转销的间隙1~2mm	10	达不到要求不得分				
5	测量	测量、调整压缩量(定位尺寸)符合规定要求	10	达不到要求不得分				

续表

序号	考核内容	评分要素	配分	评分标准	检测结果	扣分	得分	备注
6	安装	动、静环安装时,涂清洁机油	10	不涂油不得分				
		动环、密封圈、轴套组装后,必须保证动环在轴套上移动灵活,压紧弹簧后,能活动自如	10	环在轴套上移动不灵活不自如不得分				
		压盖与轴套要保持同心度,把紧时,用力要均匀	10	未保持同心度或用力不均匀不得分				
		装配后转动灵活	10	转动不灵活不得分				
7	安全文明操作	遵守安全操作规程;在规定时间内完成		每违反一项规定从总分中扣5分;严重违规者停止操作;每超时1min从总分扣5分,超3min停止操作				
	合　　计		100					

考评员：　　　　　　　核分员：　　　　　　　　　　　　　　年　月　日

十九、BA005　调整可倾瓦轴承间隙

1. 考核要求：

(1)必须穿戴好劳动保护用品。

(2)正确使用工具、用具、量具。

(3)按调整间隙合理的工艺要求进行操作。

(4)符合安全文明操作。

2. 准备要求

(1)材料准备：以下所需材料由鉴定站准备。

序　号	名　　称	规　格	数　量	备　注
1	煤油		1kg	

(2)设备准备：以下所需设备由鉴定站准备。

序　号	名　　称	规　格	数　量	备　注
1	可倾瓦		1套	

(3)工具、用具、量具准备：以下所需工具、用具、量具由鉴定站准备。

序　号	名　　称	规　格	数　量	备　注
1	扳手		1把	
2	百分表		1块	
3	百分表架		1个	
4	抬轴架		1个	
5	外径千分尺		1把	
6	撬杠		1根	
7	三角刮刀		1把	

3. 操作程序说明

(1)准备工作。

(2)按编号组装。

(3)刮研接触面。

(4)调整间隙并测量。

(5)收拾考场。

4. 考核规定说明

(1)如操作违章,将停止考核。

(2)考核采用百分制,然后按鉴定比重进行折算。

(3)考核方式说明:本项目为实际操作试题,按标准对结果进行评分。

(4)测量技能说明:本项目主要测试考生对调整可倾瓦轴间隙实际操作的熟练程度。

5. 考核时限

(1)准备时间:5min。

(2)操作时间:180min。

(3)从正式操作开始计时。

(4)考试时,根据考试场所确定考试人数,提前完成操作不加分,超过规定操作时间按规定标准评分。

6. 评分记录表

序号	考核内容	评分要素	配分	评分标准	检测结果	扣分	得分	备注
1	着装	工作服穿戴整洁	5	不整洁扣5分				
		工作服穿戴衣袖领口系好	5	没系好扣5分				
		工作服穿戴得体	5	不得体扣5分				
2	准备工作	选择所用工具、用具、量具	5	选错一件扣1分				
3	检测	清洗瓦块	10	不清洗不得分				
		测量瓦块厚度	10	不测量不得分				
		检查瓦块缺陷与方向	10	不检查不得分				
4	组装	瓦块按编号装配	10	不符合要求不得分				
5	调整	检查轴瓦与轴的接触面积,去除硬点	10	不检查不得分				
		调整各瓦块接触面积达70%	10	达不到要求不得分				
		调整间隙至0.15mm	10	达不到要求不得分				
		用抬轴法检查间隙	10	不用抬轴法检查间隙不得分				
6	安全文明操作	遵守安全操作规程;在规定时间内完成		每违反一项规定从总分中扣5分;严重违规者停止操作;每超时1min从总分扣5分,超3min停止操作				
	合 计		100					

考评员: 核分员: 年 月 日

二十、BA006 装配往复式活塞压缩机连杆大头瓦

1. 考核要求

(1) 必须穿戴好劳动保护用品。
(2) 正确使用工具、用具、量具装配往复式活塞压缩机连杆大头瓦。
(3) 按装配连杆大头瓦合理的要求进行操作。
(4) 符合安全文明操作。

2. 准备要求

(1) 材料准备：以下所需材料由鉴定站准备。

序 号	名 称	规 格	数 量	备 注
1	煤油		若干	
2	棉纱		若干	

(2) 设备准备：以下所需设备由鉴定站准备。

序 号	名 称	规 格	数 量	备 注
1	往复式压缩机	自定	1台	
2	连杆大头瓦	相配	1套	

(3) 工具、用具、量具准备：以下所需工具、用具、量具由鉴定站准备。

序 号	名 称	规 格	数 量	备 注
1	专用测力扳手	0~300N·m	1套	
2	塞尺	150mm	1把	
3	铜皮	0.05mm、0.1mm、0.2mm、0.3mm、0.5mm	各1kg	

3. 操作程序说明

(1) 准备工作。
(2) 选择、检查所用工具、用具、量具。
(3) 清洗部件。
(4) 调整间隙。
(5) 装瓦盖、拧好螺栓。
(6) 装开口销。
(7) 收拾考场。

4. 考核规定说明

(1) 如操作违章，将停止考核。
(2) 考核采用百分制，然后按鉴定比重进行折算。
(3) 考核方式说明：本项目为实际操作试题，按标准对结果进行评分。
(4) 测量技能说明：本项目主要测试考生对装配往复式活塞压缩机连杆大头瓦实际操作的熟练程度。

5. 考核时限

(1)准备时间:5min。

(2)操作时间:180min。

(3)从正式操作开始计时。

(4)考试时,根据考试场所确定考试人数,提前完成操作不加分,超过规定操作时间按规定标准评分。

6. 评分记录表

序号	考核内容	评分要素	配分	评分标准	检测结果	扣分	得分	备注
1	着装	工作服穿戴整洁	5	不整洁扣5分				
		工作服穿戴衣袖领口系好	5	没系好扣5分				
		工作服穿戴得体	5	不得体扣5分				
2	准备工作	选择所用工具、用具、量具	5	选错一件扣1分				
3	清洗	装配前用煤油把曲拐、大头瓦、瓦口垫片清洗干净,用干净棉纱擦干净	10	不清洗干净不得分				
		吹通油孔	10	不吹通不得分				
4	调整	组装时应按照配刮时的方向放好瓦片	10	瓦片放置不按照刮研方向不得分				
		调整好瓦口垫片,保证间隙$2d/1000$	10	调整后瓦的间隙不符合要求一次扣5分				
		装好瓦盖,对称地拧好大头瓦螺栓	10	不对称、不均匀地紧固瓦盖螺栓一处扣5分				
		连杆螺栓伸长不允许超过原长的1/1000	10	连杆螺栓伸长超过标准不得分				
		螺母和螺孔贴合面平整、无毛刺	10	螺母和螺孔贴合面不平整、有毛刺扣5分				
		对称拧紧大头瓦螺母,最后装上开口销	10	螺母未紧牢扣5分;不装开口销扣5分				
5	安全文明操作	遵守安全操作规程;在规定时间内完成		每违反一项规定从总分中扣5分;严重违规者停止操作;每超时1min从总分扣5分,超3min停止操作				
		合　　计	100					

考评员:　　　　　　　　　核分员:　　　　　　　　　年　月　日

第七部分　技师理论知识试题

鉴定要素细目表

行为领域	代码	鉴定范围（重要程度比例）	鉴定比重	代码	鉴定点	重要程度	备注
基础知识 A 20% (6:5:0)	A	工程识图与工程材料知识 (5:2:0)	10%	001	工艺流程图知识	X	
				002	复杂零件图的绘制	X	
				003	装配尺寸链概念	Y	
				004	润滑剂管理	X	JD
				005	清洗工艺的制定	X	
				006	金属材料热处理工艺	X	
				007	新型材料知识	Y	
	B	钳工基础知识 (1:1:0)	6%	001	光学合像水平仪的使用	X	
				002	提高研磨精度的方法及研具	Y	JD
	C	电气、仪表基础知识 (0:2:0)	4%	001	大型机组常用监测仪表的知识	Y	
				002	汽轮机调速系统	Y	
专业知识 B 50% (32:18:7)	A	机械振动与零件平衡知识 (0:2:2)	4%	001	旋转机械振动的标准	Y	
				002	振动的测量方法	Y	
				003	转子的静平衡试验	Z	
				004	转子的动平衡试验	Z	
	B	活塞式压缩机组安装调试知识 (10:2:2)	10%	001	压缩机的验收标准	Y	
				002	活塞压缩机的试车程序	Z	
				003	活塞压缩机停车注意事项	Y	
				004	活塞压缩机打气量不足的故障处理措施	Z	
				005	活塞压缩机某级压力升高或降低的故障原因	X	JD
				006	活塞压缩机某级压力升高或降低的故障处理措施	X	
				007	活塞压缩机汽缸内发出异常声音的故障原因	X	JD
				008	活塞压缩机汽缸内发出异常声音的故障处理措施	X	
				009	活塞压缩机轴承或十字头滑道发热的故障原因	X	JD

续表

行为领域	代码	鉴定范围（重要程度比例）	鉴定比重	代码	鉴定点	重要程度	备注
专业知识 B 50% (32:18:7)	B	活塞式压缩机组安装调试知识 (10:2:2)	10%	010	活塞压缩机轴承或十字头滑道发热的故障处理措施	X	
				011	活塞压缩机汽缸或机体发生不正常振动的故障原因	X	JD
				012	活塞压缩机汽缸或机体发生不正常振动的故障处理措施	X	
				013	活塞压缩机油泵油压不足或为零的故障原因	X	
				014	活塞压缩机油泵油夺不足或为零的故障处理措施	X	
	C	离心式压缩机组安装调试知识 (6:4:2)	10%	001	离心式压缩机组安装验收标准	Y	
				002	离心式压缩机组试车程序	Y	
				003	离心式压缩机异常振动、噪声故障的原因	X	
				004	离心式压缩机异常振动、噪声故障的处理措施	X	
				005	离心式压缩机喘振故障的原因	X	
				006	离心式压缩机喘振故障的处理措施	X	
				007	离心式压缩机干气密封系统工作不正常的原因	Y	
				008	离心式压缩机干气密封系统故障诊断与处理	X	
				009	离心式压缩机油密封环故障原因	Z	
				010	离心式压缩机油密封环故障处理措施	Z	
				011	离心式压缩机流量和排出压力不足故障的原因	Y	
				012	离心式压缩机流量和排出压力不足故障的处理措施	X	
	D	汽轮机组安装知识 (8:7:1)	12%	001	汽轮机组安装的验收标准	Y	
				002	汽轮机组试车的程序	Y	
				003	隔板的安装调整工艺	Y	
				004	汽封的检修工艺	Y	
				005	凝汽设备的作用	Z	
				006	动静部分磨损的原因	Y	
				007	汽轮机轴瓦温度过高的原因	X	
				008	汽轮机轴瓦温度过高故障处理措施	X	
				009	汽轮机冷凝器真空下降的原因	Y	
				010	冷凝器真空下降的故障处理措施	Y	
				011	汽轮机异常振动的故障原因	X	
				012	汽轮机异常振动的故障处理措施	X	
				013	汽轮机调节系统静态试验的要求	X	
				014	调速系统动态特性的试验要求	X	

续表

行为领域	代码	鉴定范围（重要程度比例）	鉴定比重	代码	鉴定点	重要程度	备注
专业知识 B 50% (32:18:7)	D	汽轮机组安装知识 (8:7:1)	12%	015	汽轮机轴位移增加故障的原因	X	
				016	汽轮机轴位移增加故障的处理措施	X	
	E	燃气轮机安装专业知识 (2:1:0)	6%	001	燃气轮机的安装及验收标准	Y	JD
				002	燃气轮机的检修	X	
				003	燃气轮机的故障分析	X	
	F	电机安装知识 (2:0:0)	2%	001	电机安装及验收标准	X	JD
				002	电机调试与故障处理	X	JD
	G	催化主风机组安装知识 (4:2:0)	6%	001	轴流式压缩机的调试	X	
				002	轴流式压缩机的维护与故障处理	X	
				003	轴流式压缩机的调节控制与保护	Y	
				004	烟气轮机的维护及故障处理	X	
				005	烟气轮机的调试试运转	X	
				006	烟气轮机的控制与保护	Y	
相关知识 C 30% (9:11:4)	A	安全生产与环境保护知识 (3:5:2)	12%	001	职业安全健康管理体系简介	Y	
				002	职业安全健康管理体系的建立	Y	
				003	安全教育与培训	X	
				004	安全检查的组织和方法	X	
				005	安全检查的形式	Z	
				006	事故应急救援预案	Y	
				007	安全生产责任制	X	
				008	作业和作业环境的安全管理	Y	
				009	作业安全管理	Z	
				010	安全生产许可制度	Y	
	B	质量管理知识 (2:3:0)	8%	001	ISO 9001:2000 质量管理体系要求	Y	
				002	质量管理（QC）数据分析方法	X	
				003	质量检验评定	X	
				004	标准化知识主要内容	Y	
				005	计量知识主要内容	Y	
	C	生产管理与技术培训 (4:3:2)	10%	001	施工方案内容与方案的编制	X	
				002	施工技术交底	X	
				003	技术培训的方法	X	

续表

行为领域	代码	鉴定范围（重要程度比例）	鉴定比重	代码	鉴 定 点	重要程度	备注
相关知识 C 30% (9:11:4)	C	生产管理与技术培训 (4:3:2)	10%	004	培训的内容	Y	
				005	标书的编制	Z	
				006	劳动定额的编制	Z	
				007	班组经济核算的方法	Y	
				008	生产过程组织	X	
				009	生产计划与控制	Y	

注：X—核心要素；Y——一般要素；Z—辅助要素；JD—简答题。

理论知识试题

一、选择题(每题4个选项,其中只有1个是正确的,将正确的选项填入括号内)

1. AA001　不属于工艺流程图种类的是（　　）。
    (A) 方块流程图　　　　　　　　(B) 简化流程图
    (C) 工艺流程图　　　　　　　　(D) 装置流程图
2. AA001　任何一个产品,一般都能分为若干个装配单元,即分成若干道（　　）。
    (A) 工艺过程　　(B) 工艺流程　　(C) 装配工序　　(D) 装配生产线
3. AA001　不是工艺流程图符号、序号应该确定的是（　　）。
    (A) 装置　　　　　　　　　　　(B) 种类(如反应器、塔、流量计)
    (C) 单元(如反应工段、精制工段)　(D) 绘图比例
4. AA002　关于零件图的叙述不正确的是（　　）。
    (A) 表达单个零件的结构形状、尺寸大小和技术要求的图样称为零件图
    (B) 零件图要反映出机器或部件对零件的要求,同时要考虑到结构和制造的可行性和合理性,是制造和检验零件的依据
    (C) 在画轴套类零件图时一般只选取一个主视图,零件轴线水平放置。局部细节结构常用局部视图、局部剖视图、断面及局部放大图表示
    (D) 一张零件图应由一组图形、技术要求、标题栏三部分组成
5. AA002　不属于表面粗糙度标注规则的是（　　）。
    (A) 表面粗糙度符号、代号应注在可见轮廓线、尺寸线、尺寸界线或它们的延长线上
    (B) 在同一个图样中每一表面只标注一次符号、代号
    (C) 表面粗糙度代号中,数字的大小和方向必须与图中尺寸数字的大小和方向一致
    (D) 标注符号的尖端必须从材料内指向被加工表面
6. AA002　主要尺寸是指零件上对机器(或部件)的使用性能和装配质量有直接影响的尺寸,（　　）尺寸不属于该尺寸。
    (A) 齿轮的中心距　　　　　　　(B) 齿轮泵主动轴的中心高
    (C) 轴与孔的配合　　　　　　　(D) 非接触面的误差
7. AA003　装配尺寸链中除封闭环以外的尺寸均称为（　　）。
    (A) 增环　　　(B) 减环　　　(C) 组成环　　　(D) 封闭环
8. AA003　在装配中,为了保证封闭环精度,被调整位置或尺寸的某一预定环是（　　）。
    (A) 调整环　　(B) 组成环　　(C) 封闭环　　　(D) 增环或减环
9. AA003　装配尺寸链中根据装配精度合理分配各组成环公差的过程称为（　　）。
    (A) 装配方法　(B) 解尺寸链　(C) 检验方法　　(D) 分配公差
10. AA004　尘屑较多的地方,在系统密封较好的场合,可采用带有过滤装置的（　　）方法。
    (A) 强制润滑　(B) 油雾润滑　(C) 飞溅润滑　　(D) 集中循环润滑

11. AA004 对润滑剂选用叙述错误的是（　　）。
(A) 在选用润滑剂时,应考虑使用的润滑剂所接触的介质
(B) 不同种类、牌号的润滑脂不可混用,但新、旧的润滑脂都可混合使用
(C) 参考设备厂家推荐的润滑油,特别是进口设备
(D) 考虑润滑剂的使用目的,如润滑剂作密封用时,可选用润滑脂,也可选润滑油

12. AA004 关于润滑油老化变质原因叙述错误的是（　　）。
(A) 水和空气混入使润滑油氧化变质
(B) 润滑油中添加剂消耗、分解,使油品质量下降
(C) 不同种类的润滑油混用
(D) 强电场使油品老化

13. AA005 对化学清洗流程设计中应遵循原则叙述错误的是（　　）。
(A) 保障清洗液在系统各部分中有适当流速,避免系统中的盲点
(B) 选择清洗泵时,要考虑扬程和流量
(C) 设备最高点应设排凝管,并引至安全地带
(D) 酸液箱有足够容积,底部有排放口

14. AA005 关于临时清洗系统的安装应注意问题叙述不正确的是（　　）。
(A) 管线连接后应作试漏检查
(B) 注意高点排凝位置
(C) 清洗设备与被清洗设备连接牢固
(D) 防止清洗死角

15. AA005 在清洗过程中,不属于对清洗液指标进行监测的项目是（　　）。
(A) 酸浓度、碱浓度　　　　(B) 泄漏情况
(C) 钝化液浓度　　　　　　(D) 清洗液中各种离子

16. AA006 在金属热处理介质代号中"S"表示（　　）。
(A) 液体　　(B) 固体　　(C) 气体　　(D) 真空

17. AA006 在金属热处理分类中,不属表面热处理的是（　　）。
(A) 表面淬火　(B) 渗碳　(C) 化学气象沉积　(D) 低温回火

18. AA006 关于金属热处理中防止开裂和变形的措施叙述不正确的是（　　）。
(A) 正确选择母材　　　　　(B) 合理进行零件结构设计
(C) 制订合理的淬火工艺　　(D) 降低淬火温度

19. AA007 属于新型结构材料的是（　　）。
(A) 复合材料　(B) 超导材料　(C) 信息材料　(D) 机敏材料

20. AA007 利用（　　）技术可解决陶瓷脆性的问题。
(A) 高温煅烧　(B) 纳米　　(C) 生物　　(D) 表面热处理

21. AA007 合成金刚石的原材料元素是（　　）。
(A) Cu　　　(B) N　　　(C) C_{60}　　(D) C

22. AB001 光学合像水平仪是一种对水平位置或垂直位置微小偏差的（　　）测量仪。
(A) 数值　(B) 几何　(C) 角值　(D) 函数值

23. AB001 光学合像水平仪调节旋钮上的每格示值为（　　）。

(A) 1/100　　(B) 1/1000　　(C) 0.1/1000　　(D) 0.01/1000

24. AB001　（　）是不能用光学合像水平仪可以来测量的。
(A) 平面度　(B) 直线度　(C) 微倾斜角　(D) 平行度

25. AB002　无助于提高研磨精度的是（　）。
(A) 增大压力、减小速度
(B) 减小压力、增大速度
(C) 使用特殊研磨剂
(D) 使用精密研具栓

26. AB002　砂轮磨内孔时,砂轮轴刚度较低,当砂轮在孔口位置磨削时,砂轮只有部分宽度参加磨削,切削力（　）,孔口外的孔径磨出的较大。
(A) 大　　(B) 较大　　(C) 小　　(D) 较小

27. AB002　研磨圆柱孔用研磨剂的粒度为（　）的微粉。
(A) W7～W7.5　(B) W5～W5.5　(C) W4～W4.5　(D) W1.5～W2

28. AC001　利用极板距离与电容量成反比这一原理来测位移的传感器称为（　）。
(A) 电涡流式位移传感器
(B) 电容式位移传感器
(C) 电感式位移传感器
(D) 电阻式传感器

29. AC001　涡流式传感器可以用来测量轴的（　）。
(A) 振动　(B) 位移　(C) 转速　(D) A+B+C

30. AC001　关于离心式转速表说法不正确的是（　）。
(A) 利用了离心力原理
(B) 属于机械式转速表
(C) 属于电子式转速表
(D) 测量精度不高,一般就地安装

31. AC002　当外界电负荷增加,汽轮机进汽量不做相应增大,那么汽轮机的转速将会（　）。
(A) 减小　(B) 增大　(C) 不变　(D) 不确定

32. AC002　（　）不是汽轮机调速系统的转速感受机构。
(A) 高速弹性调速器
(B) 径向钻孔式脉冲泵
(C) 旋转阻尼器
(D) 滑阀

33. AC002　汽轮机调速系统一般由（　）组成。
(A) 转速感受机构、传动放大机构
(B) 转速感受机构、传动放大机构、配汽机构
(C) 转速感受机构、配汽机构和调节对象
(D) 转速感受机构、传动放大机构、配汽机构和反馈机构

34. BA001　按机器轴承振动烈度的评定标准,将机器分成（　）类,每类机器都有（　）个品质级。
(A) 4;4　(B) 3;4　(C) 4;3　(D) 3;3

35. BA001　按机器轴承振动烈度的评定标准,每类机器均有 A、B、C、D 四个品质级,其中 B 级表示（　）。
(A) 优良　(B) 合格　(C) 尚合格　(D) 不合格

36. BA001　振动烈度评定等级决定于机器系统的（　）状态。
(A) 运动　(B) 静止　(C) 支承　(D) 温度

37. BA002　电磁式速度传感器的输出（　）与被测对象的振动速度成正比。
(A) 电流　(B) 电压　(C) 电磁场　(D) 电磁波

38. BA002　目前大型旋转机械上使用的振动测量探头、轴位移测量探头多为（　）传感器。

(A) 压电式内置积分电路速度　　　(B) 电涡流位移
(C) 磁电式速度　　　　　　　　　(D) 压电式加速度

39. BA002 电涡流位移传感器探头安装时可能发生相邻干扰,相邻干扰与被测体形状、(　)以及安装方式等有关。
(A) 探头头部长度　　　　　　　　(B) 探头头部直径
(C) 探头延伸电缆长度　　　　　　(D) 探头支架

40. BA003 转子静平衡是利用(　)对不平衡量的作用进行平衡校正的。
(A) 重心　　　(B) 重力加速度　　(C) 地心引力　　(D) 离心力

41. BA003 静平衡试验的实质,在于确定旋转件上不平衡量的(　)。
(A) 大小　　　(B) 位置　　　　　(C) A+B　　　　(D) 力矩

42. BA003 利用静平衡架测量转子静不平衡量时,当转子静止后,若无滚动摩擦的影响;当零部件的重心偏移时,不平衡量的方向为(　)。
(A) 垂直向上　(B) 垂直向下　　　(C) 水平方向　　(D) 任意方向

43. BA004 转子动平衡试验时,在同样的测试条件下,平衡转速越高,灵敏度(　)。
(A) 越高　　　(B) 越低　　　　　(C) 与转速无关　(D) A+B

44. BA004 低速动平衡又称为(　)动平衡。
(A) 刚性转子　(B) 挠性转子　　　(C) 弹性变形　　(D) 弹性转子

45. BA004 高速动平衡主要校正(　)不平衡量。
(A) 振型　　　(B) 质量　　　　　(C) 离心惯性力　(D) 力矩

46. BB001 《压缩机、风机、泵安装工程施工及验收规范》标准号(　)。
(A) GB 50274—1998　　　　　　　(B) GB 50272—1998
(C) GB 50275—1998　　　　　　　(D) GB 50276—1998

47. BB001 《机械设备安装工程施工及验收规范》标准号(　)。
(A) GB 50274—1998　　　　　　　(B) GB 50272—1998
(C) GB 50231—1998　　　　　　　(D) GB 50276—1998

48. BB001 《化工机器安装工程施工及验收规范　中小型活塞式压缩机》及条文说明的标准号是(　)。
(A) HGJ 203—1992　　　　　　　　(B) HGJ 202—1992
(C) HGJ 206—1992　　　　　　　　(D) HGJ 208—1992

49. BB002 活塞式压缩机试运转前,进口、出口管线的(　)要导通。
(A) 工艺流程　(B) 阀门　　　　　(C) 位置　　　　(D) 内部

50. BB002 活塞式压缩机试运转先进行(　)运转再进行负荷试运转。
(A) 油压　　　(B) 油温　　　　　(C) 空载　　　　(D) 内部

51. BB002 活塞式压缩机空载试运转的目的是运动部件(　)润滑系统的可靠性检验为负荷运转创造条件。
(A) 紧固　　　(B) 强度　　　　　(C) 磨合　　　　(D) 内部

52. BB003 活塞式压缩机试运转时出现(　)情况不能处理的可进行紧急停机。
(A) 正常　　　(B) 一般　　　　　(C) 异常　　　　(D) 转动

53. BB003 活塞式压缩机试运转时出现异常情况(　)的可进行紧急停机。
(A) 临时　　　(B) 转动　　　　　(C) 不能处理　　(D) 压力高

54. BB003　活塞式压缩机试运转负荷运转第一阶段可运行（　　）后停机检查,如无异常可进
　　　　　　行下一阶段的运行。
　　　　　　（A）2～3min　　（B）5～6min　　（C）10～20min　　（D）2h
55. BB004　由于阀片与阀座磨损漏气造成活塞式压缩机打气量不足的处理措施是（　　）。
　　　　　　（A）研磨阀片和阀座　　　　　　（B）检查曲柄连杆机构
　　　　　　（C）镗削汽缸　　　　　　　　　（D）调整升程高度
56. BB004　由于活塞环磨损间隙大造成活塞式压缩机打气量不足的处理措施是更换（　　）。
　　　　　　（A）排气阀　　（B）密封圈　　（C）润滑油　　（D）活塞环
57. BB004　由于活塞杆磨损造成活塞式压缩机打气量不足的处理措施是修理或更换（　　）。
　　　　　　（A）排气阀　　（B）密封圈　　（C）润滑油　　（D）活塞环
58. BB005　不是活塞式压缩机某级压力升高或降低的故障原因是（　　）。
　　　　　　（A）活塞环泄漏　　　　　　　　（B）排气阀漏气
　　　　　　（C）润滑油压不正常　　　　　　（D）吸入管阻力太大
59. BB005　内漏会造成活塞式压缩机的某级压力（　　）。
　　　　　　（A）升高　　（B）降低　　（C）损失　　（D）不平衡
60. BB005　活塞式压缩机某级压力升高的原因是（　　）。
　　　　　　（A）活塞环泄漏　　　　　　　　（B）内漏
　　　　　　（C）排出管阻力太大　　　　　　（D）润滑油压不正常
61. BB006　处理活塞式压缩机某级压力升高的措施是（　　）。
　　　　　　（A）更换密封圈　　　　　　　　（B）调整轴承间隙
　　　　　　（C）检查管路　　　　　　　　　（D）更换活塞环
62. BB006　处理活塞式压缩机某级压力升高或降低的措施是（　　）。
　　　　　　（A）更换密封圈　　　　　　　　（B）调整轴承间隙
　　　　　　（C）拆检吸阀、排气阀　　　　　（D）调整汽缸余隙
63. BB006　处理活塞式压缩机某级压力降低的措施是（　　）。
　　　　　　（A）更换密封圈　　　　　　　　（B）调整轴承间隙
　　　　　　（C）检查汽缸　　　　　　　　　（D）检查管路
64. BB007　活塞式压缩机汽缸内发出异常声音的原因是（　　）。
　　　　　　（A）连杆螺钉断裂　　　　　　　（B）间隙正常
　　　　　　（C）汽缸　　　　　　　　　　　（D）润滑正常
65. BB007　不是活塞式压缩机汽缸内发出异常声音的原因是（　　）。
　　　　　　（A）异物掉进汽缸　　　　　　　（B）活塞环断裂
　　　　　　（C）余隙正常　　　　　　　　　（D）气阀故障
66. BB007　活塞松动会造成活塞式压缩机（　　）。
　　　　　　（A）润滑油不正常　　　　　　　（B）汽缸内发出异常声音
　　　　　　（C）曲柄连杆发出异常声音　　　（D）油中有污物
67. BB008　由于油和水带入汽缸造成水击引起活塞式压缩机汽缸发出异常声音,不应采取的
　　　　　　处理措施是（　　）。
　　　　　　（A）减少油水量　　　　　　　　（B）调整轴承间隙
　　　　　　（C）提高油水分离效果　　　　　（D）定期打开放油水阀

68. BB008 由于气阀故障造成活塞式压缩机汽缸发出异常声音,应采取的处理措施是检查（　　）。
    （A）曲轴连杆　　（B）汽缸　　　（C）活塞环　　（D）气阀

69. BB008 活塞式压缩机轴承或十字头滑道温度高的原因是（　　）。
    （A）间隙过小　　（B）间隙正常　　（C）油量充足　　（D）润滑正常

70. BB008 活塞式压缩机轴承或十字头滑道的故障原因不是因为（　　）。
    （A）供油量不足　　　　　　（B）轴承间隙过小
    （C）轴承偏斜　　　　　　　（D）润滑正常

71. BB009 活塞式压缩机轴承或十字头滑道发热的原因是（　　）。
    （A）轴承偏斜　　　　　　　（B）轴承间隙正常
    （C）供油量充足　　　　　　（D）润滑油正常

72. BB009 为了保证汽缸工作的可靠性,压缩机同列的所有汽缸与（　　）必须同心。
    （A）滑道　　　（B）飞轮　　　（C）压力　　　（D）润滑油

73. BB009 十字头滑板与滑道之间的间隙过大,以及导板本身（　　）也会发出声响。
    （A）松动　　　（B）不均匀　　（C）密封　　　（D）压力

74. BB010 轴颈与轴瓦间隙过小造成活塞式压缩机轴承发热的处理措施是（　　）。
    （A）调整间隙　（B）检查油泵　（C）检查汽缸　（D）调整进气阀

75. BB010 由于两摩擦面之间贴合不均匀,造成活塞式压缩机轴承或十字头滑道发热的处理措施是（　　）。
    （A）更换活塞环　　　　　　（B）检查吸排气阀
    （C）增大油温　　　　　　　（D）用涂色法刮研

76. BB010 由于供油量不足或断油,造成活塞式压缩机轴承或十字头滑道发热不应采取的处理措施是检查（　　）。
    （A）油泵　　　（B）活塞环　　（C）过滤器　　（D）油管

77. BB011 活塞式压缩机汽缸或机体发生不正常振动的原因是汽缸内（　　）。
    （A）有异物　　（B）间隙正常　（C）油量适当　（D）滑油正常

78. BB011 活塞式压缩机机体发生不正常振动的故障的原因是轴承间隙（　　）。
    （A）支撑　　　（B）垫片　　　（C）油量　　　（D）过大

79. BB011 轴承及十字头滑道间隙过大会造成活塞式压缩机（　　）。
    （A）汽缸发出异常声音　　　（B）汽缸或机体发生不正常振动
    （C）汽缸发热　　　　　　　（D）轴承或十字头滑道发热

80. BB012 活塞式压缩机汽缸或机体发生不正常振动的处理措施是（　　）。
    （A）调整间隙　（B）换油　　　（C）检查压力　（D）清洗油冷器

81. BB012 由于支撑不对,造成活塞式压缩机汽缸或机体发生不正常振动的处理措施是（　　）。
    （A）清洗吸油阀　（B）换油　　（C）增大油压　（D）调整支撑

82. BB012 由于汽缸内有异物,造成活塞式压缩机汽缸或机体发生不正常振动的处理措施是（　　）。
    （A）清洗油冷器　（B）检查配管　（C）清除异物　（D）检查油量

83. BB013 活塞式压缩机油泵油压不足或为零的原因是（　　）。

(A) 压缩机负荷过小　　　　　　　(B) 轴承间隙正常
(C) 吸油管堵塞　　　　　　　　　(D) 润滑正常

84. BB013　活塞式压缩机油泵油压不足或（　）的故障的原因是油滤器堵塞。
(A) 油箱油位　(B) 油冷器堵塞　(C) 为零　(D) 油量适当

85. BB013　油管路破裂造成活塞式压缩机（　）。
(A) 汽缸振动　　　　　　　　　　(B) 飞车
(C) 油泵油压不足或为零　　　　　(D) 油中有污物

86. BB014　造成活塞式压缩机油压不足或为零的处理措施是检查（　）。
(A) 吸油阀　(B) 油冷却器　(C) 油泵泵壳　(D) 汽缸

87. BB014　造成活塞式压缩机油压不足或为零的处理措施是清洗（　）。
(A) 活塞　(B) 滤油器　(C) 油冷却器　(D) 汽缸

88. BB014　造成活塞式压缩机油压不足或为零的处理措施是清洗（　）。
(A) 活塞　(B) 油泵　(C) 油冷却器　(D) 汽缸

89. BC001　《压缩机、（　）、泵安装工程施工及验收规范》标准号是 GB 50275—1998。
(A) 鼓风机　(B) 风机　(C) 引风机　(D) 油压机

90. BC001　《（　）安装工程施工及验收规范》标准号是 GB 50231—1998。
(A) 塔类设备　(B) 静设备　(C) 机泵设备　(D) 机械设备

91. BC001　化工机器安装工程施工及验收规范（　）活塞式压缩机及条文说明标准号是 HGJ 206—1992。
(A) 中小型　(B) 大型　(C) 一般　(D) 对称性

92. BC002　离心式压缩机试运转前，电气、仪表各（　）要调校好灵敏安全可靠。
(A) 控制系统　(B) 单位　(C) 地方　(D) 电压

93. BC002　离心式压缩机试运转前，进口、出口管线的（　）要导通。
(A) 控制系统　(B) 压力　(C) 工艺流程　(D) 电动机

94. BC002　离心式压缩机试运转前，各（　）、联轴器进油压力要调整好。
(A) 控制系统　(B) 电压　(C) 轴承　(D) 电流

95. BC003　离心式压缩机异常振动和噪声的原因是（　）。
(A) 压缩机转子不平衡　　　　　　(B) 轴承间隙正常
(C) 轴承推力过小　　　　　　　　(D) 润滑油正常

96. BC003　离心式压缩机异常振动和噪声的原因是压缩机转子（　）。
(A) 不平衡　(B) 间隙正常　(C) 推力大　(D) 润滑油正常

97. BC003　离心式压缩机附近有机器工作会造成压缩机（　）。
(A) 润滑不正常　　　　　　　　　(B) 异常振动和噪声
(C) 油压不正常　　　　　　　　　(D) 油中有污物

98. BC004　由于压缩机转子不平衡造成异常振动和噪声的处理措施是检查（　）。
(A) 转子动平衡　(B) 轴承间隙　(C) 密封环　(D) 润滑

99. BC004　由于润滑不正常造成离心式压缩机异常振动和噪声的处理措施是检查（　）。
(A) 联轴器　(B) 叶轮　(C) 各注油点　(D) 转子

100. BC004　由于油不清洁造成离心式压缩机异常振动和噪声的处理措施是（　）。
(A) 检查联轴器　　　　　　　　　(B) 调整轴承间隙

(C) 更换新油　　　　　　　　(D) 加油

101. BC005　离心式压缩机喘振的原因之一是（　　）。
(A) 出口气体系统压力超高　　(B) 轴承间隙正常
(C) 轴向推力过小　　　　　　(D) 润滑正常

102. BC005　离心式压缩机喘振的原因之一是防喘振装置（　　）。
(A) 流量不足　(B) 升速　(C) 失准　(D) 油压正常

103. BC005　离心式压缩机气体出口管线上止逆阀不灵,可能造成压缩机（　　）。
(A) 润滑不正常　　　　　　　(B) 喘振
(C) 密封系统不正常　　　　　(D) 油中有污物

104. BC006　离心式压缩机出口气体系统压力超高造成离心式压缩机喘振的处理措施检查（　　）。
(A) 出口止逆阀　(B) 放空阀　(C) 回流阀　(D) 进气阀

105. BC006　防止离心式压缩机喘振的处理措施最主要的是定期检查（　　）。
(A) 联轴器　(B) 叶轮　(C) 油温　(D) 防喘振装置

106. BC006　为防止离心式压缩机喘振可采取（　　）的处理措施。
(A) 降速后降压　　　　　　　(B) 降速前先降压
(C) 降速后升压　　　　　　　(D) 降速前升压

107. BC007　干气密封系统（　　）不太好是离心式压缩机干气密封系统工作不正常的原因。
(A) 正常　(B) 振动　(C) 油温高　(D) 密封面

108. BC007　干气密封系统（　　）不稳是离心式压缩机干气密封系统工作不正常的原因。
(A) 正常　(B) 阀门　(C) 油温高　(D) 压力

109. BC007　干气密封系统（　　）是离心式压缩机干气密封系统工作不正常的原因。
(A) 正常　(B) 振动　(C) 油温高　(D) 堵塞

110. BC008　离心式压缩机干气密封系统密封面不好是离心式压缩机干气密封系统工作（　　）的原因,处理措施是更换密封。
(A) 正常　(B) 振动　(C) 油温高　(D) 不正常

111. BC008　离心式压缩机干气密封系统压力（　　）是离心式压缩机干气密封系统工作不正常的原因,处理措施是调整好压力。
(A) 正常　(B) 振动　(C) 油温高　(D) 不稳

112. BC008　离心式压缩机干气密封系统（　　）是离心式压缩机干气密封系统工作不正常的原因,处理措施是疏通管路。
(A) 正常　(B) 振动　(C) 油温高　(D) 堵塞

113. BC009　离心式压缩机油密封环故障的原因是（　　）。
(A) 压缩机转子不平衡　　　　(B) 密封环间隙有偏差
(C) 轴向推力过大　　　　　　(D) 润滑油正常

114. BC009　离心式压缩机油密封环故障的原因是密封环（　　）。
(A) 精度不够　(B) 不对中　(C) 油温不正常　(D) 油压正常

115. BC009　密封环精度不够会造成离心式压缩机（　　）。
(A) 润滑不正常　　　　　　　(B) 异常振动和噪音
(C) 密封环故障　　　　　　　(D) 油中有污物

116. BC010 处理离心式压缩机油密封环故障的处理措施是检查（ ）。
(A) 密封环间隙　　　　　　　(B) 轴承间隙
(C) 轴向推力　　　　　　　　(D) 转子

117. BC010 由于密封环精度不够造成离心式压缩机密封环故障的处理措施是修理或更换（ ）。
(A) 联轴器　　(B) 叶轮　　(C) 润滑油　　(D) 密封环

118. BC010 处理油中有污物造成的离心式压缩机密封环故障的处理措施是（ ）。
(A) 加强润滑　　　　　　　　(B) 加强在线过滤
(C) 加油　　　　　　　　　　(D) 增加油温

119. BC011 离心式压缩机流量和排出压力不足的原因之一是（ ）。
(A) 吸气压力低　　　　　　　(B) 轴承间隙正常
(C) 吸气压力高　　　　　　　(D) 润滑正常

120. BC011 离心式压缩机流量和排出压力不足的原因是压缩机（ ）。
(A) 逆转　　(B) 平衡　　(C) 油温正常　　(D) 温度高

121. BC011 原动机转速比设计转速低会造成离心式压缩机（ ）。
(A) 润滑正常　　　　　　　　(B) 流量和排出压力不足
(C) 喘振　　　　　　　　　　(D) 叶轮破损

122. BC012 离心式压缩机流量和排出压力不足时检查旋转方向，旋转方向应与压缩机机壳上的箭头方向（ ）。
(A) 一致　　(B) 相反　　(C) 垂直　　(D) 成30°

123. BC012 由于吸气压力低造成离心式压缩机流量和排出压力不足的处理措施是检查（ ）。
(A) 联轴器　　(B) 叶轮　　(C) 油温　　(D) 入口过滤器

124. BC012 由于自排气侧的循环量增大造成离心式压缩机流量和排出压力不足的处理措施是检查（ ）。
(A) 叶轮　　　　　　　　　　(B) 入口过滤器
(C) 循环气阀开度　　　　　　(D) 润滑油

125. BD001 《压缩机、风机、（ ） 安装工程施工及验收规范》标准号是GB 50275—1998。
(A) 过滤器　　(B) 蓄能器　　(C) 泵　　(D) 加热器

126. BD001 《（ ）设备安装工程施工及验收规范》标准号是GB 50231—2009。
(A) 静　　(B) 通用　　(C) 机械　　(D) 核心

127. BD001 《化工机器安装工程施工及验收规范　中小型（ ）压缩机》标准号是HGJ 206—1992。
(A) 离心式　　(B) 螺杆式　　(C) 活塞式　　(D) 旋转式

128. BD002 汽轮机（ ） 准备主要包括：蒸汽管路系统的吹扫，油系统的调试，真空系统严密性试验，循环水、凝结水及蒸汽系统的试验等。
(A) 暖机　　(B) 调速　　(C) 转子　　(D) 试运转

129. BD002 在汽轮机空载荷状态下，转子的温度比汽缸温度高（ ），转子的伸长量比汽缸大。
(A) 间隙　　(B) 速度　　(C) 50℃　　(D) 温度

130. BD002　汽轮机安装后第一次启动时不宜用（　）装置作为转子的冲动。
　　（A）间隙　　　（B）速度　　　（C）压力　　　（D）盘车

131. BD003　处理汽轮机本体中隔板套法兰顶部轴向间隙的最好办法是（　）。
　　（A）用砂纸打磨　　　　　　（B）用刮刀刮削
　　（C）用手提砂轮打磨　　　　（D）在立车上用偏心法加工

132. BD003　汽轮机本体中铸铁隔板导叶浇入处出现裂纹时，通常采用的处理方法是钻孔后攻丝、打入沉头螺钉，沉头螺钉的间距及打入深度分别是（　）。
　　（A）5～10mm；10～15mm　　（B）10～15mm；5～10mm
　　（C）8～10mm；3～5mm　　　（D）3～5mm；8～10mm

133. BD003　汽轮机本体中在旋转隔板的检修时，隔板与半环形护板的结合面接触面积不应小于（　）。
　　（A）70%　　　（B）75%　　　（C）80%　　　（D）85%

134. BD004　检修时汽封块因锈蚀不易取出时，可用（　）浸泡后再取。
　　（A）汽油　　　（B）透平油　　（C）煤油　　　（D）润滑油

135. BD004　检修汽封时，拆下的汽封块应（　）。
　　（A）堆放在箱子里　　　　　（B）放置在货架上
　　（C）做好标记，分类妥善放置　（D）放置在工地场地上

136. BD004　检修汽封时用胶布法测量汽封间隙时，如果第三层胶布磨光而第二层胶布刚见红时，则汽封间隙为（　）。
　　（A）大于0.75mm　　　　　　（B）0.65～0.70mm
　　（C）0.55～0.60mm　　　　　（D）0.45～0.50mm

137. BD005　凝汽设备的作用是当蒸汽初参数 H_0 不变时，为提高汽轮机的热经济性，可采取（　）的办法。
　　（A）提高排气压力，使 H_n 减小　　（B）提高排气压力，使 H_n 增大
　　（C）降低排气压力，使 H_n 减小　　（D）降低排气压力，使 H_n 增大

138. BD005　凝汽器的作用是提高机组的循环热效率，对其描述不正确的是（　）。
　　（A）增大理想焓降 ΔH_0　　　（B）对凝结水除氧
　　（C）减少锅炉燃料的消耗量　　（D）增加汽轮机汽耗量

139. BD005　凝汽设备的作用主要是建立真空及回收（　）。
　　（A）气体　　　（B）液体　　　（C）固体　　　（D）凝结水

140. BD006　盘车装置启动不了，除了盘车自身的原因外，还有（　）的原因。
　　（A）大轴弯曲　　　　　　　（B）动静部分磨损
　　（C）机组异常振动　　　　　（D）转子自身不平衡

141. BD006　通流部分产生径向磨损的原因是（　）。
　　（A）胀差超限　（B）推力瓦磨损　（C）转子热弯曲　（D）推力瓦烧毁

142. BD006　通流部分产生轴向磨损的原因是（　）。
　　（A）胀差超限　　　　　　　（B）汽缸热变形
　　（C）转子热弹性弯曲　　　　（D）转子塑性弯曲

143. BD007　汽轮机（　）出现问题，可能引起轴瓦温度过高或为零。
　　（A）测温热偶　（B）叶轮　　　（C）联轴器　　（D）转子

144. BD007　汽轮机（　）对中不好,是引起轴瓦温度过高的原因。
　　　　　　（A）联轴器　　（B）叶轮　　（C）机组　　（D）浮环

145. BD007　汽轮机（　）漏气量太大是造成轴瓦温度过高的原因。
　　　　　　（A）联轴器　　（B）叶轮　　（C）轴封　　（D）调节汽阀

146. BD008　汽轮机供油温度高会引起轴瓦温度过高,处理时应检查（　）压力和流量,必要时投用备用油冷器。
　　　　　　（A）冷却水　　（B）润滑油　　（C）机油　　（D）冷却油

147. BD008　汽轮机轴承间隙过小或损坏造成轴承温度过高,应检查或更换（　）。
　　　　　　（A）抽汽器　　（B）凝汽器　　（C）轴承　　（D）冷却水

148. BD008　由于汽轮机测温热偶问题引起轴承温度过高,处理时应检查和校验（　）。
　　　　　　（A）轴承　　（B）凝汽器　　（C）热偶　　（D）抽汽器

149. BD009　汽轮机（　）是抽汽器喷嘴阻塞造成的。
　　　　　　（A）轴瓦温度过高　　　　　（B）异常振动
　　　　　　（C）冷凝器真空度下降　　　（D）轴位移增加

150. BD009　汽轮机真空密封系统不好,是引起（　）的原因。
　　　　　　（A）轴瓦温度过高　　　　　（B）冷凝器真空度下降
　　　　　　（C）异常振动　　　　　　　（D）轴位移增加

151. BD009　汽轮机（　）温度过高,引起冷凝器真空度下降。
　　　　　　（A）冷却水　　（B）润滑油　　（C）供油　　（D）蒸汽

152. BD010　汽轮机排气未建立密封会造成冷凝器真空度下降,应建立（　）来消除故障。
　　　　　　（A）水封　　（B）汽封　　（C）油封　　（D）胶封

153. BD010　汽轮机冷凝器真空度下降,如果是冷却水造成的,应（　）。
　　　　　　（A）升高水温,增加水量　　（B）降低水温,增加水量
　　　　　　（C）降低水温,减少水量　　（D）升高水温,减少水量

154. BD010　汽轮机冷凝器真空度下降是由于（　）堵塞、结垢造成的,应将其清洗以消除故障。
　　　　　　（A）凝汽器　　（B）联轴器　　（C）调速器　　（D）汽缸

155. BD011　汽轮机转子有裂纹会造成（　）故障发生。
　　　　　　（A）轴瓦温度过高　　　　　（B）冷凝器真空度下降
　　　　　　（C）汽轮机异常振动　　　　（D）汽轮机轴位移增加

156. BD011　汽轮机发生异常振动可能是由于（　）造成的。
　　　　　　（A）润滑油量减少　　　　　（B）汽缸热膨胀受阻
　　　　　　（C）汽轮机排气压力高　　　（D）真空系统不严密

157. BD011　汽轮机（　）不能造成其发生异常振动。
　　　　　　（A）转子热弯曲　　　　　　（B）轴承故障
　　　　　　（C）冷凝器故障　　　　　　（D）联轴器不对中

158. BD012　汽轮机由于转子裂纹异常振动,这时要（　）。
　　　　　　（A）修复转子　　（B）更换转子　　（C）去掉转子　　（D）外加一转子

159. BD012　由于汽轮机动、静部件（　）间隙小于热膨胀差引起的异常振动,应重新调整。
　　　　　　（A）轴向　　（B）径向　　（C）横向　　（D）纵向

160. BD012 汽轮机转子热弯曲引起异常振动时,转子热弯曲可通过( )来恢复。
（A）延长低速暖机时间　　　（B）减少低速暖机时间
（C）降低温度　　　　　　　（D）提高温度

161. BD013 调节系统静态试验中,能够测取同步器与油动机行程的关系曲线试验是( )。
（A）静止试验　　　　　　　（B）静态空负荷试验
（C）静态负荷试验　　　　　（D）动态试验

162. BD013 调节系统静态试验中,能求出感应机构和传动机构特性的试验是( )。
（A）静止试验　（B）空负荷试验　（C）动态试验　（D）带负荷试验

163. BD013 调节系统静态试验时根据各机组的具体要求进行整定工作,整定应在额定的( )和油压下进行。
（A）湿度　（B）油温　（C）蒸气参数　（D）凝结水量

164. BD014 调速系统动态特性的甩负荷试验的目的是( )。
（A）负荷与油动机行程关系曲线
（B）检查调速系统各种负荷下的稳定工况
（C）通过试验求得转速的变化过程
（D）测取各部件之间的关系曲线

165. BD014 为了求取机组调节系统的动态特性和主要部件相互动作的关系,必须安装( )测点。
（A）频率信号　　　　　　　（B）温度信号
（C）蒸汽参数信号　　　　　（D）压力信号

166. BD014 调速系统进行甩负荷试验时,机组在甩去负荷后汽轮机转子的转速超过一定限度时,危急保安器动作通过各种不同的机构使跳闸油卸压,( )关闭,使汽轮机停机。
（A）副汽阀　（B）主汽阀　（C）控制阀　（D）从动阀

167. BD015 润滑油中有( )磨损是造成汽轮机轴位移增加故障的原因。
（A）水　　（B）棉絮物　　（C）密封胶　　（D）杂质

168. BD015 推力瓦( )是造成汽轮机轴位移增加故障的原因。
（A）正常　（B）不规则　（C）压力大　（D）磨损

169. BD015 推力瓦磨损是造成汽轮机( )故障的原因。
（A）温度升高　（B）不规则　（C）压力增大　（D）轴位移增加

170. BD016 润滑油中有杂质是造成汽轮机轴位移( )故障的原因,处理措施是更换润滑油。
（A）膨胀　（B）跳动　（C）减少　（D）增加

171. BD016 推力瓦磨损是造成汽轮机( )故障的原因,处理措施是更换推力瓦。
（A）温度升高　（B）不规则　（C）压力增大　（D）轴位移增加

172. BD016 润滑油中有杂质是造成汽轮机轴位移增加故障的原因,处理措施是( )润滑油。
（A）除去　（B）增加　（C）减少　（D）更换

173. BE001 燃气轮机系统中空气和燃料进行混合、燃烧的场所是( )。
（A）燃烧系统　（B）燃烧室　（C）压气机　（D）透平

174. BE001　燃气轮机系统中燃料燃烧和高温燃气掺冷的场所是（　　）。
　　　　　　（A）火焰筒　　　（B）燃烧室　　　（C）燃气透平　　　（D）压气机

175. BE001　燃气轮机系统中将燃气的热能转变为机械能，用来带动压气机和驱动负荷是（　　）。
　　　　　　（A）燃气透平　　（B）压气机　　　（C）燃烧系统　　　（D）以上都不是

176. BE002　在燃气轮机大修中转子组件应进行（　　）检查和测量轴颈磨损情况，并对叶片逐级检查是否变形、松动。
　　　　　　（A）着色　　　　（B）射线　　　　（C）磁粉　　　　　（D）平衡

177. BE002　不属于燃气轮机燃气透平一级喷嘴大修的检查项目是（　　）。
　　　　　　（A）检查喷嘴持环圆度　　　　　　（B）分段无损探伤喷嘴裂纹
　　　　　　（C）检查密封面磨损情况　　　　　（D）测量喷嘴通流面积

178. BE002　燃气轮机装置中压气机打压不够可采取的措施是（　　）。
　　　　　　（A）检修燃料喷嘴　　　　　　　　（B）检修可调静叶
　　　　　　（C）检修火花塞　　　　　　　　　（D）检修联焰管

179. BE003　燃气轮机出现异常振动的原因说法错误的是（　　）。
　　　　　　（A）转子不平衡　　　　　　　　　（B）对中不好
　　　　　　（C）轴承间隙不合适或轴承损坏　　（D）燃料喷嘴损坏

180. BE003　燃气轮机为扩大压气机的稳定运行范围，避免喘振，设有（　　）。
　　　　　　（A）静叶环　　　（B）导流器　　　（C）可调静叶　　　（D）喷嘴

181. BE003　燃气轮机压气机的较长叶片中采用阻尼凸台结构，是为了（　　）。
　　　　　　（A）减小叶片磨损　　　　　　　　（B）减小叶片振动
　　　　　　（C）提高叶片强度　　　　　　　　（D）提高流动效率

182. BF001　电机产生轴向窜动的主要因素是转子和定子（　　）不归正。
　　　　　　（A）磁力中心　　（B）铁芯中心　　（C）磁力线　　　　（D）磁场中心

183. BF001　对交流电机各点空气间隙的相互差值（即不均匀度）不应超过基准值的（　　）。
　　　　　　（A）5%　　　　（B）10%　　　　（C）15%　　　　　（D）20%

184. BF001　对电机底板安装，（　　）的说法是正确的。
　　　　　　（A）电机底板的垫铁只能放在底板上有立筋的地方
　　　　　　（B）起吊和下放底板时，应在水平的条件下进行
　　　　　　（C）底板安装的垫铁检查合格后应用电焊在垫铁组的两侧以及垫铁与底板间进行层间点焊固定
　　　　　　（D）起吊和下放底板时，应在垂直的条件下进行

185. BF002　电机试运转过程中，如果润滑油供油压力不足，可能引起电机（　　）。
　　　　　　（A）定子温升过快　　　　　　　　（B）轴承温升过快
　　　　　　（C）电机振动　　　　　　　　　　（D）电机产生较大噪声

186. BF002　电机安装中，如果轴瓦压力角过大，可能导致（　　）。
　　　　　　（A）轴瓦温度升高　　　　　　　　（B）轴瓦产生振动
　　　　　　（C）引起电机轴向窜动　　　　　　（D）轴瓦温度降低

187. BF002　（　　）不属于电机运行振动大的原因。
　　　　　　（A）被驱动设备振动大传递给电机　（B）轴与瓦间隙过大

　　　　（C）转子与定子磁力中心不重合　（D）机组各轴同心度偏差过大
188. BG001　催化主风机组停运的瞬间至转子完全静止的这段时间称为机组的（　）时间。
　　　　（A）停机　（B）滞后　（C）惰走　（D）惯性
189. BG001　催化主风机润滑油系统试运转合格的正确检查方法是（　）。
　　　　（A）通油4h,临时滤网上无硬颗粒及粘稠物,每1cm²可见软杂物不多于5点
　　　　（B）在油箱和冷却器最高点取样化验分析合格
　　　　（C）通油20h后,油过滤器的前后差压增加值不超过0.01~0.015MPa
　　　　（D）以上均正确
190. BG001　轴流式压缩机停机前应（　）静叶角度,以减小负荷。
　　　　（A）逐渐关小　（B）逐渐开大　（C）保持不变　（D）先开大再减小
191. BG002　轴流式压缩机效率下降、叶片断裂的可能原因是（　）。
　　　　（A）空气质量不达标　　　　（B）振动过大
　　　　（C）轴承温度高　　　　　　（D）动力油压力低
192. BG002　轴流式压缩机联轴器对中不良可能导致的故障有（　）。
　　　　（A）喘振　（B）逆流　（C）振动　（D）失速
193. BG002　轴流式压缩机出口压力、流量大幅度波动可能的原因是压缩机发生了（　）。
　　　　（A）喘振现象　　　　　　　（B）供油不足
　　　　（C）密封间隙过大　　　　　（D）出口流量检测系统故障
194. BG003　属于防止轴流式压缩机喘振的方法是（　）。
　　　　（A）静叶可调法（B）入口放气法　（C）振动监测法　（D）流量监测法
195. BG003　轴承进油温度太高,推力瓦工作环境不良使推力瓦温度（　）。
　　　　（A）正常　（B）升高　（C）不高　（D）非常低
196. BG003　在轴流式压缩机排气管道上设置止回阀,是为了防止喘振发生时（　）对压缩机的损坏。
　　　　（A）振动　（B）阻塞　（C）逆流　（D）紊流
197. BG004　催化三机组停机后一般应按规定每天定时盘车,盘车时应以压缩机为准盘车（　）。
　　　　（A）90°　（B）120°　（C）180°　（D）360°
198. BG004　（　）对烟气轮机危害较大,应尽量避免。
　　　　（A）烟气尾燃　（B）蒸汽温度高　（C）蒸汽压力高　（D）润滑油压力正常
199. BG004　不属于烟气轮机运行中振动过大的可能原因是（　）。
　　　　（A）热态转子不对中　　　　（B）转子动平衡较好
　　　　（C）油膜涡动　　　　　　　（D）轴承间隙过大
200. BG005　催化装置烟气轮机升温时的速率应不大于（　），降温时的速率应不大于（　）。
　　　　（A）100℃/h;150℃/h　　　（B）100℃/h;100℃/h
　　　　（C）150℃/h;150℃/h　　　（D）150℃/h;100℃/h
201. BG005　烟气轮机组试车运转中应注意观察烟机及进口、出口管道的（　）情况,以防止出现意外。
　　　　（A）振动　（B）热膨胀变化　（C）密封　（D）流量

202. BG005　烟气轮机停车后,待烟机排气机壳温度降至（　）时停止盘车,停止密封蒸汽。
　　　　　　(A) 80℃　　　(B) 120℃　　　(C) 150℃　　　(D) 250℃

203. BG006　烟气轮机在同一温度、压力下,流量增加,轴功率（　）。
　　　　　　(A) 增加　　　(B) 减小　　　(C) 不变　　　(D) 忽高忽低

204. BG006　为防止烟气沿轴封泄漏到大气中,在迷宫密封的基础上增加了缓冲气,第一道是（　）封,第二道是（　）封,并在两密封气之间设有排气腔。
　　　　　　(A) 高压蒸汽;低压蒸汽　　　(B) 蒸汽;空气
　　　　　　(C) 空气;蒸汽　　　(D) 低压蒸汽;高压蒸汽

205. BG006　催化主风机的耗功与转速的（　）成正比。
　　　　　　(A) 大小　　　(B) 平方　　　(C) 三次方　　　(D) 四次方

206. CA001　20世纪80年代,一些发达国家率先开展了研究及实施（　）卫生管理体系的活动。
　　　　　　(A) 工业卫生　　　(B) 农业卫生　　　(C) 职业安全　　　(D) 环境卫生

207. CA001　《职业安全健康管理体系审核规范》要求用人单位（　）其职业安全健康与风险。
　　　　　　(A) 控制　　　(B) 协调　　　(C) 调研　　　(D) 识别

208. CA001　《职业安全健康管理体系审核规范》要求（　）应做到遵守法律、法规、标准和其他要求做出承诺。
　　　　　　(A) 工人　　　(B) 企业主　　　(C) 领班　　　(D) 负责人

209. CA002　职业安全健康管理体系的建立是一个（　）的过程,更是一个重要的过程。
　　　　　　(A) 非常复杂　　　(B) 不复杂　　　(C) 一般　　　(D) 较复杂

210. CA002　职业安全健康管理体系的一个（　）特征是持续改进。
　　　　　　(A) 主要　　　(B) 次要　　　(C) 通常　　　(D) 重要

211. CA002　组织建立的职业安全健康管理体系必须是一个（　）的职业安全健康管理体系。
　　　　　　(A) 静态　　　(B) 较动态　　　(C) 动态　　　(D) 固定

212. CA003　安全教育与培训是一项（　）性、长期性和基础性工作。
　　　　　　(A) 临时　　　(B) 一般　　　(C) 系统　　　(D) 习惯

213. CA003　安全基本培训班是培养和提高从业人员安全技术水平的（　）之一。
　　　　　　(A) 主要方法　　　(B) 一般方法　　　(C) 常规作法　　　(D) 教学方法

214. CA003　对从事易燃、易爆、登高和有毒、有害等（　）岗位工作的人员,要进行优先培训,坚持做到持证上岗。
　　　　　　(A) 关键要害　　　(B) 喷漆　　　(C) 负责　　　(D) 临时工

215. CA003　要严格执行未经过厂、车间、班组三级安全教育培训且考试合格者不得上岗的（　）规定。
　　　　　　(A) 常规　　　(B) 硬性　　　(C) 组织　　　(D) 文件

216. CA004　安全检查是国家有关安全生产的方针、政策、法规、标准,以及企业的（　）。
　　　　　　(A) 会议纪要　　　(B) 领导指示　　　(C) 规章制度　　　(D) 法规

217. CA004　安全检查应根据本企业的具体情况,制订相应的（　）制度。
　　　　　　(A) 安全检查　　　(B) 技术检查　　　(C) 安全流程　　　(D) 规定

218. CA004 依据安全检查的范围、规模和内容的不同,安全检查的（　）由不同的部门和人员组成。
  (A) 组织　　　(B) 机构　　　(C) 人员　　　(D) 专业人员
219. CA005 冬季的季节性安全检查是以（　）、保暖为主要内容的检查。
  (A) 防寒　　　(B) 防触电　　(C) 防坠落　　(D) 防滑
220. CA005 日常安全检查是指按企业制定的检查制度每天都进行的、贯穿（　）的安全检查。
  (A) 前期　　　(B) 中期　　　(C) 后期　　　(D) 生产过程
221. CA005 安全检查应坚持检查与（　）相结合的原则。
  (A) 整理　　　(B) 过程　　　(C) 整改　　　(D) 根除
222. CA005 安全检查应检查生产场所各类安全（　）完好情况。
  (A) 护板　　　(B) 安全带　　(C) 防护设施　(D) 组织机构
223. CA006 事故应急救援预案编写的要求必须符合条件:一是科学性;二是（　）性;三是权威性。
  (A) 简单　　　(B) 复杂　　　(C) 实用　　　(D) 一般
224. CA006 事故应急救援应遵循在（　）的前提下,贯彻统一指挥、分级负责、区域为主、单位自救与社会救援相结合的原则。
  (A) 预防为主　(B) 防范　　　(C) 处理隐患　(D) 科学观
225. CA006 （　）事故的发生一般具有发生突然、扩展迅速、危害严重的特点。
  (A) 重大　　　(B) 火灾　　　(C) 河流污染　(D) 工件坠落
226. CA007 安全生产责任制是经营单位岗位责任制的一个组成部分,是企业最（　）的安全制度。
  (A) 普通　　　(B) 首要　　　(C) 基本　　　(D) 现实
227. CA007 安全生产责任制是企业安全生产、（　）、管理制度的核心。
  (A) 劳动保护　(B) 员工防护　(C) 负责人保护(D) 劳保用品
228. CA007 安全生产责任制度在安全工作中占有（　）的地位。
  (A) 相当重要　(B) 首要　　　(C) 普通　　　(D) 一定
229. CA008 使作业环境整洁有序是（　）的重要措施之一。
  (A) 防止事故　(B) 文明施工　(C) 正常工作　(D) 消除事故
230. CA008 作业环境是指劳动者从事生产劳动的场所中各种构成要素的（　）。
  (A) 重要因素　(B) 一部分　　(C) 总合　　　(D) 合成体
231. CA008 作业场所布置设计包括生产区的布置设计、车间的布置设计和（　）的布置设计。
  (A) 活动空间　(B) 操作空间　(C) 管理空间　(D) 作业空间
232. CA009 作业（　）管理采取的对策是劳动组织科学化、作业方法改善、实际作业标准化、确认制等。
  (A) 工艺　　　(B) 技术　　　(C) 安全　　　(D) 领导
233. CA009 分析和认识作业过程中的不安全因素并采取对策加以（　）和控制,对于实现安全生产是至关重要的。
  (A) 限制　　　(B) 额定　　　(C) 减缓　　　(D) 消除

234. CA009　劳动组织就是在劳动过程中涉及的各要素进行（　　）组织和分配的过程。
　　　　　　（A）合理　　　　（B）排序　　　　（C）定序　　　　（D）有条不紊

235. CA010　企业（　　）安全生产许可证的,不得从事相关生产活动。
　　　　　　（A）已取得　　　　　　　　　　（B）正在取证过程中,但尚未取得
　　　　　　（C）未取得　　　　　　　　　　（D）具有失效

236. CA010　负责中央管理的建筑施工企业安全生产许可证的颁发和管理的是（　　）建设主管部门。
　　　　　　（A）国务院　　　　　　　　　　（B）安监局
　　　　　　（C）省（市,自治区）建设厅　　　（D）所在地政府部门

237. CA010　企业取得安全生产（　　）前应依法参加工伤保险,为从业人员缴纳保险费。
　　　　　　（A）通行证　　　（B）合同　　　（C）批文　　　（D）许可证

238. CB001　质量改进指的是（　　）。
　　　　　　（A）产品、体系和过程的改进　　（B）产品和体系的改进
　　　　　　（C）纠正措施和预防措施　　　　（D）机构改革等重大质量管理体系的变更

239. CB001　需要实施确认的过程是（　　）。
　　　　　　（A）生产和服务提供过程的输出不能由后续的监视和测量加以验证的过程
　　　　　　（B）量大面广,使用人力很多的过程
　　　　　　（C）产品在使用后或服务在交付后,问题才显现的过程
　　　　　　（D）A＋C

240. CB001　顾客满意的含义是（　　）。
　　　　　　（A）没有顾客抱怨
　　　　　　（B）顾客对自己的要求被满足的程度的感受
　　　　　　（C）要求顾客填写意见表
　　　　　　（D）A＋B

241. CB002　QC小组实施改进,所涉及的管理技术主要有（　　）。
　　　　　　（A）遵循 PDCA　　　　　　　　（B）以事实为依据,用数据说话
　　　　　　（C）应用统计方法和工具　　　　（D）以上全包括

242. CB002　直方图的分布出现双峰,可能是由于（　　）。
　　　　　　（A）数据分组过多　　　　　　　（B）测量工具有误差
　　　　　　（C）数据来自两个总体　　　　　（D）数据符合均匀分布

243. CB002　QC的特点不包括（　　）。
　　　　　　（A）普遍性、科学性　　　　　　（B）目的性、强制性
　　　　　　（C）民主性、改进性　　　　　　（D）经济性、激励性

244. CB003　保证项目是指"检查结果"栏应针对各保证项目要求填写,宜采用（　　）。
　　　　　　（A）"符合要求"（B）"齐全"　　　（C）"合格"　　　（D）A＋B＋C

245. CB003　基本项目是指"质量情况"用评定代号表示为（　　）。
　　　　　　（A）合格○、不合格×　　　　　（B）优良√、合格○
　　　　　　（C）合格√、不合格×　　　　　（D）优良○、不合格×

246. CB003　质量评定允许偏差项目,当超过允许偏差值时,表示方法为（　　）
　　　　　　（A）在数值外画圈　　　　　　　（B）在数值上画圈

(C) 在数值上画×　　　　　　(D) 在数值上画√

247. CB004　按照标准发生作用的范围或审批权限,分为（　）。
(A) 国际标准、区域标准、国家标准、行业标准、地方标准和企业（公司）标准
(B) 产品标准、工程标准、方法标准、工艺标准、原材料标准、零部件标准、文件格式标准、环境标准
(C) 基础标准、技术标准、管理标准、工作标准
(D) 强制性标准和推荐性标准

248. CB004　《中华人民共和国标准化法》第七条规定,国家标准、行业标准分为（　）。
(A) 强制性标准和推荐性标准
(B) 产品标准、工程标准、方法标准、工艺标准、原材料标准、零部件标准、文件格式标准、环境标准
(C) 基础标准、技术标准、管理标准、工作标准
(D) 国际标准、区域标准、国家标准、行业标准、地方标准和企业（公司）标准

249. CB004　属于地方标准的是（　）。
(A) GB、GB/T　　　　　　　(B) SH、SY、JB、DL、HG
(C) DB、DB37/T　　　　　　(D) Q/、Q/QGS

250. CB005　目前国际通用的基本计量单位是（　）个。
(A) 6　　(B) 7　　(C) 8　　(D) 9

251. CB005　准确度不能称为（　）。
(A) 精确度　(B) 精度　(C) 精密度　(D) A+B

252. CB005　为评定计量器具的计量特性,确定其是否符合法定要求（合格）所进行的全部工作,称为（　）。
(A) 检定　(B) 校准　(C) 比对　(D) 修正

253. CC001　施工技术文件有施工组织设计、施工技术方案、施工技术措施、（　）等。
(A) 工艺文件　(B) 设计文件　(C) 法规　(D) 标准

254. CC001　施工技术方案是根据施工组织设计的要求,按专业工种或工程类别编制的（　）的施工技术方案。
(A) 专业性　(B) 综合性　(C) 特殊性　(D) 针对性

255. CC001　根据承建工程的施工总体进度计划,编制（　）工程的施工进度计划,以网络形式编制。
(A) 单项　(B) 单位　(C) 单位、单项　(D) 分项

256. CC002　技术交底后由交底人员或指定人员填写交底记录,（　）进行会签,以备查询和存档。
(A) 交底组织者、交底人及接受交底人
(B) 交底组织者
(C) 交底人及接受交底人
(D) 接受交底人

257. CC002　由于技术交底不清造成的质量、安全事故,由（　）负责。
(A) 接受交底人员　　　　　　(B) 交底组织者
(C) 交底人和接受交底人　　　(D) 交底人员

258. CC002 施工生产技术交底应使参加施工生产的操作人员及有关管理人员全面了解（　）等。
(A) 设计图纸　　　　　　　　(B) 设计图纸和施工生产技术文件
(C) 施工生产技术文件　　　　(D) 施工方法

259. CC003 在培训方式中,（　）是班组结合岗位生产和工作,有针对性地开展"一事一题,一题一训"等进行的活动。
(A) 岗位技术练兵　　　　　　(B) 技术表演赛
(C) 专题培训　　　　　　　　(D) 业余学习

260. CC003 在培训方式中,（　）是一种传统的培训方式,也是在生产岗位上提高工人操作技能的培训。
(A) 岗位技术练兵　　　　　　(B) 师傅带徒弟
(C) 专题培训　　　　　　　　(D) 业余学习

261. CC003 在教学方式中,不属于课堂教学形式的是（　）。
(A) 讲授　　(B) 示范　　(C) 作业安排　　(D) 业余学习

262. CC004 要使职工掌握本岗位所需的专业技术理论,必须有相应的（　）作基础。
(A) 科学知识　　(B) 文化知识　　(C) 技术知识　　(D) 政治知识

263. CC004 班组是以生产为中心的（　）,要提高劳动生产率,提高产量和产品质量主要靠提高班组成员的生产技术水平。
(A) 经济实体　　(B) 生产组织　　(C) 劳动组织　　(D) 技术组织

264. CC004 不属于培训教案编写内容的是（　）。
(A) 教学课题　　　　　　　　(B) 教学目的
(C) 教学重点、难点　　　　　(D) 教学管理

265. CC005 编制投标标价与编制标底（　）。
(A) 不同　　　　　　　　　　(B) 相同
(C) 类似　　　　　　　　　　(D) 是否相同不好判断

266. CC005 标书发出后,如发现有遗漏或错误,允许进行补充修正,但必须在（　）前以正式函件送达招标单位,否则无效。
(A) 决标　　(B) 投标截止期　　(C) 评标　　(D) 送标

267. CC005 国内招标工程的报价中,一般在（　）中包括了施工用水电费、施工机具费、脚手架费用等。
(A) 施工管理费　　　　　　　(B) 其他间接费
(C) 开办费　　　　　　　　　(D) 直接费

268. CC006 制定劳动定额总的要求是"全、快、准",其中"准"是（　）上要求,即定额水平要先进合理。
(A) 技术　　(B) 质量　　(C) 安全　　(D) 物资

269. CC006 班产量定额完成率(%)=[实际班产量÷（　）]×100%
(A) 计划产量　　　　　　　　(B) 实际完成产量
(C) 定额班产量　　　　　　　(D) 计划品种数

270. CC006 在企业的生产现场,劳动定额常用的有工时定额和产量定额两种基本形式,劳动定额还可以采用看管定额和（　）的形式。

(A) 消耗定额　　(B) 指标定额　　(C) 服务定额　　(D) 成本定额

271. CC007　除日常分析外,还应(　),确保班组长能够及时地了解生产现场的实际情况和问题,以便及时采取相应的措施。
(A) 经常核算　　(B) 定期分析　　(C) 经常调查　　(D) 定期研究

272. CC007　要使班组成员都真正认识到班组经济核算管理与(　)都息息相关。
(A) 每个人　　(B) 每项工作　　(C) 每个数据　　(D) 每次分析

273. CC007　对物质消耗核算的方法主要是用(　)与消耗定额进行比较。
(A) 实际消耗　　(B) 计划消耗　　(C) 合格品耗费　　(D) 废品耗费

274. CC008　生产技术准备过程是指产品投入生产前所进行的一系列生产技术准备工作,如(　)、工艺规程的制定、工艺装备的设计等。
(A) 设备维修　　(B) 产品设计　　(C) 岗位练兵　　(D) 工具制造

275. CC008　生产过程的比例性是指生产过程中基本生产过程和辅助生产过程之间,基本生产过程中各车间、各班组、各工序之间的生产(　),保持适当的比例关系。
(A) 能力　　(B) 效益　　(C) 消耗　　(D) 规模

276. CC008　生产过程的适应性是指生产过程适应(　)复杂多变的特点,能灵活进行生产的适应能力。
(A) 企业　　(B) 公司　　(C) 车间　　(D) 市场

277. CC009　编制班组生产作业计划应掌握车间下达给班组的日、句(周)生产作业计划和(　)。
(A) 设备运转情况　　　　(B) 工人技术水平
(C) 质量状况　　　　　　(D) 有关技术资料

278. CC009　确定生产班次,落实(　)是班组生产作业前组织准备内容之一。
(A) 劳动定额　　(B) 计划产量　　(C) 岗位责任制　　(D) 班定额产量

279. CC009　班组生产作业前思想准备工作之一是强调计划的(　)和法令性,动员每个班组成员积极完成生产任务。
(A) 严肃性　　(B) 组织性　　(C) 合法性　　(D) 科学性

二、判断题(对的画"√",错的画"×")

(　) 1. AA001　工艺流程图是反映工艺的图表形式,更能反映出各工艺单元及其相互关系。

(　) 2. AA002　表面粗糙度标注时,代号中数字的方向要和尺寸数字的方向相反。

(　) 3. AA003　在同一方向按一定顺序依次连接起来排成的尺寸标注形式称为尺寸链。按加工顺序来说,在一个尺寸链中,总有一个尺寸是在加工最后自然得到的。这个尺寸称封闭环,尺寸链中的其他尺寸称为组成环。

(　) 4. AA004　68号和150号工业齿轮油,按照1:1比例进行掺配可得到110号齿轮油。

(　) 5. AA005　化学清洗废液经处理后,应通过渗坑、渗井和漫流的方式排放。

(　) 6. AA006　通常调质处理作为热处理的最终工序。

(　) 7. AA007　纳米材料是一种很好的吸波材料。

(　) 8. AB001　光学合像水平仪是一种测量对水平位置或垂直位置微小偏差的角值量仪。

(　) 9. AB002　研磨高碳钢錾子不应浸水冷却。

(　) 10. AC001　电涡流传感器可以实现物体表面为金属导体的多种物理量的非接触测量,如位移、振动、厚度、转速、应力、硬度等参数。

第七部分 技师理论知识试题

( ) 11. AC002　速度变动率是指汽轮机由满负荷到空负荷的转速变化与满负荷转速之比。
( ) 12. BA001　对于刚性支承,机器-支承系统的基本固有频率低于它的工作频率。
( ) 13. BA002　轴振动的测量一般采用电涡流传感器。
( ) 14. BA003　如转子在平行导轨上的任何角度均能静止,即达到静平衡要求。
( ) 15. BA004　高速动平衡不完全是挠性转子动平衡。
( ) 16. BB001　《化工机器安装工程施工及验收通用规范》标准的代号是 HG 2020—2000。
( ) 17. BB002　压缩机的形式很多,每一种压缩机都有特殊的结构性能,因此根据机器使用说明书的要求用一种方法进行操作。
( ) 18. BB003　活塞式压缩机试运转过程中发现异常情况不可采取紧急停机。
( ) 19. BB004　拆检吸、排气阀时若发现缺油,应增加润滑油量,可改善活塞式压缩机打气量不足。
( ) 20. BB005　后一级的吸气阀、排气阀漏气必然会造成活塞式压缩机某级压力降低。
( ) 21. BB006　活塞式压缩机后一级的吸气阀、排气阀漏气必然增大前一级的排气压力,所以必须更换后一级的吸气阀、排气阀。
( ) 22. BB007　活塞杆弯曲或连接螺母松动,应进行修复或更换活塞杆,并拧紧连接螺母。
( ) 23. BB008　润滑油过多或污垢会使活塞与汽缸的磨损降低,会使汽缸发出撞击声,要适当调整供油量或更换润滑油。
( ) 24. BB009　润滑油质量低劣或有污垢会造成活塞式压缩机轴承或十字头滑道发热。
( ) 25. BB010　汽缸与十字头滑道不同心,造成活塞与缸壁摩擦。
( ) 26. BB011　配管振动也会造成活塞式压缩机汽缸发生不正常的振动。
( ) 27. BB012　活塞式压缩机各部接合不好会引起汽缸或机体发生不正常振动。
( ) 28. BB013　油泵泵壳与填料不严密而漏油,会造成活塞式压缩机油压不足或为零。
( ) 29. BB014　油管破裂漏油会造成活塞式压缩机油压不足或为零,应及时更换油管。
( ) 30. BC001　《石油化工离心式压缩机组施工及验收规范》标准的代号是 SH/T 3539—2007。
( ) 31. BC002　现场应整洁并具备必要的安全防护设施和防护用品。
( ) 32. BC003　油中有污垢使轴承磨损,可能会造成离心式压缩机异常振动和噪声。
( ) 33. BC004　将气体管路很好地固定并有足够的弹性补偿,可改善离心式压缩机异常振动和噪声。
( ) 34. BC005　工况变化时放空阀或回流阀未及时打开,会造成离心式压缩机喘振。
( ) 35. BC006　为防止离心式压缩机喘振,正常运行时防喘振装置应投自动。
( ) 36. BC007　密封需要一个稳定的密封气源,必须经过过滤。
( ) 37. BC008　对于允许少量气体泄漏到大气中,且无任何危害的工况,选用的压力比较高。
( ) 38. BC009　密封油品质和油温不符合要求,会造成离心式压缩机密封环故障。
( ) 39. BC010　对油中有污垢、不清洁造成的离心式压缩机密封环故障可检查油过滤器,更换附有污物的滤芯。
( ) 40. BC011　压力计或流量计故障,会造成离心式压缩机流量和排出压力不足的假象。
( ) 41. BC012　由于原动机转速比设计转速低造成的离心式压缩机流量和排出压力不足,应提升原动机转速。
( ) 42. BD001　《石油化工离心式压缩机组施工及验收规范》标准的代号是 SH/T 3539—2006。

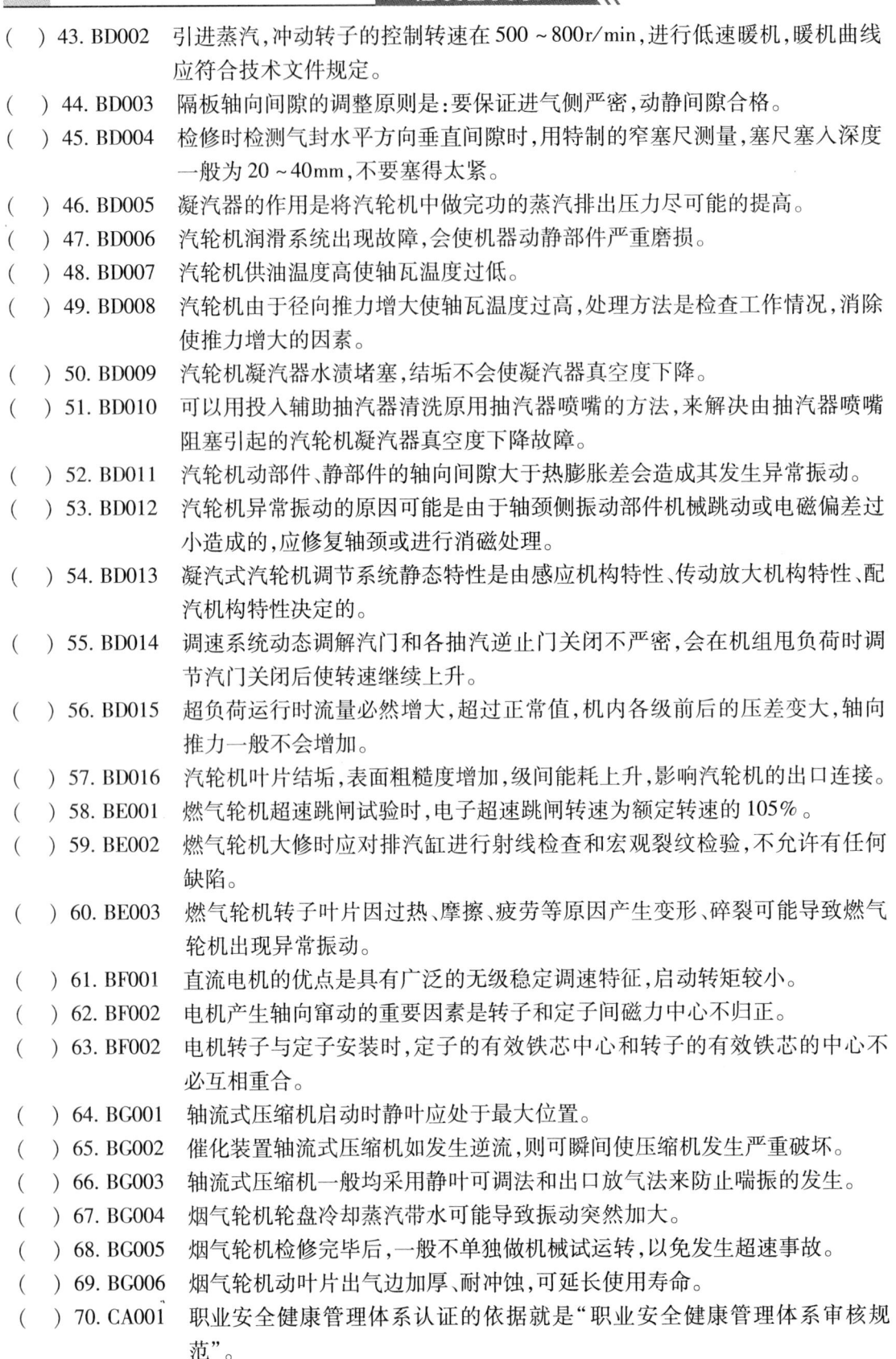

( ) 43. BD002 引进蒸汽,冲动转子的控制转速在 500~800r/min,进行低速暖机,暖机曲线应符合技术文件规定。

( ) 44. BD003 隔板轴向间隙的调整原则是:要保证进气侧严密,动静间隙合格。

( ) 45. BD004 检修时检测气封水平方向垂直间隙时,用特制的窄塞尺测量,塞尺塞入深度一般为 20~40mm,不要塞得太紧。

( ) 46. BD005 凝汽器的作用是将汽轮机中做完功的蒸汽排出压力尽可能的提高。

( ) 47. BD006 汽轮机润滑系统出现故障,会使机器动静部件严重磨损。

( ) 48. BD007 汽轮机供油温度高使轴瓦温度过低。

( ) 49. BD008 汽轮机由于径向推力增大使轴瓦温度过高,处理方法是检查工作情况,消除使推力增大的因素。

( ) 50. BD009 汽轮机凝汽器水渍堵塞,结垢不会使凝汽器真空度下降。

( ) 51. BD010 可以用投入辅助抽汽器清洗原用抽汽器喷嘴的方法,来解决由抽汽器喷嘴阻塞引起的汽轮机凝汽器真空度下降故障。

( ) 52. BD011 汽轮机动部件、静部件的轴向间隙大于热膨胀差会造成其发生异常振动。

( ) 53. BD012 汽轮机异常振动的原因可能是由于轴颈侧振动部件机械跳动或电磁偏差过小造成的,应修复轴颈或进行消磁处理。

( ) 54. BD013 凝汽式汽轮机调节系统静态特性是由感应机构特性、传动放大机构特性、配汽机构特性决定的。

( ) 55. BD014 调速系统动态调解汽门和各抽汽逆止门关闭不严密,会在机组甩负荷时调节汽门关闭后使转速继续上升。

( ) 56. BD015 超负荷运行时流量必然增大,超过正常值,机内各级前后的压差变大,轴向推力一般不会增加。

( ) 57. BD016 汽轮机叶片结垢,表面粗糙度增加,级间能耗上升,影响汽轮机的出口连接。

( ) 58. BE001 燃气轮机超速跳闸试验时,电子超速跳闸转速为额定转速的 105%。

( ) 59. BE002 燃气轮机大修时应对排汽缸进行射线检查和宏观裂纹检验,不允许有任何缺陷。

( ) 60. BE003 燃气轮机转子叶片因过热、摩擦、疲劳等原因产生变形、碎裂可能导致燃气轮机出现异常振动。

( ) 61. BF001 直流电机的优点是具有广泛的无级稳定调速特征,启动转矩较小。

( ) 62. BF002 电机产生轴向窜动的重要因素是转子和定子间磁力中心不归正。

( ) 63. BF002 电机转子与定子安装时,定子的有效铁芯中心和转子的有效铁芯的中心不必互相重合。

( ) 64. BG001 轴流式压缩机启动时静叶应处于最大位置。

( ) 65. BG002 催化装置轴流式压缩机如发生逆流,则可瞬间使压缩机发生严重破坏。

( ) 66. BG003 轴流式压缩机一般均采用静叶可调法和出口放气法来防止喘振的发生。

( ) 67. BG004 烟气轮机轮盘冷却蒸汽带水可能导致振动突然加大。

( ) 68. BG005 烟气轮机检修完毕后,一般不单独做机械试运转,以免发生超速事故。

( ) 69. BG006 烟气轮机动叶片出气边加厚、耐冲蚀,可延长使用寿命。

( ) 70. CA001 职业安全健康管理体系认证的依据就是"职业安全健康管理体系审核规范"。

第七部分　技师理论知识试题

（　）71. CA001　组织的职业安全健康管理体系认证通常是借助第二方认证机构来完成的。
（　）72. CA002　职业安全健康管理体系的建立和实施是一个十分复杂的系统工程,组织最高领导层的决策和准备是先决条件。
（　）73. CA002　工作项目是组织建立职业安全健康管理体系制定计划的重要内容。
（　）74. CA003　安全培训班应具备班级教学形式,要有固定的学员和教师。
（　）75. CA004　车间的安全检查由车间领导组织,由本车间的安全、生产、设备、技术等有关职能人员组成。
（　）76. CA004　岗位安全检查由岗位操作者在班前、班后对设备和自身防护进行检查。
（　）77. CA005　安全检查机器设备的防护装置、定时维护、保养情况。
（　）78. CA005　安全检查内容就是检查各单位组织机构、安全例会、责任制考核情况。
（　）79. CA006　事故应急救援预案编写的依据是重大事故发生的可能性。
（　）80. CA006　根据应急机构的结构形式,可分为斜线制、直线职能制、矩阵制等几种组织形式。
（　）81. CA007　安全生产责任制是建立现代化企业管理制度的必然要求。
（　）82. CA007　安全生产责任制是事故责任追究的客观要求。
（　）83. CA008　有火灾、爆炸危险品的生产场所之间要留有足够的安全距离。
（　）84. CA008　对于多人集体作业视情况应考虑协同作业的空间。
（　）85. CA008　作业者在作业中的各种动作是为了实现作业目的或作业者自身活动的目的。
（　）86. CA009　在工作中完全消除单调是困难的,然而减轻其影响却是可以做到的。
（　）87. CA009　人的不安全行为无论是有意还是无意的,最终多数都可以归结为错误的操作。
（　）88. CA010　安全生产许可证的有效期为3年。
（　）89. CA010　安全生产许可证由煤矿监督管理部门规定统一的式样。
（　）90. CB001　质量目标提供制定和评审质量方针的框架。
（　）91. CB002　老七种QC工具是:关联图法、亲和图法(KJ法)、系统图法、矩阵图法、矩阵数据分析法、过程决策程序图法(PDPC法)、矢线图法。
（　）92. CB003　经加固补强或焊缝两次以上返修达到合格的分项工程,其质量等级可以评为优良。
（　）93. CB004　推荐性标准不具有法律约束力,但推荐性标准被强制性标准引用,或纳入指令性文件便具有了约束力。
（　）94. CB005　准确度的高低可以表示测量的品质或质量,就是指准确度低,意味着其不确定度大;准确度高,则意味着其不确定度小。
（　）95. CC001　施工技术方案的书写格式按章、节、条、款、项五个层次排列。
（　）96. CC002　施工生产技术交底应在图纸会审、施工生产技术文件审批后、正式开工以前进行。
（　）97. CC003　师傅带徒弟是一种传统的培训方式。
（　）98. CC004　培训内容一般分为三部分:基础知识、专业知识、实际操作和解决问题的能力。
（　）99. CC005　投标单位可以提出修改设计、合同条款。

( ) 100. CC006 企业生产现场作业过程中,时间定额的组成在不同的生产类型中是相同的。
( ) 101. CC007 领料手册、限额领料本、票券等,是班组经济核算的主要核算形式。
( ) 102. CC008 企业生产过程的平行性是指生产过程的各个阶段各道工序的生产活动在时间上必须是平行进行的。
( ) 103. CC009 采用临时派工法,编制班组生产作业计划主要适用于生产施工或服务工作、任务杂而乱,而且极不稳定的单件小批量生产类型的班组。

三、简答题

1. AA004 润滑剂在选用时应从哪些方面考虑?
2. AA004 简述润滑油的代用原则。
3. AB002 简述研磨的物理作用。
4. AB002 简述研磨的化学作用。
5. BB005 活塞式压缩机气量显著降低是什么原因?
6. BB005 活塞式压缩机排气压力异常高是什么原因?
7. BB005 活塞式压缩机中间级吸气压力异常上升的原因是什么?
8. BB005 活塞式压缩机气量显著降低是什么原因?
9. BB007 活塞式压缩机气缸发生异常声响的原因是什么?
10. BB007 活塞式压缩机汽缸内发出突然冲击声是什么原因?
11. BB009 活塞式压缩机轴瓦过热的原因是什么?
12. BB009 活塞式压缩机连杆大头瓦过热和异响是什么原因?
13. BB009 活塞式压缩机连杆小头瓦过热和异响是什么原因?
14. BB011 活塞式压缩机汽缸部分异常振动的原因是什么?
15. BB011 活塞式压缩机机体部分发生不正常的振动原因是什么?
16. BE001 简述燃气轮机的工作原理。
17. BE001 吊装燃气轮机透平转子时注意的事项是什么?
18. BF001 简述在电机安装过程中防止产生轴电流的措施。
19. BF001 简述电机转子轴颈与轴承间轴向间隙的作用。
20. BF002 电机在运行中有轴电流后,将产生的什么危害?
21. BF002 分析电机绝缘轴承座的绝缘不合格的原因。

理论知识试题答案

一、选择题

1. D	2. C	3. D	4. D	5. D	6. D	7. C	8. A	9. B	10. D
11. B	12. C	13. C	14. B	15. B	16. B	17. D	18. D	19. A	20. B
21. C	22. C	23. D	24. D	25. A	26. C	27. D	28. B	29. D	30. C
31. A	32. D	33. D	34. A	35. B	36. C	37. B	38. B	39. B	40. C
41. C	42. B	43. A	44. A	45. A	46. C	47. C	48. C	49. A	50. C
51. C	52. C	53. C	54. C	55. A	56. D	57. B	58. C	59. B	60. C
61. C	62. C	63. D	64. A	65. C	66. B	67. B	68. D	69. A	70. D
71. A	72. A	73. A	74. A	75. D	76. B	77. A	78. D	79. B	80. A
81. D	82. C	83. C	84. C	85. C	86. A	87. B	88. C	89. B	90. D
91. A	92. A	93. C	94. C	95. A	96. A	97. B	98. A	99. C	100. C
101. A	102. C	103. B	104. A	105. D	106. B	107. D	108. D	109. D	110. D
111. D	112. D	113. B	114. A	115. C	116. A	117. D	118. B	119. A	120. A
121. B	122. A	123. C	124. C	125. D	126. C	127. C	128. C	129. C	130. D
131. D	132. B	133. B	134. C	135. C	136. D	137. B	138. D	139. D	140. B
141. C	142. A	143. C	144. A	145. C	146. C	147. C	148. C	149. C	150. C
151. A	152. C	153. B	154. C	155. B	156. C	157. B	158. B	159. A	160. A
161. C	162. B	163. B	164. C	165. D	166. B	167. C	168. D	169. D	170. D
171. D	172. D	173. C	174. A	175. A	176. B	177. C	178. B	179. D	180. C
181. B	182. A	183. B	184. D	185. B	186. A	187. C	188. C	189. C	190. A
191. A	192. C	193. A	194. A	195. C	196. C	197. C	198. A	199. B	200. A
201. B	202. A	203. C	204. B	205. C	206. C	207. A	208. B	209. A	210. D
211. C	212. C	213. A	214. A	215. B	216. C	217. D	218. A	219. A	220. D
221. C	222. C	223. C	224. C	225. C	226. C	227. C	228. C	229. A	230. C
231. D	232. C	233. D	234. A	235. C	236. A	237. D	238. A	239. D	240. D
241. D	242. C	243. B	244. D	245. B	246. C	247. A	248. A	249. C	250. B
251. C	252. A	253. C	254. B	255. C	256. A	257. D	258. B	259. C	260. B
261. D	262. B	263. A	264. D	265. A	266. B	267. D	268. B	269. C	270. C
271. B	272. A	273. A	274. B	275. A	276. D	277. D	278. C	279. A	

二、判断题

1. √ 2. × 表面粗糙度标注时,代号中数字方向必须与尺寸数字的方向一致。 3. √ 4. × 68号和150号工业齿轮油,按照1:1比例进行掺配可得到100号齿轮油。 5. × 化学清洗废液经处理后,不应通过渗坑、渗井和漫流的方式排放。 6. × 通常调质处理不作为

6. 答:① 排气阀、逆止阀阻力太大,应检查排气阀和逆止阀,并全开排气阀,进行过程检查。② 在多级压缩中,如果是前一级的吸排气阀不良而引起的,应检查处理前一级吸排气阀。

   评分标准:答对①、② 各占 50%。

7. 答:① 因中间级吸气阀、排气阀不良,吸气不足而造成,应进行修复或更换部件。② 中间级活塞环泄漏气体过多,使吸气量不足。③ 前冷却器效果不好,气体温度高,应确保冷却水量,清洗冷却器里的污垢。

   评分标准:答对①、② 各占 30%,答对③ 占 40%。

8. 答:① 吸气阀故障。② 排气阀故障。③ 在安装时,吸气阀和排气阀装反,应重新正确装配。④ 吸入压力过低或排出压力过高。⑤ 活塞环在活塞槽内被咬住,应进行清洗或换上新活塞环。⑥ 活塞与气缸壁的间隙过大,应更换活塞环并加以调整。

   评分标准:答对①~④ 各占 15%,答对⑤、⑥ 各占 20%。

9. 答:① 活塞或活塞环磨损,应处理或更换。② 活塞与气缸间隙过大。③ 曲轴连杆机构与汽缸的中心不一致,应按要求规定找好同心度。④ 汽缸余隙容积过小,应适当调整余隙容积;如果是活缸套,存在定位不好,松动。⑤ 活塞杆弯曲或连接螺母松动,应进行修复或更换活塞杆,并拧紧连接螺母。⑥ 润滑油过多或污垢会使活塞与汽缸的磨损加大,要适当调整供油量或更换润滑油。⑦ 吸气阀、排气阀断裂或阀盖顶丝松动,应进行修复或更换。

   评分标准:答对① 占 10%,答对②~⑦ 各占 15%。

10. 答:① 汽缸中掉入金属碎块或其他坚硬的物体,要及时停车检查。如果汽缸、汽缸端盖及活塞受到损伤,应立即修复。② 汽缸中积液,要检查积液的原因,并进行修复,重新打压,以水压 1.5 倍在 5min 内不渗漏为准。

    评分标准:答对①、② 各占 50%。

11. 答:① 轴瓦与轴颈贴合不均匀、卡帮或间隙过小,要用涂色法刮研或检查调整轴瓦间隙。② 轴承偏斜或轴弯曲,要适当调整配合间隙或矫正轴。③ 润滑油供给不足。④ 油质太脏或变质,或有其他杂质进入轴承,应更换新油并且进行过滤。

    评分标准:答对①~④ 各占 25%。

12. 答:① 连杆大头瓦的径向间隙不符合标准;② 连杆大头瓦的轴向间隙不符合标准;③ 轴瓦存在不正常的松动;④ 连杆大头瓦润滑不良。

    评分标准:答对①~④ 各占 25%。

13. 答:① 连杆小头瓦的径向间隙不符合标准;② 轴向间隙不符合标准;③ 连杆装配偏斜;④ 瓦存在不正常的运动;⑤ 润滑不良。

    评分标准:答对①~⑤ 各占 20%。

14. 答:① 支承不良,应支承良好。② 填料、托瓦或活塞环异常磨损,轴向间隙大,应更换部件。③ 管线强制振动,应加强管线支承。④ 汽缸内侵入夹杂物或液体,排除夹杂物。⑤ 汽缸与十字头滑道的同心度不正,应重找同心度。⑥ 缸套定位不好或其他连接部位存在松动。⑦ 气阀工作状态不好等。

    评分标准:答对① 占 10%。答对②~⑦ 各占 15%。

15. 答:① 各轴承、十字头销及滑道间隙过大,应调整各部间隙;② 由汽缸振动引起,应检查活塞与汽缸的余隙或活塞杆背帽是否松动,缸内是否积液或存有其他异物等;③ 各部件接合不好,应进行检查调整。④ 汽缸与十字头滑道不同心,活塞在行程中造成磨缸和机身振动。应进行检查、调整汽缸与滑道的同心度。⑤ 连接汽缸的吸排气管线"别劲",应重新装配处理。

评分标准:答对①~⑤各占20%。

16. 答:① 在燃气轮机的热力循环过程中,空气经过压气机的压缩后与燃气轮机燃料喷嘴喷射的燃料混合、② 燃烧,③ 产生的燃气送入透平中膨胀做功,④ 透平叶轮驱动压气机和负荷。

评分标准:答对①、②各占20%,答对③、④各占30%。

17. 答:① 起吊燃气轮机转子必须使用专门的并经试验合格的吊具和索具。② 起吊转子时的绑扎位置,应选在起吊和就位时能保持转子水平,且不损伤转子的精加工面和配合面,严禁在轴颈位置进行绑扎。③ 起吊转子时应拆去止推轴承和径向轴承的上瓦。④ 起吊转子时应使转子在汽缸中位于串量的中间位置,起吊时应缓慢平稳,避免撞伤转子。

评分标准:答对①~④各占25%。

18. 答:① 按制造厂的规定,在轴承座与底板之间正确地安装绝缘垫板,这样可截断电流,使形不成回路,这是防止产生轴电流的主要方法。② 接入要求绝缘的轴承座的油管和仪表,也应采取绝缘措施。在固定要求绝缘的轴承座时,固紧用的螺栓与定位用的定位销也要采取绝缘措施。

评分标准:答对①、②各占50%。

19. 答:① 转子轴在运转时,因电磁效应、轴承处摩擦等因素所产生热量,使转子轴受热膨胀,轴向间隙的作用之一就是让转子轴在受热膨胀后有自由伸长的可能;② 如转子的磁力中心与定子的磁力中心安装得不一致,当电机工作时,转子在磁拉力作用下,总要求得到磁路中磁导最大的位置,也就是转子轴有轴向窜动,以使转子的磁力中心与定子的磁力中心相重合。轴向间隙的作用之二就是让转子轴在磁拉力的作用下能有轴向窜动的余地。

评分标准:答对①占40%,答对②占60%。

20. 答:① 在滑动轴承中,由于轴电流存在,使在轴颈与轴瓦间形成小电弧,侵蚀轴颈和轴瓦表面,将轴瓦面的巴氏合金"粘吸"到轴颈上,引起轴承过热,以至把轴瓦熔掉、烧坏;在滚动轴承中,也将因轴电流而使轴承发热以至烧坏;② 当轴电流经过润滑油层时产生电解作用,使油变质——变黑、变坏,增加了轴承的发热。

评分标准:答对①占60%,答对②占40%。

21. 答:产生绝缘轴承座的绝缘不合格的原因可能有:① 轴承座方面:轴承座绝缘垫片破碎或质量不合格;② 地脚螺栓未装绝缘导管或导管质量不合格、破裂;③ 在安装时未清理干净,绝缘垫片或导管上有金属屑、垃圾、污油等杂物;④ 安装油管时,要注意油管的绝缘问题;⑤ 安装轴承的温度计时,采取措施勿让金属线接触轴承座和底板;⑥ 轴承漏油;⑦ 意外的金属件将轴承座与底座短路。

评分标准:答对①~④各占10%,答对⑤~⑦各占20%。

第八部分　高级技师理论知识试题

鉴定要素细目表

行为领域	代码	鉴定范围（重要程度比例）	鉴定比重	代码	鉴定点	重要程度	备注
基础知识 A 20% (0:5:0)	A	基础理论知识 (0:3:0)	12%	001	复杂零件的测绘	Y	
				002	机械设备电气控制原理图	Y	
				003	液压与控制回路图	Y	
	B	行业新知识 (0:2:0)	8%	001	计算机辅助设计及微机管理	Y	
				002	机电一体化系统的基本概念	Y	
专业知识 B 45% 13:1:1	A	机械振动与零件平衡知识 (3:1:1)	15%	001	旋转机械轴系振动的特性	Z	
				002	大型机组平衡与振动	X	
				003	增速齿轮箱的故障诊断	X	JD
				004	典型故障诊断技术	Y	
				005	故障评定标准	X	
	B	典型石化设备安装知识 (10:0:0)	30%	001	离心式压缩机组安装调试	X	JD
				002	离心式压缩机组维修	X	JD
				003	活塞式压缩机组安装调试	X	JD
				004	活塞式压缩机组的维修	X	JD
				005	汽轮机安装调试	X	JD
				006	汽轮机的维修	X	JD
				007	燃气轮机安装调试	X	JD
				008	燃气轮机的维修	X	JD
				009	大型电机安装调试	X	JD
				010	大型电机的维修	X	
相关知识 C 35% (9:12:4)	A	安全生产与环境保护知识 (5:4:1)	11%	001	健康安全环境管理体系的概念	Y	
				002	职业健康安全管理体系的认证	Y	
				003	职业健康安全管理体系的建立	X	
				004	职业健康安全管理体系文件的编写	X	
				005	安全教育与培训	X	
				006	作业环境布置	X	

续表

行为领域	代码	鉴定范围（重要程度比例）	鉴定比重	代码	鉴定点	重要程度	备注
相关知识 C 35% (9:12:4)	A	安全生产与环境保护知识 (5:4:1)	11%	007	作业安全管理	X	
				008	安全评价	Y	
				009	安全事故管理	Y	
				010	安全生产许可证的概念	Z	
	B	质量管理知识 (1:3:1)	10%	001	质量管理(QC)数据分析方法	Z	
				002	质量管理原则	X	
				003	质量管理基础	Y	
				004	质量管理术语	Y	
				005	ISO 9001:2000 质量管理体系要求	Y	
	C	生产管理与技术培训 (3:5:2)	14%	001	技术方案和技术措施的审定	X	
				002	图纸会审	Y	
				003	指导培训	X	
				004	标书的编制	Y	
				005	班组进行经济核算的方法	X	
				006	企业经济活动的特点	Z	
				007	班组经济核算的特点	Z	
				008	产量、劳动指标的内容	Y	
				009	班组经济核算的方法	Y	
				010	统计指标核算法	Y	

注：X—核心要素；Y—一般要素；Z—辅助要素；JD—简答题。

理论知识试题

一、选择题(每题4个选项,其中只有1个是正确的,将正确的选项填入括号内)

1. AA001　不属于零件测绘种类的是（　　）。
　　　　　（A）设计测绘　　（B）机修测绘　　（C）仿制测绘　　（D）制造测绘
2. AA001　在零件测绘中按实物测量出来的尺寸,往往不是整数,所以应对测量出来的尺寸进
　　　　　行处理、圆整,不是尺寸圆整基本原则的是（　　）。
　　　　　（A）逢4舍　　　　　　　　　　　（B）逢6进
　　　　　（C）遇5保证偶数　　　　　　　　（D）逢5进
3. AA001　在零件测绘图中应该画出的是（　　）。
　　　　　（A）砂眼　　　　（B）退刀槽　　　（C）气孔　　　　（D）刀痕
4. AA002　接触器在接线图中标注的基本字符为（　　）。
　　　　　（A）KH　　　　　（B）KA　　　　　（C）KM　　　　　（D）Q
5. AA002　电气控制原理图中所有电气触点是以在（　　）的状态画出。
　　　　　（A）没有通电　　　　　　　　　　（B）没有通电或没有外力作用下
　　　　　（C）没有外力作用下　　　　　　　（D）通电
6. AA002　电流继电器的基本型号为DL,通常标注的符号为（　　）。
　　　　　（A）KA　　　　　（B）KM　　　　　（C）KT　　　　　（D）KV
7. AA003　（　　）元件可以为液压系统提供执行器功能。
　　　　　（A）液压泵　　　（B）流量控制阀　（C）液压缸　　　（D）蓄能器
8. AA003　液压基本回路包括（　　）。
　　　　　（A）压力控制回路　　　　　　　　（B）速度控制回路
　　　　　（C）方向控制回路　　　　　　　　（D）A+B+C
9. AA003　液压系统按主要用途分可分为（　　）。
　　　　　（A）液压传动系统和液压控制系统
　　　　　（B）开关控制系统和伺服控制系统
　　　　　（C）伺服控制系统和比例控制系统
　　　　　（D）比例控制系统和数字控制系统
10. AB001　在CAD绘图中,这三个符号 ◐ ◐ ◐ 分别代表（　　）。
　　　　　（A）交集、差集、并集　　　　　　（B）交集、并集、差集
　　　　　（C）并集、差集、交集　　　　　　（D）并集、交集、差集
11. AB001　在CAD绘图中,如果图形是以1∶10的比例绘制而成,那么在尺寸标注时,应修改
　　　　　尺寸标注命令中（　　）的比例因子。
　　　　　（A）符号和箭头　（B）调整　　　　（C）文字　　　　（D）主单位
12. AB001　在CAD绘图中,如果想保存当前正在绘制的图形,可以按菜单区的（　　）符号。
　　　　　（A）　　　　　　（B）　　　　　　（C）　　　　　　（D）

13. AB002　企业界在1970年左右最早提出"机电一体化技术"这一概念的国家是（　　）。
　　　　　（A）美国　　　（B）日本　　　（C）德国　　　（D）英国

14. AB002　机电一体化技术不包括（　　）内容。
　　　　　（A）机械技术　（B）系统技术　（C）自动控制技术（D）加工技术

15. AB002　（　　）既是系统的感受器官，又是实现自动控制、自动调节的关键环节。其功能越强，系统的自动化程序就越高。
　　　　　（A）传感检测技术　　　　　　（B）系统技术
　　　　　（C）机械技术　　　　　　　　（D）计算机与信息技术

16. BA001　转子不但要有足够的强度，还要有良好的（　　）特性来保证机组安全运行。
　　　　　（A）振动　　　（B）噪声　　　（C）刚度　　　（D）自对中

17. BA001　转子振动特性的优劣与转子的（　　）有关，还取决于转子的支承条件、工作条件、动平衡等情况。
　　　　　（A）质量　　　（B）长度　　　（C）固有频率　（D）转速

18. BA001　转子振动特性也称为转子（　　）特性。
　　　　　（A）力学　　　（B）动力　　　（C）静态　　　（D）动态

19. BA002　工程上一般把一阶频位小于0.7的转子称为（　　）转子。
　　　　　（A）挠性　　　（B）半挠性　　（C）刚性　　　（D）准刚性

20. BA002　转子不平衡是指转子（　　）沿旋转中心线的不均匀分布。
　　　　　（A）重心　　　（B）中心　　　（C）质量　　　（D）力矩

21. BA002　刚性转子的动平衡，一般应选择（　　）校正面，而柔性转子一般应根据其工作转速超过其临界转速的阶数，选择（　　）的校正面。
　　　　　（A）一个、两个或两个以上　　　（B）两个或两个以上
　　　　　（C）两个、三个或三个以上　　　（D）一个、三个或三个以上

22. BA003　增速齿轮箱发生轮齿断裂多数是由于过载和（　　）原因造成的。
　　　　　（A）污物进入齿轮　　　　　　（B）疲劳
　　　　　（C）油膜破坏　　　　　　　　（D）转轴上存在电流

23. BA003　齿轮啮合情况良好，产生的啮合频率及其谐波具有（　　）的幅值。
　　　　　（A）较高　　　（B）较低　　　（C）相同　　　（D）不同

24. BA003　齿轮诊断的基本方法是利用（　　）信号在频域和时域内诊断。
　　　　　（A）振动　　　（B）音频　　　（C）温度　　　（D）噪声

25. BA004　对于工程结构和机械零部件的损伤常采用敲击声诊断法，其属于声诊断技术中的（　　）。
　　　　　（A）超声波诊断法　　　　　　（B）声和噪声诊断法
　　　　　（C）声发射诊断法　　　　　　（D）振动诊断法

26. BA004　利用正常机器或结构与异常机器或结构的（　　）不同，来判断机器或结构是否存在故障的技术称为振动诊断技术。
　　　　　（A）静态特性　（B）动态特性　（C）振型　　　（D）固有频率

27. BA004　红外监测诊断技术是采用红外测温或（　　）方法进行各种不同状态的识别、分析和诊断。
　　　　　（A）红外成像　（B）红外热成像（C）红外辐射　（D）红外热辐射

28. BA005 对于汽轮发电机组、压缩机组等常以（　）作为评定振动的物理量。
（A）振动加速度　（B）振动速度　（C）振动位移　（D）振动烈度

29. BA005 对于轴承座，国际上规定用（　）作为振动评定的物理量。
（A）振动加速度　（B）振动速度　（C）振动位移　（D）振动烈度

30. BA005 振动烈度反映了振动（　）的大小。
（A）速度　　　（B）加速度　　（C）位移　　　（D）能量

31. BB001 离心式压缩机电动机轴承的检查包括轴瓦与轴承（　）紧力、轴瓦与主轴的顶间隙和侧间隙、轴瓦接触角。
（A）侧面　　　（B）洼窝间　　（C）精度　　　（D）轴瓦

32. BB001 离心式压缩机组电动机转子与定子间隙的测定应在（　）从电机两端同时进行，上下左右共测八个数据。
（A）轴承处　　（B）同一位置　（C）上面位置　（D）测温点

33. BB001 离心式压缩机机壳不得（　）其他机件及管道的质量，防止机壳变形。
（A）需要　　　（B）承受　　　（C）进行　　　（D）润滑

34. BB002 离心压缩机汽缸密封面的（　）缺陷可用手工锉销、刮削加工修整。
（A）大面积　　（B）全部　　　（C）小面积　　（D）小裂纹

35. BB002 离心式压缩机气缸密封面有划痕、冲蚀、锈斑的修复，先（　）填平，对面积小的缺陷可用手工修研。
（A）打磨　　　（B）加工　　　（C）补焊　　　（D）进行

36. BB002 油系统清洗一定要对清洗前的拆卸检查和清洗给以（　）的重视，否则将大大延长清洗时间。
（A）加强　　　（B）结构　　　（C）充分　　　（D）文明

37. BB003 机器就位后，用直尺或水平仪，在机身上、瓦窝中、（　）进行机身的初平工作。
（A）滑道上　　（B）活塞杆上　（C）壳体内　　（D）活塞上

38. BB003 在检查轴瓦间隙时，应按照常规拧紧（　），然后用压铅法、塞尺或千分尺检查间隙。
（A）瓦盖　　　（B）螺栓　　　（C）轴承　　　（D）壳体

39. BB003 往复压缩机在汽缸找正定心时，严禁（　），或借用外力强制中心。
（A）偏垫　　　（B）平垫　　　（C）楔垫　　　（D）用力

40. BB004 曲轴部件在正常使用中一般不须（　）。
（A）搬动　　　（B）拆检　　　（C）刮研　　　（D）刮削

41. BB004 曲轴轴颈修理时，按（　）最大的轴颈尺寸选择修理尺寸。
（A）间隙　　　（B）磨损　　　（C）尺寸　　　（D）轴承

42. BB004 当曲轴轴颈（　）超过最大修理尺寸时，可采用金属喷涂或堆焊等工艺修理。
（A）偏移　　　（B）磨损　　　（C）粗糙度　　（D）跳动

43. BB005 汽轮机试运转前机组所有的压力表、温度计、液位计、（　）、温度计、压力报警器均应安装调校合格。
（A）轴承　　　（B）测振探头　（C）材料　　　（D）联轴节

44. BB005 汽轮机（　）时检查油压、油温、振动及机体内部有无杂音。
（A）安装　　　（B）低速暖机　（C）调整油压　（D）静态试验

45. BB005　汽轮机升速过程一定要按照（　　）进行。
　　　　　（A）操作　　　（B）升速曲线　　（C）试验　　　（D）要求

46. BB006　汽轮机由于转子裂纹产生异常振动应（　　）。
　　　　　（A）外加一个转子　　　　　　（B）去掉转子
　　　　　（C）修复转子　　　　　　　　（D）更换转子

47. BB006　轴承溅油主要原因是轴承座（　　），消除方法是增加轴承座内疏油孔,加大疏油管径和坡度。
　　　　　（A）间隙小　　（B）不回油　　　（C）回油多　　　（D）充油过多

48. BB006　汽轮机（　　）一般在停机后温度降到45℃以下再停止油泵运行。
　　　　　（A）调速器　　（B）轴承　　　　（C）油泵　　　　（D）盘车装置

49. BB007　燃气轮机透平喷嘴结构大致有精铸喷嘴叶片、喷嘴组两种。其中喷嘴组结构的优点是（　　）。
　　　　　（A）可单个更换喷嘴　　　　　（B）刚性较好
　　　　　（C）制造较容易　　　　　　　（D）制造成本低

50. BB007　燃气轮机装置中,为减小压气机叶片的振动,在较长叶片中常采用（　　）结构。
　　　　　（A）燕尾形叶根　（B）T形叶根　（C）阻尼凸台　　（D）楔块

51. BB007　燃气轮机出现（　　）后可采取的措施是重新对中。
　　　　　（A）燃料品质变坏　　　　　　（B）燃料喷嘴堵塞
　　　　　（C）异常振动　　　　　　　　（D）负荷降低

52. BB008　燃气轮机检修时用什么方法测量径向轴承间隙（　　）。
　　　　　（A）钢板尺　　（B）压铅法　　　（C）卡尺　　　　（D）千分尺

53. BB008　燃气轮机转子的定心包括（　　）。
　　　　　（A）轴向定心　　　　　　　　（B）轴向定心和径向定心
　　　　　（C）径向定心　　　　　　　　（D）横向

54. BB008　起吊燃气轮机转子时应使转子在汽缸中位于串量的（　　）位置。
　　　　　（A）前面　　　（B）中间　　　　（C）后面　　　　（D）1/3

55. BB009　在测定电机轴承座绝缘时采用（　　）摇表,其绝缘电阻值不得小于1MΩ。
　　　　　（A）1000V　　（B）500V　　　（C）1500V　　　（D）220V

56. BB009　在测定电机轴承座绝缘时采用1000V摇表,其绝缘电阻值不得小于（　　）。
　　　　　（A）1MΩ　　　（B）0.5MΩ　　（C）1.5MΩ　　　（D）2MΩ

57. BB009　对电机振动过大的原因分析中,（　　）是不正确的。
　　　　　（A）基础不稳、下沉,基础和电机发生共振
　　　　　（B）轴的中心线不在同一条直线上
　　　　　（C）电机转轴弯曲或转子平衡不良
　　　　　（D）转子与定子磁力中心不重合

58. BB010　在一般情况下,尤其是低速电机(500r/min以下)和经常恢复停闭与启动使用的电机在高、低方向上,常将最下点的空气间隙调整得比最上点（　　）。
　　　　　（A）大0.5mm　　　　　　　　（B）小0.5mm
　　　　　（C）大0.2～0.3mm　　　　　　（D）小0.2～0.3mm

59. BB010　电动机测量铅直方向振动应在（　　）上进行,应在电机处于其最高转速或主要速

度(使用次数和时间最多的速度)时测量电机的振动。
(A) 与转子轴线相距同一高度　　　(B) 轴承盖的最高点
(C) 底座　　　　　　　　　　　　(D) 轴承座

60. BB010　对于大型电机,负载增加到满负载的时间最好不少于( )。
(A) 30min　　(B) 1h　　(C) 2h　　(D) 4h

61. CA001　建立与实施职业健康安全管理体系能有效提高企业安全生产管理水平,有助于生产经营单位建立科学的管理( )。
(A) 模式　　(B) 方式　　(C) 机制　　(D) 制度

62. CA001　职业健康安全管理体系是职业健康安全管理活动的( )方式。
(A) 一种　　(B) 重要　　(C) 首要　　(D) 特定

63. CA001　职业健康安全方针,以规定其体系运行中职业健康安全工作的方向和原则,确定职业健康安全责任及( )总目标。
(A) 工效　　(B) 目的　　(C) 规定　　(D) 绩效

64. CA002　第一方审核的审核准则主要依据自身的职业健康安全管理( )。
(A) 风险报告　　(B) 计划书　　(C) 体系文件　　(D) 指导书

65. CA002　根据审核方与受审核方的关系,可将职业健康安全管理体系审核分为( )审核和外部审核两种基本类型。
(A) 内部　　(B) 第二方　　(C) 第三方　　(D) 第四方

66. CA002　职业健康安全管理体系的认证过程需要遵循( )的程序。
(A) 规定　　(B) 一定　　(C) 特定　　(D) 设定

67. CA003　职业安全健康管理体系的策划与( ),主要是做好建立职业安全健康管理体系各种前期工作。
(A) 前期阶段　　(B) 中期阶段　　(C) 准备阶段　　(D) 后期阶段

68. CA003　职业安全健康管理体系的运行是依据体系的( )而设计的。
(A) 策划内容　　(B) 谋划内容　　(C) 宗旨　　(D) 目标

69. CA003　职业安全健康方针既是用人单位在职业安全健康管理工作中的( ),又是用人单位总体方针的组成部分。
(A) 宗旨　　(B) 目标　　(C) 目的　　(D) 观点

70. CA004　职业安全健康管理体系的文件编写要( )职业安全健康管理体系审核规范条文的要求。
(A) 适应　　(B) 规定　　(C) 符合　　(D) 贴近

71. CA004　凡审核规范条款要求的,在( )职业安全健康管理体系文件中都要写到。
(A) 查看　　(B) 阅览　　(C) 检查　　(D) 组织

72. CA004　职业安全健康管理体系的文件( )要适合组织的活动、产品或服务的特点。
(A) 编写　　(B) 编辑　　(C) 说明　　(D) 论述

73. CA005　安全技术表演赛可分单工种和( )联合两种。
(A) 三工种　　(B) 四工种　　(C) 多工种　　(D) 七工种

74. CA005　提高全员安全意识、安全素质的保证是( ),必须认真抓好。
(A) 安全教育　　(B) 技能教育　　(C) 能力教育　　(D) 逃生教育

75. CA005　三级教育的时间一般不能少于( )。

(A) 70h　　　　(B) 60h　　　　(C) 50h　　　　(D) 40h

76. CA006　作业环境的机器设备必须依据一定的（　）来安排。
(A) 规则　　　(B) 规定　　　(C) 原则　　　(D) 原理

77. CA006　作业环境的合理布置,目的在于为（　）创造一个整洁、方便、安全、舒适、高效,且符合人的生理、心理特性及操作要求的作业环境。
(A) 作业者　　(B) 工人　　　(C) 农民　　　(D) 大学生

78. CA006　各种控制器、原材料、工具等,应该按照使用的（　）顺序排列。
(A) 频率　　　(B) 规律　　　(C) 要求　　　(D) 规定

79. CA007　定置管理的（　）是对生产现场物品的定置过程进行设计、组织、实施、调整,并使生产、工作的现场达到科学化、规范化、标准化。
(A) 范围　　　(B) 界限　　　(C) 范畴　　　(D) 区域

80. CA007　作业过程是以人为（　）进行的,实现作业过程安全化应主要着眼于消除人的不安全行为。
(A) 主体　　　(B) 辅助体　　(C) 主观指挥　(D) 设想

81. CA007　劳动组织就是对在劳动过程中涉及的各要素进行合理组织和（　）的过程。
(A) 分配　　　(B) 分开　　　(C) 统一作业　(D) 规划

82. CA008　安全评价的基本原则是具备国家规定资质的安全评价机构,（　）和合法地自主开展安全评价工作。
(A) 公开　　　(B) 公正　　　(C) 自主　　　(D) 高效

83. CA008　安全评价的目的是查找、分析和预测工程、系统存在的危险、有害因素及危险、危害程度,提出合理可行的（　）,指导对危险源监控和事故预防。
(A) 安全对策　(B) 方法　　　(C) 策略　　　(D) 防护措施

84. CA008　安全评价的（　）目的是以达到最低事故率、最少损失和最优的安全投资效益。
(A) 一般　　　(B) 特定　　　(C) 最终　　　(D) 相关

85. CA009　事故处理是安全管理的（　）内容,主要是指对已发生事故的分析、处理等一系列管理活动。
(A) 特殊　　　(B) 一般　　　(C) 主要　　　(D) 重要

86. CA009　事故处理内容包括事故的报告、调查、分析、结案处理、事故预防措施的制定、工伤保险待遇理赔的办理、（　）和统计等工作。
(A) 事故建档　(B) 记录　　　(C) 事故汇报　(D) 调查资料

87. CA009　事故可以按其（　）、伤害程度、伤害方式分为不同的种类。
(A) 要害　　　(B) 性质　　　(C) 部位　　　(D) 违章否

88. CA010　国家规定对矿山、建筑施工等危险性较大的企业（　）安全生产许可证制度。
(A) 统一　　　(B) 规定　　　(C) 实行　　　(D) 规范

89. CA010　矿山、建筑施工等危险性较大的企业未取得安全生产许可证的,（　）从事生产活动。
(A) 不得　　　(B) 可以　　　(C) 视经济效益　(D) 可挂靠企业

90. CA010　实行安全生产许可证制度的（　）之一是严格规范安全生产条件。
(A) 意图　　　(B) 出发点　　(C) 想法　　　(D) 目的

91. CB001　"新七种工具"有助于管理人员整理问题、展开方针目标和安排时间进度。安排时间进度,可用( )。
(A) 关联图法和 KJ 法　　　　(B) 系统图法
(C) 矩阵图法和矩阵数据分析法　(D) PDPC 法和箭条图法

92. CB001　关联图的绘制形式不包括( )。
(A) 中央集中型的关联图　　(B) 系统型的关联图
(C) 单向汇集型的关联图　　(D) 关系表示型的关联图

93. CB001　KJ 法与统计方法的不同点描述错误的是:( )。
(A) 统计方法侧重于分析
(B) KJ 法侧重于综合
(C) KJ 法凭"灵感"归纳问题
(D) 统计方法不需数量化、收集语言、文字类的资料(现象、意见、思想)

94. CB002　确立组织统一的宗旨及方向,应当创造并保持使员工能充分参与实现组织目标的内部环境,是对( )的描述。
(A) 以顾客为关注焦点　　(B) 领导作用
(C) 全员参与　　　　　　(D) 与供方关系

95. CB002　质量管理体系可以( )。
(A) 帮助组织实现顾客满足的目标
(B) 适用于特定行业与领域,向组织和顾客提供信任
(C) 提供持续改进的框架,以增加顾客和其他相关方满意的可能性
(D) A+C

96. CB002　八项质量管理原则是"ISO 9001:2000 质量管理体系要求"的( )。
(A) 延伸　　(B) 附加条件　　(C) 中心思想　　(D) 理论基础

97. CB003　为管理体系审核提供审核指南的标准号是( )。
(A) GB/T 19011　(B) GB/T 24001　(C) GB/T 19027　(D) GB/T 19000

98. CB003　关于文件的描述错误的是( )。
(A) 文件能够沟通意图、统一行动
(B) 文件的形成很重要,它不是一项增值活动
(C) 文件有助于提供适宜的培训
(D) B+C

99. CB003　质量管理体系与优秀模式之间的关系,说法错误的是( )。
(A) 两者均为持续改进提供基础
(B) 两者均使组织能够识别它的强项和弱项
(C) 两者均包含外部承认的规定
(D) 应用范围相同

100. CB004　关于返工和返修说法错误的是( )。
(A) 返工是指不合格品经再次加工后,又达到了规定要求,变成合格品
(B) 返修为使不合格产品满足预期使用而对其所采取的措施
(C) 返修包括对以前是合格的产品,为恢复其使用所采取的修复措施,如作为维修的一部分
(D) 返工可影响或改变不合格产品的某些部分

101. CB004　对应用于特定产品、项目或合同的质量管理体系的过程(包括产品实现过程)和资源作出规定的文件可称为( )。
　　(A) 质量计划　(B) 质量策划　(C) 质量手册　(D) 质量方针

102. CB004　"不仅指产品的质量,也包含过程和体系的质量"是对质量( )特性的描述。
　　(A) 经济性　(B) 广义性　(C) 实效性　(D) 相对性

103. CB005　需要实施确认的过程是( )。
　　(A) 量大面广,使用人力很多的过程
　　(B) 产品在使用后或服务在交付后,问题才显现的过程
　　(C) 生产和服务提供过程的输出不能由后续的监视和测量加以验证的过程
　　(D) B + C

104. CB005　确保产品能够满足规定的使用要求或已知的预期用途要求应进行( )。
　　(A) 设计和开发验证　　　(B) 设计和开发评审
　　(C) 设计和开发的策划　(D) 设计和开发的确认

105. CB005　组织应对( )方面确定并实施与顾客沟通的有效安排。
　　(A) 产品信息
　　(B) 问询、合同或订单的处理,包括对其修改
　　(C) 顾客反馈,包括顾客抱怨
　　(D) A + B + C

106. CC001　技术管理部门负责审查施工技术文件的可行性、科学性以及规范性以及采用的( )的有效性。
　　(A) 技术标准　　　　　(B) 技术规范
　　(C) 验收标准　　　　　(D) 技术标准、技术规范

107. CC001　( )组织各有关部门对施工技术文件进行会审,并做好会审记录。
　　(A) 质量部门　　　　　(B) 技术部门
　　(C) 质量安全部门　　　(D) 安全部门

108. CC001　审查施工生产技术文件时,应审查( )、配备种类和数量是否能满足施工生产要求。
　　(A) 施工劳动力、施工设备、机具
　　(B) 施工设备、机具、手段用料
　　(C) 施工劳动力、手段用料
　　(D) 施工劳动力、施工设备、机具、手段用料

109. CC002　图纸会审记录、设计变更通知单等技术文件,应汇总纳入工程产品技术档案,作为( )的依据。
　　(A) 施工生产和竣工结算　(B) 竣工结算
　　(C) 施工生产　　　　　　(D) 竣工验收

110. CC002　图纸会审的主要内容之一是核对( )之间是否协调一致,各专业设计是否协调统一。
　　(A) 总图、专业图　　　(B) 总图、零部件图
　　(C) 专业图、零部件图　(D) 总图、专业图、零部件图

111. CC002　根据( ),核对施工图、标准图、重复利用图、非标设备制作图等设计技术文件

是否完整、齐备。
(A) 图纸说明　　　　　　　(B) 图纸目录
(C) 施工生产要求　　　　　(D) 施工规范要求

112. CC003　为了保证培训（　），调动组员的积极性，应制订奖惩条例。
(A) 任务　　(B) 计划　　(C) 质量　　(D) 数量

113. CC003　以提高职业技能为重点，增强运用知识能力和实际动手能力，突出培训的实践性、操作性和应用性的培训是（　）的原则。
(A) 全员培训　(B) 按需施教　(C) 讲求实效　(D) 突出技能

114. CC003　将班组培训列为（　）的正式考核项目，按月给予评分计奖。
(A) 经济责任制　　　　　　(B) 生产责任制
(C) 岗位制度　　　　　　　(D) 技术责任制

115. CC004　根据《中华人民共和国招投标法》规定，投标单位不能以（　）成本价投标报价。
(A) 高于　　(B) 等于　　(C) 近似于　　(D) 低于

116. CC004　国内工程投标不能超过标底线的上下浮动极限，通常是不得高于标底（　），不得低于标底的（　）。
(A) 5%；7%　(B) 4%；6%　(C) 6%；8%　(D) 5%；6%

117. CC004　投标编制标书时，缩短工期而不增加或少增加费用对甲方有很大的吸引力，但工期建议必须建立在可靠的（　）基础上，才真正具有实际意义。
(A) 标价　　　　　　　　　(B) 三材用量
(C) 工程量计算　　　　　　(D) 施工组织设计或施工方案

118. CC005　不属于施工进度计划图的有（　）。
(A) 横道图　　　　　　　　(B) 网络图
(C) 横道图与网络图结合　　(D) 计划图

119. CC005　项目目标控制应遵循（　）循环法则，进行事前控制、事中控制和事后控制的全过程控制活动，以实现目标控制的持续改进。
(A) P－C－D－A　　　　　　(B) P－D－A－C
(C) P－D－C－A　　　　　　(D) P－A－C－D

120. CC005　项目目标控制的基本方法是"目标管理方法"（　），其本质是"以目标知道行动"。
(A) MOB　　(B) MBO　　(C) BMO　　(D) BOM

121. CC006　企业的经济活动大部分是通过（　）来进行的。
(A) 市场　　(B) 竞争　　(C) 班组　　(D) 职工

122. CC006　企业的经济活动（　）是通过班组来进行的。
(A) 少部分　(B) 大部分　(C) 全部　　(D) 几乎没有

123. CC006　企业经济活动中，班组是企业各项技术和经营管理工作的（　）。
(A) 基础　　(B) 先锋　　(C) 基本单位　(D) 核心

124. CC007　班组是企业内部经济核算中（　）的单位。
(A) 最下层　(B) 最底层　(C) 最基层　　(D) 最小

125. CC007　班组经济核算便于及时（　），发现问题，改进工作。

(A) 调查情况　(B) 了解状况　(C) 核对资料　(D) 总结经验

126. CC007　以班组为单位的（　）经济核算工作,是企业实施民主管理的一种重要组织形式。
(A) 根本性　(B) 群众性　(C) 职业性　(D) 特殊性

127. CC008　产量指标是指产量计划完成的程度指标、（　）对固定费用的影响指标。
(A) 价格变动　(B) 产量变动　(C) 人员变动　(D) 设备变动

128. CC008　班组（　）动用的工时数比定额工时数少,说明该班组节约了工时。
(A) 实际产量　(B) 计划产量　(C) 送检产品　(D) 合格产品

129. CC008　对物质消耗核算的方法主要是用（　）与消耗定额进行比较。
(A) 合格品耗费　　　　(B) 计划消耗
(C) 实际消耗　　　　　(D) 废品耗费

130. CC009　除日常分析外,还应进行（　）,确保班组长能够及时地了解生产现场的实际情况和问题,以便及时采取相应的措施。
(A) 经济核算　(B) 定期分析　(C) 经常调查　(D) 定期研究

131. CC009　抓好（　）是班组及时发现问题、采取措施,保证每月每项工作任务能够及时完成、有效完成的关键。
(A) 定期核算　(B) 定期分析　(C) 经常调查　(D) 定期研究

132. CC009　在班组管理中最重要的基础工作是（　）。
(A) 经济核算　(B) 完成工作　(C) 原始记录　(D) 安全生产

133. CC010　班产量定额完成率(%)＝[实际班产量÷（　）]×100%
(A) 计划产量　　　　　(B) 实际完成产量
(C) 定额班产量　　　　(D) 计划品种数

134. CC010　计算出勤率是考核（　）情况的劳动指标。
(A) 劳动效率　(B) 工作完成　(C) 工人出勤　(D) 生产进度

135. CC010　对物质消耗核算的方法主要是用（　）与消耗定额进行比较。
(A) 实际消耗　(B) 计划消耗　(C) 合格品耗费　(D) 废品耗费

二、判断题(对的对画"√",错的画"×")

(　) 1. AA001　测量尺寸是零件测绘过程中一个必要的步骤,零件上全部尺寸的测量应集中进行。

(　) 2. AA002　当接触器电磁机构通电吸合时,其常开主触头和常开辅助触头接通,常闭主触头和常闭辅助触头分断;当电磁机构释放时则相反。

(　) 3. AA003　液压回路是指那些为了实现特定的功能而把某些液压元件用管道按一定的方式组合起来的油路结构。

(　) 4. AB001　在CAD绘图中,能沿图形单方向(只沿X轴或只沿Y轴)对图形进行缩放。

(　) 5. AB002　电子技术是机电一体化的基础。该技术的着眼点在于如何与机电一体化技术相适应,利用其他高新技术来更新概念,实现结构上、材料上、性能上的变更,满足减轻质量、缩小体积、提高精度、提高刚度及改善性能的要求。

(　) 6. BA001　计算转子振动特性的方法,目前应用较为广泛的是传递矩阵法和有限元法。

(　) 7. BA002　高速动平衡技术主要用来校正力和力偶不平衡量。

(　) 8. BA003　齿轮的故障形式有断裂、磨损、擦伤和表面剥离等。

（　）9. BA004　常用的典型故障诊断技术包括振动诊断技术、声诊断技术、温度诊断技术及铁谱分析技术。

（　）10. BA005　设备故障的标准有绝对判断标准、相对判断标准和类比判断标准三种。

（　）11. BB001　正确的定心，对于旋转机械的可靠运行是必需的，特别是高速旋转的离心式压缩机更显得重要。

（　）12. BB002　处理离心式压缩机油封密封环故障的措施是检查密封环间隙。

（　）13. BB003　活塞式压缩机连杆由杆体、大头和小头组成。

（　）14. BB004　由于阀片受到反复、频繁的冲击和交变弯曲载荷的作用，阀片应具备强度高、韧性好、耐磨擦、耐腐蚀等性能。

（　）15. BB005　喷嘴是汽轮机最主要的机件之一，它是将进口蒸汽的热能和静压能转变为动能的机件。

（　）16. BB006　汽轮机径向轴承采用两半圆的带有巴氏合金作衬里的薄壁瓦，米楔尔式的止推轴承。

（　）17. BB007　燃气轮机中，为减少动叶的热应力，常将动叶做成实心结构。

（　）18. BB008　在燃气轮机维修中，转子组件应进行射线检查和测量轴颈磨损情况，并对叶片逐级检查是否变形、松动。

（　）19. BB009　通常在双轴承座电机中，绝缘板放在非传动端的轴承座与垫板之间。

（　）20. BB010　在转速大于500r/min以上的电机，尤其是高速电机和长期连续运转的电机中，通常将空气间隙调整至上部大于下部。

（　）21. CA001　生产经营单位应对培训计划的实施情况进行定期评审。

（　）22. CA001　生产经营单位应将识别获取适用法律、法规和其他要求的工作形成一套程序。

（　）23. CA002　申请方应按职业健康安全管理体系标准建立文件化的职业健康安全管理体系。

（　）24. CA002　审核方的职业健康安全管理体系有效运行，不需要将全部要素运行一遍。

（　）25. CA003　用人单位的最高管理者应承担用人单位在职业安全健康方面的最终责任。

（　）26. CA004　体系文件作为客观证据向管理者、相关方、第三方审核机构证实本组织职业安全健康管理体系的运行情况。

（　）27. CA004　编写按自上而下的方式：按基础文件、程序文件、管理手册的顺序编写。

（　）28. CA005　特殊工种必须经过安全教育与培训，考试合格后持证上岗作业。

（　）29. CA005　安全教育要求体现"六性"，即全员性、全面性、针对性以及成效性、发展性、经常性。

（　）30. CA006　任何元件都可以有其最佳的布置位置，这取决于人的感受特性、人体测量学与生物学特性以及作业的性质。

（　）31. CA007　不良的作业方法会使作业者容易疲劳，发生差错，进而导致事故和伤害的发生。

（　）32. CA007　作业动作标准，是要求其动作应规定每个作业程序中所包含的动作要素和运动轨迹范围。

（　）33. CA008　现代安全应以预防事故为中心，预先发现、鉴别、判定可能导致事故发生的各种因素，以便于采取措施，控制和消除这些危险。

( ) 34. CA008　安全评价可分为安全预评价、安全验收评价、安全现状综合评价、专项安全评价。

( ) 35. CA009　根据伤害程度的不同,事故大体分为轻伤、重伤、死亡。

( ) 36. CA009　GB 6441—1986《企业职工伤亡事故分类》中,将伤亡事故按伤害方式分为20类。

( ) 37. CA010　防止和减少生产安全事故,确保人民群众生命和财产安全,保证国民经济持续、健康、稳定发展,是实行安全生产许可证制度的最终目的。

( ) 38. CA010　建筑施工企业申请安全生产许可证,应当对申请材料实质内容的真实性负责。

( ) 39. CB001　老七种 QC 工具是:关联图法、亲和图法(KJ 法)、系统图法、矩阵图法、矩阵数据分析法、过程决策程序图法 PDPC 法、矢线图法。

( ) 40. CB002　持续改进总体业绩应当是组织的一个永恒目标。

( ) 41. CB003　文件的作用之一是实现可追溯。

( ) 42. CB004　"质量"定义中的"固有的"就是指某事或某物中本来就有的,尤其是那种永久的特性。

( ) 43. CB005　质量管理体系可以不规定管理评审的输出的内容。

( ) 44. CB005　质量管理体系审核的目的之一是评价是否需要采取改进或纠正措施。

( ) 45. CC001　施工生产前必须制定施工技术方案、技术措施或工艺文件,且经过审批。

( ) 46. CC002　施工图审查分为四个阶段进行:熟悉阶段、初审阶段、内部会审、综合会审。

( ) 47. CC003　开展技术表演赛是大练基本功、检查技能培训和推动岗位练兵的好方法。

( ) 48. CC004　投标报价书是投标商根据招标文件对招标工程承包价格作出的要约表示,是投标文件的核心内容。

( ) 49. CC005　施工进度计划是施工进度控制的依据。

( ) 50. CC006　班组是企业各项技术和经营管理工作的主体。

( ) 51. CC007　班组经济核算已由单纯实物量核算发展为价值形式的综合合算。

( ) 52. CC008　产量计划完成率(%)=[实际完成产量÷定额班产量]×100%。

( ) 53. CC009　在班组管理工作中,最重要的基础工作是一定要完成任务。

( ) 54. CC010　根据产量计划完成率指标,可以看出班组超产或者欠产的程度。

三、简答题

1. BA003　齿轮增速箱体的检修要求是什么?
2. BA003　齿轮增速箱大小齿轮的检修要求是什么?
3. BB001　解释离心压缩机性能参数:(1)流量;(2)体积流量;(3)质量流量;(4)压缩比。
4. BB001　离心压缩机喘振现象的特征是什么?
5. BB002　检修离心压缩机径向轴承有哪些技术要求?
6. BB002　离心压缩机缸体检修的技术要求是什么?
7. BB003　简述活塞杆填料环的"三个间隙"及重要性。
8. BB003　活塞压缩机启动时应注意哪些事项?
9. BB004　十字头销在检修中应注意什么?
10. BB004　如何确定活塞与汽缸内端面的死点间隙?

11. BB005　汽轮机转子为什么会产生轴向力？
12. BB005　调节系统试验的目的是什么？
13. BB006　引起汽轮机滑销损坏的原因有哪些？
14. BB006　汽缸产生裂纹的原因是什么？
15. BB007　燃气轮机出现异常振动的主要原因是什么？
16. BB007　燃气轮机出现异常振动时的处理方法有哪些？
17. BB008　维修燃气轮机时在机体何处加支点？为什么？
18. BB008　燃气轮机共有几部分组成？作用是什么？
19. BB009　对电动机启动困难进行简要故障分析。
20. BB009　电动机运转过程中电机温度过高的防治措施有哪些？

理论知识试题答案

一、选择题

1. D	2. D	3. B	4. C	5. B	6. A	7. C	8. D	9. A	10. C
11. D	12. A	13. B	14. D	15. A	16. A	17. C	18. B	19. C	20. C
21. C	22. B	23. B	24. C	25. B	26. B	27. B	28. C	29. D	30. D
31. B	32. B	33. B	34. C	35. C	36. B	37. A	38. D	39. A	40. C
41. B	42. B	43. B	44. B	45. B	46. D	47. D	48. D	49. B	50. C
51. C	52. B	53. C	54. C	55. A	56. A	57. D	58. C	59. B	60. C
61. C	62. A	63. D	64. C	65. A	66. A	67. C	68. A	69. B	70. C
71. D	72. A	73. C	74. C	75. C	76. C	77. D	78. A	79. C	80. A
81. A	82. B	83. A	84. C	85. B	86. B	87. B	88. C	89. B	90. D
91. D	92. B	93. D	94. B	95. C	96. D	97. D	98. B	99. B	100. D
101. A	102. B	103. D	104. D	105. D	106. D	107. B	108. D	109. A	110. C
111. B	112. C	113. D	114. A	115. D	116. A	117. D	118. D	119. C	120. B
121. C	122. B	123. C	124. C	125. D	126. B	127. B	128. A	129. C	130. B
131. A	132. C	133. C	134. C	135. A					

二、判断题

1.√ 2.√ 3.√ 4.× 在CAD二维绘图中,必须对图形在X轴和Y轴方向同时进行缩放。 5.× 机械技术是机电一体化的基础。该技术的着眼点在于如何与机电一体化技术相适应,利用其他高新技术来更新概念,实现结构上、材料上、性能上的变更,满足减轻质量、缩小体积、提高精度、提高刚度及改善性能的要求。 6.√ 7.× 高速动平衡技术主要用来校正振型不平衡量。 8.√ 9.√ 10.√

11.√ 12.√ 13.√ 14.√ 15.√ 16.√ 17.× 燃气轮机中,为减少动叶的热应力,常将动叶做成空心结构。 18.× 在燃气轮机维修中,转子组件应进行着色检查和测量轴颈磨损情况,并对叶片逐级检查是否变形、松动。 19.√ 20.√

21.√ 22.√ 23.√ 24.× 审核方的职业健康安全管理体系有效运行,一般应将全部要素运行一遍,并至少有3个月的运行记录。 25.√ 26.√ 27.× 编写按自下而上的方式:按基础文件、程序文件、管理手册的顺序编写。 28.√ 29.√ 30.√

31.√ 32.√ 33.√ 34.√ 35.√ 36.√ 37.√ 38.√ 39.× 新七种QC工具是:关联图法、亲和图法(KJ法)、系统图法、矩阵图法、矩阵数据分析法、过程决策程序图法PDPC法、矢线图法。 40.√

41.√ 42.√ 43.× 质量管理体系必须规定管理评审的输出的内容。 44.√ 45.√ 46.√ 47.√ 48.√ 49.√ 50.× 班组是企业各项技术和经营管理工作的基本单位。

51. √　52. ×　产量计划完成率(%) = [实际完成产量/计划产量] × 100%。53. ×　在班组管理工作中,最重要的基础工作是原始记录,一定要填写真实、准确,保管要齐全。54. √

三、简答题

1. 答:① 增速箱上半箱体和下半箱体的中分接合面应密合,不紧中分面螺栓用0.05mm塞尺沿整周不得塞入,个别塞入部位处的塞入深度不得大于密封面宽度的1/3,沿整周不得有贯穿接合面的沟槽。② 下半增速箱用煤油作渗透检查,不得有漏油、浸油。③ 当检修中发现齿轮啮合线歪斜,啮合不良、齿面磨损、运行中噪声增大时,应用精密假轴检查两齿轮轴的平行度,其平行度偏差应在0.025mm以内,中心距极限偏差不得超过0.10mm。平行度误差在0.10mm以内时,可结合修刮轴承进行处理,否则应制订处理方案或更换齿轮箱。④ 两齿轮轴在箱内用水平仪检查齿轮轴的扬度,两齿轮轴的扬度方向应相同。⑤ 下半箱体在充分拧紧地脚螺栓的情况下,检查箱体水平结合纵向、横向水平,并使其误差在0.02mm以内。

   评分标准:答对①~⑤各占20%。

2. 答:① 大齿轮、小齿轮齿面无磨损、胶合、点蚀、起皮、烧灼等缺陷,缺陷严重时更换齿轮。② 齿轮轴轴颈无磨损和其他损伤,轴颈的圆柱度和圆度偏差均在0.015mm以内。③ 轴端联轴器工作表面无沟槽、划痕、裂纹等缺陷。④ 齿轮作着色探伤检查。⑤ 当运动中出现原因不明的振动增大,而无其他原因可寻时,应对齿轮连同联轴器进行动平衡,动平衡精度应使齿轮的质量不平衡偏心小于0.5μm。

   评分标准:答对①~⑤各占20%。

3. 答:① 流量是指单位时间内流经压缩机流道任一截面的气体量,通常以体积流量和质量流量两种方法来表示。② 体积流量是指单位时间内流经压缩机流道任一截面的气体体积,其单位为m³/s。因气体的体积随温度和压力的变化而变化。当流量以体积流量表示时,须注明温度和压力。③ 质量流量是指单位时间内流经压缩机流道任一截面的气体质量,其单位是kg/s。④ 压缩比是指压缩机的排出压力和吸入压力之比,有时也称压比。计算压比时排出压力和吸入压力都要用绝对压力。

   评分标准:答对①~③各占20%。答对④占40%。

4. 答:离心式压缩机一旦出现喘振现象,则机组和管网的运行状态,具有以下明显特征:① 气体介质的出口压力和入口流量大幅度变化,有时还可能产生气体倒流现象。气体介质由压缩机排出转为流向入口,这是较危险的工况。② 管网有周期性振荡,振幅大、频率低,并伴由周期性"吼叫"声。③ 压缩机振动强烈,机壳、轴承均有强烈振动,并发出强烈的、周期性的气流声。由于振动强烈,轴承液体润滑条件会遭到破坏,轴瓦会烧坏,甚至轴扭断,转子与定子会产生摩擦、碰撞,密封元件将严重破坏。

   评分标准:答对①、②各占30%。答对③占40%。

5. 答:检修离心压缩机径向轴承时的主要技术要求如下:① 测量轴承、油挡间隙,应符合设计标准要求;轴瓦瓦背过盈量合适,对多油楔可倾式轴瓦,一般要求过盈量为0~0.02mm。② 检查各零部件,应无损伤,轴瓦及油挡巴氏合金层应无剥落、气孔、裂纹、电蚀、划伤及偏磨,各瓦块与轴接触印痕沿轴向均匀。③ 对可倾瓦轴承,要求各瓦块与瓦壳线接触面光滑、无磨损;同组瓦块厚度均匀,误差小于0.01mm。各瓦块定位销钉与对应的瓦块上的销孔无顶压、磨损。组装后瓦块摆动自由。④ 瓦壳上下剖分面密合,定位销不晃动,内圆无错口现象,防转销牢固可靠。瓦壳在瓦窝内接触均匀,与瓦窝接触面积不小于70%。⑤ 清洗轴承箱,不得有裂纹、渗油现象,各供油孔要干净、畅通。

评分标准:答对①～⑤各占20%。

6. 答:① 清扫缸体内外表面,检查机壳应无裂纹、冲刷、腐蚀等缺陷。有疑点时,应进一步采用适当的无损探伤方法进行确认检查。② 空缸扣合,打入定位销后紧固1/3中分面螺栓,检查中分面结合情况,用0.05mm塞尺检查应塞不进,个别塞入部位的塞入深度不得超过气缸结合面宽度的1/3。③ 缸体导向槽、导向键清洗检查,应无变形、损伤、卡涩等缺陷,间隙符合标准要求。④ 认真清扫汽缸猫爪与机架支承面,该面应平整无变形,清洗检查缸体紧固螺栓和顶丝,丝扣应完好。猫爪与紧固螺栓之间预留的膨胀间隙应符合要求。⑤ 缸体中分面平整,定位销和销孔不变形,中分面无冲蚀漏气及腐蚀痕迹。中分面有沟槽缺陷时,可先用补焊填平(一般用银焊或铜焊),然后根据损伤面积和部位确定修理方法。对小面积表面缺陷,可用手工锉、刮修整;对大面积或圆弧面,用车、镗才能保证修整质量。⑥ 水平剖分汽缸常因时效处理欠佳,在自由状态下剖分面出现较大间隙。间隙值若小于0.3mm,或拧紧1/4气缸螺栓后间隙消除,可不做处理,只需按装配要求拧紧缸盖螺栓。若缸体变形很大,影响密封和内件装配时,应作进一步空缸装配检查,视情况制定具体检修方案。⑦ 为保证安全,对汽缸应定期作探伤检查,通常采用着色法对内表面进行探伤。若裂纹深度小于缸壁厚的5%,在壳体强度计算允许,不影响密封性能的情况下,用手提砂轮将裂纹打磨消除,可不做处理。除此之外的裂纹,都应制订方案进行补焊或更换。⑧ 检查所有接管与缸体焊缝,应无裂纹、腐蚀现象,必要时进行无损探伤检查。缸体各导淋孔干净畅通,并用空气吹扫,以防堵塞。⑨ 中分面连接螺栓探伤检查,若有裂纹或丝扣损伤等缺陷,必须更换。⑩ 检查气缸与轴承座的同轴度,汽缸中心线与轴承中心线应在同一轴心线上,其同轴度偏差不大于0.05mm,检测方法常用假轴找正法。将假轴两端用轴承支承(轴承与轴配合间隙为0.04～0.06mm)轴上安装一个可调的百分表架,然后旋转假轴,从表测量数据中,找出缸内表面的各个加工面的偏差值。如果偏差大于允许值,可根据结构情况及偏差方为调整轴承座,或者修整轴承座孔,或重新配制新瓦壳。

评分标准:答对①～⑩各占10%。

7. 答:① 轴向间隙:保证填料环在环槽中能自由浮动,否则将无法正常工作。② 径向间隙:防止由于活塞环的下沉使填料环受压,避免变形或损坏。③ 切口间隙:用于补偿填料环的磨损。

评分标准:答对①～②各占30%,答对③占40%。

8. 答:① 压缩机启动时,首先明确是否具备进入运转状态的条件,再按启动要求的顺序进行,最重要的是应充分了解机器的构造,认真研究后进行启动。② 检查所有检修项目是否已经全部结束。③ 检查润滑油的油位及润滑油指标是否合格。④ 冷却水水量、进口水温调整,检查冷却水水箱液位是否正常。⑤ 检查隔离氮系统是否投用,各注入点压力是否正常。⑥ 检查汽缸用注油器油量,给汽缸、填料注油,检查油是否确实注入。⑦ 检查放泄阀,旁通阀全开与否,是否可以进行无负荷运转。⑧ 启动润滑油泵,检查油压,判断油泵有无异常现象,是否从进油管吸入空气。⑨ 以盘车装置进行盘车,润滑油必须均匀分布,检查汽缸内有无夹杂物。盘车完毕后,将盘车装置确实地返回原来位置。

⑩ 全开吸气阀门。如吸气阀门关闭,会使进气管成为负压,压缩机车身为低负荷,容易吸入空气,在压缩有危险性的气体时,吸入空气是很危险的。⑪ 机器周围不得放置异物及危险品。⑫ 机器的排气温度、振动、电机定子温度等联锁调试合格。⑬ 压缩机正式进入运转后,逐渐升高压力,当排气压力接近额定压力时慢慢打开排气阀门。在升压过程中,关闭放泄阀,检视压力平衡,关闭旁通阀。还应注意有无异常声音的发生,检查气、水、油等的泄漏,湿度、压力及振动情况。

　　评分标准:答对①、⑩、⑬各占10%,答对②~⑨各占7%,答对⑪、⑫各占7%。

9. 答:① 良好的润滑性。连杆小头瓦在十字头销上是来回摇动,而不是转动,所以形成足够的润滑油膜是很重要的运转条件。如果油管堵塞,油道内有金属屑和污物,油路未对准或油压、油量不足时,都会引起十字头及其销轴瓦衬套的烧损,甚至发生抱轴咬死等严重事故。因此,必须仔细清理润滑油道,用压缩空气吹净,尤其是要注意油孔和油道内有无金属切屑,如发现内有杂物必须除净。并要检查十字头本身的油孔与销轴上的油孔是否完全对准,绝不允许错开,否则将会减少或堵塞油道通路。② 十字头销与小头瓦衬套之间应有一定的径向间隙,间隙过小,将造成过热烧瓦;间隙过大,发出敲击声。这种敲击声在十字头往复行程的两个方向中都能听到,尤其负荷状况下声音尤为显著,在无负荷时,声音稍轻,但较清晰。③ 十字头销小头瓦衬套之间应有一定的轴向间隙(窜量),尤其是在以连杆小头为轴向定位时,间隙值更应准确,否则将会发生过热和敲击声。④ 十字头销中心线应与连杆中心线互相垂直,因此,在安装中必须预先做到使连杆的曲轴中心线与机身和十字头滑道的中心线互相垂直。如不垂直,会使十字头跑偏。同时,机身、十字头滑道和汽缸都要找正定中心。否则在运转中连杆小头滑向一边(沿轴向滑动),发出金属敲击声,小头瓦也因此而发热烧损。⑤ 为了保证十字头销装配正确可靠,可用涂色法检查十字头销轴与机体锥形孔座配合的情况,要求达到接触均匀,必要时需修刮研磨。

　　评分标准:答对①~⑤各占20%。

10. 答:① 在往复压缩机中,汽缸间隙是否合适是一个很重要的问题,如果汽缸余隙过小,压缩机在运行中,连杆和活塞杆受热膨胀后伸长,产生撞击。因此,必须留出合适的汽缸余隙,以防止碰撞气缸;余隙过大则影响排气量。② 立式压缩机汽缸余隙是指活塞行至上死点、下死点时活塞的顶面与汽缸盖内端面之间的距离。卧式压缩机的汽缸余隙,是指活塞行至前死点、后死点时活塞端面与前汽缸、后汽缸内端面之间的距离。考虑到压缩机在工作时,连杆和压缩杆受热膨胀伸长,因此在汽缸的两侧所留余隙不一样。与曲轴相对的一侧,即热膨胀伸长的一侧,应留有较大的余隙。③ 汽缸余隙可按压缩机制造厂说明书所规定的数值调整。④ 汽缸余隙的检测方法是:将铅条(对大型压缩机)或电气熔断丝(对小型压缩机)从压缩机的气阀座开口处放入汽缸,然后慢慢盘车,使活塞经过死点压扁铅条,用千分尺测量压扁后的铅条厚度,即可得出余隙数值。这个数值比在空载时运行的实际值大,而接近于负荷运行时的实际值,因为空载时由于没有气垫,各运动部件的惯性力会使汽缸余隙比测量值至少小于大头瓦、小头瓦的间隙之和。

　　评分标准:答对①~④各占25%。

11. 答:① 蒸汽在汽轮机内膨胀做功时,转子受到两部分力:一部分称为轮周力,它是产生转矩对外做功的力;另一部分是从高压端指向低压端的力,称为轴向推力。② 在一般情况下,有下列轴向推力作用在转子上:作用在动叶片上的轴向推力。汽轮机转子在工作时,蒸汽作用在动叶片上的力除沿圆周方向的力外,还有一个沿轴向的分力,另外现代应用的汽轮机大都带有一定的反动度,动叶片前后有压力差,该压力差也对动叶片产生轴向力。③ 作用在叶轮上的轴向推力。在冲动式汽轮机中,叶轮前后有一定压差,对叶轮产生轴向推力。虽然压差不大,但由于叶轮面积较大,所以也产生较大的轴向推力。④ 由于轴的直径差别产生的轴向推力。由变直径主轴形成的阶梯形、锥面、凸肩等处,在有压差存在时,就会产生轴向推力。

评分标准:答对①~④各占25%。

12. 答:① 确定调节系统的静态特性、速度变动率、迟缓率及动态特性等,可以全面确定调节系统的工作性能;② 通过试验发现正常运行中不易发现的缺陷,并正确分析其原因,为消除缺陷提供必要的、可靠的依据。

评分标准:答对①、②各占50%。

13. 答:① 汽轮机汽缸在热胀冷缩过程中反复错动,产生磨损或拉出毛刺,机组的振动更加速了这种损坏并使滑销受很大的冲击力;② 运行操作不当,有铁屑、砂粒等污物落入滑销间隙中,使汽缸在膨胀过程中拉出毛刺、发生卡涩;③ 滑销安装不正确,间隙过小或汽缸膨胀不均匀,使滑销产生过大的挤压力而损坏;④ 滑销材质不好、强度不好、表面硬度不足,在相对降压时滑动面损坏。

评分标准:答对①~④各占25%。

14. 答:① 铸造工艺不当,在汽缸变截面处产生拉应力,这个铸造应力可使汽缸产生表面裂纹或隐性裂纹,铸造过程中的夹渣、气孔、疏松等也可能产生裂纹;② 补焊工艺不当,如未焊透、夹渣、气孔等都可能在补焊区和热影响区产生裂纹。③ 汽缸时效处理不当。未能清除部件内部的应力,产生裂纹;④ 运行操作不当,在启动、停机及负荷改变时,温度变化速度过快,使热应力过大而产生裂纹,运行时机组振动过大可导致裂纹加大。

评分标准:答对①~④各占25%。

15. 答:燃气轮机出现异常振动的主要原因是:① 转子不平衡;② 对中不好;③ 轴承间隙不合适或轴承损坏;④ 动静部分间隙不合适,动静部分产生摩擦;⑤ 转子叶片因过热、摩擦、疲劳等原因产生变形、碎裂;⑥ 联轴器损坏。

评分标准:答对①、②各占10%。答对③~⑥各占20%。

16. 答:燃气轮机出现异常振动时采取以下方法处理:① 检查轴承;② 重新平衡转子;③ 重新对中;④ 重新调整动静部分间隙;⑤ 更换、修复转子;⑥ 检修联轴器。

评分标准:答对①~④各占15%,答对⑤、⑥各占20%。

17. 答:在燃气轮机解体之前,须加支承点的位置为:① 二级喷嘴的正下方;② 高速轴壳体在过渡段的接合面下部;③ 压缩机中部法兰面下部;④ 燃烧壳体外壳前下部;⑤ 压气机的入口法兰下部。⑥ 加支承点的目的是防止缸体下沉过大,造成拆装困难;二是检查机组回装完毕后,缸体水平线是否恢复到原来位置。

评分标准:答对①~④各占15%,答对⑤、⑥各占20%。

18. 答:① 燃气轮机是由压气机、燃烧室和透平三大部分组成的动力装置,它们的功用如下:② 压气机是由透平驱动,将空气压缩后送到燃烧室参与燃烧;③ 燃烧室为燃料与空气混合并进行燃烧的场所,为透平提供高温、高压的燃气;④ 透平为动力机械,燃气在透平中膨胀做功,将燃气的热能、压力能和动能转化为机械能,驱动压气机和负荷。

评分标准:答对①~④各占25%。

19. 答:① 启动电压太低。② 启动绕组断路。③ 转子励磁线圈内加入的启动电阻太小或磁级线圈短路。④ 轴承不洁净,润滑油内有杂质,使润滑不良。⑤ 定子绕组断路。⑥ 被拖动的机械发生故障。

评分标准:答对①~④各占15%,答对⑤、⑥各占20%。

20. 答:① 应按工艺要求,严格控制过负荷运行。② 对冷却不良,可采取降低进风和工作空间温度,使其达到标准要求。③ 对管道堵塞和漏气等情况,应及时清理和修理,保持畅通。④ 水冷却时,应有足够的水压和流量。⑤ 对电机风扇叶片进行调整,导正送风方向。⑥ 在电机运转时,增加负荷应按生产要求合理进行。

评分标准:答对①~④各占15%,答对⑤、⑥各占20%。

第九部分　技师和高级技师技能操作试题

考核内容层次结构表

级　别	技能操作			合　计
	基本技能		专业技能	
	测绘零件	加工零件	安装调试诊断	
初级工	10分 90min	40分 150~240min	50分 90~120min	100分 330~450min
中级工	15分 120min	35分 240~270min	50分 120~180min	100分 480~570min
高级工	15分 120min	30分 240~270min	55分 180min	100分 540~570min
技师和高级技师	15分 120min	30分 120~360min	55分 120~240min	100分 360~720min

鉴定要素细目表

行为领域	代码	鉴定范围	鉴定比重	代码	鉴定点	重要程度
基本技能 A 45%	A	测绘零件	15%	001	测绘两键槽多台阶轴	X
				002	测绘蜗轮	X
				003	测绘蜗杆	X
				004	测绘渐开线斜圆柱齿轮	X
	B	加工零件	30%	001	加工燕尾样板副	X
				002	加工样板镶配件	X
				003	加工六方合套	X
				004	加工进刀凸轮	X
				005	加工R样板副	X
				006	加工夹板	X
				007	加工三爪盒套	X
				008	加工拼块	X
				009	加工梯形圆弧镶配件	X
专业技能 B 55%	A	安装调试诊断	55%	001	检修汽轮机汽封	X
				002	装配离心式压缩机浮环	X
				003	检查与排除活塞式压缩机气缸内突然发出冲击声故障	X
				004	检查齿轮变速箱声音异常	X
				005	找正变速箱轴瓦平行度、交叉度	X

注：X—核心要素；Y——般要素。

技能操作试题

一、AA001 测绘两键槽多台阶轴

1. 考核要求

(1) 必须穿戴好劳动保护用品。

(2) 必备的工具、用具、量具准备齐全。

(3) 图形正确,表达清楚。

(4) 尺寸完整,线形分明。

(5) 图面整洁,字迹工整。

2. 准备要求

(1) 材料准备:以下所需材料由鉴定站准备。

序 号	名 称	规 格	数 量	备 注
1	图纸	3号	1张	
2	图板	1号	1块	
3	图钉		4个	
4	两键槽多台阶轴	待定	若干	按考试人数每人1件

(2) 工具、用具、量具准备:以下所需工具、用具、量具由考生准备。

序 号	名 称	规 格	数 量	备 注
1	绘图工具		1套	
2	游标卡尺	0~300mm	1把	精度0.02mm
3	三角板		1套	
4	外径千分尺	0~25mm、25~50mm	各1把	精度0.01mm
5	深度游标卡尺	0~200mm	1把	精度0.02mm
6	螺纹牙型规		1把	

3. 操作程序说明

(1) 测量并记录尺寸及公差。

(2) 绘图。

(3) 标注尺寸。

(4) 标注形位公差及粗糙度。

4. 考核规定说明

(1) 如考试违纪,将按规定停止考核。

(2) 考试采用百分制,然后按鉴定比重进行折算。

(3) 考核方式说明:本项目为技能笔试试题,按标准对测绘结果进行评分。

(4)测量技能说明:本项目主要测试考生对测绘两键槽多台阶轴的熟练程度。

5. 考核时限

(1)准备时间:5min。

(2)操作时间:120min。

(3)从正式操作开始计时。

(4)考试时,根据考试场所确定考试人数,按笔试要求统一计时,提前完成操作不加分,超过规定操作时间按规定标准评分。

6. 评分记录表

序号	考核内容	评分要素	配分	评分标准	检测结果	扣分	得分	备注
1	测量并记录尺寸及公差	根据测量结果记录尺寸及公差	4	测量不做记录不得分;少记一处扣2分				
2	绘图	按比例绘制主视图	4	主视图不按比例画不得分				
		主视图绘制中心线	4	未画或画错中心线不得分				
		主视图在图面的位置符合标准	4	主视图的位置不对不得分				
		主视图能正确表达零件的基本形状和特征	4	主视图不能正确表达零件的基本形状和特征不得分				
		主视图可见轮廓线完整	4	主视图可见轮廓线不完整、少或错一处扣1分				
		绘制螺纹	5	螺纹画法不对不得分				
		绘制空刀槽	4	空刀槽画法不对不得分				
		绘制各部倒角	4	倒角少画一处扣3分				
		尺寸线尺寸界线清晰完整	5	一处不完整扣2分				
		键槽处绘制截面图	5	截面图形状不对不得分;截面图方向画反不得分;位置不对扣3分;线条不对扣3分				
3	标注尺寸	标出键槽的外径尺寸及公差	5	未标或标错尺寸不得分;尺寸标注正确未标公差扣2分				
		标出非键槽台阶外径尺寸及公差	5	未标或标错尺寸不得分;少标一项2分;外径尺寸标注正确未标公差扣2分;少标一处扣1分				
		标出螺纹尺寸	5	未标或标错不得分				
		标出总长尺寸	5	未标总长尺寸扣2分				
		标出各台阶长度尺寸	5	少标一处扣2分				
		标出键槽长×宽×深尺寸	5	未标不得分,少标或错标一处扣2分				
		空刀标注尺寸正确	5	未标注不得分;不正确不得分				
		倒角标注正确	5	少标一处扣2分				

续表

序号	考核内容	评分要素	配分	评分标准	检测结果	扣分	得分	备注
4	标注形位公差及粗糙度	标注形位公差、符号（同心度、对称度）	4	标注位置不对不得分；位置和符号不对均不得分				
		标注粗糙度	3	未标注不得分；少标一处扣1分				
5	填写标题栏	标题栏主要内容正确（名称、材料、比例）	3	少一项扣1分				
6	图面	图面整洁	3	图面不整洁扣3分				
7	考试时限	在规定时间内完成		提前完成不加分，每超时1min从总分中扣5分，超过3min停止操作				
	合　　计		100					

考评员：　　　　　　　　　　　核分员：　　　　　　　　　　　年　月　日

二、AA002　测绘蜗轮

1. 考核要求

(1)必须穿戴好劳动保护用品。

(2)必备的工具、用具、量具准备齐全。

(3)图形正确,表达清楚。

(4)尺寸完整,线形分明。

(5)图面整洁,字迹工整。

2. 准备要求

(1)材料准备:以下所需材料由鉴定站准备。

序号	名称	规格	数量	备注
1	图纸	3号	1张	
2	图板	1号	1块	
3	图钉		4个	
4	蜗轮蜗杆	待定	若干	按考试人数每人1件

(2)工具、用具、量具准备:以下所需工具、用具、量具由考生准备。

序号	名称	规格	数量	备注
1	绘图工具		1套	
2	游标卡尺	0～300mm	1把	精度0.02mm
3	三角板		1套	
4	外径千分尺	25～50mm、75～100mm	各1把	精度0.01mm
5	内径百分表	18～35mm	1块	精度0.02mm
6	万能角度尺		1把	
7	R规		1套	

3. 操作程序说明

(1)测量并记录尺寸及公差。

(2)绘图。

(3)标注尺寸。

(4)标注形位公差及粗糙度。

4. 考试规定说明

(1)如考试违纪,将按规定停止考核。

(2)考试采用百分制,然后按鉴定比重进行折算。

(3)考核方式说明:本项目为技能笔试试题,按标准对测绘结果进行评分。

(4)测量技能说明:本项目主要测试考生对测绘蜗轮的熟练程度。

5. 考试时限

(1)准备时间:5min。

(2)操作时间:120min。

(3)从正式操作开始计时。

(4)考试时,根据考试场所确定考试人数,按笔试要求统一计时,提前完成操作不加分,超过规定操作时间按规定标准评分。

6. 评分记录表

序号	考核内容	评分要素	配分	评分标准	检测结果	扣分	得分	备注
1	测量并记录尺寸及公差	根据测量结果记录尺寸及公差	3	测量不做记录不得分;少记一处扣2分				
2	绘图	按比例绘制主视图	3	主视图不按比例画不得分				
		主视图绘制中心线	3	未画或画错中心线不得分				
		主视图在图面的位置符合标准	3	主视图的位置不对不得分				
		主视图能正确表达零件的基本形状和特征	4	主视图不能正确表达零件的基本形状和特征不得分				
		主视图可见轮廓线完整	4	主视图可见轮廓线不完整、少或错一处扣1分				
		主视图进行半剖或全剖	5	剖面没画不得分;喉面曲线画得不对扣3分;齿宽角没画扣3分				
		所见轮廓线画法正确	4	轮廓线画错一处扣3分				
		画出所见均布孔	4	均布孔未画不得分;少画一个扣1分				
		画出内键槽	4	内键槽未画或表达不清楚不得分				

续表

序号	考核内容	评分要素	配分	评分标准	检测结果	扣分	得分	备注
3	标注尺寸	标出蜗轮最大外圆公称直径	4	未标或标错尺寸不得分				
		标出蜗轮分度圆直径尺寸	4	未标或标错尺寸不得分				
		标出齿顶圆直径尺寸	4	未标或标错尺寸不得分				
		标出内孔尺寸	4	未标或标错尺寸不得分				
		标出齿顶圆弧半径尺寸	4	未标或标错尺寸不得分				
		标注蜗轮传动类型	4	未标类型不得分；少标或错标一处扣2分				
		标出螺旋线方向	4	未标方向扣2分				
		标注轴向尺寸	5	未标或标错不得分				
		标注端面模数	5	未标或标错模数不得分				
		标注内孔键槽尺寸	5	未标或标错尺寸不得分				
		标注齿数	5	少标一项扣2分				
4	标注形位公差及粗糙度	标注形位公差、符号（断面跳动、圆跳动、对称度）	5	标注位置不对不得分；位置和符号不对均不得分				
		标注两处重要部位表面粗糙度	5	所标位置不对一处扣1分				
5	填写标题栏	标题栏主要内容正确（名称、材料、比例）	5	少一项扣1分				
6	图面	图面整洁		图面不整洁扣2分				
7	考试时限	在规定时间内完成		提前完成不加分，每超时1min从总分中扣5分，超过3min停止操作				
	合　计		100					

考评员： 　　　　　　　　核分员： 　　　　　　　　年　月　日

三、AA003　测绘蜗杆

1. 考核要求

(1) 必须穿戴好劳动保护用品。

(2) 必备的工具、用具、量具准备齐全。

(3) 图形正确，表达清楚。

(4) 尺寸完整，线形分明。

(5) 图面整洁，字迹工整。

2. 准备要求

(1) 材料准备：以下所需材料由鉴定站准备。

序号	名称	规格	数量	备注
1	图纸	3号	1张	
2	图板	1号	1块	
3	图钉		4个	
4	蜗轮蜗杆	待定	若干	按考试人数每人1件

(2)工具、用具、量具准备：以下所需工具、用具、量具由考生准备。

序号	名　　称	规　格	数　量	备　注
1	绘图工具		1套	
2	游标卡尺	0～300mm	1把	精度0.02mm
3	三角板		1套	
4	外径千分尺	25～50mm、75～100mm	各1把	精度0.01mm
5	内径百分表	18～35mm	1块	精度0.02mm
6	万能角度尺		1把	
7	R规		1套	

3．操作程序说明

(1)测量并记录尺寸及公差。

(2)绘图。

(3)标注尺寸。

(4)标注形位公差及粗糙度。

4．考试规定说明

(1)如考试违纪，将按规定停止考核。

(2)考试采用百分制，然后按鉴定比重进行折算。

(3)考核方式说明：本项目为技能笔试试题，按标准对测绘结果进行评分。

(4)测量技能说明：本项目主要测试考生对测绘蜗杆的熟练程度。

5．考试时限

(1)准备时间：5min。

(2)操作时间：120min。

(3)从正式操作开始计时。

(4)考试时，根据考试场所确定考试人数，按笔试要求统一计时，提前完成操作不加分，超过规定操作时间按规定标准评分。

6．评分记录表

序号	考核内容	评分要素	配分	评分标准	检测结果	扣分	得分	备注
1	测量并记录尺寸及公差	根据测量结果记录尺寸及公差	4	测量不做记录不得分；少记一处扣2分				
2	绘图	按比例绘制主视图	4	主视图不按比例画不得分				
		主视图绘制中心线	4	未画或画错中心线不得分				
		主视图在图面的位置符合标准	4	主视图的位置不对不得分				
		主视图能正确表达零件的基本形状和特征	4	主视图不能正确表达零件的基本形状和特征不得分				
		主视图可见轮廓线完整	4	主视图可见轮廓线不完整、少或错一处扣1分				

续表

序号	考核内容	评分要素	配分	评分标准	检测结果	扣分	得分	备注
2	绘图	主视图进行半剖或全剖	4	剖面没画不得分；喉面曲线画的不对扣3分；齿宽角没画扣3分				
		所见轮廓线画法正确	4	轮廓线画错一处扣3分				
		画出键槽	4	键槽未画或表达不清楚不得分				
3	标注尺寸	标出蜗杆轮最大外圆公称直径	4	未标或标错尺寸不得分				
		标出蜗杆分度圆直径尺寸	4	未标或标错尺寸不得分				
		标出齿顶圆直径尺寸	4	未标或标错尺寸不得分				
		标出内孔尺寸	4	未标或标错尺寸不得分				
		标出齿顶圆弧半径尺寸	4	未标或标错尺寸不得分				
		标注蜗轮传动类型	4	未标类型不得分；少标或错标一处扣2分				
		标出螺旋线方向	4	未标方向扣2分				
		标注轴向尺寸	5	未标或标错尺寸不得分				
		标注端面模数	5	未标或标错模数不得分				
		标注内孔键槽尺寸	5	未标或标错尺寸不得分				
		标注齿数	5	少标一项扣2分				
4	标注形位公差及粗糙度	标注形位公差、符号（断面跳动、圆跳动、对称度）	4	标注位置不对不得分；位置和符号不对均不得分				
		标注两处重要部位表面粗糙度	4	所标位置不对一处扣1分				
5	填写标题栏	标题栏主要内容正确（名称、材料、比例）	4	少一项扣1分				
6	图面	图面整洁	4	图面不整洁扣2分				
7	考试时限	在规定时间内完成		提前完成不加分，每超时1min从总分中扣5分，超过3min停止操作				
		合　计	100					

考评员：　　　　　　　　　　　　核分员：　　　　　　　　　　　　年　月　日

四、AA004　测绘渐开线斜圆柱齿轮

1. 考核要求

(1)必须穿戴好劳动保护用品。

(2)必备的工具、用具、量具准备齐全。
(3)图形正确,表达清楚。
(4)尺寸完整,线形分明。
(5)图面整洁,字迹工整。

2. 准备要求

(1)材料准备:以下所需材料由鉴定站准备。

序 号	名 称	规 格	数 量	备 注
1	图纸	3号	1张	
2	图板	1号	1块	
3	图钉		4个	
4	斜齿圆柱齿轮	待定	若干	按考试人数每人1件

(2)工具、用具、量具准备:以下所需工具、用具、量具由考生准备。

序 号	名 称	规 格	数 量	备 注
1	绘图工具		1套	
2	游标卡尺	0~150mm	1把	精度0.02mm
3	三角板		1套	
4	外径千分尺	25~50mm、75~100mm	各1把	精度0.01mm
5	内径百分表	18~35mm	1块	精度0.02mm

3. 操作程序说明

(1)测量并记录尺寸及公差。
(2)绘图。
(3)标注尺寸。
(4)标注形位公差及粗糙度。

4. 考试规定说明

(1)如考试违纪,将按规定停止考核。
(2)考试采用百分制,然后按鉴定比重进行折算。
(3)考核方式说明:本项目为技能笔试试题,按标准对测绘结果进行评分。
(4)测量技能说明:本项目主要测试考生对测绘渐开线斜圆柱齿轮的熟练程度。

5. 考试时限

(1)准备时间:5min。
(2)操作时间:120min。
(3)从正式操作开始计时。
(4)考试时,根据考试场所确定考试人数,按笔试要求统一计时,提前完成操作不加分,超过规定操作时间按规定标准评分。

6. 评分记录表

序号	考核内容	评分要素	配分	评分标准	检测结果	扣分	得分	备注
1	测量并记录尺寸及公差	根据测量结果记录尺寸及公差	4	测量不做记录不得分；少记一处扣2分				
2	绘图	按比例绘制主视图	4	主视图不按比例画不得分				
		主视图绘制中心线	4	未画或画错中心线不得分				
		主视图在图面的位置符合标准	4	主视图的位置不对不得分				
		主视图能正确表达零件的基本形状和特征	4	主视图不能表达零件的基本形状和特征不得分				
		主视图可见轮廓线完整	4	主视图可见轮廓线不完整，少或错一处扣1分				
		主视图进行半剖或全剖	4	剖面图画法不对不得分				
		绘制内孔键槽表达清楚	4	内孔键槽表达不清不得分				
		旋向表达清楚	4	旋向表达不清不得分				
		按标准绘制齿型	4	齿型画法不对不得分				
		尺寸线、尺寸界线清晰、完整	4	尺寸线、尺寸界线不清晰、不完整或一处不对扣1分				
3	标注尺寸	标注齿顶圆直径尺寸	4	未标或标错尺寸不得分；				
		标注齿顶圆直径公差尺寸	4	未标或标错尺寸不得分				
		标注分度圆直径尺寸	4	未标或标错尺寸不得分				
		标注螺旋角	4	未标或标错旋角不得分				
		标注压力角	4	未标或标错压力角不得分				
		标注法向模数	4	未标或标错模数不得分				
		标注齿数	4	未标或标错齿数不得分				
		标注旋向	4	未标或标错旋向不得分				
		标注齿轮厚度尺寸	4	未标或标错尺寸不得分				
		标注内孔尺寸及公差	4	未标或标错尺寸及公差不得分				
		标注内孔键槽尺寸	4	未标或标错尺寸不得分				
4	标注形位公差及粗糙度	标注形位公差、符号（端面跳动、圆跳动、对称度）	3	标注位置不对不得分；位置和符号不对均不得分				
		标注两处重要部位表面粗糙度	3	所标位置不对一处扣1分				
5	填写标题栏	标题栏主要内容正确（名称、材料、比例）	3	少一项扣1分				
6	图面	图面整洁	3	图面不整洁扣3分				
7	考试时限	在规定时间内完成		提前完成不加分，每超时1min从总分中扣5分，超过3min停止操作				
		合　　计	100					

考评员：　　　　　　　　　　　核分员：　　　　　　　　　　　年　月　日

五、AB001　加工燕尾样板副

1. 考核要求

(1) 必须穿戴好劳动保护用品。

(2) 正确使用工具、用具、量具。

(3) 按加工合理的工艺要求进行操作。

(4) 符合安全文明操作

2. 准备要求

(1) 材料准备：以下所需材料由鉴定站准备。

序 号	名 称	规 格	数 量	备 注
1	试件	83mm×70mm×4mm	1件	Q235
2	试题图		2张	

备料图如下：

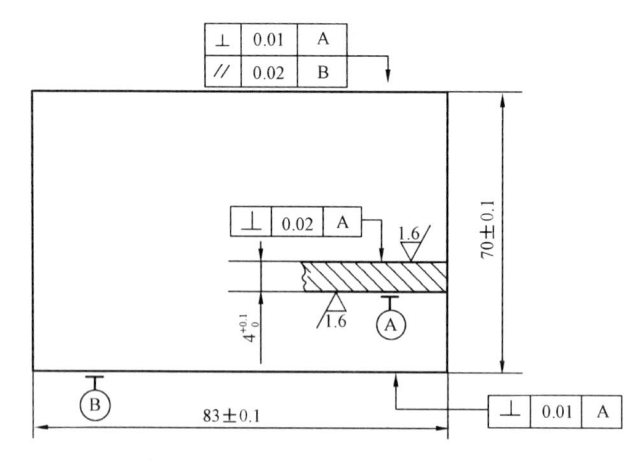

(2) 设备准备：以下所需设备由鉴定站准备。

序 号	名 称	规 格	数 量	备 注
1	台钻	Z4112	1台	
2	台虎钳	100	1台	
3	划线平台	1500mm×2000mm	1个	
4	钳台	2000mm×3000mm	1个	
5	砂轮机	S3SL-250	1台	
6	方箱	205mm×20mm×205mm	1个	

(3) 工具、用具、量具准备：以下工具、用具、量具由鉴定站准备。

序 号	名 称	规 格	数 量	备 注
1	划线工具		1套	
2	手锤、样冲、錾子		1套	
3	游标卡尺	0~150mm	1把	精度0.02mm

续表

序号	名称	规格	数量	备注
4	直角尺	100mm×63mm	1把	
5	刀口尺	125mm	1套	
6	锯弓、锯条		1套	
7	直柄麻花钻	φ2mm、φ4mm、φ8mm、φ11mm	1把	
8	钢直尺	0～150mm	1把	
9	平板	280mm×330mm	1块	
10	锉刀		1把	自定
11	万能角度尺	0°～320°	1把	
12	塞尺	0.02～0.5mm	1套	
13	高度游标卡尺	0～300mm	1把	精度0.02mm
14	平口钳	100mm	8把	

3. 操作程序说明

(1)准备工作。

(2)按规定尺寸对试件进行锉削、钻削。

(3)收拾考场。

4. 考核规定说明

(1)划线。

(2)钻孔。

(3)锯锉凸件。

(4)配作凹件。

(5)考件图样及技术要求(见下图)。

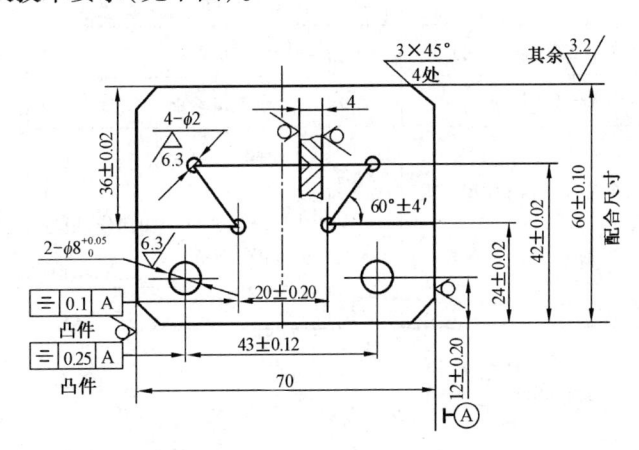

(6)如违章操作,将停止考核。

(7)考核采用百分制,然后按鉴定比重进行折算。

(8)考核方式说明:本项目为实际操作试题,按标准对结果进行评分。

(9)测量技能说明:本项目主要测试考生对加工燕尾样板副实际操作的熟练程度。

5. 考核时限：

(1)准备时间：10min。

(2)操作时间：270min。

(3)从正式操作开始计时。

(4)提前完成操作不加分,超过规定操作时间按规定标准评分。

6. 评分记录表

序号	考核内容	评分要素	配分	评分标准	检测结果	扣分	得分	备注
1	准备工作	选择所用工具、用具、量具	5	选错一件扣1分				
2	锉削	42±0.02mm	6	超差不得分				
		36±0.02mm	6	超差不得分				
		24±0.02mm	6	超差不得分				
		60°±4′(2处)	6	一处超差扣3分				
		20±0.20mm	6	超差不得分				
		配合面 R_a3.2μm(10处)	6	一处降一级扣1分				
		⫽ 0.1 A	6	超差不得分				
3	钻削	$2-\phi 8^{+0.05}_{0}$mm	6	超差不得分				
		12±0.20mm(2处)	6	一处超差扣3分				
		43±0.12mm	6	超差不得分				
		R_a6.3μm(2处)	6	一处降一级扣3分				
		⫽ 0.25 A	6	每超差0.02扣3分				
4	配合	60±0.10 配合尺寸	6	超差不得分				
		间隙不大于0.06mm(5处)	10	一处超差扣2分				
		错位量不大于0.07mm	7	一处超差扣2分				
5	安全文明操作	遵守安全操作规程；在规定时间内完成		每违反一项规定从总分中扣5分,严重违规者停止操作；每超时1min从总分中扣5分,超时3min停止操作				
		合　　计	100					

考评员：　　　　　　　　　　　　核分员：　　　　　　　　　　　　年　月　日

六、AB002　加工样板镶配件

1. 考核要求

(1)必须穿戴好劳动保护用品。

(2)正确使用工具、用具、量具。

(3)按加工合理的工艺要求进行操作。

(4)符合安全文明操作。

2. 准备要求

(1)材料准备：以下所需材料由鉴定站准备。

序 号	名 称	规 格	数 量	备 注
1	试件	64mm×88mm×8mm	1件	Q235
2	蓝油		若干	
3	冷却液		若干	

备料图如下：

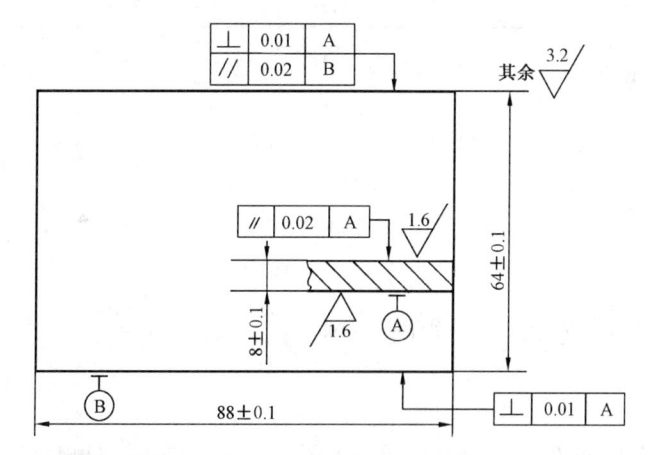

(2)设备准备：以下所需设备由鉴定站准备。

序 号	名 称	规 格	数 量	备 注
1	划线平台	1500mm×2000mm	1个	1级精度
2	钳台	2000mm×3000mm	1个	六个位,中间设安全网
3	台钻	Z4112	1台	
4	台虎钳	Q125	1台	
5	砂轮机	S2SL-250	1台	白刚玉砂轮

(3)工具、用具、量具准备：以下所需工具、用具、量具由鉴定站准备。

序 号	名 称	规 格	数 量	备 注
1	划线工具		1套	
2	万能角度尺	0°~320°	1把	
3	千分尺	0~25mm、25~50mm	1把	
4	手锯	300mm	1把	
5	錾子、样冲		各1把	自备
6	扁锉		1把	
7	游标卡尺	0~150mm	1把	精度0.02mm
8	高度游标卡尺	0~300mm	1把	精度0.02mm
9	直角尺	100mm×63mm	1把	

续表

序 号	名 称	规 格	数 量	备 注
10	锤子	0.25kg	1把	
11	塞尺	0.02~0.5mm	1把	
12	直柄麻花钻	ϕ7.7~7.9mm	1个	
13	手用圆柱铰刀	ϕ8mm	1把	
14	铰杠		1根	
15	软口钳		1副	
16	钻头	ϕ2mm	2个	

3. 操作程序说明

(1)准备工作。

(2)划线。

(3)锯割。

(4)锉配。

(5)钻铰孔。

(6)按加工合理的工艺要求进行锉削、铰削。

(7)收拾考场。

4. 考核规定说明

(1)以凸件为基准,凹件配作,配合互换间隙不大于0.05mm,两侧错位量不大于0.06mm。

(2)现场刃磨钻头。

(3)考样图样及技术要求(见下图)。

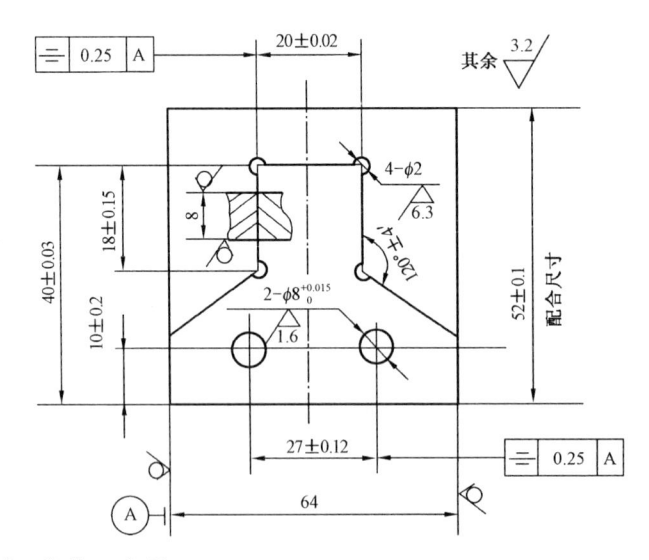

(4)如违章操作,将停止考核。

(5)考核采用百分制,然后按鉴定比重进行折算。

(6)考核方式说明:本项目为实际操作试题,按标准对结果进行评分。

(7)测量技能说明:本项目主要测试考生对实际操作的熟练程度。

5. 考核时限

(1)准备时间:10min。

(2)操作时间:270min。

(3)从正式操作开始计时。

(4)提前完成操作不加分,超过规定操作时间按规定标准评分。

6. 评分记录表

序号	考核内容	评分要素	配分	评分标准	检测结果	扣分	得分	备注
1	准备工作	选择所用工具、用具、量具	5	选错一件扣1分				
2	锉削	40 ± 0.03mm	6	超差不得分				
		20 ± 0.02mm	6	超差不得分				
		18 ± 0.15mm(2处)	6	一处超差扣3分				
		$120° \pm 4'$	6	超差不得分				
		配合面 $R_a 3.2\mu$m(10处)	6	一处降一级扣1.5分				
		═ 0.25 A	7	超差不得分				
3	绞削	$2-\phi 8^{+0.015}_{0}$mm	6	超差不得分				
		$R_a 1.6\mu$m(2处)	6	一处降一级扣3分				
		10 ± 0.2mm	6	超差不得分				
		27 ± 0.12mm	6	超差不得分				
		═ 0.25 A	7	超差不得分				
4	配合	间隙不大于0.05mm(5处)	10	一处超差扣2分				
		错位量不大于0.06mm	10	超差不得分				
		52 ± 0.1mm	7	超差不得分				
5	安全文明操作	遵守安全操作规程;在规定时间内完成		每违反一项规定从总分中扣5分,严重违规者停止操作;每超时1min从总分中扣5分,超时3min停止操作				
	合 计		100					

考评员:　　　　　　　　　核分员:　　　　　　　　　年　月　日

七、AB003　加工六方合套

1. 考核要求

(1)必须穿戴好劳动保护用品。

(2)正确使用工具、用具、量具。

(3)按加工合理的工艺要求进行操作。

(4)符合安全文明操作。

2. 准备要求

(1)材料准备：以下所需材料由鉴定站准备。

序 号	名 称	规 格	数 量	备 注
1	工件	$\phi 54mm \times 8mm$、$\phi 80mm \times 8mm$	2件	45钢
2	显示剂		若干	
3	润滑剂		若干	
4	冷却液		若干	
5	备料图		1张	
6	试题图		1张	

备料图如下：

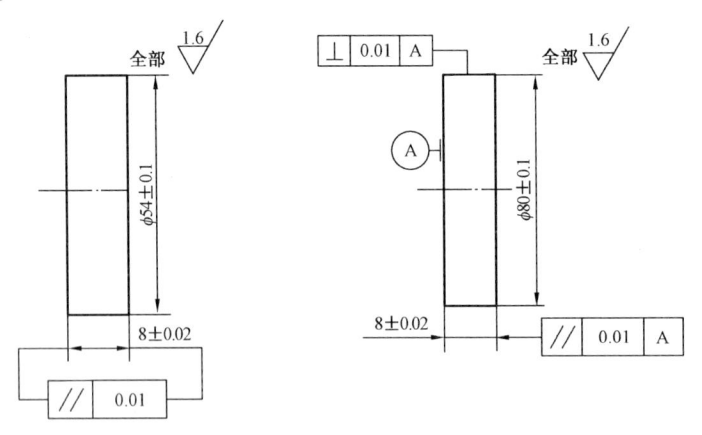

(2)设备准备：以下所需设备由鉴定站准备。

序 号	名 称	规 格	数 量	备 注
1	台钻	Z4112	1台	
2	台虎钳	125mm	1个	
3	钳台	2000mm×3000mm	1个	
4	划线平台	1500mm×2000mm	1个	
5	方箱	205mm×205mm×205mm	1个	
6	平口钳	100mm	1把	
7	万能分度头	FW160	1台	
8	三爪卡盘	200mm	1个	

(3)工具、用具、量具准备：以下所需工具、用具、量具由鉴定站准备。

序 号	名 称	规 格	数 量	备 注
1	高度游标尺	0~300	1把	
2	游标卡尺	0~150	1把	
3	万能角度尺	0°~320°	1把	

续表

序号	名称	规格	数量	备注
4	千分尺	0~25、25~50	各1把	
5	塞尺、塞规	0.02~0.5mm、φ10mm	各1把	
6	刀口尺	125mm	1把	
7	直角尺	100mm×63mm	1把	
8	锉刀	细锉、粗锉	自定	
9	锤子、样冲	自定	各1把	
10	检验棒	φ10mm×63mm	1件	
11	直柄麻花钻	φ4mm、φ9.8mm、φ9.9mm、φ12mm	各1个	
12	划线工具		1套	
13	量块	38件	1套	
14	手用圆柱绞刀	φ10mm	1个	公差自定
15	绞杠		1根	
16	毛刷		1把	
17	软口钳		1把	

3. 操作程序说明
(1)准备工作。
(2)熟悉图纸、复查工件。
(3)划线、打样冲、复查。
(4)锉削件1,达到要求。
(5)按件1配作件2六方。
(6)钻绞削3-φ10mm 达到要求。
(7)去毛刺、互换检验、表面修饰。
(8)收拾考场。

4. 考核规定说明
(1)考件图样及技术要求(见下图)。

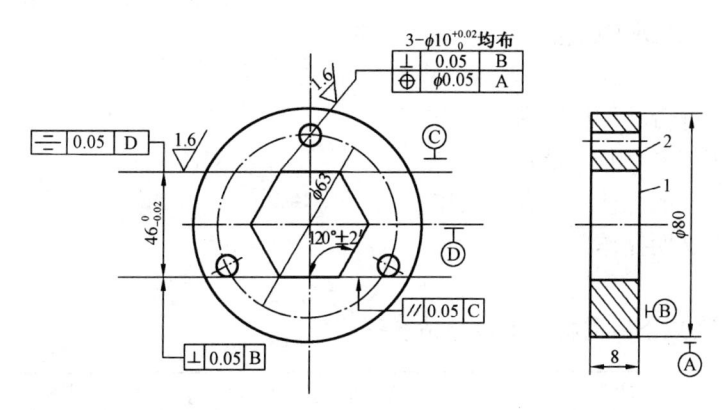

(2)如违章操作,将停止考核。

(3)考核采用百分制,然后按鉴定比重进行折算。
(4)考核方式说明:本项目为实际操作,考核过程按评分标准及操作过程进行评分。
(5)测量技能说明:本项目主要测试考生对实际操作的熟练程度。

5. 考核时限
(1)准备时间:10min。
(2)操作时间:270min。
(3)从正式操作开始计时。
(4)提前完成操作不加分,超过规定操作时间按规定标准评分。

6. 评分记录表

序号	考核内容	评分要素	配分	评分标准	检测结果	扣分	得分	备注
1	准备工作	选用所使用的工具、用具、量具	3	选错一件扣1分				
2	锉削	$46_{-0.02}^{0}$ mm(3处)	9	一处超差扣3分				
		120°±2′(6处)	9	一处超差扣1.5分				
		R_a1.6μm(12处)	8	一处降一级扣1.5分				
		// 0.05 C (3处)	9	一处超差扣3分				
		= 0.05 D (3处)	9	一处超差扣3分				
3	钻削绞	$\phi 10_{0}^{+0.02}$ mm(3处)	9	一处超差扣3分				
		⊥ 0.05 B (3处)	9	一处超差扣3分				
		⊕ ϕ0.05 A (3处)	9	一处超差扣3分				
		R_a1.6μm(3处)	8	一处降一级扣3分				
4	配合	间隙不大于0.04mm(6处)	9	一处超差扣1.5分				
		⊥ 0.05 B (6处)	9	一处超差扣1.5分				
5	安全文明操作	遵守安全操作规程;在规定时间内完成		违反一项规定从总分中扣5分,严重违规者停止操作;每超时1min从总分中扣5分,超时3min停止操作				
	合计		100					

考评员:　　　　　　　　　核分员:　　　　　　　　　年　月　日

八、AB004　加工进刀凸轮

1. 考核要求
(1)必须穿戴好劳动保护用品。
(2)正确使用工具、用具、量具。
(3)按加工合理的工艺要求进行操作。
(4)符合安全文明操作

2. 准备要求
(1)材料准备:以下所需材料由鉴定站准备

序号	名称	规格	数量	备注
1	试件	85mm×85mm×8mm	1件	45钢

备料图如下：

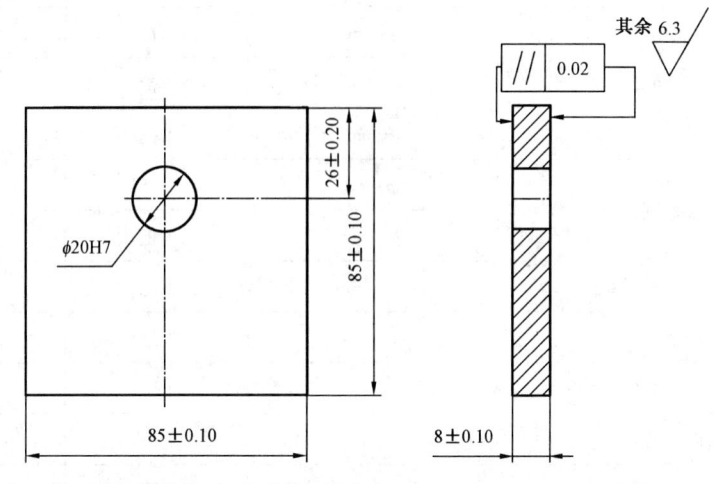

(2) 设备准备：以下所需设备由鉴定站准备。

序 号	名 称	规 格	数 量	备 注
1	划线平台	2000mm×1500mm	1台	
2	方箱	205mm×205mm×205mm	1个	
3	台式钻床	Z4112	1台	
4	钳台	3000mm×2000mm	1台	
5	台虎钳	125mm	1台	
6	砂轮机	S3SL-250	1台	

(3) 工具、用具、量具准备：以下所需工具、用具、量具由鉴定站准备。

序 号	名 称	规 格	数 量	备 注
1	高度游标卡尺	0~300mm	1把	精度0.02mm
2	游标卡尺	0~150mm	1把	精度0.02mm
3	直角尺	100mm×63mm	1把	一级
4	刀口尺	125mm	1把	
5	万能角度尺	0°~320°	1把	精度2′
6	千分尺	0~25mm	1把	
7		25~50mm	1把	
8		50~75mm	1把	
9		75~100mm	1把	
10	平锉	250mm(1号纹)	1把	
11		200mm(3号纹)	1把	
12		200mm(4号纹)	1把	
13		200mm(5号纹)	1把	
14		100mm(5号纹)	1把	

续表

序 号	名 称	规 格	数 量	备 注
15		ϕ4mm	1把	
16	直柄麻花钻	ϕ5.9mm	1把	
17		ϕ6mm	1把	
18	手用圆柱铰刀	ϕ6mm	1把	H7
19		ϕ10mm	1把	H7
20	检验棒	ϕ20×40mm	1把	
21	锯弓		1把	
22	划针		1个	
23	样冲		1个	
24	软钳口		1副	
25	锉刀刷		1把	
26	钢直尺	0～150mm	1把	
27	手锤		1把	
28	锯条		1根	
29	百分表	0～0.8mm	1块	
30	表架		1个	
31	深度千分尺	0～25mm	1把	
32	量块	38块	1套	
33	铰杠		1根	
34	分度头	FW160	1台	
35	塞尺	0.02～0.5mm	1把	
36	圆锉	100mm(5号纹)	1把	
37	整形锉		1组	
38	油石	组合	1组	

3. 操作程序说明

(1)熟悉图纸、复查工件。

(2)划线,打样冲,复查。

(3)锉削达到要求。

(4)去毛刺、表面修饰。

(5)按加工合理的工艺要求进行锉削。

(6)收拾考场。

4. 考核规定说明

(1)公差等级:IT6。
(2)形位公差:0.02~0.01mm。
(3)表面粗糙度:$R_a1.6\mu m$。
(4)考件图样及技术要求(见下图)。

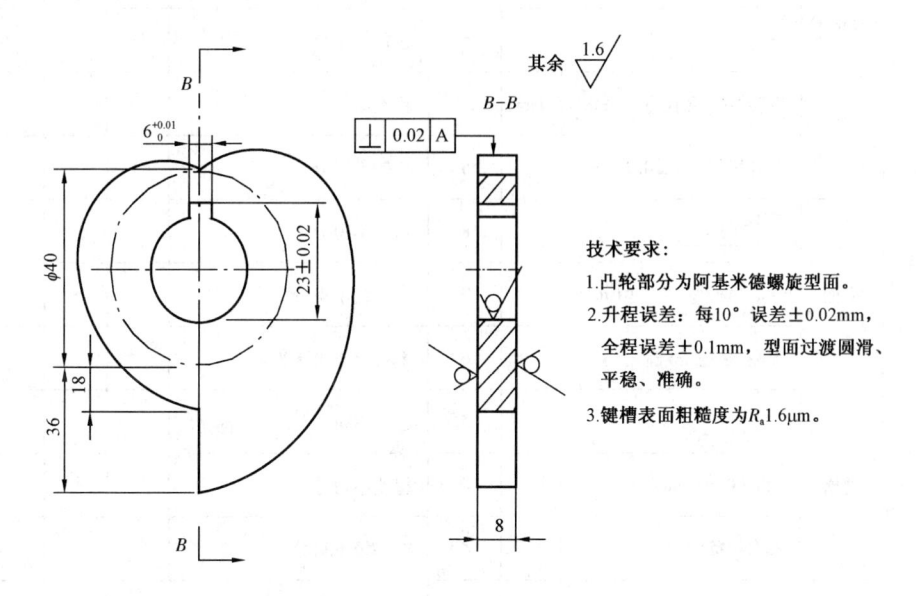

技术要求:
1.凸轮部分为阿基米德螺旋型面。
2.升程误差:每10°误差±0.02mm,全程误差±0.1mm,型面过渡圆滑、平稳、准确。
3.键槽表面粗糙度为$R_a1.6\mu m$。

(5)如违章操作,将停止考核。
(6)考核采用百分制,然后按鉴定比重进行折算。
(7)考核方式说明:本项目为实际操作试题,按标准对结果进行评分。
(8)测量技能说明:本项目主要测试考生对加工进刀凸轮实际操作的熟练程度。

5. 考核时限

(1)准备时间:10min。
(2)操作时间:180min。
(3)从正式操作开始计时。
(4)提前完成操作不加分,超过规定操作时间按规定标准评分。

6. 评分记录表

序号	考核内容	评分要素	配分	评分标准	检测结果	扣分	得分	备注
1	着装	工作服穿戴整洁	3	不整洁扣5分				
		工作服穿戴衣袖领口系好	2	没系好扣5分				
		工作服穿戴得体	3	不得体扣5分				
2	准备工作	选择所用工具	3	选错一件扣1分				
		选择所用用具	2	选错一件扣1分				
		选择所用量具	3	选错一件扣1分				

续表

序号	考核内容	评分要素	配分	评分标准	检测结果	扣分	得分	备注
3	锉削	全升程(36mm) 每转10°,升程量(2±0.02)mm	20	超差不得分				
		全升程量(36±0.1)mm	5	超差不得分				
		全升程(18mm) 每转10°,升程量(1±0.02)mm	20	超差不得分				
		全升程量(18±0.1)mm	5	超差不得分				
		型面 ⊥ 0.02 A	8	超差不得分				
		表面粗糙度:$R_a 1.6 \mu m$	7	降一级不得分				
		圆滑、平稳、准确	6	不符合要求不得分				
	键槽	$6^{+0.01}_{0}$ mm	5	超差不得分				
		(23±0.02)mm	4	超差不得分				
		表面粗糙度:$R_a 1.6 \mu m$(3处)	4	降一级不得分				
4	安全文明操作	遵守安全操作规程;在规定时间内完成		每违反一项规定从总分中扣5分;严重违规者停止操作;每超时1min从总分扣5分,超3min停止操作				
	合　计		100					

考评员：　　　　　　　　核分员：　　　　　　　　　　　　　　年　月　日

九、AB005　加工R样板副

1. 考核要求

(1)必须穿戴好劳动保护用品。
(2)正确使用工具、用具、量具。
(3)按加工合理的工艺要求进行操作。
(4)符合安全文明操作。

2. 准备要求

(1)材料准备:以下所需材料由鉴定站准备。

序　号	名　称	规　格	数　量	备　注
1	工件	110mm×60mm×6mm	各1件	45钢
2	工件	78mm×46mm×6mm	1件	45钢

备料图如下：

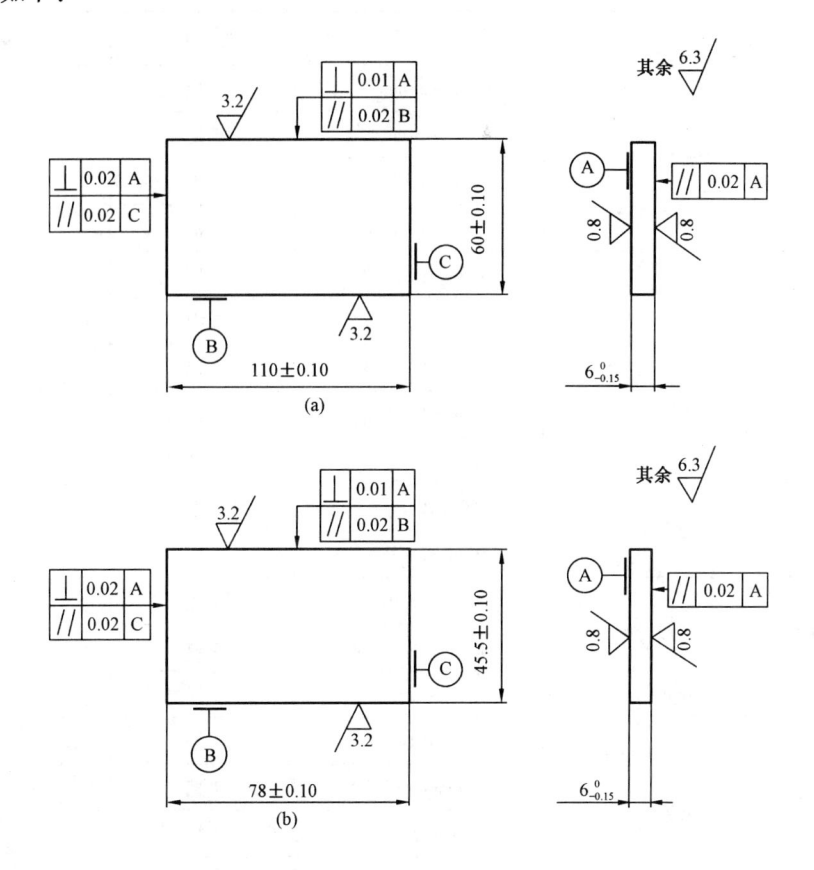

(a)

(b)

(2)设备准备：以下所需设备由鉴定站准备。

序 号	名 称	规 格	数 量	备 注
1	划线平台	2000mm×1500mm	1台	
2	方箱	205mm×205mm×205mm	1个	
3	台式钻床	Z4112	1台	
4	钳台	3000mm×2000mm	1台	
5	台虎钳	125mm	1台	
6	砂轮机	S3SL-250	1台	

(3)工具、用具、量具准备：以下所需工具、用具、量具由鉴定站准备。

序 号	名 称	规 格	数 量	备 注
1	高度游标卡尺	0~300mm	1把	精度0.02mm
2	游标卡尺	0~150mm	1把	精度0.02mm
3	直角尺	100mm×63mm	1把	一级
4	刀口尺	125mm	1把	
5	万能角度尺	0°~320°	1把	精度2′

续表

序号	名称	规格	数量	备注
6	千分尺	0~25mm	1把	
7		25~50mm	1把	
8		50~75mm	1把	
9		75~100mm	1把	
10	平锉	300mm（1号纹）	1把	
11		150mm（1号纹）	1把	
12		150mm（3号纹）	1把	
13		150mm（4号纹）	1把	
14		200mm（5号纹）	1把	
15		150mm（5号纹）	1把	
16		100mm（5号纹）	1把	
17	检验棒	ϕ12mm×10mm	1根	H6
18		ϕ16mm×10mm	1根	H6
19	直柄麻花钻	ϕ4mm	1根	H7
20	圆锉	150mm（1号纹）	1把	
21		200mm（3号纹）	1把	
22		150mm（4号纹）	1把	
23		200mm（5号纹）	1把	
24	三角锉	100mm（5号纹）	1把	
25	外角样板	120°×12mm（边长）	1把	
26	样冲		1个	
27	软钳口		1副	
28	锉刀刷		1把	
29	钢直尺	0~150mm	1把	
30	手锤		1把	
31	锯条		1根	
32	百分表	0~0.8mm	1块	
33	表架		1个	
34	深度千分尺	0~25mm	1把	
35	塞尺	0.02~0.5mm	1把	
36	R规	5~14.5mm	1个	
37	整形锉		1组	

3. 操作程序说明

(1) 准备工作。

(2) 熟悉图纸、复查工件。

(3) 划线、打样冲、复查。

(4) 锉削件1,达到要求。

(5) 按件1配作件2。

(6) 去毛刺、互换检验、表面修饰。

(7) 收拾考场。

4. 考核规定说明

(1) 公差等级:IT7。

(1) 形位公差:0.03~0.02mm。

(3) 表面粗糙度:R_a1.6μm。

(4) 其他方面:配合间隙≤0.02mm、错位量≤0.04mm。

(5) 考件图样及技术要求(见下图)。

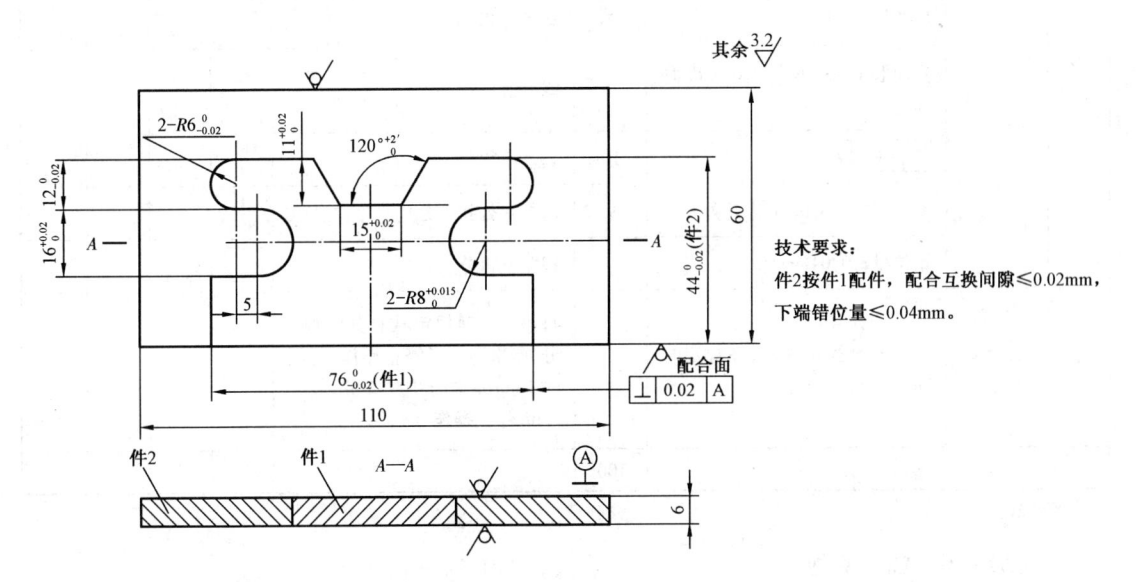

(6) 如违章操作,将停止考核。

(7) 考核采用百分制,然后按鉴定比重进行折算。

(8) 考核方式说明:该项目为实际操作试题,按标准对结果进行评分。

(9) 测量技能说明:本项目主要测试考生对加工 R 样板副实际操作的熟练程度。

5. 考核时限

(1) 准备时间:10min。

(2) 操作时间:360min。

(3) 从正式操作开始计时。

(4) 提前完成操作不加分,超过规定操作时间按规定标准评分。

6. 评分记录表

序号	考核内容	评分要素	配分	评分标准	检测结果	扣分	得分	备注
1	准备工作	选用所使用的工具、用具、量用	4	选错一件扣1分				
2	锉削、钻削	$12_{-0.02}^{0}$ mm（2处）	6	超差一处扣3分				
		$16_{0}^{+0.02}$ mm（2处）	6	超差一处扣3分				
		$2-R8_{0}^{+0.015}$ mm	6	超差不得分				
		$2-R6_{-0.02}^{0}$ mm	6	超差不得分				
		$44_{-0.02}^{0}$ mm	7	超差不得分				
		$76_{-0.02}^{0}$ mm	7	超差不得分				
		$15_{0}^{+0.02}$ mm	7	超差不得分				
		$11_{0}^{+0.02}$ mm	7	超差不得分				
		$120°_{2'}^{0}$	7	超差不得分				
		表面粗糙度：$R_a1.6\mu m$（配合面）	9	降一级不得分				
		⊥ 0.02 A	10	超差不得分				
		配合间隙≤0.02mm（15处）	9	超差一处扣1分				
		错位量≤0.04mm	9	超差不得分				
3	安全文明操作	遵守安全操作规程；在规定时间内完成		每违反一项规定从总分中扣5分，严重违规者停止操作；每超时1min从总分中扣5分，超时3min停止操作				
	合 计		100					

考评员：　　　　　　　　　　　核分员：　　　　　　　　　　　年　月　日

十、AB006　加工夹板

1. 考核要求

(1) 必须穿戴好劳动保护用品。
(2) 正确使用工具、用具、量具。
(3) 按加工合理的工艺要求进行操作。
(4) 符合安全文明操作。

2. 准备要求

(1) 材料准备：以下所需材料由鉴定站准备。

序号	名 称	规 格	数量	备 注
1	工件	151mm×101mm×25mm	1件	45钢

备料图如下:

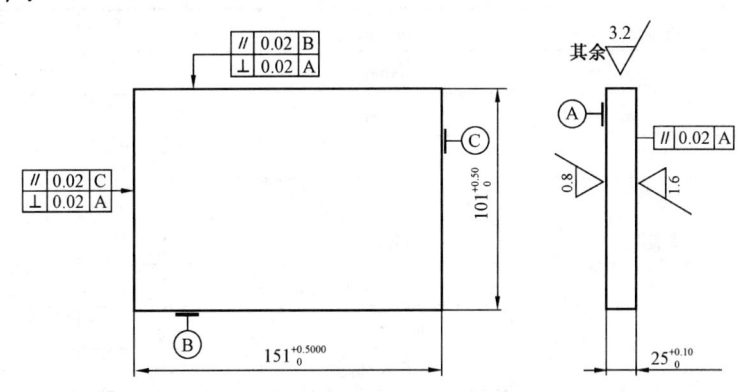

(2)设备准备:以下所需设备由鉴定站准备。

序号	名称	规格	数量	备注
1	划线平台	2000mm×1500mm	1台	
2	方箱	205mm×205mm×205mm	1个	
3	台式钻床	Z4112	1台	
4	钳台	3000mm×2000mm	1台	
5	台虎钳	125mm	1台	
6	砂轮机	S3SL-250	1台	

(3)工具、用具、量具准备:以下所需工具、用具、量具由鉴定站准备。

序号	名称	规格	数量	备注
1	高度游标卡尺	0~300mm	1把	精度0.02mm
2	游标卡尺	0~150mm	1把	精度0.02mm
3	千分尺	0~25mm	1把	
4	千分尺	25~50mm	1把	
5		50~75mm	1把	
6	直角尺	100mm×63mm	1把	一级
7	刀口尺	125mm	1把	
8	万能角度尺	0°~320°	1把	精度2′
9	正弦规	100mm×80mm	1个	
10	百分表	0~0.8mm	1块	
11	表架		1个	
12	深度千分尺	0~25mm	1把	
13	量块	38块	1组	
14	手用圆柱铰刀	φ8mm	1个	H7
15		φ6mm	1个	H7
16		φ12mm	1个	H7
17		φ14mm	1个	H7

续表

序 号	名 称	规 格	数 量	备 注
18	检验棒	ϕ8mm	1根	h6
19		ϕ12mm	1根	h6
20	锯弓		1把	
21	划针		1个	
22	钢直尺	0~150mm	1把	
23	直柄麻花钻	ϕ13.7mm	1个	
24		ϕ13.8mm	1个	
25		ϕ5.8mm	1个	
26		ϕ7mm	1个	
27		ϕ10.3mm	1个	
28		ϕ11.8mm	1个	
29		ϕ11.9mm	1个	
30	平锉(4号纹)	300mm(1号纹)	1把	
31		150mm(1号纹)	1把	
32		200mm(4号纹)	1把	
33		150mm(4号纹)	1把	
34		150mm(5号纹)	1把	
35		100mm(5号纹)	1把	
36	平面刮刀	粗刮刀	1把	
37		中刮刀	1把	
38		细刮刀	1把	
39	手锤		1把	
40	锯条		1根	
41	样冲		1个	
42	软钳口		1副	
43	锉刀刷		1副	
44	整形锉		1组	

3. 操作程序说明

(1)准备工作。

(2)按加工合理的工艺要求进行锉削、钻削。

(3)收拾考场。

4. 考核规定说明

(1)公差等级:IT7。

(2)形位公差:0.03~0.02mm。

(3)表面粗糙度:R_a1.6μm。

(4)其他方面:配合间隙平面部分≤0.02mm、曲面部分≤0.03mm、错位量≤0.04mm。

(5)考件图样及技术要求(见下图)。

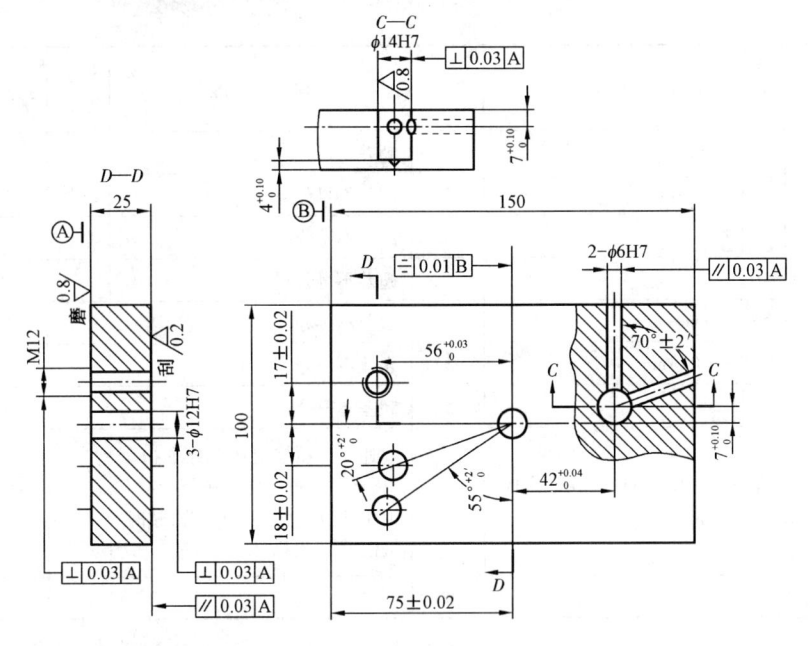

(6)如违章操作,将停止考核。

(7)考核采用百分制,然后按鉴定比重进行折算。

(8)考核方式说明:本项目为实际操作试题,按标准对结果进行评分。

(9)测量技能说明:本项目主要测试考生对加工夹板实际操作的熟练程度。

5. 考核时限

(1)准备时间:15min。

(2)操作时间:240min。

(3)从正式操作开始计时。

(4)提前完成操作不加分,超过规定操作时间按规定标准评分。

6. 评分记录表

序号	考核内容	评分要素	配分	评分标准	检测结果	扣分	得分	备注
1	准备工作	选用所使用的工具、用具、量具	5	选错一件扣1分				
2	锉削、钻削	20 点/(25×25)mm²	5	超差不得分				
		// 0.01 A	5	超差不得分				
		表面粗糙度:R_a1.6μm(16处)	5	降一级不得分				
		3-ϕ12H7	5	超差不得分				
		ϕ14H7	5	超差不得分				
		2-ϕ6H7	5	超差不得分				
		(75±0.02)mm	5	超差不得分				
		$42_0^{+0.04}$ mm	5	超差不得分				
		(18±0.02)mm	5	超差不得分				
		70°±2′	5	超差不得分				
		55°$_0^{+2′}$	5	超差不得分				
		$7_0^{+0.10}$ mm	5	超差不得分				

续表

序号	考核内容	评分要素	配分	评分标准	检测结果	扣分	得分	备注
2	锉削、钻削	$4_{0}^{+0.10}$ mm	5	超差不得分				
		⊥ 0.30 A	5	超差不得分				
		// 0.03 A	5	超差不得分				
		M12	5	超差不得分				
		$56_{0}^{+0.03}$ mm	5	超差不得分				
		(17±0.02)mm	5	超差不得分				
		⊥ 0.30 A	5	超差不得分				
3	安全文明操作	遵守安全操作规程；在规定时间内完成		每违反一项规定从总分中扣5分，严重违规者停止操作；每超时1min从总分中扣5分，超时3min停止操作				
	合　计		100					

考评员：　　　　　　　　　　核分员：　　　　　　　　　　　年　月　日

十一、AB007　加工三爪盒套

1. 考核要求

(1)必须穿戴好劳动保护用品。

(2)正确使用工具、用具、量具。

(3)按加工合理的工艺要求进行操作。

(4)符合安全文明操作。

2. 准备要求

(1)材料准备：以下所需材料由鉴定站准备。

序号	名称	规格	数量	备注
1	试板	81mm×81mm×6mm、62mm×62mm×6mm	各1件	

备料图如下：

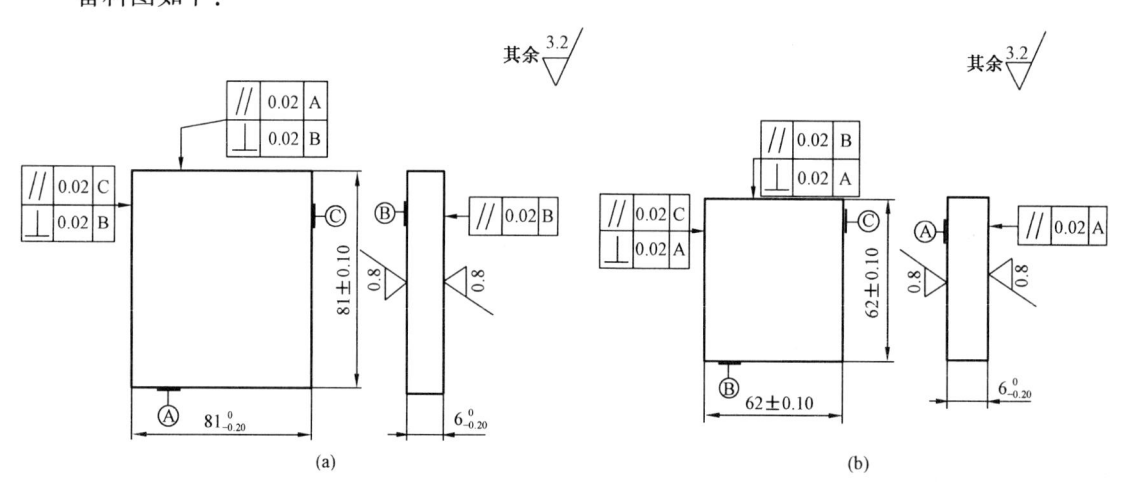

(a)　　　　　　　　　　(b)

(2) 设备准备：以下所需设备由鉴定站准备。

序 号	名 称	规 格	数 量	备 注
1	划线平台	2000mm×1500mm	1台	
2	方箱	205mm×205mm×205mm	1个	
3	台式钻床	Z4112	1台	
4	钳台	3000mm×2000mm	1台	
5	台虎钳	125mm	1台	
6	砂轮机	S3SL-250	1台	

(3) 工具、用具、量具准备：以下所需工具、用具、量具由鉴定站准备。

序 号	名 称	规 格	数 量	备 注
1	高度游标卡尺	0~300mm	1把	精度0.02mm
2	游标卡尺	0~150mm	1把	精度0.02mm
3	千分尺	0~25mm	1把	精度0.01mm
4	千分尺	25~50mm	1把	精度0.01mm
5	千分尺	50~75mm	1把	精度0.01mm
6	深度千分尺	0~25mm	1把	精度0.01mm
7	直角尺	100mm×63mm	1把	一级
8	刀口尺	125mm	1把	
9	万能角度尺	0°~320°	1把	精度2′
10	正弦规	100mm×80mm	1个	
11	百分表	0~0.8mm	1块	
12	表架		1个	
13	深度千分尺	0~25mm	1把	
14	量块	38块	1组	
15	手用圆柱铰刀	φ10mm	1个	H7
16	检验棒	φ8mm	1根	h6
17	检验棒	φ12mm	1根	h6
18	锯弓		1把	
19	划针		1个	
20	钢直尺	0~150mm	1把	
21	手锤		1把	
22	锯条		1根	
23	样冲		1个	
24	直柄麻花钻	φ4mm	1个	
25	铰杠	φ9.8mm	1根	H7
26	铰杠	φ12mm	1根	H7
27	V形架		1个	
28	分度头	FW160	1个	
29	平锉	250mm(1号纹)	1把	

续表

序号	名　称	规　格	数　量	备　注
30		150mm(1号纹)	1把	
31		250mm(4号纹)	1把	
32		150mm4号纹	1把	
33	圆锉	150mm(3号纹)	1把	
34		150mm(5号纹)	1把	
35		100mm(5号纹)	1把	
36		150mm(1号纹)	1把	
37		150mm(4号纹)	1把	
38	三角锉	150mm(5号纹)	1把	
39		150mm(5号纹)	1把	
40	方锉	150mm(5号纹)	1把	
41	自制R规	R20mm 凸、R20mm 凹	各1个	
42	软钳口		1副	
43	锉刀刷		1把	
44	整形锉		1组	

3. 操作程序说明

(1)准备工作。

(2)按加工合理的工艺要求进行锉削、钻削。

(3)收拾考场。

4. 考核规定说明

(1)公差等级:锉配 IT7、铰孔 IT7。

(2)形位公差:锉配 0.01mm、铰孔 0.03～0.02mm。

(3)表面粗糙度:锉配 R_a1.6μm、铰孔 R_a0.8μm。

(4)其他方面:配合间隙≤0.03mm。

(5)考件图样及技术要求(见下图)。

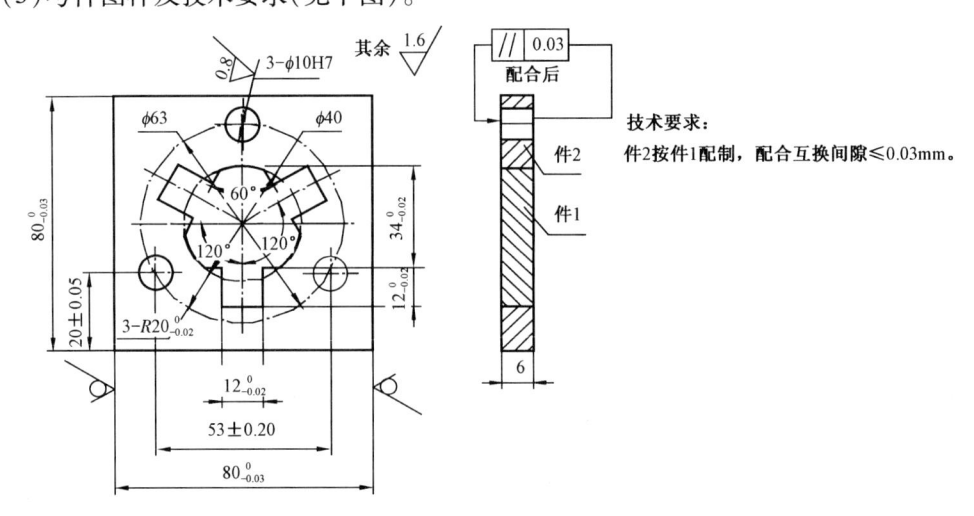

技术要求:
件2按件1配制,配合互换间隙≤0.03mm。

(6)如违章操作,将停止考核。
(7)考核采用百分制,然后按鉴定比重进行折算。
(8)考核方式说明:本项目为实际操作试题,按标准对结果进行评分。
(9)测量技能说明:本项目主要测试考生对加工三爪盒套实际操作的熟练程度。

5. 考核时限

(1)准备时间:10min。
(2)操作时间:240min。
(3)从正式操作开始计时。
(4)考试时,根据考试场所确定考试人数,提前完成操作不加分,超过规定操作时间按规定标准评分。

6. 评分记录表

序号	考核内容	评分要素	配分	评分标准	检测结果	扣分	得分	备注
1	准备工作	选用所使用的工具、用具、量具	4	选错一件扣1分				
2	锉削、钻削	$34_{-0.02}^{0}$mm(3处)	8	超差不得分				
		$3-R20_{-0.02}^{0}$mm	8	超差不得分				
		$12_{-0.02}^{0}$mm(6处)	8	超差不得分				
		表面粗糙度:$R_a1.6\mu m$(18处)	8	一处降一级扣1分				
		$80_{-0.03}^{0}$mm(2处)	8	超差一处4分				
		配合间隙≤0.03mm(18处)	10	超差一处扣1分				
		// 0.03	10	超差不得分				
		$3-\phi10H7$	8	超差不得分				
		(53 ± 0.20)mm	10	超差不得分				
		表面粗糙度:$R_a1.6\mu m$(3处)	8	一处降一级扣3分				
		(20 ± 0.05)mm(2处)	10	超差一处扣5分				
3	安全文明操作	遵守安全操作规程;在规定时间内完成		每违反一项规定从总分中扣5分,严重违规者停止操作;每超时1min从总分中扣5分,超时3min停止操作				
	合 计		100					

考评员: 核分员: 年 月 日

十二、AB008 加工拼块

1. 考核要求

(1)必须穿戴好劳动保护用品。
(2)准备工作。
(3)正确使用工具、用具、量具。
(4)按加工合理的工艺要求进行操作。
(5)符合安全、文明生产。

2. 准备要求

(1) 材料准备：以下所需材料由鉴定站准备

序号	名　称	规　格	数　量	备　注
1	工件	46mm×46mm×16mm	1件	45钢

备料图如下：

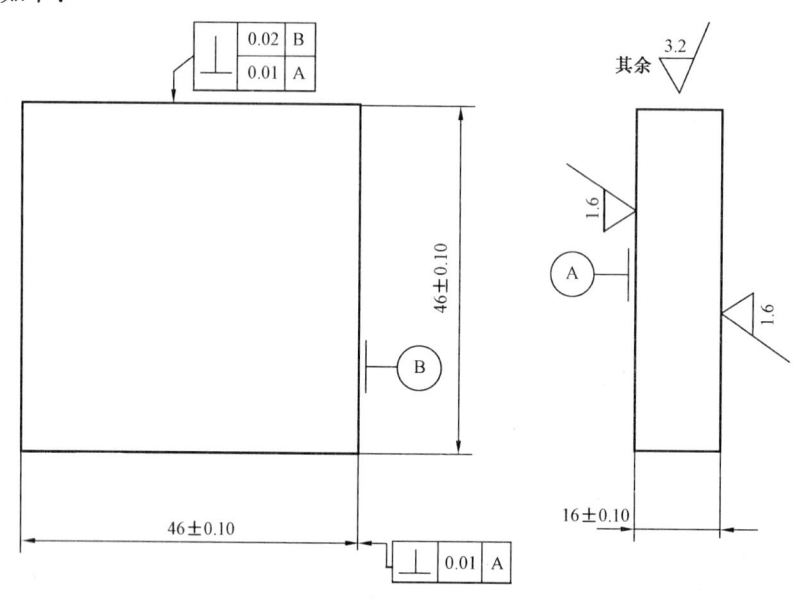

(2) 设备准备：以下所需设备由鉴定站准备。

序　号	名　称	规　格	数　量	备　注
1	划线平台	2000mm×1500mm	1台	
2	方箱	205mm×205mm×205mm	1个	
3	台式钻床	Z4112	1台	
4	钳台	3000mm×2000mm	1台	
5	台虎钳	125mm	1台	
6	砂轮机	S3SL-250	1台	

(3) 工具、用具、量具准备：以下所需工具、用具、量具由鉴定站准备。

序　号	名　称	规　格	数　量	备　注
1	高度游标卡尺	0~300mm	1把	精度0.02mm
2	游标卡尺	0~150mm	1把	精度0.02mm
3	千分尺	0~25mm	1把	精度0.01mm
4	千分尺	25~50mm	1把	精度0.01mm
5		50~75mm	1把	精度0.01mm
6	深度千分尺	0~25mm	1把	精度0.01mm
7	直角尺	100mm×63mm	1把	一级

续表

序 号	名 称	规 格	数量	备 注
8	刀口尺	125mm	1把	
9	万能角度尺	0°~320°	1把	精度2′
10	正弦规	100mm×80mm	1个	
11	百分表	0~0.8mm	1块	
12	表架		1个	
13	深度千分尺	0~25mm	1把	
14	量块	38块	1组	
15	手用圆柱铰刀	φ10mm	1把	H7
16	检验棒	φ8mm	1根	h6
17		φ12mm	1根	h6
18	锯弓		1把	
19	划针		1个	
20	钢直尺	0~150mm	1把	
21	手锤		1把	
22	锯条		1根	
23	样冲		1个	
24		φ4mm	1个	
25	直柄麻花钻	φ9.8mm	1个	
26		φ12mm	1个	
27	铰杠		1根	
28	塞规	φ10mm	1个	
29				
30		250mm(1号纹)	1把	
31		150mm(1号纹)	1把	
32		250mm(4号纹)	1把	
33	平锉	150mm(4号纹)	1把	
34		150mm(3号纹)	1把	
35		150mm(5号纹)	1把	
36		100mm(5号纹)	1把	
37		150mm(1号纹)	1把	
38	圆锉	150mm(4号纹)	1把	
39		150mm(5号纹)	1把	
40	三角锉	150mm(5号纹)	1把	
41	方锉	150mm(5号纹)	1把	
42	软钳口		1副	
43	锉刀刷		1把	
44	整形锉		1组	

3. 操作程序说明

(1)准备工作。

(2)按加工合理的工艺要求进行锉削、钻削。

(3)收拾考场。

4. 考核规定说明

(1)公差等级:锉配 IT7、铰孔 IT7。

(2)形位公差:铰孔垂直度 0.03mm。

(3)表面粗糙度:锉配 $R_a1.6\mu m$、铰孔 $R_a0.8\mu m$。

(4)时间定额:270min

(5)其他方面:配合间隙≤0.03cm。

(6)考件图样及技术要求(见下图)。

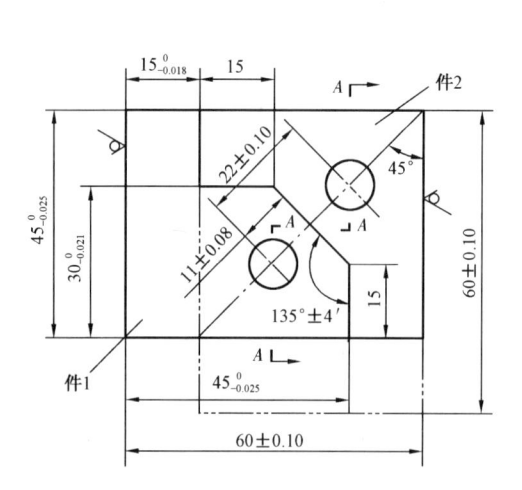

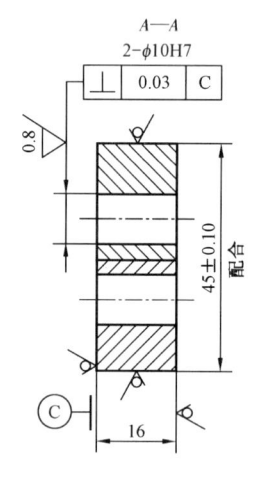

(7)如违章操作,将停止考核。

(8)考核采用百分制,然后按鉴定比重进行折算。

(9)考核方式说明:本项目为实际操作试题,按标准对结果进行评分。

(10)测量技能说明:本项目主要测试考生对加工拼块实际操作的熟练程度。

5. 考核时限

(1)准备时间:5min

(2)操作时间:270min。

(3)从正式操作开始计时。

(4)考试时,根据考试场所确定考试人数,提前完成操作不加分,超过规定操作时间按规定标准评分。

6. 评分记录表

序号	考核内容	评分要素	配分	评分标准	检测结果	扣分	得分	备注
1	准备工作	选用所使用的工具、用具、量具	4	选错一件扣1分				
2	锉削、钻削	$15_{-0.018}^{0}$ mm	7	超差不得分				
		$30_{-0.021}^{0}$ mm	7	超差不得分				
		$45_{-0.025}^{0}$ mm(2处)	7	超差一处扣4分				

续表

序号	考核内容	评分要素	配分	评分标准	检测结果	扣分	得分	备注
2	锉削、钻削	135°±4′mm(2处)	7	超差一处扣4分				
		表面粗糙度:$R_a1.6\mu m$(10处)	6	一处降一级扣1分				
		配合间隙≤0.03mm(4处)	7	超差一处扣2分				
		(60±0.10)mm(2处)	7	超差一处扣4分				
		(45±0.10)mm(2处)	7	超差一处扣4分				
		孔距一致性0.06mm	6	超差不得分				
		(22±0.10)mm	7	超差不得分				
		2-ϕ10H7	7	超差不得分				
		(11±0.08)mm	7	超差不得分				
		$15_{-0.018}^{0}$mm	7	超差不得分				
		$30_{-0.021}^{0}$mm	7	超差不得分				
3	安全文明操作	遵守安全操作规程；在规定时间内完成		每违反一项规定从总分中扣5分，严重违规者停止操作；每超时1min从总分中扣5分，超时3min停止操作				
	合　　计		100					

考评员：　　　　　　　　　核分员：　　　　　　　　　　年　月　日

十三、AB009　加工梯形圆弧镶配件

1. 考核要求

(1)必须穿戴好劳动保护用品。
(2)准备工作。
(3)正确使用工具、用具、量具。
(4)按加工合理的工艺要求进行操作。
(5)符合安全、文明生产。

2. 准备要求

(1)材料准备：以下所需材料由鉴定站准备。

序号	名称	规格	数量	备注
1	工件	110mm×90mm×6mm	1件	45钢

备料图如下：

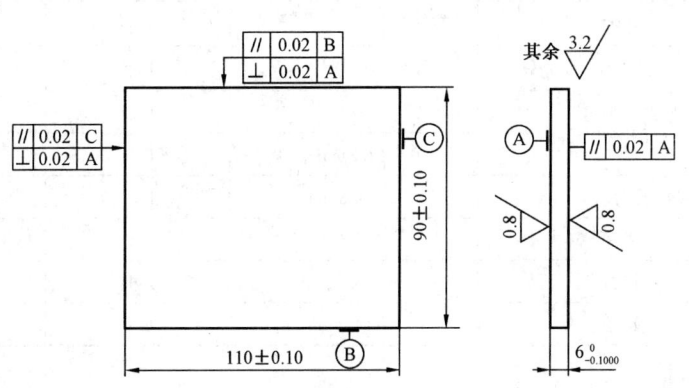

(2) 设备准备：以下所需设备由鉴定站准备。

序号	名称	规格	数量	备注
1	划线平台	2000mm×1500mm	1台	
2	方箱	205mm×205mm×205mm	1个	
3	台式钻床	Z4112	1台	
4	钳台	3000mm×2000mm	1台	
5	台虎钳	125mm	1台	
6	砂轮机	S3SL-250	1台	

(3) 工具、用具、量具准备：以下所需工具、用具、量具由鉴定站准备。

序号	名称	规格	数量	备注
1	高度游标卡尺	0~300mm	1把	精度0.02mm
2	游标卡尺	0~150mm	1把	精度0.02mm
3	千分尺	0~25mm	1把	精度0.01mm
4	千分尺	25~50mm	1把	精度0.01mm
5	千分尺	50~75mm	1把	精度0.01mm
6	千分尺	75~100mm	1把	精度0.01mm
7	深度千分尺	0~25mm	1把	精度0.01mm
8	直角尺	100mm×63mm	1把	一级
9	刀口尺	125mm	1把	
10	万能角度尺	0°~320°	1把	精度2′
11	检验棒	ϕ8mm×30mm	1根	h6
12	量块	38块	1组	
13	平板	330mm×280mm	1块	
14	钢直尺	0~150mm	1把	
15	塞规	ϕ10mm	1个	h6
16	手用圆柱铰刀	ϕ8mm	1把	
17	锯弓		1把	
18	锯条		1根	
19	样冲		1个	
20	划针		1个	
21	直柄麻花钻	ϕ3mm	1个	H7
22	直柄麻花钻	ϕ7.8mm	1个	H7
23	百分表	0~0.8mm	1块	
24	表架		1个	
25	铰杠		1根	
26	R规	5~14.5mm	1个	H7

续表

序号	名称	规格	数量	备注
27	平锉	250mm（1号纹）	1把	
28		250mm（3号纹）	1把	
29		200mm（4号纹）	1把	
30		200mm（5号纹）	1把	
31		200mm（5号纹）	1把	
32	三角锉	200mm（2号纹）	1把	
33		150mm（3号纹）	1把	
34		150mm（5号纹）	1把	
35	软钳口		1副	
36	锉刀刷		1把	
37	整形锉		1组	

3. 操作程序说明

(1) 准备工作。

(2) 按加工合理的工艺要求进行锉削、钻削。

(3) 收拾考场。

4. 考核规定说明

(1) 公差等级：锉配 IT7、铰孔 IT7、锯削 IT12。

(2) 形位公差：锉配 0.03～0.02mm、铰孔 0.03～0.02mm、锯削 0.20mm。

(3) 表面粗糙度：锉配 $R_a1.6\mu m$、铰孔 $R_a0.8\mu m$、锯削 $R_a12.5\mu m$。

(4) 时间定额：360min

(5) 其他方面：配合间隙≤0.03mm。

(6) 考件图样及技术要求（见下图）。

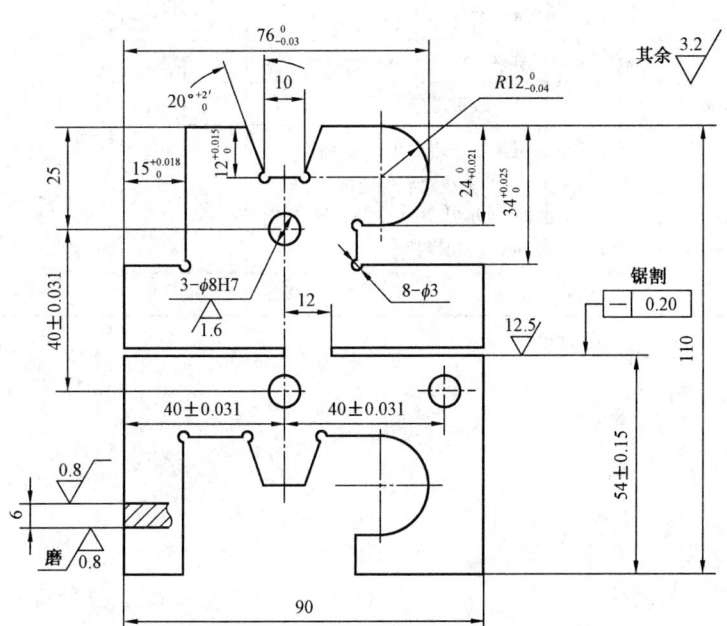

技术要求：
1. 凹件按凸件配制，其单边间隙≤0.03mm。
2. 考试者不得锯开成两件加工，但应保证配合后3孔呈等腰三角形，孔距允差0.10mm。

(7)如违章操作,将停止考核。
(8)考核采用百分制,然后按鉴定比重进行折算。
(9)考核方式说明:本项目为实际操作试题,按标准对结果进行评分。
(10)测量技能说明:本项目主要测试考生对加工梯形圆弧镶配件实际操作的熟练程度。

5. 考核时限

(1)准备时间:5min。
(2)操作时间:360min。
(3)从正式操作开始计时。
(4)考试时,根据考试场所确定考试人数,提前完成操作不加分,超过规定操作时间按规定标准评分。

6. 评分记录表

序号	考核内容	评分要素	配分	评分标准	检测结果	扣分	得分	备注
1	准备工作	选用所使用的工具	4	选错一件扣1分				
2	锉削、钻削	$34_{\ 0}^{+0.025}$ mm	8	超差不得分				
		$24_{-0.021}^{\ 0}$ mm	8	超差不得分				
		$12_{\ 0}^{+0.015}$ mm	8	超差不得分				
		$15_{\ 0}^{+0.018}$ mm	8	超差不得分				
		$76_{-0.03}^{\ 0}$ mm	8	超差不得分				
		表面粗糙度:$R_a 1.6 \mu m$	10	降一级不得分				
		配合间隙≤0.03mm(20处)	8	超差一处扣1分				
		$(40±0.031)$ mm(3处)	10	超差一处扣4分				
		$3-\phi 8H7$	10	超差不得分				
		表面粗糙度:$R_a 0.8 \mu m$	10	降一级不得分				
		$(54±0.15)$ mm	8	超差不得分				
		— 0.20	8	超差不得分				
		表面粗糙度:$R_a 12.5 \mu m$	8	降一级不得分				
3	安全文明操作	遵守安全操作规程;在规定时间内完成		每违反一项规定从总分中扣5分,严重违规者停止操作;每超时1min从总分中扣5分,超时3min停止操作				
	合 计		100					

考评员:　　　　　　　核分员:　　　　　　　年　月　日

十四、BA001　检修汽轮机汽封

1. 考核要求

(1)必须穿戴好劳动保护用品。
(2)准备工作。
(3)正确使用工具、用具、量具。
(4)按检修的合理程序要求进行操作。
(5)符合安全、文明生产。

2. 准备要求

(1)材料准备:以下所需材料由鉴定站准备。

序号	名称	规格	数量	备注
1	煤油		1kg	
2	红丹粉		1盒	
3	白胶布		1卷	

(2)设备准备:以下所需设备由鉴定站准备。

序号	名称	规格	数量	备注
1	汽轮机		1套	

(2)工具、用具、量具准备:以下所需工具、用具、量具由鉴定站准备。

序号	名称	规格	数量	备注
1	活扳手		1把	
2	塞尺		1块	
3	梅花扳手		1个	
4	刮刀		1个	

3. 操作程序说明

(1)必须穿戴好劳动保护用品。
(2)准备工作。
(3)检查、清洗、除垢。
(4)汽封径向间隙测定。
(5)汽封间隙调整。
(6)正确使用工具、用具、量具。
(7)按合理的压铅丝程序要求进行操作。

4. 考核规定说明

(1)如操作违章,将停止考核。
(2)考核采用百分制,然后按鉴定比重进行折算。
(3)考核方式说明:本项目为实际操作试题,按标准对结果进行评分。
(4)测量技能说明:本项目主要测试考生对检修汽轮机汽封实际操作的熟练程度。

5. 考核时限

(1)准备时间:5min。
(2)操作时间:180min。
(3)从正式操作开始计时。
(4)考试时,根据考试场所确定考试人数,提前完成操作不加分,超过规定操作时间按规定标准评分。

6. 评分记录表

序号	考核内容	评 分 要 素	配分	评 分 标 准	检测结果	扣分	得分	备注
1	着装	工作服穿戴整洁	5	不整洁扣5分				
		工作服穿戴衣袖领口系好	5	没系好扣5分				
		工作服穿戴得体	5	不得体扣5分				
2	准备工作	选择所用工具、用具、量具	5	选错一件扣1分				
3	检查	检查(包括清洗、除垢)	10	不检查不得分				
4	汽封径向间隙测定	测定汽封间隙	10	检测方法不正确扣5分；测量误差比实际误差超差0.03mm扣5分				
		吊装转子	10	碰伤一次扣5分				
5	拆卸检查	拆卸汽封并做好记号	10	损伤一处扣5分；未做记号扣5分				
		检查汽封弹簧缺陷	10	没有检查扣5分；检查结果不正确扣5分				
6	调整	调整刮研汽封间隙达到技术要求，中小型机组汽封间隙0.25~0.35mm	10	刮研方法不正确扣5分；达不到技术要求，超差0.01mm扣5分				
		不能强行把汽封砸入或直接砸	10	违反不得分				
		测量间隙误差	10	测量误差超0.02mm扣5分				
7	安全文明操作	遵守安全操作规程；在规定时间内完成		每违反一项规定从总分中扣5分；严重违规者停止操作；每超时1min从总分扣5分，超3min停止操作				
	合 计		100					

考评员：　　　　　　　　　　　　　核分员：　　　　　　　　　　　　　年　月　日

十五、BA002　装配离心式压缩机浮环

1. 考核要求
(1) 必须穿戴好劳动保护用品。
(2) 准备工作。
(3) 正确使用工具、用具、量具。
(4) 按合理的程序要求进行操作。
(5) 符合安全、文明生产。

2. 准备要求
(1) 材料准备：以下所需材料由鉴定站准备。

序　号	名　　称	规　格	数　量	备　注
1	离心式压缩机	自选	1台	
2	浮环		1套	

(2)工具、用具、量具准备:以下所需工具、用具、量具由鉴定站准备。

序号	名称	规格	数量	备注
1	游标卡尺	自定	1把	
2	塞尺		1把	
3	内、外径千分尺	根据机组型号定	各1把	
4	扳手	300mm	1把	
5	梅花扳手		1把	
6	煤油		2kg	
7	白布		1m	
8	润滑脂		1kg	
9	研磨膏	自定	1盒	
10	内六角扳手		1套	

3. 操作程序说明

(1)必须穿戴好劳动保护用品。

(2)准备工作。

(3)拆卸。

(4)清洗。

(5)检测。

(6)组装。

(7)检验。

(8)按合理验收的程序要求进行操作。

4. 考核规定说明

(1)如操作违章,将停止考核。

(2)考核采用百分制,然后按鉴定比重进行折算。

(3)考核方式说明:本项目为实际操作试题,按标准对结果进行评分。

(4)测量技能说明:本项目主要测试考生对装配离心式压缩机浮环实际操作的熟练程度。

5. 考核时限

(1)准备时间:5min。

(2)操作时间:180min。

(3)从正式操作开始计时。

(4)考试时,根据考试场所确定考试人数,提前完成操作不加分,超过规定操作时间按规定标准评分。

6. 评分记录表

序号	考核内容	评分要素	配分	评分标准	检测结果	扣分	得分	备注
1	准备工作	正确选用所使用的工具、用具、量具	5	选错、少选一件扣1分				
2	清洗零部件	将零部件全部清洗干净	10	清洗不干净一处扣5分				
		清洗后零部件要包好盖好	5	未包好盖好扣5分				

续表

序号	考核内容	评分要素	配分	评分标准	检测结果	扣分	得分	备注
2	清洗零部件	清洗后零部件去毛刺	10	不去毛刺不得分				
3	测量	测量浮环配合处轴颈的圆度、锥度(圆度锥度小于0.01mm)	10	量具选择或使用不正确扣5分;测量每超差0.01mm扣5分;少测一项扣5分;不测量不得分				
		测量浮环内孔圆度(圆度不超过0.01mm)	10	量具选择或使用不正确扣5分;测量每超差0.01mm扣5分;少测一项扣5分;不测量不得分				
		内浮环与轴颈配合间隙0.08mm;外浮环与轴颈配合间隙0.21~0.23mm,符合标准要求装配,不符合要求刮研至标准要求装配	10	量具选择或使用不正确扣5分;配合间隙超过0.01mm扣5分;刮研方法不正确扣5分				
		内浮环与浮环壳体加研磨膏手动互研光滑和清洗	10	研磨不光滑和清洗不干净各扣5分				
		装配浮环并在密封体内孔、浮环内孔、轴颈表面涂润滑油	10	一处没有涂润滑油扣5分				
		装配浮环→内环→弹簧→外环→压盖	10	装配过程有敲击现象此项不得分;未按顺序装扣5分				
		检查外观	10	有碰伤现象每一处扣5分				
4	安全文明操作	遵守安全操作规程;在规定时间内完成		每违反一项规定从总分中扣5分,严重违规者停止操作;每超时1min从总分中扣5分,超时3min停止操作				
	合　　计		100					

考评员:　　　　　　　　　　　核分员:　　　　　　　　　　　年　月　日

十六、BA003　检查与排除活塞式压缩机气缸内突然发出冲击声故障

1. 考核要求

(1)必须穿戴好劳动保护用品。

(2)准备工作。

(3)正确使用工具、用具、量具。

(4)按合理的程序要求进行操作。

(5)符合安全、文明生产。

2. 准备要求

(1)材料准备:以下材料由鉴定站准备。

序号	名　称	规　格	数量	备注
1	活塞压缩机		1台	
2	试压泵		1台	

(2) 工具、用具、量具准备：以下所需工具、用具、量具由鉴定站准备。

序 号	名 称	规 格	数 量	备 注
1	梅花扳手		1套	
2	活扳手	300mm	1把	
3	撬杠		1根	

3. 操作程序说明

(1) 准备工作。

(2) 选择所用工具、用具、量具。

(3) 拆卸缸盖。

(4) 检查缸内有无异物。

(5) 对气缸体和气缸盖进行试压。

(6) 组装调整。

(7) 装配总成达到设计要求。

(8) 收拾考场。

4. 考核规定说明

(1) 如操作违章,将停止考核。

(2) 考核采用百分制,然后按鉴定比重进行折算。

(3) 考试方式及测量技能说明

(4) 该项目为实际操作试题,按标准对结果进行评分。

(5) 本项目主要测试考生对检查与排除活塞式压缩机气缸内突然发出冲击声故障实际操作的熟练程度。

5. 考核时限

(1) 准备时间:5min

(2) 操作时间:180min。

(3) 从正式操作开始计时。

(4) 考试时,根据考试场所确定考试人数,提前完成操作不加分,超过规定操作时间按规定标准评分。

6. 评分记录表

序号	考核内容	评分要素	配分	评分标准	检测结果	扣分	得分	备注
1	着装	工作服穿戴整洁	5	不整洁扣5分				
		工作服穿戴衣袖领口系好	5	没系好扣5分				
		工作服穿戴得体	5	不得体扣5分				
2	准备工作	选择所用工具、用具、量具	5	选错一件扣1分				
3	检查	检查(包括清洗、除垢)	10	不检查不得分				
4	拆卸检查	拆卸缸盖→活塞	10	拆卸顺序错扣5分;损伤一处扣5分				

续表

序号	考核内容	评分要素	配分	评分标准	检测结果	扣分	得分	备注
4	拆卸检查	检查缸体内部是否有划痕或异物	10	未检出划痕扣5分；缸内留有异物一件扣5分				
		检查各零部件有无损坏松动	10	检查漏一处扣5分				
5	试压调整	对缸体缸盖试压	10	渗漏没发现不得分				
		试压压力准确（工作压力的1.5倍），稳压时间5min	10	试压压力不准确不得分；稳压时间不够扣5分				
		安装活塞、汽缸盖不能碰伤，动作灵活或无卡阻	10	安装时碰伤一处扣5分；不灵活有卡阻扣5分				
		调整活塞在汽缸内的前后死点余隙（上下余隙相等）	10	余隙调整不准确不得分				
6	安全文明操作	遵守安全操作规程；在规定时间内完成		每违反一项规定从总分中扣5分；严重违规者停止操作；每超时1min从总分扣5分,超3min停止操作				
	合　　计		100					

考评员：　　　　　　　　　核分员：　　　　　　　　　年　月　日

十七、BA004　检查齿轮变速箱声音异常

1. 考核要求

(1)必须穿戴好劳动保护用品。

(2)准备工作。

(3)正确使用工具、用具、量具。

(4)按合理的程序要求进行操作。

(5)符合安全、文明生产。

2. 准备要求

(1)材料准备：以下所需材料由鉴定站准备。

序号	名　称	规　格	数　量	备　注
1	煤油		若干	
2	齿轮变速箱		1台	
3	听诊器		1个	

(2)工具、用具、量具准备：以下所需工具、用具、量具由鉴定站准备。

序号	名　称	规　格	数　量	备　注
1	梅花扳手		1套	
2	水平仪		1块	精度0.02mm
3	活动扳手		1把	
4	印泥		1盒	

续表

序号	名称	规格	数量	备注
5	外径千分尺		1把	
6	游标卡尺		1把	
7	合像水平仪		1块	
8	块规		1盒	

3. 操作程序说明

(1)准备工作。

(2)拆卸变速箱盖。

(3)检查调整两齿轮轴平行度。

(4)检查调整齿轮工作面。

(5)检查润滑油的含水及杂质。

(6)组装。

(7)收拾考场。

4. 考核规定说明

(1)如操作违章,将停止考核。

(2)考核采用百分制,然后按鉴定比重进行折算。

(3)考核方式说明:本项目为实际操作试题,按标准对结果进行评分。

(4)测量技能说明:本项目主要测试考生对检查齿轮变速箱声音异常实际操作的熟练程度。

5. 考核时限

(1)准备时间:5min。

(2)操作时间:240min。

(3)从正式操作开始计时。

(4)考试时,根据考试场所确定考试人数,提前完成操作不加分,超过规定操作时间按规定标准评分。

6. 评分记录表

序号	考核内容	评分要素	配分	评分标准	检测结果	扣分	得分	备注
1	准备工作	正确选用所使用的工具	5	选错、少选一件扣1分				
2	拆卸变速箱盖零部件	将拆卸零部件清洗干净	5	清洗不干净不得分				
		清洗零部件后要包好盖好	5	未包盖好不得分				
		把清洗后零部件去毛刺	5	不去毛刺不得分				
3	检查	检查调整两齿轮轴,齿轮轴平行度允差为0.02~0.04mm	10	检查方法不正确扣5分;调整后超差0.01mm扣5分;不检查不得分				
		检查调整齿轮轴水平允差为0.03mm	10	检查方法不正确扣5分;调整后超差0.01mm扣5分;不检查不得分				

续表

序号	考核内容	评分要素	配分	评分标准	检测结果	扣分	得分	备注
3	测量	检查调整齿轮轴交叉度允差 0.02~0.04mm	10	检查方法不正确扣5分；调整后超差0.01mm扣5分；不检查不得分				
		检查调整齿轮中心距偏差达到标准，允许为0~0.05mm	10	检查方法不正确扣5分；调整后超差0.01mm扣5分；不检查不得分				
		检查齿轮接触面积达到要求，不低于70%，沿齿长方向不低于90%	10	检查方法不正确扣5分；每项要求超差1%扣5分；不检查不得分				
		用煤油清洗变速箱箱体	10	检查方法不正确扣5分；不使用煤油清洗扣5分，不检查不得分				
		齿轮啮合侧隙达到要求（标准0.20~0.30mm）	10	检查方法不正确扣5分，判断不出是否在标准内扣5分；不检查不得分				
		安装完整更换润滑油	10	不更换润滑油扣5分				
4	安全文明操作	遵守安全操作规程；在规定时间内完成		每违反一项规定从总分中扣5分，严重违规者停止操作；每超时1min从总分中扣5分，超时3min停止操作				
	合计		100					

考评员：　　　　　　　　　　核分员：　　　　　　　　　　　年　月　日

十八、BA005　找正变速箱轴瓦平行度、交叉度

1. 考核要求

（1）必须穿戴好劳动保护用品。

（2）正确使用工具、用具、量具。

（3）按合理的工艺要求进行操作。

（4）符合安全文明生产要求。

2. 准备要求

（1）材料准备：以下所需材料由鉴定站准备。

序号	名称	规格	数量	备注
1	煤油		若干	

（2）设备准备：以下所需设备由鉴定站准备。

序号	名称	规格	数量	备注
1	变速箱		1台	

(3)工具、用具、量具准备:以下所需工具、用具、量具由鉴定站准备。

序号	名称	规格	数量	备注
1	吊装支架		1套	
2	倒链		1把	
3	绳扣		1根	
4	专用工具		1套	
5	外径千分尺		1把	
6	内径千分尺		1把	
7	量缸表		1块	
8	合像水平仪		1块	
9	百分表		1块	
10	磁力表座		1个	
11	量块		1套	

3. 操作程序说明

(1)准备工作。

(2)拆卸变速箱盖。

(3)用煤油清洗轴瓦及箱体。

(4)用千分尺测量轴瓦直径。

(5)合像水平仪测交叉度。

(6)测量两轴平行度。

(7)调整平行度。

(8)收拾考场。

4. 考核规定说明

(1)如操作违章,将停止考核。

(2)考核采用百分制,然后按鉴定比重进行折算。

(3)考核方式说明:本项目为实际操作试题,按标准对结果进行评分。

(4)测量技能说明:本项目主要测试考生对找正变速箱平行度、交叉度实际操作的熟练程度。

5. 考核时限

(1)准备时间:5min

(2)操作时间:120min。

(3)从正式操作开始计时。

(4)考试时,根据考试场所确定考试人数,提前完成操作不加分,超过规定操作时间按规定标准评分。

6. 评分记录表

序号	考核内容	评分要素	配分	评分标准	检测结果	扣分	得分	备注
1	着装	工作服穿戴整洁	5	不整洁扣5分				
		工作服穿戴衣袖领口系好	5	没系好扣5分				
		工作服穿戴得体	5	不得体扣5分				
2	准备工作	选择所用工具、用具、量具	5	选错、少选一件扣1分				
3	检查	检查(包括清洗、除垢)	10	不检查不得分				
4	拆卸	拆卸变速箱两端密封盖及箱盖	10	拆卸变速箱两端密封盖及箱盖时不注意安全规定不得分				
		吊下箱盖及主动齿轮、从动齿轮,用煤油将轴瓦及箱体内清洗干净	10	不用煤油清洗轴瓦、箱体扣5分;清洗不干净扣5分				
5	测量	用内径千分尺测量轴瓦直径	10	测量方法不正确扣5分;偏离实际数值0.01mm扣5分;不会测量不得分				
		用合像水平仪测量交叉度	10	测量方法不正确扣5分;偏离实际数值0.01mm扣5分;不会测量不得分				
		用块规测量两轴平行度	10	测量方法不正确扣5分;偏离实际数值0.01mm扣5分;不会测量不得分				
6	调整	用刮研轴瓦调整平行度	10	刮研方法不正确扣5分;超差0.01mm扣5分;刮研后不检测扣5分				
		用刮研轴瓦调整交叉度	10	刮研方法不正确扣5分;超差0.01mm扣5分;刮研后不检测扣5分				
7	安全文明操作	遵守安全操作规程;在规定时间内完成		每违反一项规定从总分中扣5分;严重违规者停止操作;每超时1min从总分扣5分,超3min停止操作				
	合　　计		100					

考评员:　　　　　　　　　　　　　核分员:　　　　　　　　　　　　　年　月　日

参 考 文 献

[1] 王书敏,何可禹.离心式压缩机技术问答.2 版.北京:中国石化出版社,2006.
[2] 安定纲.往复式压缩机技术问答.2 版.北京:中国石化出版社,2005.
[3] 王群,许峰.催化烟机主风机技术问答.北京:中国石化出版社,2007.
[4] 王福利.石油化工厂设备检修手册——压缩机组.北京:中国石化出版社,2007.
[5] 张克舫,沈惠坊.汽轮机技术问答.2 版.北京:中国石化出版社,2006.
[6] 薛敦松.石油化工厂设备检修手册——泵.2 版.北京:中国石化出版社,2007.
[7] lgor J. Karassik Joseph P'Messina PaulCooper Charles C. Heald.陈允中,曹占友,邓国强,黄红梅,等译.泵手册(第三版).北京:中国石化出版社,2002.
[8] 《安装》杂志编辑部编.安装工程实用技术.北京:建筑工业出版社.2001.
[9] 樊兆馥.机械设备安装工程手册.北京:冶金工业出版社,2004.
[10] 任晓善.化工机械维修手册(上、中、下).北京:化学工业出版社,2004.
[11] 秦付良.实用机电工程安装技术手册.北京:中国电力出版社,2006.

[13] 李庄.化工机械设备安装调试、故障诊断、维护及检修技术规范实用手册.长春:吉林电子出版社,2003.
[14] 何焯.机械设备安装工程便携手册.北京:机械工业出版社,2002.
[15] 盖仁柏.设备安装工程禁忌手册.北京:机械工业出版社,2005.
[16] 中国石油天然气集团人事服务中心.仪表维修工.东营:中国石油大学出版社,2005.
[17] 王琦.机主控制技术.上海:华东理工大学出版社,2007.
[18] 赵明生,王建华,王兆安等.电气工程师手册.2 版.北京:机械工业出版社,2005.
[19] 彭高鉴,施心城,杨洪义,等.进网作业电工培训教材.沈阳:辽宁科学技术出版社,2005.
[20] 陆晋,等.电工.北京:化学工业出版社,2004.
[21] 刘宝珊.建筑电气安装工程实用技术手册.北京:中国建筑工业出版社,1998.
[22] 杨香昌,李东明.实用电气安装技术大全.北京:中国建材工业出版社,1998.
[23] 张玉华,等.电工基础.北京:化学工业出版社,2004.